新时代市政基础设施规划方法与实践丛书

市政基础设施空间布局规划方法与实践

深圳市城市规划设计研究院
彭　剑　朱安邦　汪　洵　刘应明　汤　钟　主编

中国城市出版社

图书在版编目(CIP)数据

市政基础设施空间布局规划方法与实践 / 彭剑等主编. — 北京 ：中国城市出版社，2023.9
(新时代市政基础设施规划方法与实践丛书)
ISBN 978-7-5074-3649-5

Ⅰ. ①市… Ⅱ. ①彭… Ⅲ. ①市政工程－基础设施－空间规划－研究 Ⅳ. ①TU99

中国国家版本馆 CIP 数据核字（2023）第 208427 号

本书是作者团队多年来从事市政基础设施规划研究的成果，梳理了城市市政基础设施发展历程和趋势。在国土空间规划体系下，聚焦市政基础设施空间的利用方式、整合方式、布局规划方法、管控方式、管理机制等方面，系统总结了市政基础设施空间规划方法，同时选取多个市政基础设施空间规划的典型案例，对市政基础设施用地节约集约利用、绿色低碳利用等方面进行了有益探索。

全书不但涉及知识面广、资料翔实、内容丰富，而且集系统性、先进性、实用性和可读性于一体。本书可供市政基础设施规划建设领域的科研人员、工程设计人员、施工管理、相关行政管理部门和企业人员参考，也可作为相关专业大专院校的教学参考用书和城市规划建设领域的培训参考书。

责任编辑：朱晓瑜　张智芊
责任校对：董　楠

新时代市政基础设施规划方法与实践丛书
市政基础设施空间布局规划方法与实践
深圳市城市规划设计研究院
彭　剑　朱安邦　汪　洵　刘应明　汤　钟　主编
*
中国城市出版社出版、发行（北京海淀三里河路 9 号）
各地新华书店、建筑书店经销
北京红光制版公司制版
建工社（河北）印刷有限公司印刷
*
开本：787 毫米×1092 毫米　1/16　印张：21　字数：495 千字
2023 年 11 月第一版　2023 年 11 月第一次印刷
定价：**75.00** 元
ISBN 978-7-5074-3649-5
(904618)

编　写　组

策　　划：司马晓　丁　年

主　　编：彭　剑　朱安邦　汪　洵　刘应明

　　　　　汤　钟

参编人员：刘　瑶　李金星　史丽芳　林　峰

　　　　　刘　冉　姜　科　孙梦侠　杨　晶

　　　　　陈铸昊　李　典　李　佩　徐　虹

　　　　　王　涛　毛　俊　苏建国　黎祺君

　　　　　陈冬冬　钟佳志　蒙泓延　刘　枫

　　　　　王　刚　赵晓琴　成芳德　李兆环

　　　　　刘　亮　叶惠婧

丛书序言

城市作为美丽而充满魅力的生活空间，是人类文明的支柱，是社会集体成就的最终体现。改革开放以来，我国经历了人类历史上规模最大、速度最快的城镇化进程，城市作为人口大规模集聚、经济社会系统极端复杂、多元文化交融碰撞、建筑物密集以及各类基础设施互联互通的地方，同时也是人类建立的结构最为复杂的系统。2021 年 3 月，《中华人民共和国国民经济和社会发展第十四个五年规划和 2035 年远景目标纲要》对外公布，强调新发展理念下的系统观、安全观、减碳与生态观，将“两新一重”（新型城镇化、新型基础设施和重大交通、水利、能源等工程）放在十分突出的位置。

市政基础设施是新型城镇化的物质基础，是城市社会经济发展、人居环境改善、公共服务提升和城市安全运转的基本保障，是城市发展的骨架。城市工作要树立系统思维，在推进市政基础设施领域建设和发展方面也应体现“系统性”。同时，我国也正处在国土空间格局优化和治理转型时期，针对自然资源约束趋紧、区域发展格局不协调及国土开发保护中“多规合一”等矛盾，2019 年起，国家全面启动了国土空间规划体系改革，推进以高质量发展为目标、生态文明为导向的空间治理能力建设。科学编制市政基础设施系统规划，对于构建布局合理、设施配套、功能完备、安全高效的城市市政基础设施体系，扎实推进新型城镇化，提升基础设施空间治理能力具有重要意义。

深圳市城市规划设计研究院（以下简称“深规院”）市政规划研究团队是一支勤于思索、善于总结和勇于创新的技术团队，2016 年 6 月—2020 年 6 月，短短四年时间内，出版了《新型市政基础设施规划与管理丛书》（共包含 5 个分册）及《城市基础设施规划方法创新与实践系列丛书》（共包含 8 个分册）两套丛书，出版后受到行业的广泛关注和业界人士的高度评价，创造了一个“深圳奇迹”。书中探讨的综合管廊、海绵城市、低碳生态、新型能源、内涝防治、综合环卫等诸多领域，均是新发展理念下国家重点推进的建设领域，为国内市政基础设施规划建设提供了宝贵的经验参考。本套丛书较前两套丛书而言，更加注重城市发展的系统性、安全性，紧跟新时代背景下的新趋势和新要求，在海绵城市系统化全域推进、无废城市建设、环境园规划、厂网河城一体化流域治理、市政基础设施空间规划、城市水系统规划等方面，进一步探讨新时代背景下相关市政工程规划的技术方法与实践案例，为推进市政基础设施精细化规划和管理贡献智慧和经验。

党的十九大报告指出：“中国特色社会主义进入了新时代。”新时代赋予新任务，新征程要有新作为。未来城市将是生产生活生态空间相宜、自然经济社会人文相融的复合人居系统，是物质空间、虚拟空间和社会空间的融合。新时代背景下的城市规划师理应认清新局面、把握新形势、适应新需求，顺应、包容、引导互联网、5G、新能源等技术进步，塑造更加高效、低碳、环境友好的生产生活方式，推动城市形态向着更加宜居、生态的方向演进。

上善若水，大爱无疆，分享就是一种博爱和奉献。本套丛书与前面两套丛书一样，是基于作者们多年工作实践和研究成果，经过系统总结和必要创新，通过公开出版发行，实现了研究成果向社会开放和共享。我想，这也是这套丛书出版的重要价值所在。希望深规院市政规划研究团队继续秉持创新、协调、绿色、开放、共享的新发展理念，推动基础设施规划更好地服务于城市可持续发展，为打造美丽城市、建设美丽中国贡献更多智慧和力量！

中国工程院院士
深圳大学土木与交通工程学院院长
2021 年仲秋于深圳大学

丛书前言

当前，我们正经历百年未有之大变局，国际关系格局、地缘形势正悄然发生重大变化，加之疫情过后全球经济复苏缓慢、极端气候频发等因素，将深刻影响城市发展趋势和人们的生活。城市这个开放的复杂巨系统面临的不确定性因素和未知风险也不断增加。在各种突如其来的自然和人为灾害面前，城市往往表现出极大的脆弱性，而这正逐渐成为制约城市生存和可持续发展的瓶颈问题，同时也赋予了城市基础设施更加重大的使命。如何提高城市系统面对不确定性因素的抵御力、恢复力和适应力，提升城市规划的预见性和引导性，已成为当前国际城市规划领域研究的热点和焦点问题。

从生态城市、低碳城市、绿色城市、海绵城市到智慧城市，一系列的城市建设新理念层出不穷。近年来，“韧性城市”强势来袭，已成为新时代城市发展的重要主题。建设韧性城市是一项新的课题，其主要内涵是指城市或城市系统能够化解和抵御外界的冲击，保持其主要特征和功能不受明显影响的能力。良好的基础设施规划、建设和管理是城市安全的基本保障。提升城市基础设施管理和服务的智能化、精细化水平，可以不断提升市民对美好城市的获得感。

2016 年 6 月，深规院受中国建筑工业出版社邀请，组织编写了《新型市政基础设施规划与管理丛书》。该套丛书共 5 册，涉及综合管廊、海绵城市、电动汽车充电设施、新能源以及低碳生态市政设施等诸多新兴领域，均是当时我国提出的新发展理念或者重点推进的建设领域，于 2018 年 9 月全部完成出版发行。2019 年 6 月，深规院再次受中国建筑工业出版社邀请，组织编写了《城市基础设施规划方法创新与实践系列丛书》，本套丛书共 8 册，系统探讨了市政详规、通信基础设施、非常规水资源、城市内涝防治、消防工程、综合环卫、城市物理环境、城市雨水径流污染治理等专项规划的技术方法，于 2020 年 6 月全部完成出版发行。在短短四年之内，深规院市政规划研究团队共出版了 13 本书籍，部分书籍至今已进行了多次重印出版，受到了业界人士的高度评价，打造了深规院在市政基础设施规划研究领域的技术品牌。

深规院是一个与深圳共同成长的规划设计机构，1990 年成立至今，在深圳以及国内外 200 多个城市或地区完成了近 4000 个项目，有幸完整地跟踪了中国快速城镇化过程中的典型实践。市政规划研究院作为其下属最大的专业技术部门，拥有近 150 名专业技术人员，是国内实力雄厚的城市基础设施规划研究专业团队之一，一直深耕于城市基础设施规划和研究领域。近年来，深规院市政规划研究团队紧跟国家政策导向和技术潮流，深度参与了海绵城市建设系统化方案、无废城市、环境园、治水提质以及国土空间等规划研究工作。

在海绵城市规划研究方面，陆续在深圳、东莞、佛山、中山、湛江、马鞍山等多个城市主编了海绵城市系统化方案，同时，作为技术统筹单位为深圳市光明区海绵城市试点建设提供6年的全过程技术服务，全方位地参与光明区系统化全域推进海绵城市建设工作，助力光明区获得第二批国家海绵城市建设试点绩效考核第一名的成绩；在综合环卫设施规划方面，主持编制的《深圳市环境卫生设施系统布局规划（2006—2020）》获得了2009年度广东省优秀城乡规划设计项目一等奖及全国优秀城乡规划设计项目表扬奖，在国内率先提出“环境园”规划理念。其后陆续主编了深圳市多个环境园详细规划，2020年主编了《深圳市“无废城市”建设试点实施方案研究》，对“无废城市”建设指标体系、政策体系、标准体系进行了系统和深度研究；自2017年以来，深规院市政规划研究团队深度参与了深圳市治水提质工作，主持了《深圳河湾流域水质稳定达标方案与跟踪评价》《河道截污工程初雨水（面源污染）精细收集与调度研究及示范项目》《深圳市“污水零直排区”创建工作指引》等重要课题，作为牵头单位主持《高密度建成区黑臭水体“厂网河（湖）城”系统治理关键技术与示范》课题，获得2019年度广东省技术发明奖二等奖；在市政基础设施空间规划方面，主编了近30个市政详细规划，在该类规划中，重点研究了市政基础设施用地落实途径，同时承担了深圳市多个区的水务设施空间规划、《深圳市市政基础设施与岩洞联合布局可行性研究服务项目》以及《龙华区城市建成区桥下空间开发利用方式研究》，在国内率先研究了高密度建设区市政基础设施空间规划方法；在水系规划方面，先后承担了深圳市前海合作区、大鹏新区、海洋新城、香蜜湖片区以及扬州市生态科技城、中山市中心城区、西安市西咸新区沣西新城等重点片区的水系规划，其中主持编制的《前海合作区水系统专项规划》获2013年度全国优秀城乡规划设计二等奖。

鉴于以上成绩和实践，2021年4月，在中国建筑工业出版社（中国城市出版社）再次邀请和支持下，由司马晓、丁年、刘应明整体策划和统筹协调，组织了深规院具有丰富经验的专家和工程师启动编写《新时代市政基础设施规划方法与实践丛书》。该丛书共6册，包括《系统化全域推进海绵城市建设的“光明实践”》《无废城市建设规划方法与实践》《环境园规划方法与实践》《厂网河城一体化流域治理规划方法与实践》《市政基础设施空间布局规划方法与实践》以及《城市水系统规划方法与实践》。本套丛书紧跟城市发展新理念、新趋势和新要求，结合规划实践，在总结经验的基础上，系统介绍了新时代下相关市政工程规划的新方法，期望对现行的市政工程规划体系以及技术标准进行有益补充和必要创新，为从事城市基础设施规划、设计、建设以及管理人员提供亟待解决问题的技术方法和具有实践意义的规划案例。

本套丛书在编写过程中，得到了住房和城乡建设部、自然资源部、广东省住房和城乡建设厅、广东省自然资源厅、深圳市规划和自然资源局、深圳市生态环境局、深圳市水务局、深圳市城管局等相关部门领导的大力支持和关心，得到了各有关方面专家、学者和同行的热心指导和无私奉献，在此一并表示感谢。

感谢陈湘生院士为我们第三套丛书写序，陈院士是我国城市基础设施领域的著名专家，曾担任过深圳地铁集团有限公司副总经理、总工程师兼技术委员会主任，现为深圳大学土木与交通工程学院院长以及深圳大学未来地下城市研究院创院院长。陈院士为人谦逊随和，一直关心和关注深规院市政规划研究团队的发展，前两套丛书出版后，陈院士第一时间电话向编写组表示祝贺，对第三套丛书的编写提出了诸多宝贵意见，在此感谢陈院士对我们的支持和信任！

本套丛书的出版凝聚了中国建筑工业出版社（中国城市出版社）朱晓瑜编辑的辛勤劳动，在此表示由衷敬意和万分感谢！

《新时代市政基础设施规划方法与实践丛书》编委会

2021年10月

本书前言

自改革开放以来，中国经济高速增长，1978—2020 年 GDP 年均实际增速超过 9%。在城市快速发展的同时，我们也看到外延式、粗放式的经济发展模式带来的结构失衡、效率低下、环境污染、收入差距等问题严重制约我国经济的可持续发展。党的十九大报告明确提出，“我国经济已由高速增长阶段转向高质量发展阶段，正处在转变发展方式、优化经济结构、转换增长动力的攻关期”。这标志着我国经济发展有了新的转型，即以高质量发展实现我国经济社会发展历史、实践和理论的统一，同时也是开启全面建设社会主义现代化国家新征程、实现第二个百年奋斗目标的根本路径。2022 年 11 月，党的二十大把高质量发展确定为全面建设社会主义现代化国家的首要任务，同时也是中国式现代化的本质要求之一。在全面建设社会主义现代化国家新征程的过程中，市政基础设施作为城市建设的重要组成内容，更应以规划为引领，践行新发展理念，系统规划建设面向新时代的市政基础设施，对提升城市人居环境质量、人民生活质量、城市竞争力具有重大意义。

随着科技的发展和技术的进步，各类市政基础设施既是维持城市运行的必备基础设施，也是信息化、智能化的综合载体。目前，国内针对市政基础设施空间规划研究在很大程度上还停留在原城乡规划体系中；在国土空间规划背景下，市政基础设施布局、空间需求以及空间管控的理论及方法研究尚有不足；同时创新驱动不足也是现阶段城市市政基础设施规划领域中普遍存在的问题。新时代城市发展在区域发展一体化、城市高密度开发、生态文明优先、基础设施高质量发展等趋势下，有必要进一步系统研究和梳理各类城市市政设施空间特征，并研究提出面向宜居、绿色、韧性、智慧及人文城市的城市基础设施规划方法与理论体系，以满足城市人居环境提升、人民生活质量提升、城市竞争力提升的需要。

作为城市基础性工程，市政基础设施兼具“不可或缺性”和“邻避性”等相矛盾的特性。同时，国内一些超大城市发展模式已经由用地增量发展转向存量发展，城市高强度开发带来了市政基础设施用地供应紧张、城市安全问题突出以及管理难度大等挑战，如何实现市政基础设施向高质量建设的转变发展？如何在国土空间规划体系下形成市政基础设施空间布局规划的体系？这些问题是新时代市政基础设施空间规划和建设需要研究的新课题。

本书分为基础篇、方法篇及实践篇，全书立足于市政基础设施空间规划的研究，理论结合实践，对市政基础设施发展趋势、空间利用方式、空间整合方式、空间布局规划、空间管理机制及实践案例等多个方面进行了系统研究和阐述。基础篇中重点阐述了市政基础设施发展现状、趋势及国土空间规划体系下的市政基础设施规划等内容；方法篇重点研究各类市政基础设施在“地下化、小型化、景观化、智慧化”理念下的空间利用及整合方法，系统提出市政基础设施空间布局规划方法体系；实践篇结合我院市政基础设施空间规划和利用的实践成果，为读者提供可以参考的实践案例。

本书是深圳市城市规划设计研究院市政规划研究团队多年来在市政基础设施规划和管理工作中的经验总结。在过去十年间，团队开展了包括给水排水、电力通信、燃气、环卫、消防、综合管廊、排水防涝以及低碳市政等数百项单项市政基础设施规划，同时也开展了如市政详细规划、韧性市政、低碳市政、城市黄线、城市蓝线、市政基础设施空间利用规划等综合性的规划研究，主编或参编国家或地方通信、环卫、公厕、雨水、再生水等多部规范。主持的市政类规划研究项目获得各级奖励 59 项，其中国家级奖励 13 项，省级奖励 15 项，市级奖励 31 项。

本书分为基础篇、方法篇和实践篇三个篇章。司马晓、丁年负责总体策划和人力保障等工作；彭剑、朱安邦、刘应明、汤钟、汪洵负责统筹安排、大纲编写、组织协调等工作并共同担任主编；朱安邦、杨晶负责格式制定和文稿汇总等工作。其中，基础篇主要由朱安邦、彭剑、刘应明、李金星等负责编写。方法篇按编制内容进行分工，其中空间利用方式研究由汪洵、史丽芳、汤钟负责编写；空间整合方式研究由汪洵、陈铸昊负责编写；空间布局规划研究分专业开展编写，其中总论由朱安邦、刘应明负责编写，各专业空间布局方面，水务设施部分由刘瑶、刘应明负责编写，能源设施部分由林峰负责编写，通信设施部分由刘冉负责编写，环卫设施部分由李金星负责编写，防灾设施部分由汪洵负责编写，河湖岸线利用和保护部分由史丽芳负责编写；空间管控方式研究由彭剑、杨晶、姜科、孙梦侠负责编写。实践篇选取了一些经典案例，其中市政基础设施空间布局规划选取了深圳市某区水务设施空间规划案例，由刘瑶负责编写；市政基础设施整合及集约利用方面，选取了深圳市岩洞空间利用研究、龙华区桥下空间利用研究两个案例，分别由汤钟、史丽芳负责编写；市政基础设施空间管控方面，选取了深圳市黄线规划以及深圳市蓝线规划两个案例，由姜科、孙梦侠和彭剑负责编写。在本书成稿的过程中，朱安邦、杨晶等负责完善和美化全书图表制作工作。李典、李佩、徐虹、王涛、毛俊、苏建国、黎祺君、陈冬冬、钟佳志、蒙泓延、刘枫、王刚、赵晓琴、成芳德等多位同志完成了全书或部分篇章的文字校对工作。本书由司马晓和丁年审阅定稿。

本书是编写团队多年来对市政基础设施空间规划经验的总结和提炼，希望通过本书与各位读者分享我们的规划理念、技术方法和实践案例。虽编写人员尽了最大努力，但限于编者水平以及所涵盖专业内容众多，因此书中疏漏乃至不足之处恐有所难免，敬请读者批评指正。本书在编写的过程中参阅了大量的参考文献，从中得到了许多有益的启发和帮助，在此向有关作者和单位表示衷心的感谢！所附的参考文献如有遗漏或错误，请直接与出版社联系，以便再版时补充或更正。

本书出版也凝聚了出版社朱晓瑜编辑等工作人员的辛勤工作，在此表示万分的感谢！

最后，谨向所有帮助、支持和鼓励完成本书的家人、专家、领导、同事和朋友致以真挚的感谢！

《市政基础设施空间布局规划方法与实践》编写组

2023 年 8 月

目 录

第1篇 基础篇/1

第1章 市政基础设施与城镇发展概述/2
1.1 市政基础设施概念及系统/2
1.1.1 城市水务基础设施/5
1.1.2 城市能源基础设施/5
1.1.3 城市通信基础设施/6
1.1.4 城市环卫基础设施/7
1.1.5 城市防灾基础设施/7
1.2 市政基础设施的建设与发展/8
1.2.1 我国城镇发展概况/8
1.2.2 市政基础设施发展概况/15
1.2.3 城市基础设施的重点任务/28
1.3 市政基础设施高质量建设与发展 /29
1.3.1 市政基础设施高质量发展的内涵/29
1.3.2 市政基础设施高质量发展的要求/30
1.3.3 新型基础设施建设与发展/32
第2章 市政基础设施与国土空间规划概述/38
2.1 国土空间规划演变历程概述/38
2.1.1 国土空间规划的起源/38
2.1.2 国土空间规划的演进/46
2.1.3 国土空间规划的内涵/55
2.2 国土空间规划体系概述/57
2.2.1 编制审批体系/58
2.2.2 实施监督体系/62
2.2.3 法规政策体系/63
2.2.4 技术标准体系/66
2.3 国土空间规划体系下市政基础设施规划/72
2.3.1 规划编制思路/72
2.3.2 规划编制内容/74
2.3.3 规划管控措施/77

2.3.4 规划传导过程/79
第3章 新时代市政基础设施发展趋势/81
3.1 新时代城市建设与市政基础设施/81
3.1.1 低碳城市与市政基础设施/81
3.1.2 韧性城市与市政基础设施/83
3.1.3 数智城市与市政基础设施/85
3.2 新时代市政基础设施发展趋势/86
3.2.1 设施类型多样化/87
3.2.2 设施建设地下化/87
3.2.3 设施空间小型化/88
3.2.4 设施功能复合化/88
3.2.5 设施建设品质化/88

第2篇 方法篇/91

第4章 空间利用方式研究/92
4.1 节约集约利用方式研究/92
4.1.1 集约化空间利用研究/92
4.1.2 减量化空间利用研究/97
4.1.3 设施空间“地下化”研究/103
4.1.4 桥下空间利用研究/112
4.1.5 岩洞空间利用研究/119
4.2 绿色低碳的利用方式研究/128
4.2.1 市政基础设施绿色低碳化发展路径/128
4.2.2 “双碳”与市政基础设施空间利用/131
4.3 智慧安全的运营维护方式研究/133
4.3.1 智慧通信/133
4.3.2 智慧市政/135
4.3.3 智慧运营/137
第5章 空间整合方式研究/139
5.1 市政设施空间整合方式研究/139
5.1.1 市政设施空间整合方式概述/139
5.1.2 市政综合体（楼）/142
5.1.3 生态环境园/145
5.1.4 能源综合体/148
5.1.5 水利综合体/151
5.1.6 消防综合体/154

5.2 市政通道整合方式研究/157
5.2.1 市政通道整合方式概述/157
5.2.2 城市工程管线综合/161
5.2.3 城市地下综合管廊/173
5.2.4 高压电力隧道/180
5.2.5 深层隧道/185
第6章 空间布局规划研究/194
6.1 市政基础设施空间布局规划概述/194
6.1.1 市政基础设施空间布局规划的内涵/194
6.1.2 市政基础设施空间布局与国土空间规划的衔接要点/196
6.1.3 市政基础设施空间布局与城乡规划体系中专项规划的区别/197
6.1.4 市政基础设施空间布局规划的空间布局规划方法总论/199
6.2 水务设施空间布局规划概述/205
6.2.1 工作任务/206
6.2.2 水务设施类型/207
6.2.3 技术要求及工作深度/209
6.2.4 规划目标及控制指标/209
6.2.5 水务设施空间用地指标研究/210
6.2.6 水务设施空间管控/213
6.3 能源设施空间布局规划/214
6.3.1 能源设施空间布局规划的工作任务/214
6.3.2 能源设施空间布局规划的技术要求及工作深度/215
6.3.3 能源设施空间布局规划的目标及控制指标/216
6.3.4 能源空间布局及用地指标/217
6.3.5 能源通道空间布局及控制要求/228
6.4 智能基础设施空间布局规划/232
6.4.1 智能基础设施空间布局规划的工作任务/232
6.4.2 智能基础设施类型/233
6.4.3 智能基础设施的技术要求及工作深度/234
6.4.4 智能基础设施的规划目标及控制指标/235
6.4.5 智能设施空间用地指标/236
6.4.6 智能设施空间布局及划定/239
6.5 环卫设施空间布局规划/242
6.5.1 环卫设施空间布局规划的工作任务/242
6.5.2 环卫设施空间布局规划的技术要求及工作深度/242
6.5.3 环卫设施空间布局的规划目标及控制指标/243
6.5.4 环卫设施空间类型/243

6.5.5 环卫设施空间用地指标研究/244
6.5.6 环卫设施空间布局及划定/247
6.6 防灾设施空间布局规划方法/249
6.6.1 工作任务/249
6.6.2 技术要求及工作深度/250
6.6.3 规划目标及控制指标/250
6.6.4 防灾设施类型/251
6.6.5 防灾设施空间用地指标研究/251
6.6.6 防灾设施空间布局及配置标准/255
6.7 河湖岸线利用和保护规划/256
6.7.1 工作任务/256
6.7.2 技术要求及工作深度/257
6.7.3 河湖岸线空间类型/257
6.7.4 河湖岸线空间划定/259
6.7.5 岸线保护与管控/261
第7章 空间管控方式研究/262
7.1 空间管控和保护要求/262
7.1.1 城市黄线/262
7.1.2 城市橙线/266
7.1.3 城市蓝线/269
7.2 城市更新与市政设施/272
第8章 空间管理机制研究/276
8.1 基础设施空间利用政策机制研究/276
8.1.1 以深圳为例/277
8.1.2 以上海为例/280
8.2 “一张图”管理平台/282
8.2.1 以北京市国土空间规划“一张图”为例/283
8.2.2 以深圳市国土空间规划“一张图”为例/284
8.2.3 以广州市国土空间规划“一张图”为例/285

第3篇 实践篇/287

第9章 水务设施空间规划/288
9.1 项目背景/288
9.2 主要内容/288
9.3 项目亮点/289
第10章 岩洞空间利用规划/292

10.1　项目背景/292
10.2　主要内容/292
10.2.1　市政基础设施与岩洞联合利用的案例借鉴与分析/292
10.2.2　深圳市市政基础设施及岩洞布局基础条件分析/292
10.2.3　深圳市市政基础设施与岩洞联合布局可行性建议与实施策略/292
10.2.4　深圳市市政基础设施与岩洞联合布局的实施路径/293
10.3　项目亮点/293
10.3.1　先行先试：内地率先探索城市级岩洞市政化利用研究/293
10.3.2　用地挖潜：为深圳未来市政用地探索可能的实施路径/293
10.3.3　因地制宜：基于深圳特点系统谋划建立岩洞利用方案/294
第 11 章　桥下空间利用规划/295
11.1　项目背景/295
11.2　主要内容/295
11.2.1　研究目的和意义/295
11.2.2　研究对象/295
11.2.3　研究内容/296
11.3　项目亮点/296
11.3.1　研究紧跟需求热点，领先示范空间利用/296
11.3.2　摸清家底因桥制宜，选取节点科学指引/299
第 12 章　深圳市黄线规划/301
12.1　项目背景/301
12.1.1　国家政策背景/301
12.1.2　城市发展背景/301
12.2　主要内容/301
12.2.1　黄线的划定方法/301
12.2.2　规划依据选取/303
12.2.3　黄线规划成果形式/304
12.3　项目亮点/304
12.3.1　多系统协调整合/304
12.3.2　设施划定复杂/304
12.3.3　需进行地籍核实工作/304
12.3.4　协调需求大/304
第 13 章　深圳市蓝线规划/306
13.1　项目背景/306
13.2　主要内容/306
13.2.1　划定蓝线范围/307
13.2.2　保护与管理措施/309

13.2.3 建立蓝线管制信息管理系统/310
13.3 项目亮点/310
13.3.1 涉及范围广/310
13.3.2 涉及对象多/311
13.3.3 多项原则统筹考虑/311
参考文献/312
后记/317

第1篇

基　础　篇

近年来，随着我国城镇化的快速发展，在低碳生态、韧性安全、智慧高效的发展理念下，城市建设水平不断提升。市政基础设施作为城市建设的重要组成部分，践行新发展理念是必然要求，其规划建设取得了显著的成效。而在新时代国土空间规划背景下，为适应高质量发展要求，市政基础设施呈现出“多样化、地下化、小型化、复合化、品质化”的发展趋势，如何规划建设与城市发展相匹配的市政设施？如何构建市政基础设施空间规划体系？这些问题有待进一步探讨和研究。

本篇章梳理了市政基础设施建设与发展情况，国土空间规划中市政基础设施规划的定位和作用；分析了新时代城市建设的特点，并对新时代市政基础设施的发展趋势进行了系统总结。期望就新时代市政基础设施的规划及建设发展趋势进行梳理，探索规划建设与新时代城市建设相匹配的市政设施，研究市政基础设施空间规划体系的构建思路，以供业内人士参考。

第 1 章　市政基础设施与城镇发展概述

1.1　市政基础设施概念及系统

“基础设施”一词最早是工程术语，指建筑物的基础部分，即基础承重部分的构造和设施。1943 年，英国经济学家保罗・罗森斯坦・罗丹在《东欧和东南欧国家工业化的若干问题》一文中首次提出“基础设施”这一概念，并应用“基础设施”一词描述那些为社会生产提供一般条件和服务的部门和行业，认为一个社会在进行一般产业投资之前，应该具备基础设施方面的积累，基础设施是社会发展的先行资本，从而使基础设施从单纯的工程术语演变为一个重要的经济术语。

1982 年，麦格劳-希尔出版公司在《经济百科全书》中将基础设施定义为：“基础设施是指那些对产出水平或生产效率有直接或间接提高作用的经济项目，主要内容包括交通运输系统、发电设施、通信设施、金融设施、教育和卫生设施，以及一个组织有序的政府和政治体制”。该定义立足于服务社会发展，因此现在被人们称为“社会基础设施”，是基础设施的广义概念。

在世界银行发布的《1994 年世界发展报告：为发展提供基础设施》中，将当年的研讨主题聚焦于具有网络特性的基础设施，分析了基础设施与经济社会发展的关系，并在当年的世界发展报告中将其定义为永久性工程构筑、设备、设施，以及它们所提供的为居民所用和企业所用的经济生产条件和服务设施，主要包含三部分：一是公共设施，包括电力、电信、自来水、卫生设施与排污、固体废弃物的收集与处理，以及管道煤气等；二是公共工程，包括公路、大坝、灌溉和排水用的渠道工程等；三是其他交通部门，包括城市与城市间铁路、市内交通、港口、机场和航道等。

目前，国际层面对基础设施的分类尚未形成统一的认识。主流观点认为，基础设施是指为社会生产和居民生活提供公共服务的工程设施，是用于保证国家或地区社会经济活动正常进行的公共服务系统，是社会赖以生存发展的物质基础条件，包括经济基础设施和社会基础设施两大基本类型。

国外基础设施概念的发展历程如表 1-1 所示。

国外基础设施概念的发展历程　　表 1-1

发展历程	代表人物/机构	时间	备注
思想的早期代表	魁奈	1758 年	称“原预付”
	亚当・斯密	1776 年	称“公共工程”
概念的最早出现	保罗・罗森斯坦・罗丹	1943 年	称“社会先行资本”

续表

发展历程	代表人物/机构	时间	备注
Infrastructure 词的最早出现	北约 NATO	1951 年	北约成立“北约公用设施委员会”
最早提出广义狭义概念	赫希曼	1958 年	/
	汉森	1965 年	/
最早提出人力资本论，推动对社会基础设施的认识	舒尔茨	1960 年	提出“人文基础设施”，作用是提高劳动力的生产力
	贝克尔	1964 年	
迄今为止，来自国际机构较权威并被广泛接受的定义	世界银行	1994 年	《1994 年世界发展报告：为发展提供基础设施》

在我国，一般的城市基础设施多指城市工程性基础设施，又称为市政公用工程设施或市政基础设施，简称“市政工程”。城市工程性基础设施一般包含交通工程系统、给水排水工程系统、能源工程系统、通信工程系统、环卫工程系统及防灾工程系统六大专项工程系统。与基础设施一词含义相类似的还有“公用事业”“市政基础设施”和“市政公用事业”等，如图 1-1 所示。

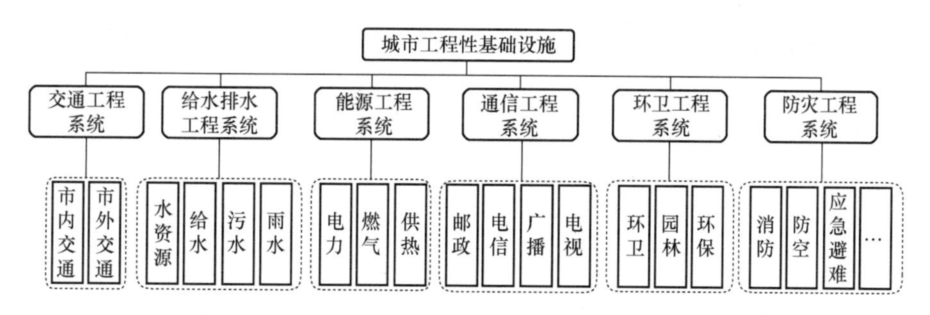

图 1-1　我国市政基础设施分类简图

我国管理部门最早对城市基础设施采用的概念是“市政”。1962 年《中共中央、国务院关于当前城市工作若干问题的指示》中第十一条提出，要“逐步改善大中城市的市政建设”，并指出“市政”的内容包括“城市的公用事业、公共设施”；1963 年，财政部和建筑工程部的文件对“公用事业”和“公共设施”的具体范围进行了划分；20 世纪 80 年代我国才引入基础设施的概念。1981 年，钱家骏和毛立本在《要重视国民经济基础结构的研究和改善》一文中引入了“基础结构”这一概念。目前我国对“城市基础设施”较为权威的定义来自建设部 1998 年颁布的《城市规划基本术语标准》GB/T 50280—1998。该标准中将“城市基础设施”定义为“城市生存和发展所必须具备的工程性基础设施和社会性基础设施的总称”。其中，工程性基础设施一般指能源供应、给水排水、交通运输、邮电通信、环境保护、防灾安全等工程设施；社会性基础设施则指文化教育、医疗卫生等设施（图 1-2）。

《国家发展改革委关于切实做好传统基础设施领域政府和社会资本合作有关工作的通知》提出，传统基础设施包括能源、交通运输、水利、环境保护、农业、林业以及重大市政工程七大领域，对应的基本属于经济基础设施领域，没有包括社会性基础设施领域。财政部印发《关于在公共服务领域深入推进政府和社会资本合作工作的通知》中提出，公共

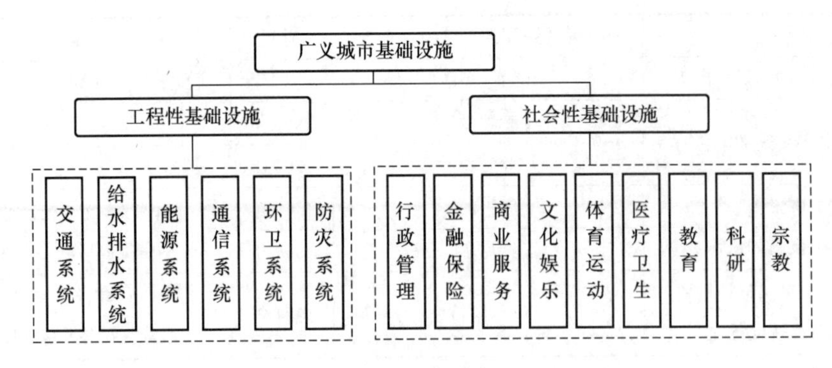

图 1-2 广义城市基础设施的分类示意

服务包括能源、交通运输、市政工程、农业、林业、水利、环境保护、保障性安居工程、医疗卫生、养老、教育、科技、文化、体育、旅游 15 个领域，应该属于全部基础设施领域，与产业发展领域相对应。

2005 年，在建设部《关于加强市政公用事业监管的意见》中提出，“市政公用事业”是指为城镇居民生产生活提供必需的普遍服务的行业。其主要包括城市供水排水和污水处理、供气、集中供热、城市道路和公共交通、环境卫生和垃圾处理以及园林绿化等。2022 年 10 月，根据住房和城乡建设部发布的《市政工程术语标准（征求意见稿）》，地下市政公用系统是指“城市给水排水、供气、供电、供热、信息和通信、污水处理、垃圾处理等实现市政公用用途的地下空间设施中的多种设施，经专业设计组织在一起而形成的系统”。由于近年来道路交通系统的研究体系已经成熟，并形成了相对完善的规划体系，因此，道路交通设施不纳入本书市政基础设施的讨论范畴。如表 1-2 所示为我国基础设施概念的发展历程。

我国基础设施概念的发展历程表 **表 1-2**

发展历程	代表人物/机构	时间	备注
管理实践中最早定义“公用事业”“公共设施”	财政部	1963 年	（63）财预王字第 36 号
	建筑工程部	1963 年	（63）建许城字第 25 号
最早引入“基础设施”概念	钱家骏、毛立本	1981 年	称为“基础结构”
最早对“基础设施”较全面的研究	刘景林	1983 年	《论基础结构》
管理实践中最早正式使用“城市基础设施”概念	中共中央、国务院文件	1983 年	关于《北京城市建设总体规划方案》的批复
最早对“城市基础设施”下定义	城乡建设环境保护部	1985 年	首次“城市基础设施学术讨论会”
对“城市基础设施”的系统研究	北京课题组林森木等	1986 年	《城市基础设施》
		1987 年	《城市基础设施管理》
对“城市基础设施”较为权威的定义	建设部	1998 年	《城市规划基本术语标准》GB/T 50280—1998
对“地下市政系统”下定义	住房和城乡建设部	2022 年	《市政工程术语标准（征求意见稿）》

综上所述，本书所指的市政基础设施是属于城市经济性基础设施，是为城市居民生活和经济生产提供服务的永久性基础工程、设备和设施。其主要包括给水工程、污水工程、雨水工程、电力工程、通信工程、供气工程、热力工程、环卫工程、防灾工程等内容。为了更好地阐述市政基础设施内容，本书将上述基础设施分为城市水务基础设施、城市能源基础设施、城市通信基础设施、城市环卫基础设施、城市防灾基础设施五类。

1.1.1　城市水务基础设施

水务的含义是指城市化地区涉及水的一切事务。水务工程主要研究城市水资源的可持续开发和利用等水的社会循环问题，涉及城市给水排水工程、环境工程、水文与水资源工程、城市水利工程等多个方面。例如：城市供水的取用、净化；污水的处理、排放；城市洪水的防治及河道治理；水资源的开发、利用和节约等。相较于水利水电工程和水文与水资源工程，水务工程涉及范围更广。

水务基础设施主要包括给水排水工程设施、水利水电工程设施、涉水生态空间设施等。其主要指城市化地区河道、堤防、涵闸、泵站、排水管网、给水系统、水资源、水处理以及水环境的水生态、水景观等涉水设施（图 1-3）。

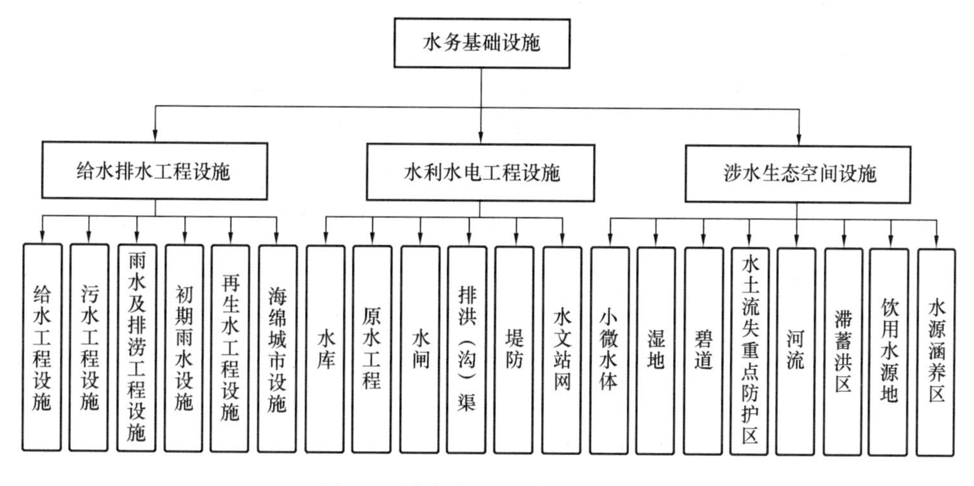

图 1-3　城市水务基础设施的类型

1.1.2　城市能源基础设施

能源是人类生存和发展的必要资源，是城市功能运转的基本保障。城市能源工程则是指涵盖各类主要能源：电力、燃气、热力、油品、煤炭及可再生能源，涉及能源生产、转化、输配到终端消费的各个环节的工程技术。与其应运而生的能源基础设施则成为城市正常运转的发动机，为城市提供生产、生活的保障。

城市能源基础设施主要包括电力生产供应设施、燃气生产供应设施、供热生产供应设施以及其他能源设施四大类。其主要包括发电设施、变电配电设施、输电设施、煤气站、天然气站、液化石油气站、燃气输送管道、供热站、供热输送管道等（图 1-4）。

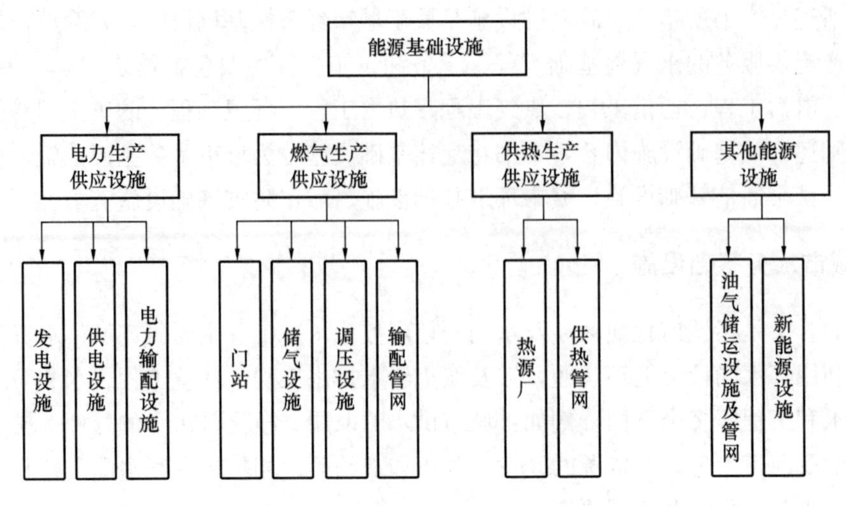

图 1-4　城市能源基础设施的类型

1.1.3　城市通信基础设施

城市通信工程是指城市范围内、城市与城市之间、城乡之间信息的各个传输交换系统的工程设施组成的总体。其主要包含城市邮政工程、城市电信工程、城市广播工程和城市电视工程。城市通信基础设施是指承载或支撑通信设施正常运行的机房（台站）和通道等设施。其空间特征更加明显，与城市规划建设行为更加密切：既包括邮政通信的邮区中心局、转运中心、邮政局所、无线通信的广播和电视发射台（站）、监测站等，也包括有线通信的枢纽机楼、中心机楼、一般机楼以及通信管道、通信线路架空路由、通信通道（廊道）、基站的空间站址等。

城市通信基础设施可粗略地分为邮政通信基础设施、有线通信基础设施、无线通信基础设施三大类。其中，无线通信基础设施以无线发射（接收）台（站）为主，有线通信基础设施包括通信机楼、通信机房、通信管道等（图 1-5）。

上述基础设施均与城市空间和工程建设相关。

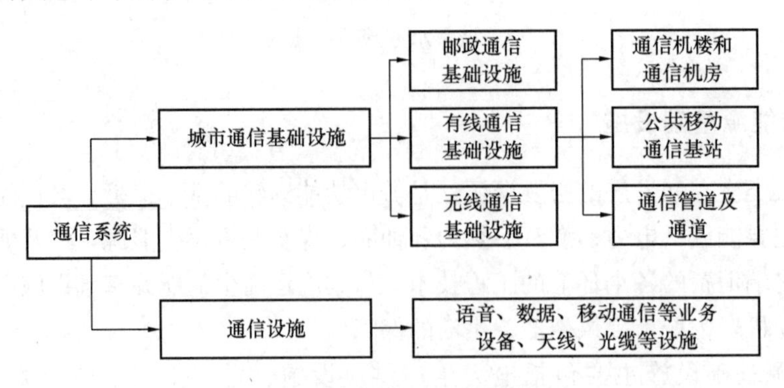

图 1-5　城市通信基础设施的类型

1.1.4　城市环卫基础设施

综合环卫工程又可称为资源循环工程，是指对各类废弃资源进行收集、转运、储存、预处理、处理及处置所建设的工程设施。其可分为集运设施、处理设施、处置设施、配套设施和其他设施五大类，主要包括城市环境美化、绿化、园林、卫生、垃圾收集与处理、环境监测与治理等物质设施。

综合环卫基础设施是从传统环卫设施发展而来，但又不同于传统环卫设施。在生态文明建设理念的引领下，有别于传统环卫设施，综合环卫设施的服务对象由单一的生活垃圾拓展为包括生活垃圾、一般工业废弃物、危险废弃物、城市污泥、建筑废弃物、再生资源在内的城市综合固体废弃物（图 1-6）。

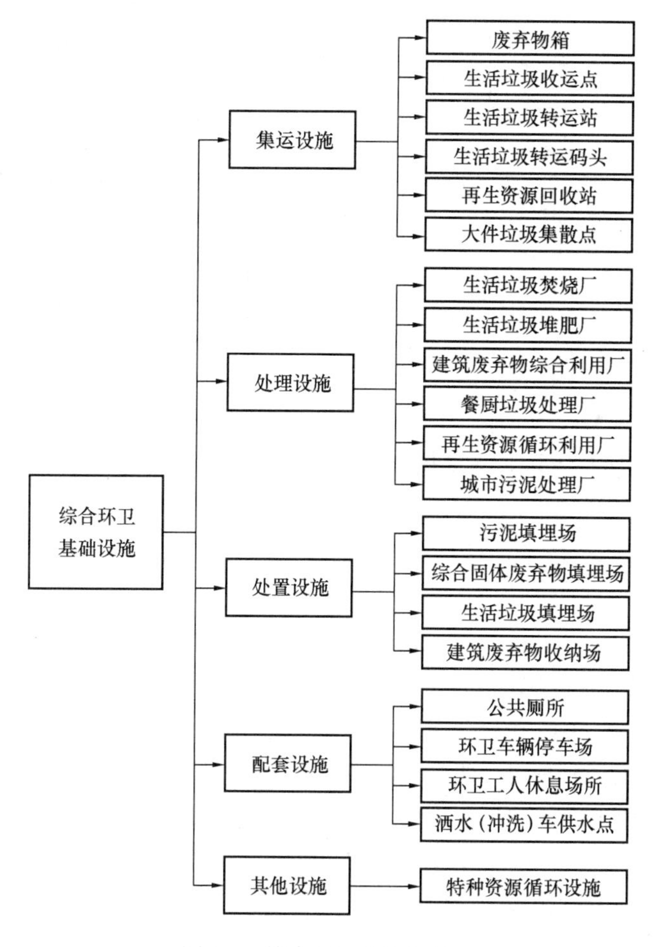

图 1-6　综合环卫设施的类型

1.1.5　城市防灾基础设施

针对城市可能面临的自然灾害、人为灾害及其诱发的次生灾害对城市构成威胁和危害的程度，制定综合防灾对策，以及对灾害发生后各项救灾、减灾措施进行全面规划，做出统筹安排。

城市防灾基础设施是指直接用于灾害控制、防治和应急所需的工程与配套设施。其一般可以分为灾害防御设施、应急保障设施、应急服务设施等，主要包括城市消防、防洪、防汛、防震、防风、防雪、防空、防沙尘、防地面沉降等工程设施（图 1-7）。

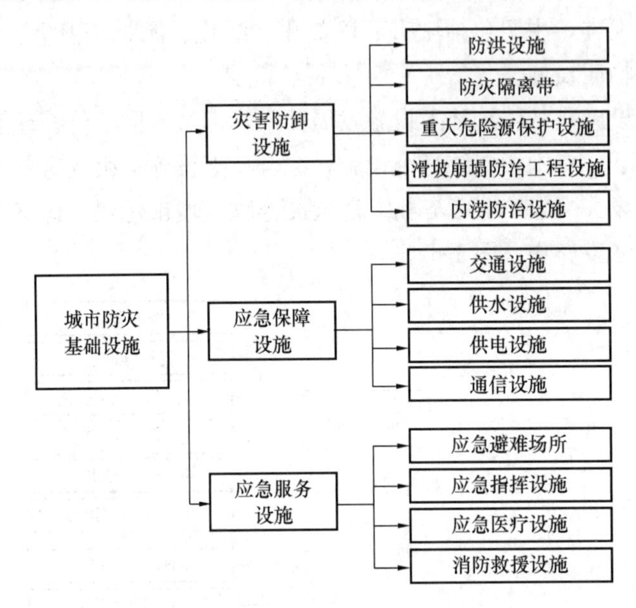

图 1-7　城市防灾减灾设施的类型

1.2　市政基础设施的建设与发展

1.2.1　我国城镇发展概况

1. 由“七普”说起

“城镇化”又称“城市化”，是指随着一个国家或地区社会生产力的发展、科学技术的进步以及产业结构的调整，其社会由以农业为主的传统乡村型社会向以工业（第二产业）和服务业（第三产业）等非农产业为主的现代城市型社会逐渐转变的历史过程。随着我国新型工业化、信息化和农业现代化的深入发展和农业转移人口市民化政策落实落地，我国新型城镇化进程稳步推进，城镇化建设取得了历史性成就。2021 年 5 月 11 日，国家统计局公布了第七次全国人口普查（以下简称“七普”）主要数据。“七普”数据表明，全国总人口为 140978 万人，其中居住在城镇的人口为 90199 万人，占 63.89%；居住在乡村的人口为 50979 万人，占 36.11%。与 2010 年相比，城镇人口增加 23642 万人，城镇人口比重上升 14.21%。

城镇化是伴随工业化发展，非农产业在城镇集聚、农村人口向城镇集中的自然历史过程，是人类社会发展的客观趋势，是国家现代化的重要标志。从城镇化历程来看，我国城镇化经历了改革开放之前的城镇化阶段（1949—1978 年）、改革开放之初的城镇化阶段

（1979—1995 年）、社会主义市场经济初期的城镇化阶段（1996—2012 年）、新型城镇化阶段（2013 年至今）四个阶段（图 1-8）。

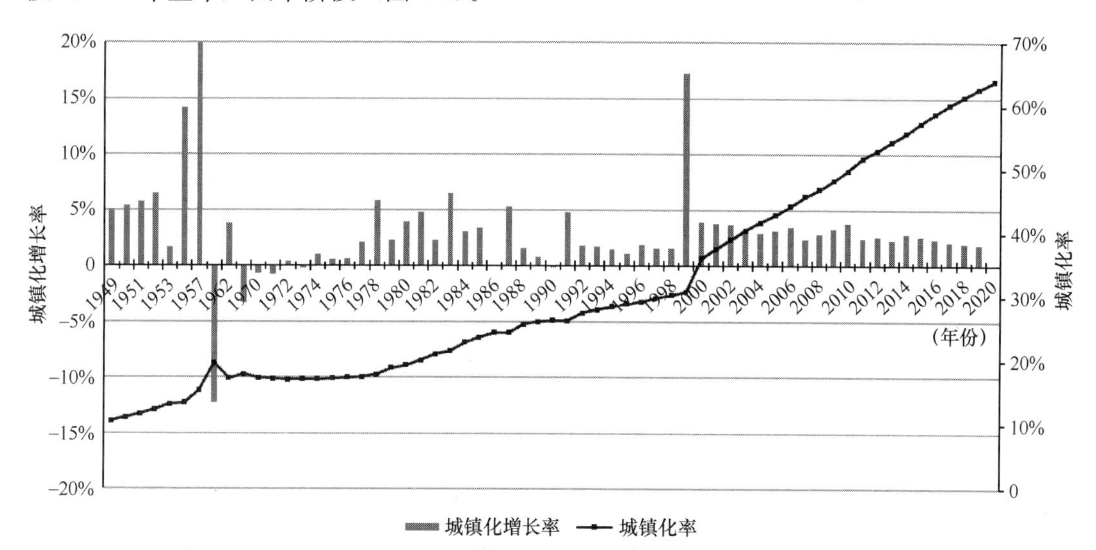

图 1-8　我国城镇化率变化发展一览图

（资料来源：作者根据《中国统计年鉴数据》绘制）

伴随着城镇化水平的提高，我国城镇发展质量显著提升，城乡居民生活水平全面提高，城乡融合发展稳步推进，科学的城镇化道路已经基本形成。截至 2020 年，我国城市个数达到 687 个，城市建成区面积达到 60721.3km^2，单个城市平均建成区面积达到 88.4km^2，城市空间得到快速拓展（图 1-9、表 1-3）。

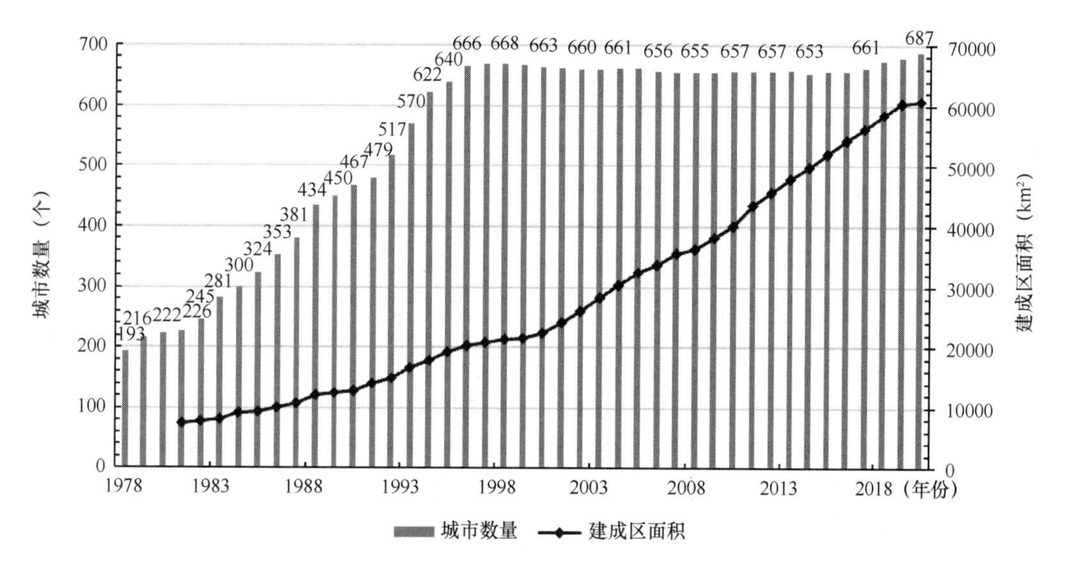

图 1-9　全国历年城市数量及建成区面积发展一览图

（资料来源：作者根据《2020 年城乡建设统计年鉴》中的数据绘制）

城市（镇）数量和规模变化情况表 **表 1-3**

<table>
<tr><th rowspan="2">序号</th><th rowspan="2" colspan="2">城市类别</th><th rowspan="2">常住人口规模</th><th colspan="3">城市（镇）数量（个）</th></tr>
<tr><th>1978 年</th><th>2010 年</th><th>2020 年*</th></tr>
<tr><td>1</td><td colspan="2">城市</td><td></td><td>193</td><td>658</td><td>683</td></tr>
<tr><td>2</td><td colspan="2">超大城市</td><td>1000 万人以上城市</td><td>0</td><td>6</td><td>7</td></tr>
<tr><td>3</td><td colspan="2">特大城市</td><td>500 万～1000 万人</td><td>2</td><td>10</td><td>14</td></tr>
<tr><td>4</td><td rowspan="2">大城市</td><td>Ⅰ大城市</td><td>300 万～500 万人</td><td>2</td><td>21</td><td>14</td></tr>
<tr><td>5</td><td>Ⅱ大城市</td><td>100 万～300 万人</td><td>25</td><td>103</td><td>70</td></tr>
<tr><td>6</td><td colspan="2">中等城市</td><td>50 万～100 万人</td><td>35</td><td>135</td><td>135</td></tr>
<tr><td>7</td><td rowspan="2">小城市</td><td>Ⅰ小城市</td><td>20 万～50 万人</td><td rowspan="2">139</td><td rowspan="2">380</td><td>254</td></tr>
<tr><td>8</td><td>Ⅱ小城市</td><td>20 万人以下</td><td>189</td></tr>
</table>

*资料来源：国务院第七次全国人口普查领导小组办公室编制的《2020 中国人口普查分县资料》。

城镇的就业机会、收入水平以及公共服务水平在城乡间、区域间存在的差异决定了城镇地区，尤其是超大城市、特大城市、大城市、主要城市群始终是流动人口的主要目的地。与此同时，中国城镇化水平大幅提升，但也同样积累了一些问题。比如，城镇化建设过程中抱守“重物轻人”的思维，忽视了城镇化进程中人的因素，土地资源浪费，忽视环境保护的现象大量存在。“城市病”问题不断累积。2012 年 11 月，中央经济工作会议首次提出“新型城镇化”概念，标志着“以人为本”为核心理念的新型城镇化阶段已经到来。在这一阶段，在加快推进城镇化的同时，更加注重城镇化质量的提升。

2. 新型城镇化与城市建设

我国的“新型城镇化”战略最早源于 2002 年党的十六大明确提出“走中国特色的城镇化道路”，这也标志着我国由传统城镇化迈入新型城镇化建设阶段。

2012 年，党的十八大报告正式明确提出新型城镇化建设方针。同年 12 月，中央经济工作会议首次提出“把生态文明理念和原则全面融入城镇化全过程，走集约、智能、绿色、低碳的新型城镇化道路”。

2014 年 3 月，《国家新型城镇化规划（2014－2020 年）》发布。该规划是根据中国共产党第十八次全国代表大会报告、《中共中央关于全面深化改革若干重大问题的决定》、中央城镇化工作会议精神、《中华人民共和国国民经济和社会发展第十二个五年规划纲要》和《全国主体功能区规划》编制，按照走中国特色新型城镇化道路、全面提高城镇化质量的新要求，明确未来城镇化的发展路径、主要目标和战略任务，统筹相关领域制度和政策创新，是指导全国城镇化健康发展的宏观性、战略性、基础性规划。

2022 年 5 月，中共中央办公厅、国务院办公厅印发《关于推进以县城为重要载体的城镇化建设的意见》，提出“县城是我国城镇体系的重要组成部分，是城乡融合发展的关键支撑，对促进新型城镇化建设、构建新型工农城乡关系具有重要意义”。

2022 年 6 月，新一版《国家新型城镇化规划（2021—2035 年）》已经通过相关部门审批，这是继 2014 年我国出台首个新型城镇化规划《国家新型城镇化规划（2014—2020 年）》后，面向 2035 年的新一轮新型城镇化规划，将成为引领中国未来 15 年新型城镇化的“顶层设计”（表 1-4）。

我国新型城镇化发展历程一览表 **表1-4**

序号	时间	重要文件/事件	主要内容及意义
1	2002年11月	党的十六大报告	提出“走中国特色的城镇化道路”
2	2007年6月	江西省印发《江西省新型城镇化“十一五”专项规划》	“提高城乡发展融合度，大力推进新型城镇化”
3	2007年10月	党的十七大报告	进一步将“中国特色城镇化道路”作为“中国特色社会主义道路”的五个基本内容之一
4	2012年11月	党的十八大报告	正式提出新型城镇化建设方针
5	2012年12月	中央经济工作会议公报	首次正式提出“积极稳妥推进城镇化，着力提高城镇化质量，把生态文明理念和原则全面融入城镇化全过程，走集约、智能、绿色、低碳的新型城镇化”
6	2013年3月	《国务院关于城镇化建设工作情况的报告》	提升新型城镇化质量。有序推进城市更新，加强市政设施和防灾减灾能力建设，开展老旧建筑和设施安全隐患排查整治，再开工改造一批城镇老旧小区，推进无障碍环境建设和适老化改造
7	2013年12月	召开首次中央城镇化工作会议	会议提出了推进城镇化的主要任务。其中，推进农业转移人口市民化；解决好人的问题是推进新型城镇化的关键
8	2014年3月	《国家新型城镇化规划（2014—2020年）》	指导全国城镇化健康发展的宏观性、战略性、基础性规划
9	2014年12月	国家发展改革委《关于印发国家新型城镇化综合试点方案的通知》	确定在江苏、安徽两省和宁波等62个城市（镇）开展试点
10	2016年2月	国务院印发《关于深入推进新型城镇化建设的若干意见》	坚持走中国特色新型城镇化道路，以人的城镇化为核心，紧紧围绕新型城镇化目标任务，加快推进户籍制度改革，提升城市综合承载能力，制定完善土地、财政、投（融）资等配套政策
11	2017年6月	国家发展改革委《加快推进新型城镇化建设行动方案》	全面落实《行动方案》25项工作任务，围绕农业转移人口市民化，扎实推进户改落地生根和基本公共服务均等化；围绕优化空间布局，扎实推进城市群建设和新生中小城市培育；围绕宜居宜业，扎实推进城市建设“补短板”和“转方式”；围绕一体化发展，扎实推进城乡联动和新农村建设；围绕释放活力，扎实推进“地”“钱”“权”等综合改革
12	2018年3月	《国家发展改革委关于实施2018年推进新型城镇化建设重点任务的通知》	全面总结第一批国家新型城镇化综合试点成果，提炼可复制、可推广的典型经验，在全国范围内有序推开

续表

序号	时间	重要文件/事件	主要内容及意义
13	2019 年 3 月	国家发展改革委关于印发《2019 年新型城镇化建设重点任务》的通知	2019 年是全面建成小康社会关键之年
14	2020 年 4 月	国家发展改革委关于印发《2020 年新型城镇化建设和城乡融合发展重点任务》的通知	实现 1 亿非户籍人口在城市落户目标和国家新型城镇化规划圆满收官，为全面建成小康社会提供有力支撑
15	2020 年 10 月	中国共产党第十九届中央委员会第五次全体会议通过《中共中央关于制定国民经济和社会发展第十四个五年规划和二〇三五年远景目标的建议》	推进以人为核心的新型城镇化，明确了新型城镇化目标任务和政策举措
16	2021 年 4 月	国家发展改革委关于印发《2021 年新型城镇化和城乡融合发展重点任务》的通知	深入实施以人为核心的新型城镇化战略，促进农业转移人口有序、有效融入城市，增强城市群和都市圈承载能力，转变超大特大城市发展方式，提升城市建设与治理现代化水平，推进以县城为重要载体的城镇化建设，加快推进城乡融合发展，为“十四五”开好局、起好步提供有力支撑
17	2022 年 5 月	中共中央办公厅 国务院办公厅印发《关于推进以县城为重要载体的城镇化建设的意见》	县城是我国城镇体系的重要组成部分，是城乡融合发展的关键支撑，对促进新型城镇化建设、构建新型工农城乡关系具有重要意义
18	2022 年 7 月	国家发展改革委印发《“十四五”新型城镇化实施方案》	就推进新型城市建设作出专门部署，强调要坚持人民城市人民建、人民城市为人民，加快转变发展方式，建设宜居、韧性、创新、智慧、绿色、人文城市
19	即将发布	《国家新型城镇化规划（2021—2035 年）》	大中小城市和小城镇协调发展，特别补充“以县城为重要载体的城镇化建设”，补短板强弱项、就地城镇化，强调城乡融合，以县域为基本单元推进城乡融合发展

2002 年至今，我国新型城镇化从提出到逐渐走向成熟。探索中国特色新型城镇化的过程是“以人为本”的新型城镇化。在新型城镇化战略的指引下，新型城镇化理念深入人心，城镇化发展方式明显转变，重点领域实现了重大变革，推动城镇化水平和质量大幅提升。以城市群为主体的城镇化格局、城乡融合发展、户籍制度改革、城镇化发展理念和方式、城市综合承载力等方面取得了显著的成就。如表 1-5 所示为新型城镇化主要指标完成情况一览表。

新型城镇化主要指标完成情况一览表　　表 1-5

序号	指标	2020 年目标①	完成情况⑥
1	城镇化水平		
1-1	常住人口城镇化率	60%	63.9%
1-2	户籍人口城镇化率	45%	46.7%
2	基本公共服务		
2-1	进城务工人员随迁子女接受义务教育比例	≥99%	99.6%
2-2	城镇失业人员、进城务工人员、新成长劳动力免费接受基本职业技能培训覆盖率	≥95%	—
2-3	城镇常住人口基本养老保险覆盖率②	≥90%	—
2-4	城镇常住人口基本医疗保险覆盖率	98%	—
2-5	城镇常住人口保障性住房③覆盖率	≥23%	—
3	基础设施		
3-1	百万以上人口城市公共交通占机动化出行比例	60%	60%
3-2	城镇公共供水普及率	90%	99.1%
3-3	城市污水处理率	95%	97.5%
3-4	城市生活垃圾无害化处理率	95%	99%
3-5	城市家庭宽带接入能力（Mb/s）	≥50	100，发达城市达到 1000
3-6	城市社区综合服务设施覆盖率	100%	100%
4	资源环境		
4-1	人均城市建设用地④（m^2）	≤100	—
4-2	城镇可再生能源消费比重	13%	—
4-3	城镇绿色建筑占新建建筑比重	50%	65%
4-4	城市建成区绿地率	50%	—
4-5	地级以上城市空气质量达到国家标准⑤的比例	38.9%	58.9%

① 2020 年目标为《国家新型城镇化规划（2014—2020 年）》中提出的目标。

② 城镇常住人口基本养老保险覆盖率指标中，常住人口不含 16 周岁以下人员和在校学生。

③ 城镇保障性住房：包括公租房（含廉租房）、政策性商品住房和棚户区改造安置住房等。

④ 人均城市建设用地：国家《城市用地分类与规划建设用地标准》GB 50137—2011 规定，人均城市建设用地标准为 65.0～115.0m^2，新建城市为 85.1～105.0m^2。

⑤ 城市空气质量国家标准：在 1996 年标准基础上，增设了 PM2.5 浓度限值和臭氧 8h 平均浓度限值，调整了 PM10、二氧化氮、铅等浓度限值。

⑥ 完成情况中，所有数据来源于《2021 年城乡建设统计年鉴》。

在新型城镇化战略指引下，相应的目标任务顺利完成。在城市建设方面，新型城市建设成效显著，以城市群为主体的城镇化空间格局更加清晰，都市圈蓬勃发展，京津冀、长三角、珠三角等城市群国际竞争力显著增强，成渝地区双城经济圈建设开局良好。城市群一体化发展水平不断提高，除东部三大城市群外，长江中游、北部湾、兰州—西宁等城市群建立了常态化协商推进机制，基础设施、生态环境、公共服务等领域合作水平迈上新台阶。绿色城市建设扎实推进，地级及以上城市建成区黑臭水体消除比例达98.2%，空气质量优良天数比率提高到87%；城市废弃物回收和再生利用体系加快建立，46个重点城市已基本建成生活垃圾分类处理系统，居民小区覆盖率达96%。智慧城市建设加快推进，地级及以上城市全部建成数字化管理平台，80个城市开展“互联网+政务服务”信息惠民试点，城管、交通、水利、环保等领域的数据融通应用持续深化。人文城市建设逐步深入，城市历史文化魅力不断彰显，截至2020年年底，已公布国家历史文化名城135个、名镇名村799个，划定历史文化街区912片，确定历史建筑3.85万处。

《“十四五”新型城镇化实施方案》再次明确“十四五”时期推进以人为核心的新型城镇化。围绕以人为核心的新型城镇化过程，就是要将人的要素放在突出位置，围绕人的生存权和发展权来推进城镇化进程。强调要坚持人民城市人民建、人民城市为人民，加快转变发展方式，建设宜居、韧性、创新、智慧、绿色、人文城市。如表1-6所示为“十四五”新型城镇化推进新型城市建设内容一览表。

“十四五”新型城镇化推进新型城市建设内容一览表 **表1-6**

序号	目标	措施	包含的城市建设内容
1	宜居城市	增加普惠便捷公共服务供给	学校、医院、养老、幼托、城市15分钟便民生活圈等
2		健全市政公用设施	公交网络、城市路网、停车场、充（换）电设施、市政地下管网、综合管廊、照明等
3		完善城市住房体系	房屋建设
4		推进城市更新改造	老城区、老旧厂区、城中村等
5	韧性城市	增强防灾减灾能力	预警系统、消防设施、应急避难场所、供水、供电、通信等生命线备用设施、综合性国家储备基地等
6		构建公共卫生防控救治体系	生物安全二级水平实验室、应急空间等
7		加大内涝治理力度	因地制宜基本形成源头减排、管网排放、蓄排并举、超标应急的排水防涝工程体系
8		推进管网更新改造和地下管廊建设	推进燃气管道老化更新改造、推进综合管廊建设
9	创新城市	增强创新创业能力	强化国家自主创新示范区、高新技术产业开发区、经济技术开发区等创新功能。建设成本低、要素全、便利化、开放式的孵化器等众创空间，支持创新型中小微企业成长；促进特色小镇规范健康发展
10	智慧城市	推进智慧化改造	推进第五代移动通信（5G）网络规模化部署和基站建设、探索建设“数字孪生城市”，推进市政公用设施及建筑等物联网应用、智能化改造，部署智能交通、智能电网、智能水务等感知终端

续表

序号	目标	措施	包含的城市建设内容
11	低碳城市	加强生态修复和环境保护	坚持山水林田湖草沙一体化保护和系统治理，落实生态保护红线、环境质量底线、资源利用上限和生态环境准入清单要求，提升生态系统质量和稳定性。到 2025 年城镇生活垃圾焚烧处理能力达到 80 万 t/d 左右。健全危险废弃物和医疗废弃物集中处理设施、大宗固体废弃物综合利用体系
12		推进生产生活低碳化	有序引导非化石能源消费和以电代煤、以气代煤，发展屋顶光伏等分布式能源，因地制宜推广热电联产、余热供暖、热泵等多种清洁供暖方式，推行合同能源管理等节能管理模式。到 2025 年城市新能源公交车辆占比提高到 72%。在 60 个左右大中城市率先建设完善的废旧物资循环利用体系
13	人文城市	推动历史文化传承和人文城市建设	推进长城、大运河、长征、黄河等国家文化公园建设，加强革命文物、红色遗址、世界文化遗产、文物保护单位、考古遗址公园保护。推动非物质文化遗产融入城市规划建设，鼓励城市建筑设计传承创新。推动文化旅游融合发展，发展红色旅游、文化遗产旅游和旅游演艺

资料来源：根据《“十四五”新型城镇化实施方案》整理。

1.2.2　市政基础设施发展概况

1. 市政基础设施发展现状

伴随我国新型城镇化建设，城市交通、给水排水、供电、燃气、供热、通信、环境卫生、防灾等各项工程成为城市建设的重要组成部分，同时也是城市经济、社会发展的重要支撑体系。配置合理的城市基础设施不仅能满足城市各项活动的要求，而且还有利于带动城市建设和城市经济发展，保障城市健康持续发展。

随着城市化进程的进一步加快，城市中的人口数量逐年增多，市政基础设施建设和改造稳步推进，设施能力和服务水平不断提高，城市的综合承载力和城市安全保障能力明显提升。到 2020 年，我国城市供水、排水、燃气、垃圾处理等服务已经基本普及，设市城市（县城）公共供水普及率达到 98.99%，污水处理率达到 97.53%，燃气普及率达到 97.87%。如表 1-7 所示为“十三五”时期全国城市市政基础设施建设情况一览表。

“十三五”时期全国城市市政基础设施建设情况一览表　　表 1-7

序号	设施类别	指标	2015 年	2020 年	增长幅度
1	道路交通	人均城市道路面积（m^2）	15.6	18.04	15.64%
		道路长度（万 km）	36.5	49.26	35.00%
		开通运营城市轨道交通城市（个）	24.0	42.0	75.00%
		轨道交通运营里程（km）	3069.2	7597.9	147.55%
2	地下管线（廊）	供排水、供热、燃气地下管线长度（万 km）	241.49	308.62	27.80%

续表

序号	设施类别	指标	2015 年	2020 年	增长幅度
3	供水、排水	公共供水普及率	98.1%	99.0%	0.94%
		公共供水能力（亿 m^3/d）	560.5	629.5	12.32%
		污水处理能力（亿 m^3/d）	428.8	557.3	29.95%
4	燃气、供热	城市燃气普及率	95.3%	97.87%	2.70%
		城市集中供热面积（亿 m^3）	67.2	98.8	47.01%
		城市热源供热能力（万 MW）	47.6	56.6	19.05%
5	环境卫生	生活垃圾无害化处理能力（万 t/d）	57.3	96.3	68.02%
		生活垃圾无害化处理率	94.1%	99.7%	6.26%
		生活垃圾焚烧处理能力占比	38.0%	58.9%	55.08%
6	信息通信	固定宽带家庭普及率	50.0%	91.0%	41.0%
		光纤用户占比	34.0%	93.0%	59.0%
		4G 用户数（亿户）	3.8	12.0	215.8
7	园林绿化	建成区绿地面积（万 hm^2）	190.78	239.81	25.70%
		建成区绿地率	36.36%	38.24%	5.17%
		人均公园绿地面积（m^2/人）	13.35	14.78	10.71%

资料来源：《2020 年城乡建设统计年鉴》。

近年来，我国在市政基础设施建设投入总量有了较大增长，但城市市政基础设施投资占基础设施投资和全社会固定资产投资的比例持续下降。根据国家统计局数据和城乡建设统计公报数据，2012—2021 年，在历经 10 年的投资高速增长后，市政公用设施建设大体完成，2021 年市政设施投资额基本稳定在 2.75 万亿左右，而市政公用设施建设固定投资额占全社会固定资产投资比重有所下降（图 1-10）。

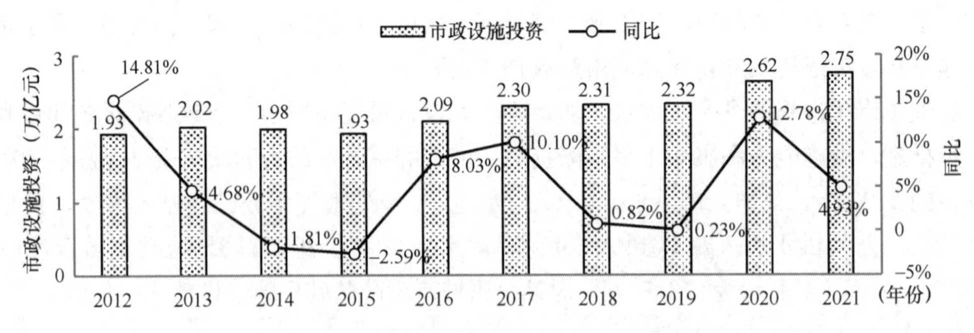

图 1-10　2012—2021 年全国市政设施固定资产投资及同比变化图

（资料来源：住房和城乡建设部发布的《2021 年中国城市建设状况公报》）

2021 年，全国市政设施固定资产投资 2.75 万亿元，同比增长 4.93%。其中，道路桥梁占城市市政设施固定资产投资的比重最大，为 36.8%；轨道交通、排水和园林绿化投资分别占 23.1%、10.0%和 7.3%；燃气占比最小，为 1.1%（图 1-11）。

从行政分区看，浙江、广东和江苏 3 个省的市政设施固定资产投资分别超过 2000 亿元，四川、山东、湖北、北京、重庆、河南、江西、湖南、陕西、安徽和贵州 11 个省

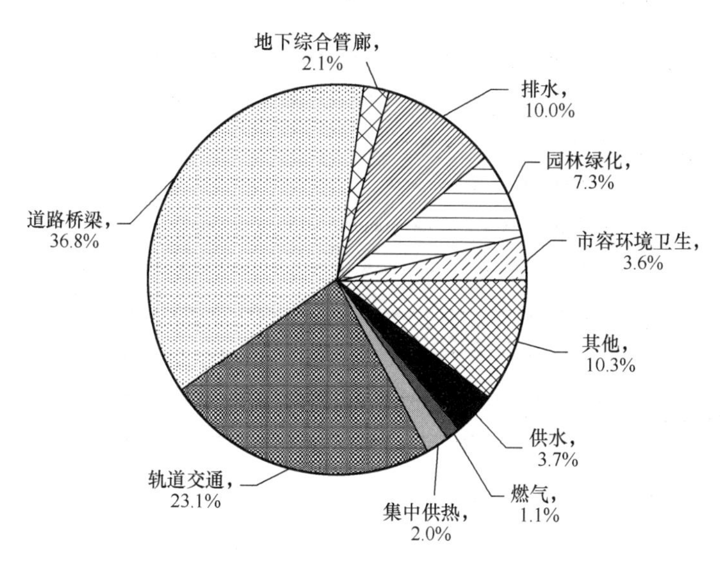

图 1-11　2021 年全国市政设施固定资产投资构成分布

（资料来源：住房和城乡建设部发布的《2021 年中国城市建设状况公报》）

（直辖市）分别超过 1000 亿元；福建、河北和广西 3 个省（区）分别超过 500 亿元；上海、天津、云南、山西、辽宁、黑龙江、吉林、新疆、甘肃、内蒙古和海南 11 个省（区、市）超过 100 亿元；宁夏、青海、西藏 3 个省（区）和新疆生产建设兵团不足 100 亿元（图 1-12）。

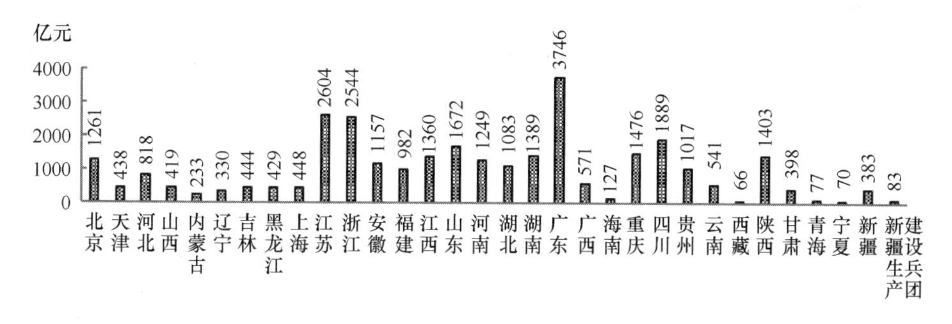

图 1-12　2021 年我国部分省（区、市）和新疆生产建设兵团市政设施实际到位资金分布图

（资料来源：住房和城乡建设部发布的《2021 年中国城市建设状况公报》）

城乡、区域间的市政基础设施发展基本实现公共服务均等化。从区域上看，东部地区市政基础设施水平与中西部地区基本实现服务均等化。例如，在 2016 年，西部地区污水处理率仍然落后东部地区 10 个百分点左右，到 2020 年，西部地区污水处理率与东部地区一致，生活垃圾处理率都基本达到 99%以上（图 1-13）。

从城市规模等级来看，超大、特大型城市基础设施水平要优于其他规模的城市；从城乡发展的角度来看，这种不平衡更加突出。以生活垃圾无害化处理设施为例，乡镇基本没有生活垃圾无害化处理设施。老城区市政基础设施由于建城历史长、建设标准低、改造难度大等原因，设施水平明显低于城市新区，尤其是供水、排水、供热、燃气等设施的“最

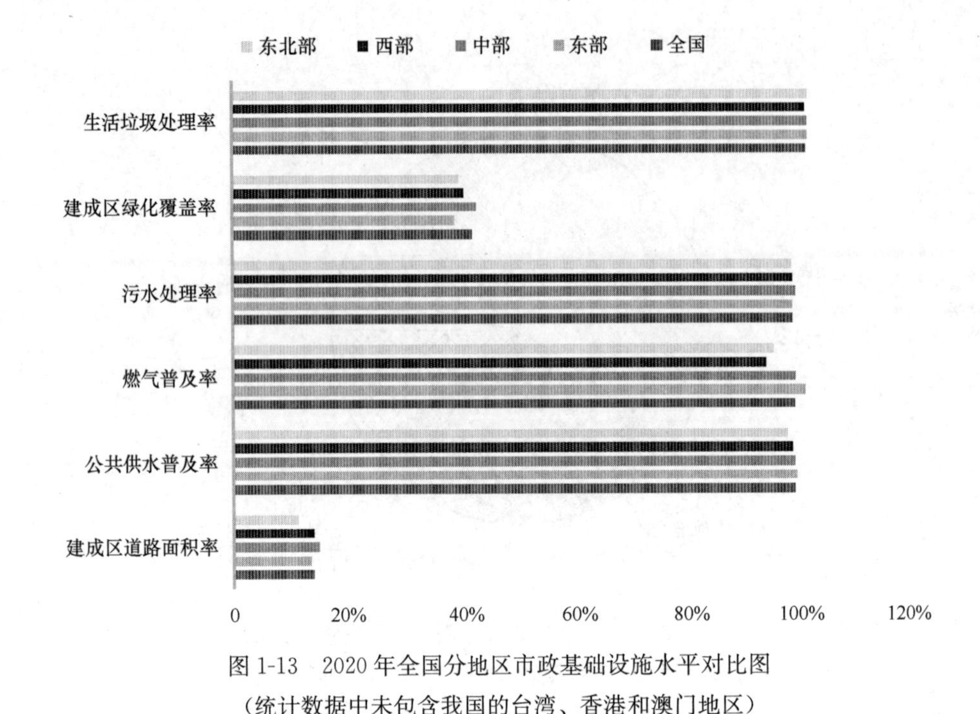

图 1-13　2020 年全国分地区市政基础设施水平对比图

（统计数据中未包含我国的台湾、香港和澳门地区）

后一公里”，改造和维护长期不到位，严重影响老城区居民生活品质的提升。

由于市政基础设施监管信息化水平普遍偏低，监管手段缺乏，难以实现对大量、分散的市政公用企业的有效监管，距离规范化、精细化和智慧化管理仍有较大差距。市政公用企业“小、散、弱、差”成为制约服务水平提高的“瓶颈”。以供水行业为例，通过对858 个县城共 891 家供水企业的抽样调查表明，供水能力前 10 位的供水企业只占调查总供水能力的 13%。其中，84%的供水企业供水能力不超过 5 万 m^3/d，24%的供水企业供水能力不超过 1 万 m^3/d，距离成熟的产业发展模式差距较大，由于缺乏专业化、规范化、规模化的建设和运营管理，城市市政基础设施的运行效率、服务质量难以有效提高，设施效能不能得到有效发挥，同时安全隐患也较多。

此外，我国市政基础设施专项规划缺乏对空间的统筹安排和控制，规划设施建设用地不能得到有效保障，基础设施选址和建设布局难以落实。例如，具有邻避效应的垃圾处理设施往往难以选址新建或扩建。另外，各行业缺乏空间协调，供水、排水、供热、燃气、环卫等各自为政、分散建设，造成重复建设和投资浪费。

2. 新型城镇化下市政基础设施发展转变

近年来，随着市政基础设施普及率和城市发展水平的逐渐提高，人们对美好生活的追求不断提升，市政基础设施要求高质量发展，即由量的提高逐渐转变为质的提升。为践行生态文明、绿色发展、循环发展、低碳发展理念，市政基础设施类型不断拓展和延伸。近年来，海绵城市、综合管廊、新能源汽车充（换）电设施、再生水利用设施、区域集中供冷设施等绿色、低碳、智慧的市政基础设施得到了长足的发展。

（1）海绵城市。

传统的“快排式”市政模式认为，雨水排得越多、越快、越通畅越好，而海绵城市理念转变了“快排式”的排水思路，遵循“渗、滞、蓄、净、用、排”六字方针，让雨水管网和低影响开发设施灰绿结合，统筹内涝防治、径流污染控制、雨水资源化利用和水生态修复等多个目标，让城市变为能够吸纳雨水、过滤空气、过滤污染物质的超级大海绵，让城市回归自然。

“海绵城市是生态文明建设背景下，基于城市水文循环，重塑城市、人、水关系的新型城市建设和发展理念”。在气候变化影响下，伴随着我国城市化进程，洪涝积水、河流水系生态恶化、水体富营养化、水污染等问题日益加剧。实现一种活泼、安全、可持续、健康的城市愿景已经成为所有人一致和迫切的需求。国内积极借鉴国外经验，国内开展“自然积存、自然渗透、自然净化”的海绵城市建设，大规模推广应用 LID 技术，结合城市水系、道路、广场、居住区和商业区、园林绿地等空间载体，建成低影响的雨洪调控与利用系统。2015 年以来，先后有 30 个城市入选了国家海绵城市建设试点；2016 年 5 月，深圳、北京、三亚、上海等 14 个城市入选第二批海绵城市建设试点。再到 2018 年 6 月已有 370 余个城市启动了海绵城市建设。2021 年开始系统化全域推进海绵城市建设，首批确定了 20 个示范城市。2022 年第二批系统化全域推进海绵城市建设示范城市 26 个，具体见表 1-8。海绵城市理念已经深入人心，从源头到末端系统控制薄弱环节，充分发挥了海绵城市的综合效益。

我国海绵城市试点城市一览表 **表 1-8**

序号	批次	试点年份	试点城市
1	第一批海绵城市建设试点城市	2015 年 4 月	迁安、白城、镇江、嘉兴、池州、厦门、萍乡、济南、鹤壁、武汉、常德、南宁、重庆、遂宁、贵安新区和西咸新区
2	第二批海绵城市建设试点城市	2016 年 5 月	青岛、宁波、福州、上海、深圳、珠海、三亚、庆阳、西宁、固原、天津、北京、大连、玉溪
3	2021 年度系统化全域推进海绵城市建设示范城市	2021 年 5 月	唐山、长治、四平、无锡、宿迁、杭州、马鞍山、龙岩、南平、鹰潭、潍坊、信阳、孝感、岳阳、广州、汕头、泸州、铜川、天水、乌鲁木齐
4	2022 年度系统化全域推进海绵城市建设示范城市	2022 年 5 月	秦皇岛、晋城、呼和浩特、沈阳、松原、大庆、昆山、金华、芜湖、漳州、南昌、烟台、开封、宜昌、株洲、中山、桂林、广元、广安、安顺、昆明、渭南、平凉、格尔木、银川
5	2023 年度系统化全域推进海绵城市建设示范城市	2023 年 5 月	衡水、葫芦岛、扬州、衢州、六安、三明、九江、临沂、吴忠、安阳、襄阳、佛山、绵阳、拉萨、延安

海绵城市建设是在我国城市水问题凸显和水系统亟须变革的背景下提出的。2013 年 12 月 12 日，习近平总书记在中央城镇化工作会议的讲话中提出，提升城市排水系统时要优先考虑把有限的雨水留下来，优先考虑更多利用自然力量排水，建设自然积存、自然渗透、自然净化的海绵城市。

2015 年 4 月，水利部、财政部发布《海绵城市试点城市名单》，公布了 16 座海绵城市试点名单。

2015 年 7 月，财政部、住房和城乡建设部、水利部发布《关于印发海绵城市建设绩效评价与考核办法（试行）的通知》，从水生态、水环境、水资源、水安全、制度建设及执行情况、显示度六个方面进行考核。

2014 年 10 月，住房和城乡建设部印发《海绵城市建设技术指南——低影响开发雨水系统构建（试行）》（以下简称《指南》），要求各地结合实际，参照技术指南，积极推进海绵城市建设。

2014 年 12 月，财政部、住房和城乡建设部、水利部发布《关于开展中央财政支持海绵城市建设试点工作的通知》，中央财政对海绵城市建设试点给予专项资金补助，一定三年，直辖市、省会城市和其他城市每年分别补助 6 亿元、5 亿元和 4 亿元。对采用 PPP 模式达到一定比例的，将按上述补助基数奖励 10%。

2015 年 10 月，国务院办公厅发布《国务院办公厅关于推进海绵城市建设的指导意见》，要求通过海绵城市建设，综合采取“渗、滞、蓄、净、用、排”等措施，最大限度地减少城市开发建设对生态环境的影响，将 70%的降雨就地消纳和利用。

2017 年 5 月，住房和城乡建设部、国家发展改革委编制的《全国城市市政基础设施规划建设“十三五”规划》中提出，加快推进海绵城市建设，2020 年 20%以上城市建成区面积须达到海绵城市目标要求，2030 年该比例达到 80%。

2019 年 2 月，住房和城乡建设部发布《城市地下综合管廊运行自护及安全技术标准》GB 51354—2019，对海绵城市建设的评价内容、评价方法等作了规定。要求海绵城市的建设要保护自然生态格局，采用“渗、滞、蓄、净、用、排”等方法实现海绵城市建设的综合目标。

2021 年 4 月，财政部办公厅、住房和城乡建设部办公厅、水利部办公厅印发《关于开展系统化全域推进海绵城市建设示范工作的通知》中指出，通过竞争性选拔确定部分示范城市。其中，第一批确定 20 个示范城市。系统性、全域化推进将是海绵城市建设的发展方向。

2022 年 5 月，财政部办公厅、住房和城乡建设部办公厅、水利部办公厅印发《关于开展“十四五”第二批系统化全域推进海绵城市建设示范工作的通知》中确定第二批海绵城市建设示范城市总数为 25 个。

2022 年 4 月，《住房和城乡建设部办公厅关于进一步明确海绵城市建设工作有关要求的通知》要求，准确把握海绵城市建设内涵，明确海绵城市建设主要目标。该通知进一步明确了海绵城市的内涵和实施路径，并对规划建设管理等方面做出清晰的要求，明确提出了海绵城市建设的“正面清单”和“负面清单”。这对科学稳妥推进我国海绵城市建设十分必要。中央财政按区域对示范城市给予定额补助，示范城市统筹使用中央和地方资金系统化全域推进海绵城市建设。

海绵城市的建设，首先应注重“自然海绵体”的保护和修复：一是保护城市原有生态系统，最大限度地保护原有的河流、湖泊、湿地、坑塘、沟渠等水生态敏感区，留有足够涵养水源、应对较大强度降雨的林地、草地、湖泊、湿地，维持城市开发前的自然水文特征；二是用生态的手段修复和恢复传统城市建设模式下，受到破坏的水体和其他自然环境；三是低影响开发，按照对城市生态环境影响最低的开发建设理念，合理控制开发强度，控制不透水面积比例，根据需要适当开挖河湖沟渠、增加水域面积，最大限度地减少对城市原有水生态环境的破坏。

通过海绵城市的系统建设，可以整合“源头减排、过程控制、末端治理”的相关工作，统筹形成低影响开发源头径流控制系统、城市排水管渠和设施系统、内涝防治系统，并与防洪防潮系统相结合，形成完善的基础设施体系，实现缓解城市内涝、削减径流污染负荷、提高雨水资源化水平、改善城市景观等多重目标，最终构建起可持续、健康的水生态系统。如图 1-14 所示为深圳海绵型园区。

图 1-14　深圳海绵型园区

（2）综合管廊。

综合管廊是指建于城市地下用于容纳两类及以上城市工程管线的构筑物及附属设施。推进城市地下综合管廊建设，是创新城市基础设施建设的重要举措，不仅可以逐步消除“马路拉链”“空中蜘蛛网”等问题，用好地下空间资源，提高城市综合承载能力，满足民生之需，而且可以带动有效投资、增加公共产品供给，提升新型城镇化发展质量，打造经济发展新动力。如图 1-15 所示为深圳风塘大道综合管廊舱室内部实拍图。

从 2015 年开始，国务院及国家相关部委密集出台相关政策文件和规范标准，积极推进城市地下综合管廊建设，相关的政策法规越来越完善。早在 2005 年住房和城乡建设部在其工作要点中就提出：“研究制定地下管线综合建设和管理的政策，减少道路重复开挖率，推广共同沟和地下管廊建设和管理经验”。为了更好地进行综合管廊建设工作，国务院自 2013 年开始相继出台了多部有关城市综合管廊规划、建设和管理的指导性文件，《关于加强城市基础设施建设的意见》提出，开展城市地下综合管廊试点，用 3 年左右

图 1-15　深圳凤塘大道综合管廊舱室内部实拍图

时间，在全国 36 个大中城市全面启动地下综合管廊试点工程；中小城市因地制宜建设一批综合管廊项目。新建道路、城市新区和各类园区地下管网应按照综合管廊模式进行开发建设。

2015 年 4 月 8 日，财政部公布了 2015 年地下综合管廊 10 个试点城市，中央财政将对地下综合管廊试点城市给予专项资金补助。

住房和城乡建设部于 2015 年 5 月 22 日发布了国家标准《城市综合管廊工程技术规范》GB 50838—2015，于 2015 年 5 月 26 日印发了《城市地下综合管廊工程规划编制指引》，并组织编制了《城市综合管廊工程投资估算指标（试行）》，于 2015 年 7 月 1 日起正式施行。

2015 年 8 月 3 日，《国务院办公厅关于推进城市地下综合管廊建设的指导意见》提出，未来要重点推进城市地下综合管廊建设。

2015 年 11 月 26 日，《国家发展改革委 住房和城乡建设部关于城市地下综合管廊实行有偿使用制度的指导意见》中指导建立健全城市地下综合管廊有偿使用制度，形成合理收费机制。

2016 年 2 月，《中共中央 国务院关于进一步加强城市规划建设管理工作的若干意见》中明确提出，认真总结推广试点城市经验，逐步推进城市地下综合管廊建设，统筹各类管线敷设，综合利用地下空间资源，提高城市综合承载能力。

2016 年 7 月，《住房城乡建设部关于提高城市排水防涝能力推进城市地下综合管廊建设的通知》中指出，各地要结合本地实际情况，有序推进城市地下综合管廊和排水防涝设施建设，科学合理利用地下空间，充分发挥管廊对降雨的收排、适度调蓄功能，做到尊重科学、保障安全。

2021年10月，《住房和城乡建设部关于加强城市地下市政基础设施建设的指导意见》中指出，合理布局干线、支线和缆线管廊有机衔接的管廊系统，有序推进综合管廊系统建设。

2022年5月，《国务院关于印发扎实稳住经济一揽子政策措施的通知》已提出，因地制宜继续推进城市地下综合管廊建设。

我国大力推动地下综合管廊建设，多地取得积极进展。2015年起，住房和城乡建设部、财政部开展综合管廊试点工作，首批有10个试点城市（厦门、哈尔滨、包头、苏州、沈阳、海口、十堰、长沙、白银、六盘水）。2016年，又选定了第二批15个试点城市（郑州、广州、石家庄、四平、青岛、威海、杭州、保山、南宁、银川、平潭、景德镇、成都、合肥、海东），体现了国家对于全面建设综合管廊的决心。随着综合管廊开发建设的迅速发展，我国已经成为综合管廊开发建设的大国，在规模和建设速度方面居世界前列。《2020年城市建设统计年鉴》中指出，我国城市地下综合管廊建设投资约450亿元，全国地下综合管廊总里程数约6150km（图1-16）。

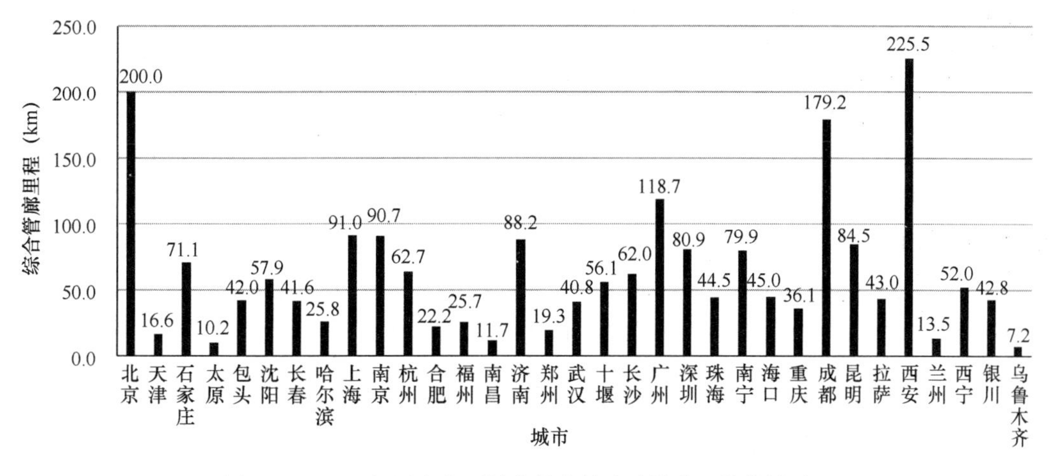

图1-16　2020年国内主要城市综合管廊建设公里数统计对比

（资料来源：作者根据《2020年城市建设统计年鉴》中的数据绘制）

（3）新能源汽车充（换）电设施。

根据公安部数据，2021年新能源汽车保有量达784万辆。其中，纯电动汽车保有量640万辆，占新能源汽车总量的81.63%。据我国汽车工业协会统计，2021年新能源汽车产销分别完成354.5万辆和352.1万辆，同比均增长1.6倍，市场占有率达到13.4%。如图1-17所示为2017—2021年月度新能源汽车销量及同比变化一览图。

2020年11月，国务院办公厅印发《新能源汽车产业发展规划（2021—2035年）》（以下简称《规划》），《规划》提出，到2025年，纯电动乘用车新车平均电耗降至12.0kWh/100km，新能源汽车新车销售量达到汽车新车销售总量的20%左右，高度自动驾驶汽车实现限定区域和特定场景商业化应用。到2035年，纯电动汽车成为新销售车辆的主流，公共领域用车全面电动化，燃料电池汽车实现商业化应用，高度自动驾驶汽车实现规模化应用，有效促进节能减排水平和社会运行效率的提升。《规划》部署了5项战略任务，明确提出完善

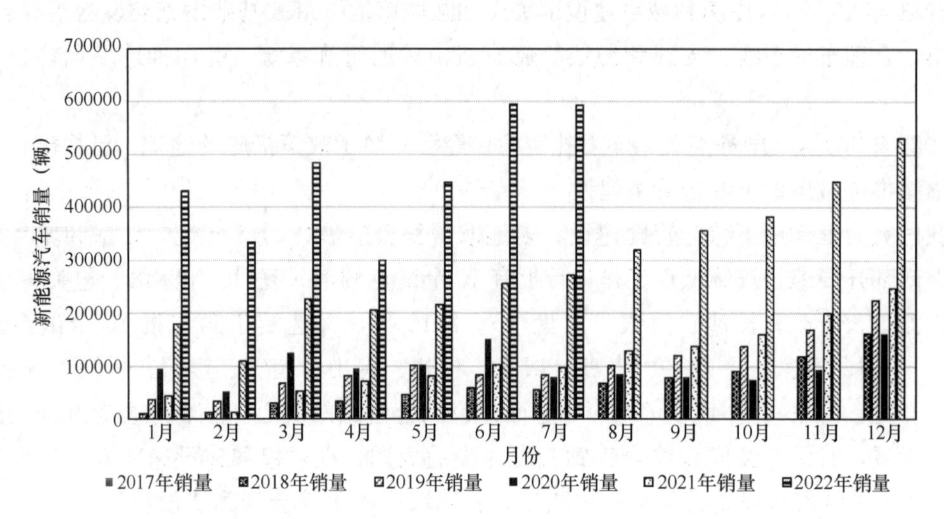

图 1-17　2017—2021 年月度新能源汽车销量及同比变化一览图

（资料来源：作者根据中国工业和信息化部汽车工业经济运行情况的统计数据绘制）

基础设施体系。加快推动充（换）电、加氢等基础设施建设，提升互联互通水平，鼓励商业模式创新，营造良好使用环境。

电动汽车需要通过充（换）电基础设施进行能源补充，常用的充（换）电基础设施包括交流充电桩、直流充电桩和电池更换设备。充电基础设施主要包括各类集中式充换电站和分散式充电桩，完善的充电基础设施体系是电动汽车普及的重要保障。进一步大力推进充电基础设施建设，是当前加快电动汽车推广应用的紧迫任务，也是推进能源消费革命的一项重要战略举措。如图 1-18 所示为深圳某停车场电动汽车充电设施实景，如图 1-19 所示为深圳某加油站旁电动汽车换电设施实景。

图 1-18　深圳某停车场电动汽车充电设施实景

根据我国电动汽车充电基础设施促进联盟《2020—2021 年度中国充电基础设施发展报告》，“十三五”期间，我国充（换）电基础设施网络覆盖全国主要省市（超过 450 个城

图 1-19　深圳某加油站旁电动汽车换电设施实景

市），覆盖率超过 90%；截至 2020 年 12 月底，公共与专用充电桩保有数量 79.8 万个，私人充电桩数量 87.4 万个（图 1-20），规模持续保持世界第一。

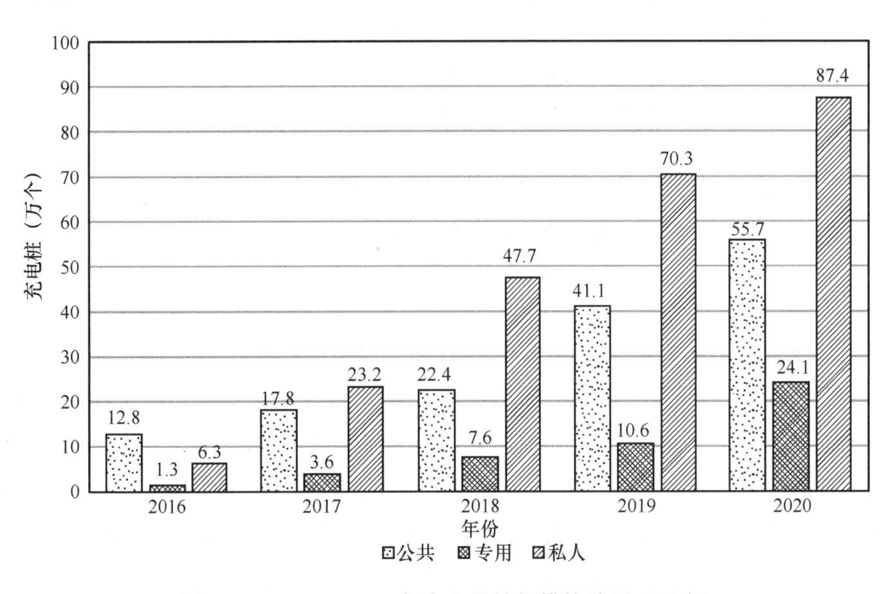

图 1-20　2016—2020 年充电设施规模统计图（万个）

（4）再生水利用设施。

再生水是公认的“城市第二水源”。我国水资源供需矛盾突出，但再生水回用起步较晚，直到 20 世纪 80 年代末，再生水回用研究和实践才开始逐步得到推广。2006 年，建设部印发《城市污水再生利用技术政策》，对城市再生利用规划、建设、运营、管理等进行了指导。2012 年国务院印发的《国务院关于实行最严格水资源管理制度的意见》中提出，鼓励使用再生水，加快再生水管网建设，逐步提高再生水利用比例。2015 年国务院先后印发《国务院关于印发水污染防治行动计划的通知》《中共中央 国务院关于加快推进生态文明建设的意见》，要求积极利用再生水，将再生水等非常规水资源纳入水资源统一配置。2017 年，国家发展改革委、水利部、住房和城乡建设部联合印发《节水型社会建设“十三五”规划》，提出至 2020 年严重缺水城市再生水利用率应达到 20%以上，京津冀地区达到 30%以上。

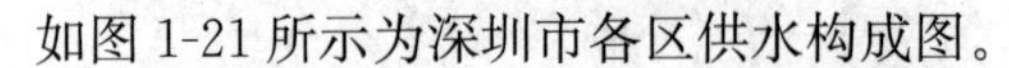
如图 1-21 所示为深圳市各区供水构成图。

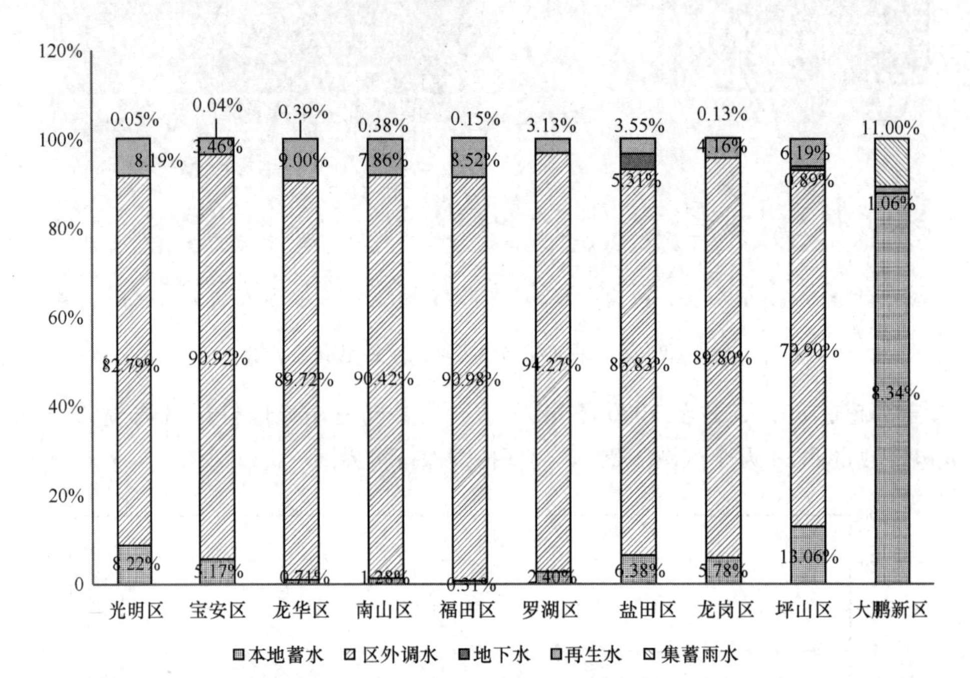

图 1-21 深圳市各区供水构成图

（资料来源：2020 年深圳市水资源公报）

在我国，再生水回用对象主要分为工业用水、城市杂用水、环境用水、农林牧渔业用水、补充水源水 5 类。由于行业特点和需求的差异，各行业在使用再生水作为水源时，对再生水水质需求不同。为配合我国城市开展城市污水再生利用工作，住房和城乡建设部和国家标准化管理委员会编制了《城镇污水处理厂污染物排放标准》GB 18918—2002、《城镇污水处理厂工程质量验收规范》GB 50334—2017、《城镇污水再生利用工程设计规范》GB 50335—2016、《建筑中水设计标准》GB 50336—2018、《城市污水再生利用 城市杂用水水质》GB/T 18920—2020 等污水再生利用系列标准。

2021 年 11 月，国家发展改革委、水利部、住房和城乡建设部、工业和信息化部、农业农村部部门印发了《“十四五”节水型社会建设规划》，在总结“十三五”节水成效、分析存在问题和研判形势要求基础上，提出了我国节水型社会建设的总体要求、主要任务、重点领域和保障措施，是“十四五”时期我国节水型社会建设的重要依据（表 1-9）。

“十四五”节水型社会建设主要目标指标一览表　　**表 1-9**

序号	指标	2025 年
1	用水总量（亿 m^3）	6400
2	万元国内生产总值用水量下降率	16.0%左右
3	万元工业增加值用水量下降率	16.0%
4	农田灌溉水有效利用系数	0.58
5	城市公共供水管网漏损率	<9.0%

注：万元国内生产总值用水量下降率和万元工业增加值用水量下降率与 2020 年的比较值。

（5）区域集中供冷设施。

2021 年 9 月 22 日，《中共中央 国务院关于完整准确全面贯彻新发展理念做好碳达峰碳中和工作的意见》发布。实现碳达峰、碳中和，是以习近平同志为核心的党中央统筹国内国际两个大局作出的重大战略决策，是着力解决资源环境约束突出问题、实现中华民族永续发展的必然选择，是构建人类命运共同体的庄严承诺。2021 年 10 月 26 日，国务院发布《2030 年前碳达峰行动方案》，其中要求加快推进城乡建设绿色低碳发展，包括加快提升建筑能效水平、加快优化建筑用能结构。

区域供冷技术是为了满足某一特定区域内多个建筑物的空调冷源要求，由专门的供冷站集中制备冷冻水，并通过区域管网进行供给冷冻水的供冷系统，可由一个供冷站或多个供冷站联合组成。区域供冷系统所提供的冷冻水可以是一种商品。区域供冷系统一般由区域供冷站、输送管网、用户入口装置三部分构成（图 1-22）。

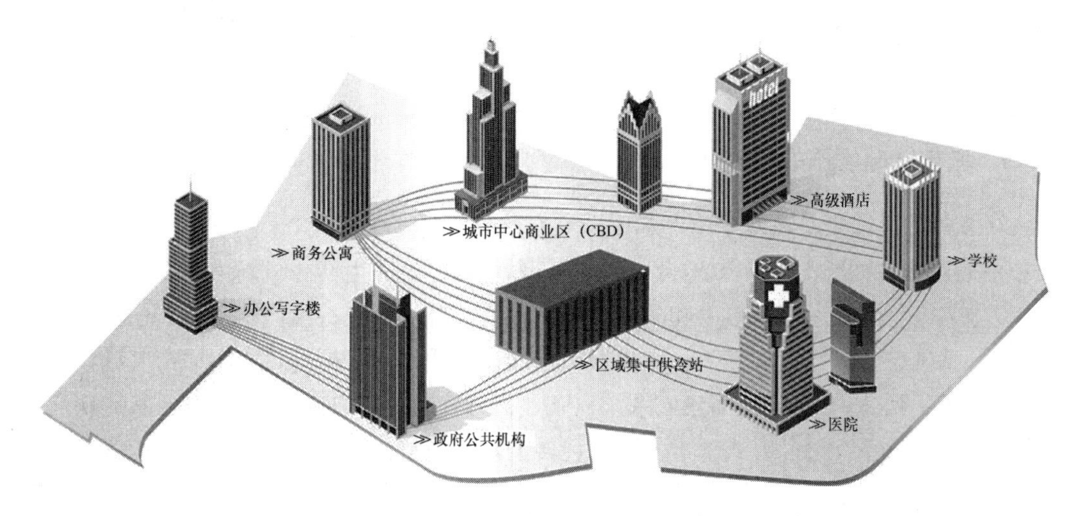

图 1-22　区域供冷系统构成示意

（资料来源：区域供冷系统）

区域供冷技术可以减少区域制冷设备总装机规模，一定程度上释放了建筑空间，通过对冷源集中管理，有效避免建筑单体制冷设备质量参差不齐、管理粗放带来的效率低下问题。日本 30 多年供冷运营的实践经验显示，集中供冷系统比各单体建筑单独配置中央空调节能约 12.2%。目前，国内外多个城市（区）（比如，新加坡及中国香港、深圳前海、广州）等已经有多个项目应用区域供冷。比如在深圳前海合作区，自 2010 年以来，前海合作区将采用先进城市建设理念，汇集多种先进技术，建设低碳生态示范区，把前海合作区打造成为绿色、低碳和现代化、国际化特点最为突出的城区；为落实前海低碳发展理念，2014 年 12 月 3 日，深圳市前海能源投资发展有限公司正式成立，主要负责区域集中供冷项目投资、建设及运营。截至 2021 年，前海合作区已建成约 16km 的市政供冷管网，签约供冷面积约 270 万 m^2，为前海嘉里中心、卓越集团、平安智慧等园区客户提供供冷服务。如图 1-23 所示为前海 2 号冷站实景。

图 1-23　前海 2 号冷站实景

1.2.3　城市基础设施的重点任务

2022 年 7 月，住房和城乡建设部、国家发展改革委发布的《“十四五”全国城市基础设施建设规划》中提出，到 2025 年，城市建设方式和生产生活方式绿色转型成效显著，基础设施体系化水平、运行效率和防风险能力显著提升，超大特大城市“城市病”得到有效缓解，基础设施运行更加高效，大中城市基础设施质量明显提升，中小城市基础设施短板加快补齐。到 2035 年，全面建成系统完备、高效实用、智能绿色、安全可靠的现代化城市基础设施体系，建设方式基本实现绿色转型，设施整体质量、运行效率和服务管理水平达到国际先进水平。“智能”“绿色”成为城市基础设施建设的关键词。“十四五”时期，城市基础设施建设将从传统城市基础设施建设转向新型城市基础设施建设，并且注重从“大而全”转向“补短板”，并为打造新应用场景，推动新兴产业发展提供支撑。市政基础设施的重点任务主要聚焦基础设施体系化建设、共建共享、绿色低碳以及智慧化四大方面。

1. 推进城市基础设施体系化建设，增强城市安全韧性能力

系统编制涵盖城市交通、水、能源、环境卫生、园林绿化、信息通信、广播电视等系统的城市基础设施建设规划，统筹布局、集约建设，有序引导项目实施，科学指导城市基础设施各子系统规划编制，健全规划衔接协调机制。系统提升城市基础设施供给能力，从人民群众实际生活需求出发，针对城市基础设施存在的突出短板问题，系统提升城市基础设施供给能力和服务质量。持续增强城市基础设施安全韧性能力，全面提升城市各类基础设施的防灾、减灾、抗灾、应急救灾能力和极端条件下城市重要基础设施快速恢复能力、关键部位综合防护能力。全面提升城市基础设施运行效率以及推进城市基础设施协同建设。

2. 推动城市基础设施共建共享，促进形成区域与城乡协调发展新格局

基础设施共建共享、协调互动，建立区域及设施建设重大事项、重大项目共商机制，强化区域性突发事件的应急救援处置。统筹规划建设区域交通、水、能源、环卫、园林、信息等重大基础设施布局，协同建设区域生态网络和绿道体系，促进基础设施互联互通、共建共享。构建覆盖城乡的基础设施体系以及生态网络体系，促进城乡基础设施的衔接配套建设，提高一体化监管能力。

3. 完善城市生态基础设施体系，推动城市绿色低碳发展

构建连续完整的城市生态基础设施体系，加强城市自然生态环境保护，提高自然生态系统健康活力。统筹推进城市水系统建设，包括流域生态环境治理和城市建设，实施城市生态修复。积极推进海绵城市建设，统筹城市防洪和内涝治理，提高城市防洪排涝的整体性和系统性。依法划定河湖管理范围，统筹利用和保护。推进城市绿地系统建设，保护城市自然山水格局，合理布局绿心、绿楔、绿环、绿廊，多途径增加绿化空间。促进城市生产生活方式绿色转型，深入开展节水型城市建设，提高城市用水效率。推进城市能源系统高效化、清洁化、低碳化发展，增强电网分布式清洁能源接纳和储存能力，以及对清洁供暖等新型终端用电的保障能力。积极发展绿色照明，加快城市照明节能改造，防治城市光污染。推行垃圾分类和减量化、资源化。

4. 加快新型城市基础设施建设，推进城市智慧化转型发展

推动城市基础设施智能化建设与改造，加快推进城市交通、水、能源、环卫、园林绿化等系统传统基础设施数字化、网络化、智能化建设与改造，加强泛在感知、终端联网、智能调度体系构建。构建信息通信网络基础设施系统。建设高速泛在、天地一体、集成互联、安全高效的信息基础设施，增强数据感知、传输、存储和运算能力，助力智慧城市建设。推进第五代移动通信技术（5G）网络设施规模化部署，推广升级千兆光纤网络设施。推进骨干网互联节点设施扩容建设。推进面向城市应用、全面覆盖的通信、导航、遥感空间基础设施建设运行和共享。

1.3　市政基础设施高质量建设与发展

1.3.1　市政基础设施高质量发展的内涵

2017 年，党的十九大提出“我国经济已由高速增长阶段转向高质量发展阶段，正处在转变发展方式、优化经济结构、转换增长动力的攻关期”，必须坚持质量第一、效益优先，推动经济发展质量变革、效率变革、动力变革。这是首次提出“高质量发展”的表述，表明中国经济由高速增长阶段转向高质量发展阶段。2018年，中央全面深化改革委员会审议通过的《关于推动高质量发展的意见》中明确指出，要把维护人民群众利益摆在更加突出位置，带动引领整体高质量发展。推动高质量发展，既是保持经济持续健康发展的必然要求，也是适应我国社会主要矛盾变化和全面建成小康社会、全面建设社会主义现代化国家的必然要求，更是遵循经济规律发展的必然要求。城市高质量发展成为当下迫切的需求，也是中国现阶段推进新型城镇化的重要目标和战略导向。

当前国内已经形成一定共识，城市高质量发展不能再以城市的面积扩张和城市化率的高速提升为重点，而要以城市发展是否还在以高环境污染与资源消耗的旧有模式推进、居民生活满意度与幸福感是否得到了有效提升为新的评判基准，集约高效、以人为本的发展理念贯穿在不同学者对城市高质量发展的内涵定义之中。因此，新型城镇化高质量发展的内涵可以概括为高质量的城市建设、高质量的基础设施、高质量的公共服务、高质量的人居环境、高质量的城市管理和高质量的市民化六个方面的有机统一。并同步地为居民营造更高效活跃的经济环境、更便捷舒适的居住环境、更公平包容的社会环境以及更加绿色健康的自然环境。

城市基础设施是经济社会发展的重要支撑，高质量的基础设施条件有利于增强经济活力，是城市高质量发展的重要体现。在城市基础设施领域，以建设高质量城市基础设施体系为目标，以整体优化、协同融合为导向，从以增量建设为主转向存量提质增效与增量结构调整并重，响应碳达峰、碳中和目标要求，统筹系统与局部、存量与增量、建设与管理、灰色与绿色、传统与新型城市基础设施协调发展，推进城市基础设施体系化建设，推动区域重大基础设施互联互通，促进城乡基础设施一体化发展；完善社区配套基础设施，保障居民享有完善的基础设施配套服务体系。总体而言，市政基础设施高质量发展的内涵可以概括为以下四个方面：

（1）市政基础设施规划建设体制机制的完善：市政基础设施的高质量发展需要以体制机制完善为重点，有效解决其规划建设中的体制机制问题，推动市政基础设施“由条块到系统，从政府到市场，从环节到全生命周期”的转型发展。

（2）把握市政基础设施的系统性：市政基础设施是一个全局性的庞杂系统，需要我们充分认识市政基础设施的系统性、整体性，以整个城市未来的发展方向及规划作为基础，坚持先规划、后建设，发挥规划的控制和引领作用，有序推进市政基础设施建设。

（3）提升市政基础设施协同发展水平：关注市政基础设施优化与协调配置，实现基础设施的共建共享、空间集约节约，提升城市基础设施安全韧性水平，并打造安全可靠的市政基础设施体系。

（4）基础设施与先进技术融合发展：通过新基建赋能传统基础设施，提升基础设施网络的辐射带动作用和溢出效应。基础设施与先进技术的融合化发展是基础设施高质量发展的重要途径，加快传统基础设施智慧化升级，形成绿色智能的市政基础设施体系。

1.3.2 市政基础设施高质量发展的要求

市政基础设施是城市基础设施重要的组成部分。坚持规划先行，发挥市政基础设施规划的引领作用，是实现市政基础设施高质量发展的重要保障。坚持新发展理念，构建新的发展格局，转变发展方式，推动质量、效率、动力变革，实现更高质量、更有效率、更加公平、更可持续、更为安全的发展。在高质量发展的内涵指引下，传统市政基础设施逐步向“低碳生态、韧性安全、智慧高效、集约节约”的方向发展。

1. 以安全韧性为本，提升综合承载力

市政基础设施的稳定运行是城市能够具有安全韧性的重要基础。近年来，国内高度关注城市的安全与韧性，“韧性城市”被写入《中华人民共和国国民经济和社会发展第十四个五年规划和 2035 年远景目标纲要》，建设韧性城市成为各界的共识。市政基础设施是在自然灾害等特殊情况下，城市保持稳定运行及迅速恢复的生命线工程，其承担着城市的动脉、静脉、神经、免疫等功能。在生态文明建设的背景下，大力推进韧性城市的建设是其可持续发展的要义，在城市化建设高度聚集、高流动性的环境下，监测预警、防灾减灾、应急救援等方面的建设滞后，导致城市应对外部冲击的敏感度能力不足。因此，打造在各种情况下均能安全、稳定、可靠、持续运转的韧性市政基础设施系统是支撑城市运转的重要内容。为提升城市基础设施安全韧性，规划建设一般采用“缓冲性”“多功能性”“冗余性”“多样性”“自适应”的规划策略，构建安全韧性的市政系统。比如，冗余性策略是通过增加备用系统来提升韧性，当基础设施工程受到灾害冲击而出现问题时，可以启用备用系统，从而确保功能正常发挥或尽快恢复功能。市政管网设计时预留了 1.1～1.3 弹性系数，保障了市政基础管网的冗余性。

2. 生态环境优先，践行低碳生态理念

在市政基础设施规划阶段推行低碳生态理念，可以增强实施的可操作性。努力探索在城市发展中可以有效节能减排的循环经济、清洁生产、低影响开发、绿色建筑等一系列技术手段，系统推进低碳生态理念在市政领域的技术推广与落实，是打造低碳生态的市政基础设施体系的关键。比如在垃圾综合处理及利用规划中强调遵循循环经济理念，充分体现生活垃圾处理全过程的资源和能源再利用，并实现生活垃圾处理产业链的协调发展。切实提高生活垃圾减量化、资源化、无害化水平，促进垃圾处理结构的调整。如图 1-24 所示

图 1-24　深圳老虎坑环境园实景

为深圳老虎坑环境园实景。

3. 空间集约节约，适应高强度开发

城市高强度开发过程中，用地矛盾日益突出。市政基础设施逐渐向“地下化”“小型化”“景观化”“复合化”“品质化”转变发展。随着城市功能提升、土地开发强度提高、服务水平提升和行业格局发生变化等新情况出现，多元化集约式建设基础设施的条件日趋成熟。市政基础设施也逐步从分散独立占地建设方式更多地向集约节约用地转型。比如，在土地资源紧缺而大规模采取都市综合体为主的单元开发模式，大量中小型设施均采取附设方式附建在各单元内，并对设施建筑面积进行控制。如图 1-25 所示为 110kV 珠宝变电站（附建式）效果图。

图 1-25　110kV 珠宝变电站（附建式）效果图

1.3.3　新型基础设施建设与发展

新型基础设施是以新发展理念为引领，以技术创新为驱动，以信息网络为基础，面向高质量发展需要，提供数字转型、智能升级、融合创新等服务的基础设施体系。系统布局建设新型基础设施，是促进当前经济增长、打牢长远发展基础的重要举措，是满足人们对美好生活新期待的坚实保障。

从国际形势看，世界百年未有之大变局和全球大流行交织影响，外部环境更趋复杂严峻。同时，新一轮科技创新和产业创新深入演进，世界从工业时代加速向数字时代迈进，5G、云计算、大数据、人工智能、区块链等数字技术同经济社会的融合持续加深，新型基础设施作为数字化发展的基石，重要性更加凸显。

从国内形势看，我国已转向高质量发展阶段，网络强国、数字建设加快推进，以数字基础设施为代表的“新基建”正在蓬勃兴起，助力创新驱动发展战略，加快新旧动能转换，在扩大内需、稳投资、稳增长等方面发挥积极作用，拥有广阔发展空间。随着数字、智慧社会理念深入人心，数字经济新业态、新模式层出不穷，资金、技术、人才、数据等要素高效配置，经济社会转型和人们对智慧便捷生活的向往对数字化发展提出了更高要求，为新型基础设施建设提供了新动能。

1. 新型基础设施建设的提出

新型基础设施并未改变基础设施的特征和标准，依然具有一般性和公共性的特征，其“新”主要是相对于传统基础设施而言。简而言之，新型基础设施建设与传统基础设施建设最大的区别就是技术的先进性。其不仅具有传统基础设施建设的基础性、公共性等特征，还呈现诸如以数字技术为核心、以新兴领域为主体、以科技创新为动力、以虚拟产品为主要形态、以平台为主要载体等不同于传统基础设施的特征。

现阶段新型基础设施重点领域主要包括5G网络、工业互联网、卫星互联网、物联网、人工智能、云计算、大数据中心等领域，主要建设目标是支撑信息化、智能化发展，支撑互联网经济和数字经济发展。自2018年12月，中央经济工作会议首次提出新型基础设施建设的概念以来，新型基础设施成为我国现代化基础设施体系的重要组成部分，是“十四五”以及更长时期内经济社会发展的重点领域（表1-10）。

中央和国家重要会议中涉及新型基础设施建设的内容一览表　　表1-10

时间	部委/会议/文件	相关内容
2022年2月	国家发展改革委、中央网信办、工业和信息化部、国家能源局	《启动建设全国一体化算力网络国家枢纽节点的复函》东数西算：在京津冀、长三角、粤港澳大湾区、成渝、内蒙古、贵州、甘南、宁夏8地启动建设国家算力枢纽节点，并规划了10个国家数据中心集群。至此，全国一体化大数据中心体系完成总体布局设计
2022年1月	国务院	《“十四五”数字经济发展规划》到2025年，数字经济核心产业增加值占国内生产总值比重达到10%，数据要素市场体系初步建立，产业数字化转型迈上新台阶，数字产业化水平显著提升，数字化公共服务更加普惠均等，数字经济治理体系更加完善
2021年12月	中央经济工作会议	适度超前开展基础设施投资
2021年9月	国务院常务会议	审议通过《“十四五”新型基础设施建设规划》
2021年7月	国家发展改革委、国家能源局	到2025年，实现新型储能从商业化初期向规模化发展转变
2021年3月	国务院政府工作报告	推进产业基础高级化、产业链现代化，保持制造业比重基本稳定，改造提升传统产业，发展壮大战略性新兴产业；促进服务业繁荣发展。统筹推进传统基础设施和新型基础设施建设
2020年12月	中央经济工作会议	大力发展数字经济，加大新型基础设施投资力度；扩大制造业设备更新和技术改造投资
2020年10月	《中共中央关于制定国民经济和社会发展第十四个五年规划和二〇三五年远景目标的建议》	系统布局新型基础设施，加快第五代移动通信（5G）、工业互联网、大数据中心等建设
2020年5月	国务院政府工作报告	“新基建”写入政府工作报告。加强新型基础设施建设，发展新一代信息网络，拓展5G应用，建设充电桩，推广新能源汽车，激发新消费需求，助力产业升级

续表

时间	部委/会议/文件	相关内容
2020年4月	国家发展改革委	首次明确新型基础设施的范围，新型基础设施是以新发展理念为引领，以技术创新为驱动，以信息网络为基础，面向高质量发展需要，提供数字转型、智能升级、融合创新等服务的基础设施体系。新型基础设施主要包括信息基础设施、融合基础设施、创新基础设施3个方面
2020年3月	中央政治局常务委员会	加大公共卫生服务、应急物资保障领域投入，加快5G网络、数据中心等新型基础设施建设进度
2020年2月	中央全面深化改革委员会第十二次会议	基础设施是经济社会发展的重要支撑，要以整体优化、协同融合为导向，统筹存量和增量、传统和新型基础设施发展，打造集约高效、经济适用智能绿色、安全可靠的现代化基础设施体系
2020年1月	国务院常务会议	大力发展先进制造业，出台信息网络等新型基础设施投资政策，推进智能、绿色制造
2019年7月	中央工作经济会议	要稳定制造业投资、实施补短板工程、加快推进信息网络等新型基础设施的建设
2019年3月	国务院政府工作报告	再开工一批重大水利工程，加快川藏铁路规划建设，加大城际交通、物流、市政、灾害防治、民用和通用航空等基础设施投资力度，加强新一代信息基础设施建设
2018年12月	中央经济工作会议	首次提出新型基础设施建设的概念，提出加快5G商业步伐，加快人工智能、工业互联网、物联网等新型基础设施建设

2020年3月，美国摩根士丹利公司曾发布研究报告《中国城市化2.0：新基建机会手册》，着重提出随着中国已逐步进入新的城市化发展时期，新型基础设施建设及其相关行业具有广阔的发展前景。新型基础设施与传统基础设施主要在技术支撑、发展阶段以及空间需求三方面存在差异。其中，在技术支撑方面，新型基础设施主要依托信息化网络化的高尖端技术，推动城镇化进程和工业化转型，创新性更强；在发展阶段方面，新型基础设施建设还处在起步阶段，发展空间巨大，而我国传统基础设施发展历经多轮迭代；在空间需求方面，传统基础设施一般对土地空间要求极高，而新型基础设施往往紧凑集约，很多设施能与既有设施复合利用，部分设施甚至目前并不能准确知晓其对用地的需求，如现有5G基站既可以结合原来的基站布置，也可以单独布置，且体积极小，不需要单独占地(图1-26)。

图1-26　位于建筑屋顶的5G基站实景

传统基础设施与新型基础设施是相辅相成的关系，传统基础设施重在补短板，特别是在改善民生方面；而新型基础设施代表未来产业转型升级的发展方向，有利于新动能培育和未来经济可持续发展。新型基础设施的建设离不开传统基础设施的基础支撑，两者将在未来经济社会发展中互相促进，分别扮演着“稳定器”和“倍增器”的角色。

2. “新基建”是什么？

在 2018 年 12 月的中央经济工作会议上，首次明确了“新型基础设施建设”这个概念。在国家发展改革委明确新基建范围之前，社会上流行的是“七大领域说”。2020 年 3 月，央视媒体总结出“新基建”是发力于科技端的基础设施建设，主要包括 5G 基建、特高压、城际高速铁路和城际轨道交通、新能源汽车充电桩、大数据中心、人工智能、工业互联网七大领域。

2020 年 4 月 22 日，国家发展改革委明确提出了“新基建”的具体范围（表 1-11）。新型基础设施是以新发展理念为引领，以技术创新为驱动，以信息网络为基础，面向高质量发展需要，提供数字转型、智能升级、融合创新等服务的基础设施体系。新型基础设施主要包括以下三个方面的内容：

（1）信息基础设施。

信息基础设施是新型基础设施的核心类型，是基于新一代信息技术演化生成的基础设施，是对技术方法、网络等要素的具体体现。比如，以 5G、物联网、工业互联网和卫星互联网为代表的通信网络基础设施，以人工智能、云计算和区块链等为代表的新技术基础设施，以及以数据中心、智能计算中心为代表的算力基础设施等。

在全球范围内新一轮科技革命和产业变革蓬勃兴起，以 5G、人工智能、大数据、云计算、区块链等为代表的新一代信息技术成为率先渗透经济、社会、生活各领域的先导技术。为有效推动新一代信息技术在全社会大规模商业化应用，加快构建新型信息基础设施成为各国的优先战略选择。“十三五”时期，在以习近平同志为核心的党中央坚强领导下，我国建成了全球规模最大、普及率高、技术先进的信息通信网络。“十四五”时期，顺应技术创新发展趋势，面向经济社会发展重大需求，持续推进信息基础设施演化升级，构建高速泛在、天地一体、集成互联、安全高效的信息基础设施，不断强化信息基础设施对经济社会发展的引领和支撑作用，为加快构建现代化经济体系奠定坚实的基础。从全球范围看，新型信息基础设施建设路径正在探索之中，我国的建设部署与主要发达国家处于同一起跑线。经过多年发展，我国信息基础设施已形成感知、网络、算力、新技术等基础设施全面发展的格局，建设规模和发展水平位于全球前列。

从感知设施看，我国已建成全球最大的窄带物联网（NB-IoT）网络，部署百万规模的 NB-IoT 基站，基本实现县城以上连续覆盖，移动物联网连接数超 11.36 亿。从网络设施看，我国移动通信网络和光纤网络全球规模最大、覆盖广泛、技术领先。截至 2020 年年底，全国已有 4G 基站 575 万个，开通 5G 基站超过 71.8 万个，移动电话普及率达到 113.9 部/百人，5G 终端连接数超过 2 亿。宽带接入光纤化改造基本完成，百兆以上宽带用户占比超 90%，超过 300 个城市开始建设千兆接入网络。全国行政村、贫困村通光纤和通 4G 比例均超过 98%，在 2021 年年底，未通宽带行政村实现了动态清零。从空间设施看，北斗三号全球卫星导航系统开通，全球范围定位精度优于10m。中星16号高通量卫星、天通一号移动通信卫星等都进入商业运营，中低轨卫星星座进入实验星验证阶段。从算力基础设施看，其市场化程度最高，发展取得积极成效。互联网数据中心规模持续快速增长，并向规模化、大型化发展。

“十四五”期间，信息基础设施要面向全球技术创新前沿，以建促用、以用带建，加快形成可持续的信息基础设施建设发展模式，构建融合数据感知、传输、存储、计算、处理、安全为一体的智能化综合基础设施，为发展数字经济、促进共同富裕、实现高质量发展提供强劲动能。

(2) 融合基础设施。

融合基础设施是新型基础设施的功能体现，主要是指深度应用互联网、大数据和人工智能等技术支撑传统基础设施转型升级，进而形成的融合基础设施，如智能交通基础设施、智慧能源基础设施及防疫基础设施等。

融合基础设施是新型基础设施的重要组成部分，主要是指深度应用互联网、大数据、人工智能等技术，支撑传统基础设施转型升级，进而形成的一类新型基础设施。融合基础设施范围广阔，涉及所有传统基础设施领域。当前，根据我国经济社会发展需要和新型工业化、信息化、城镇化、农业现代化建设要求，重点应在工业、交通、能源、民生、环境、城市、农业农村等方面开展建设。

① 融合基础设施的基础在“网”，即构建高速互联的信息传输网络，推动各领域基础设施的互联互通。网络化是现代信息技术的一个典型标志，也是融合基础设施的重点发展方向。

② 融合基础设施的精髓在“智”，即通过构建智能计算能力、部署智能计算方法，实现对基础设施数据信息的感知汇聚和智能计算。智能化是当前信息技术的主要发展方向，能够通过算法模型汇聚信息、固化知识、构筑能力，大幅提升基础设施工作效率。

③ 融合基础设施的目标在“惠”，即通过打造新型基础设施来提升城乡发展品质，提高百姓的幸福获得感。当前，我国经济社会存在的主要矛盾是人民日益增长的美好生活需要和不平衡不充分的发展之间的矛盾。

④ 融合基础设施的核心在“融”，即重视信息技术和传统设施的融合协同发展，为经济社会的数字化转型提供有力支撑。新型基础设施建设，不是对传统基础设施的另起炉灶、推倒重来，而是对传统基础设施充分利用。

(3) 创新基础设施。

创新基础设施是指支撑科学研究、技术开发和产品研制的具有公益属性的基础设施，如重大科技基础设施、科教基础设施和产业技术创新基础设施等。

通过梳理上述三类基础设施的特点可以发现，信息基础设施更加符合传统意义上对于“新型基础设施”的定义，是空间布局中被拟物化的设施；融合基础设施则被拓展至应用领域，是信息技术在融合应用中被价值化的体现；而创新基础设施则担负着支撑信息技术前沿发展和技术进步的重任，是新型基础设施形态得以持续演进、功能得以不断拓展的动力源。

国家发展改革委对新型基础设施的分类一览表　　**表 1-11**

序号	类型	细分类型	代表
1	信息基础设施	通信网络基础设施	5G、物联网、工业互联网、卫星互联网等
		新技术基础设施	人工智能、云计算、区块链等
		算力基础设施	数据中心、智能计算中心等
2	融合基础设施	智能交通基础设施	车联网、城际高速铁路等
		智慧能源基础设施	特高压电网、电力物联网等
		智慧医疗基础设施	医疗 IT、生物数据库等
3	创新基础设施	重大科技基础设施	能源科学、生命科学、空间和天文科学等
		科教基础设施	学科研究平台等
		产业技术创新基础设施	产业技术创新联盟等

第 2 章 市政基础设施与国土空间规划概述

国土空间规划在国土空间治理和可持续发展中起着基础性、战略性的引领作用，是在生态文明建设新时代的新理念新要求下，党中央和国务院对空间规划提出了一系列改革要求，是国家空间发展的指南、可持续发展的空间蓝图，是各类开发保护建设活动的基本依据。2019 年 5 月，《中共中央 国务院关于建立国土空间规划体系并监督实施的若干意见》（中发〔2019〕18 号）正式发布，标志着国土空间规划体系的“四梁八柱”正在形成。

2.1 国土空间规划演变历程概述

2.1.1 国土空间规划的起源

1. 1949—1978 年：计划经济体制下的空间规划实践

从 1949 年 10 月—1978 年 12 月的 29 年时间里，我国实行的是社会主义计划经济体制，空间规划即起步于计划经济时期。当时，基础薄弱，早期为配合国家基本建设而开展的城市规划注重于物质性空间规划设计。“一五”计划的出台，苏联援建项目跟进，八个重点城市（包头、太原、洛阳、西安、兰州、武汉、大同、成都）的空间规划主要是为了落实 156 个重要的工业项目厂址选择任务。例如，1953 年编制的西安城市总体规划包含了当年苏联援建的项目 15 个以及国家在西安建设的大项目 6 个，并在西安总体规划空间布局上重点落实以上重大项目。在 1956 年 7 月，国家建设委员会发布了《关于 1956 年开展区域规划工作的计划（草案）》以及《区域规划编制和审批暂行办法（草案）》（以下简称《办法》）用于指导当时区域规划的编制和审批，确定了城市规划按照总体规划、详细规划两个阶段进行。《办法》规定了区域规划的任务和重点开展地区（综合发展工业地区、修建大型水电站地区和重要的矿山地区）、拟解决的重大问题和编制过程。在《办法》的指导下，到“二五”后期，全国大多数城市或部分县市开始着手编制城市规划。不过在接下来的一段时期内，由于种种历史原因，《办法》却在相当长的时间里成为唯一指导我国城市规划编制的文件，其中的总体规划和详细规划两阶段规划编制体系延续至今。如图 2-1所示为 1953—1972 年西安城市总体规划布局图。

这一时期，没有严格意义上的“空间规划”概念，空间规划重点考虑的是重点工业项目在城市中的合理选址、布局和安排，以及与工业相关的配套实施建设；考虑了城市对外交通、道路骨架以及电力、通信、给水排水、防洪等基础设施建设以及简单的环境保护要求。总的来说，计划经济时期，空间规划只是作为部门项目的载体，并没有明确的空间规划内容，但是空间作为项目的载体决定项目布局并影响区域经济的发展（表 2-1）。

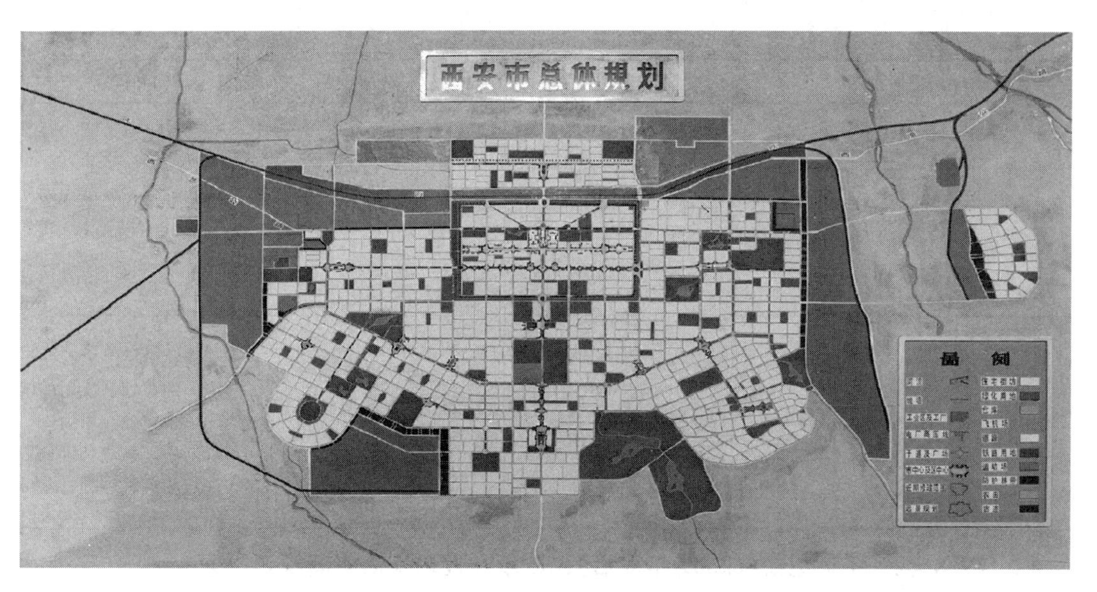

图 2-1　1953—1972 年西安城市总体规划布局图

（资料来源：周干峙．西安首轮城市总体规划回忆［J］．城市发展研究，2014，21（3）2-7）

我国空间规划实践发展阶段一览表　　表 2-1

历史时期		规划主要类型	主要内容	经验和问题
第一阶段	三年经济恢复（1949—1952 年）；第一个五年计划（1953—1957 年）：基本完成社会主义改造	工业布局规划；城市规划；流域综合治理规划；交通基础设施规划；区域规划（第一次试点）；新工业区和工业城市规划	黄河、淮河、长江、祈河、永定河等河流治理和大量水库能源建设修复全国重要铁路干线、新建西南、西北的铁路干线；围绕苏联援建“156”项工程和国内自行建设金额在 1000 万元以上项目进行工业建设和城市建设：工业新城功能分区与布局	基建前期工作与城市、区域研究能够紧密结合，真正做到了重点项目与城市发展、区域发展统一规划
第二阶段	开始全面建设社会主义： 1956 年 9 月，党的八大提出建设社会主义“总路线”；1958 年开始建立了“农村人民公社”	区域规划（第二次试点）；城市地区规划；自然区划	“农村人民公社”根据当时的客观形势要求工农业发展与布局规划：央地企业所需资源的平衡与合理分配；大城市旧市区改造与新区建设：自然资源和自然条件的区域组合、差异及其发展规律研究、农业区划等	规划不能满足建设的需要；区域规划试点取得成效；城乡综合考虑是大城市地区规划的显著特征；自然区划不全面展开，在农业应用领域取得初步效果

续表

历史时期		规划主要类型	主要内容	经验和问题
第三阶段	1961—1965 年贯彻“八字方针”	基于国防战略“三线建设”工厂的布局规划	工厂在国防战略指导思想下的“山、散、洞”选址，西南的三线建设；压缩城市人口，加强农业战线	区域规划、城市规划遭受挫折
第四阶段	1966—1978 年	“四五”计划，三线建设；唐山恢复建设总体规划	“三西”地区的三线建设；工业基地的生产力布局的综合调查研究、唐山震后重建规划	三线建设始终没有一个统一的规划、规划的指导思想出现在唐山恢复规划中，采取了区域的观点和方法

2. 1978 年—21 世纪初（2009 年前后）：改革开放以来的空间规划探索

这一时期的整个社会还处于计划经济与市场经济主次之分的争论过程中，我国空间规划又以丰富形式发展起来。随着社会主义市场经济体制的逐步建立与完善，我国空间规划发展大致分为两个阶段：“双轨制”及“增长主义”下的空间规划发展阶段。在这一时期，国家在土地利用制度及空间规划方面都进行了相应的制度设计。1982 年颁布了《国家建设征用土地条例》以及国家的计划部门牵头编制了国家层面的区域规划和国土规划，体现出国民经济发展的空间布局意图；与此同时，1988 年年底，全国的城市及县城总体规划基本编制完成。到 1989 年 12 月，全国人民代表大会常务委员会通过了《中华人民共和国城市规划法》（以下简称《城市规划法》）。这是我国在城市规划、城市建设和城市管理方面的第一部法律，是城市建设和发展全局的一部基本法。

20 世纪 90 年代，随着分税制改革的进行，中央和地方的分配关系逐渐清晰，中央和地方的积极性被充分调动，我国从上至下都在寻求快速发展。1998 年，国务院机构改革，国土规划的职能由原国家计委调整到原国土资源部。2001 年 8 月，原国土资源部印发了《关于国土规划试点工作有关问题的通知》，并在深圳市和天津市开展国土规划试点工作，新一轮国土规划编制工作拉开序幕。2003 年，辽宁、新疆也开展国土规划试点。2004 年 9 月，广东省也被纳入国土规划试点省份。除新疆国土规划编制尚未完成外，深圳市、天津市、辽宁省和广东省四个试点国土规划已相继编制完成，从不同角度诠释了国土规划的功能和作用，为全国国土规划编制积累了丰富的经验。2007 年，党的十七大报告提出要“加强国土规划，按照形成主体功能区的要求，完善区域政策，调整经济布局”，国土规划受到地方政府更多重视。2009 年我国又启动了福建、重庆、山东、浙江、上海、贵州等省（区、市），以及河南中原城市群、广西北部湾经济区、湖南长株潭经济区 9 个省（区、市）或经济区的区域国土规划编制工作。在国土规划发展的同时，城乡规划、主体功能区规划、土地利用规划等空间性规划也在不断地扩展其内容和范围，并形成了一套完整的城乡规划编制体系。如图 2-2 所示为我国原有的城乡规划编制体系图。

按照规划事权划分，这一阶段，我国有 16 个行政部门都在编制和审批规划，涉及建

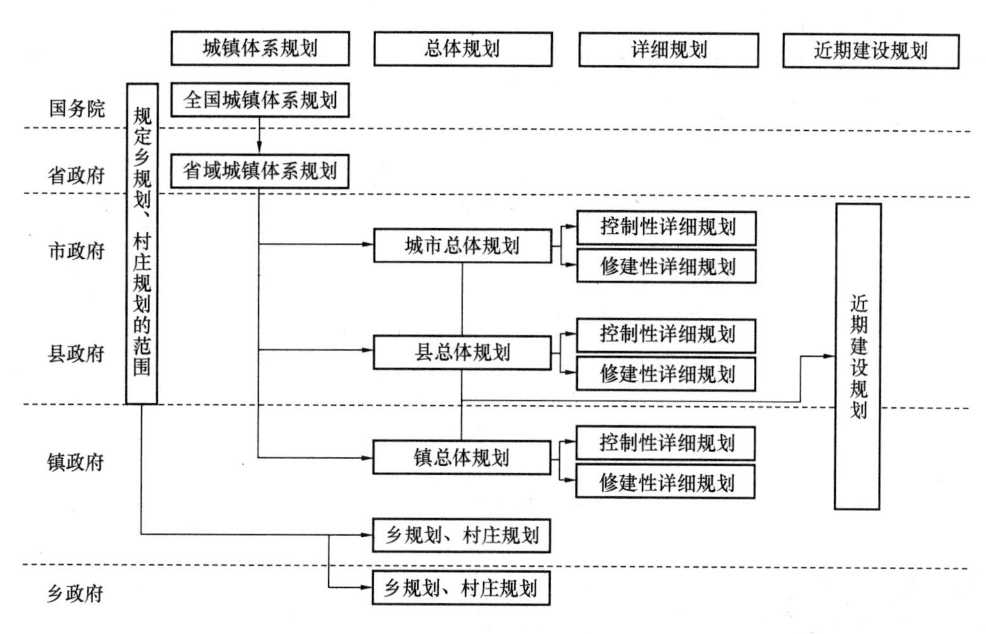

图 2-2　我国原有的城乡规划编制体系图

设、林业、水利、环保、发改、国土、农业、交通、海洋管理、文化、电力、民航、财政、农业农村、铁路、能源。其中，以建设、林业、水利及环保部门独立编制的规划类型最多；而多部门联合编制的规划中，发改和建设部门参与的类型最多（表 2-2）。

机构改革前我国规划体系架构一览表　　**表 2-2**

序号	类型	规划名称		主要编制部门
1	经济社会发展	国民经济和社会发展规划	国民经济和社会发展五年规划	发展改革部门
2			国民经济和社会发展年度计划	发展改革部门
3		国民经济和社会发展区域规划		发展改革部门
4		粮食安全		发展改革部门
5		国民经济和社会发展专项规划	“十三五”专项规划等	多部门
6			其他民生类规划	多部门
7		主体功能区规划		发展改革部门
8		产业振兴		多部门
9		旅游发展		建设/文化部门
10		乡村振兴		发展改革/农业农村部
11	国土资源	土地利用总体规划		国土部门
12		土地利用专项规划	基本农田	国土部门
13			土地开发整理	国土部门
14		矿产资源规划		国土部门
15		草原保护建设利用规划		农业部门
16		农业发展与资源保护	农业发展	农业部门
17			农业资源保护	农业部门

续表

序号	类型	规划名称		主要编制部门
18	国土资源	农产品加工业和食品工业发展规划	农产品加工业	农业部门
19			农产品布局	农业部门
20		林地保护利用规划		林业部门
21		水资源规划	水资源综合	水利部门
22			水资源保护	水利部门
23	生态环境	环境保护规划	生态环境保护	环保部门
24			海洋生态环境保护	海洋部门
25		水功能区规划		水利部门
26		海洋功能区规划		海洋部门
27		生态功能区规划		环保部门
28		生态示范区创建规划		环保部门
29		矿山地质环境保护规划		国土部门
30		地质灾害防治规划		国土部门
31		水土保持规划		林业部门
32		防沙治沙规划		林业部门
33		饮用水资源保护区		水利部门
34		水污染防治规划		环保部门
35		海域污染防治规划		环保部门
36		森林防火规划		林业部门
37		草原防火规划		林业部门
38		湿地保护规划		林业部门
39		雨洪控制利用规划		建设部门
40		节约用水规划		水利部门
41		防洪规划	城市防洪	水利部门
42			滨水区、海绵城市	建设部门
43		自然保护区	自然保护区发展规划	林业部门
44			自然保护区总体/详细规划	林业部门
45		重点生态功能区		林业部门
46	基础设施及能源	公路网规划		发展改革/交通部门
47		航道发展规划		交通部门
48		港口规划/内河航道和港口布局规划	港口总体规划	交通部门
49			港口布局规划	交通部门
50			内河航道	交通部门
51		机场规划	机场总体规划	民航部门
52			机场布局规划	交通/民航部门
53		水利设施规划		水利部门
54		油气管道规划		发展改革/能源部门

续表

序号	类型	规划名称		主要编制部门
55	基础设施及能源	铁路发展规划		建设/发展改革/铁路部门
56		电力发展规划		电力部门
57		污水处理		发改部门
58		物流	物流业发展规划	发展改革/交通部门
59			物流枢纽布局和建设规划	发展改革/交通部门
60	城乡建设	城镇、村镇体系规划	城镇体系规划	建设部门
61			村镇体系规划	建设部门
62		城市发展战略规划		建设部门
63		城镇总体规划	总体规划	建设部门
64			中心城区规划	建设部门
65			城市分区规划	建设部门
66		城镇近期建设规划		建设部门
67		城镇控制性详细规划		建设部门
68		村庄（集镇）规划	总体规划	建设部门
69			建设规划	建设部门
70		城镇专项规划	防灾减灾	多部门
71			建设规划—建设项目规划设计	建设部门
72			市政工程建设管理	建设部门
73			公共设施	多部门
74			住房保障	建设/发展改革/财政
75			住房建设	建设/发展改革/财政
76		工业园区		建设部门
77		经济开发区	经济开发区发展规划	发展改革部门
78			经济开发区总体/详细规划	建设部门
79	历史文化保护	历史街区		建设部门
80		名城名镇名村		建设部门
81		历史建筑		建设部门
82		非物质文化遗产		文化部门
83	景区	风景名胜区	风景名胜区总体/详细规划	建设部门
84			风景名胜区体系规划	建设部门
85		农业园区	农业园区发展规划	农业部门
86			农业园区总体/详细规划	农业部门
87		地质公园		国土部门
88		森林公园	森林公园发展规划	林业部门
89			森林公园总体/详细规划	林业部门
90		湿地公园	湿地发展规划	林业部门
91			湿地公园总体/详细规划	林业部门

续表

序号	类型	规划名称		主要编制部门
92	景区	水利风景区	水利风景区建设发展规划	水利部门
93			水利风景区总体/详细规划	水利部门
94		国家公园		林业部门
95	非常规性规划	灾后重建等		多部门

在各类规划加快发展的同时，城乡规划、主体功能规划、土地利用规划等空间性规划也在积极拓展规划的内容和范围（表 2-3）。特别是在空间资源竞争越来越激烈的背景下，空间性规划日益受到重视，“部门权力规划化”的倾向愈发激烈，至此“多规冲突”的矛盾逐渐显现。一方面是规划之间依据、形式与技术标准存在冲突，比如共同数据基础的缺乏、空间管控线体系的差异以及技术手段的交叠等问题突出；另一方面是规划之间内容与空间上存在冲突，比如文本内容和空间图斑的冲突；再一方面是规划之间事权冲突；比如相关管理职能交叉、朝令夕改等方面，并以管理权力之争最为突出。

各部门分管规划情况一览表 **表 2-3**

部门	规划体系名称	主要任务
国家发展和改革委员会	国民经济与社会发展 5 年规划及远景目标规划	通过全国各行业的发展规划和计划统筹、统一安排 5 年各类重大开发建设项目的建设时序和投资规模
	跨省级行政区区域规划	统筹、协调经济区（或城镇群）内部各行业的发展规划和计划，统一安排各类重大建设项目的建设时序
国土资源部	土地利用总体规划 土地开发整理规划	划拨土地、控制用地指标、保护耕地
建设部	全国城镇体系规划纲要	指导城市与村镇规划的编制与审批
	跨省级行政区域镇体系规划	协调城镇密集区（或城市群）内部的合理分工与合作，促进区域整体发展
	城市概念性总体规划	指导城市总体规划修编
	城市总体规划	核发选址意见、建设用地规划许可证、建设工程规划许可证、对建设项目实施规划许可证制度
	城市分区规划	确定重要基础设施布局、指导控规修编
	城市控制性详细规划	管制城市土地的开发
	村镇规划	直接指导和安排镇、乡村的各类开发建设活动
交通部/铁道部/中国民用航空总局	公路、水运、铁路、民用航空基础设施规划	直接指导、安排和落实交通基础设施的建设实施
水利部	水利基础设施规划	直接指导、安排和落实水利基础设施建设的实施
信息产业部	信息通信基础设施规划	直接指导、安排和落实通信基础设施建设的实施
环境保护总局	环境保护规划	直接指导、安排和落实环境、生态保护建设的实施
	污染防治规划	
	生态保护规划	

3. 21 世纪初至今："多规合一"到国土空间规划体系的初步建立

2002 年，国家发展改革委起草了《关于规划体制改革若干问题的意见》，提出要将"城乡、土地、水利、交通、环境公共服务以及其他确需政府规划的领域纳入统一规划中，形成经济社会发展与空间布局融为一体的规划"。自 2003 年起，"多规合一"作为规划体制改革的重点任务分别在各个城市进行试点。2013 年，在中央城镇化工作会议上提出，在推进城镇化的过程中，要遵循规律，执行一张蓝图干到底（即"多规合一"）的改革任务。2014 年 3 月，中共中央、国务院印发的《国家新型城镇化规划（2014—2020 年）》，明确指出条件成熟的区域鼓励进行"多规合一"探索。随后国家相关部委确定全国 28 个市（县、区）作为开展经济社会发展规划、城乡规划、土地利用规划、生态环境保护规划"多规合一"试点，至此"多规合一"进入全面提速状态。随着 2014 年在 28 个市（县、区）开展"多规合一"试点和 2016 年在 9 个省区开展试点，理论界对空间规划有了更深入的认识，认为空间规划就是对空间的统筹部署和安排，并对其实施有效管控的方式和过程。

"多规合一"并非指将所有规划简单地合为一个，也不是重新编制一个规划，而是构建一个具有有效协调机制的规划体系框架。将国民经济和社会发展规划、城乡规划、土地利用规划、生态环境保护规划等多个规划融合在一个基础上，为整合现有空间内规划体系要素提供一个综合思路，破解实际操作层面的行政管理、技术标准、制度建设的障碍。

在 2013 年中央城镇化会议提出"建立空间规划体系"的背景下，2014 年，中共中央、国务院印发的《国家新型城镇化规划（2014—2020 年）》从官方角度正式提出了"多规合一"的概念。同年 5 月，《国务院批转发展改革委关于 2014 年深化经济体制改革重点任务意见的通知》进一步明确了"多规合一"的对象为"经济社会发展规划、土地利用规划、城乡发展规划、生态环境保护规划等"。2018 年 3 月，国务院机构改革，国土空间规划的职能被赋予新组建的自然资源部门。同年 11 月，中共中央、国务院颁布《中共中央 国务院关于统一规划体系更好发挥国家发展规划战略导向作用的意见》，要求"建立以国家发展规划为统领，以空间规划为基础，以专项规划、区域规划为支撑，由国家、省、市县各级规划共同组成，定位准确、边界清晰、功能互补、统一衔接的国家规划体系"。

为解决我国现有规划类型过多、内容交叉重复、审批流程过长、地方规划朝令夕改等问题，2019 年 5 月，中共中央、国务院颁布《中共中央 国务院关于建立国土空间规划体系并监督实施的若干意见》搭建起了国土空间规划体系的四梁八柱，并明确"多规合一"的对象是"主体功能区规划、土地利用规划、城乡规划"以及其他专项规划等与空间相关的规划。同时也明确了国土空间规划建设目标，到 2020 年，基本建立国土空间规划体系，逐步建立"多规合一"的规划编制审批体系、实施监督体系、法规政策体系和技术标准体系，基本完成市县以上各级国土空间总体规划编制，初步形成全国国土空间开发保护"一张图"。到 2025 年，健全国土空间规划法规政策和技术标准体系，全面实施国土空间监测预警和绩效考核机制，形成以国土空间规划为基础、以统一用途管制为手段的国土空间开发保护制度。

2.1.2 国土空间规划的演进

1. 国外空间规划发展情况

构建统一高效的“国土空间规划体系”并非我国首创，西方国家由于城镇化进程较早，相应的法律法规较为健全，也更早对空间规划体系进行研究和探索。目前研究较多的案例有日本、荷兰、美国以及德国四个国家的空间规划体系。

(1) 日本国土空间规划。

日本现行的国土规划包括两大系列，一是依据2005年《国土形成规划法》(《国土形成計画法》)编制的“国土形成规划”(国土形成計画)系列；二是依据1974年《国土利用规划法》(《国土利用計画法》)编制的“国土利用规划”(国土利用計画)系列。其具体内容见表2-4。

日本《国土利用规划法》主要内容一览表　　表2-4

序号	章节	主要内容
1	第一章	法律的目的，国土利用的基本概念
2	第二章	国土利用规划包括全国、都道府县、市町村三级；各级的编制审批要求；其中全国规划与其他全国层面规划的关系
3	第三章	都道府县市町土地利用基本规划的义务及其内容；相关行政机构及地方政府为保证其实施，可根据本法以外的法律制定土地利用管控措施
4	第四章	都道府县管制区域的指定；国土交通大臣对都道府县管制区域的干预；管制区内土地交易需要都道府县许可及其包括的内容(14)；许可申请手续(15)；许可标准(16)；许可处理期限(17)；国家等作为当事者的特例(18)；都道府县可请求购买申请后不许可的土地(19)；许可结果不服上诉(20)；都道府县确保恰当且合理的土地利用
5	第五章	交易后，土地权利者向地方政府报告交易事项；都道府县对交易后土地的利用目的的劝告；关注地区(注视区域)及监视地区(视区域)的指定及其中的土地交易管制和劝告
6	第六章	成为闲置土地的条件及通知其所有者；所有者须上报闲置土地的规划；都道府县的建议及劝告；地方政府等可购买闲置土地；购买价格；购买闲置土地后的利用及规划
7	第七章	都道府县应设置本法相关事项的审议会；土地利用审查会的权限及委员设置要求
8	第八章	都道府县对土地权利相关者的检查权限；土地调查员的设置；大城市特例；市町村及都道府县的工作区分；实施必要事项由政令说明
9	第九章	违反上述土地交易许可，上报等法律的处罚标准

依据《国土利用规划法》，“国土利用规划”分为全国、都道府县、市町村三个层面，同时都道府县(相当于省/市/县)须依据同级国土利用规划编制“土地利用基本规划”，土地利用基本规划作为地方规划，一般只在市町村(相当于镇/街道/村)层面编制，对应我国的市(县)城市规划。“土地利用基本规划”的内容涉及城市、农业、森林、自然公园和自然保护区5类地区的划定(规划图)以及有关土地利用协调事项的规划文件。

根据《国土利用规划法》，日本制定了全国、都道府县、市町村国土利用规划及土地利用基本规划的编制程序。全国规划由国土交通大臣负责编制，都道府县规划由各都道府县负责编制，市町村规划由各市町村负责编制，土地利用基本规划由都道府县负责编制。日本国土空间规划编制审批程序如图2-3所示。

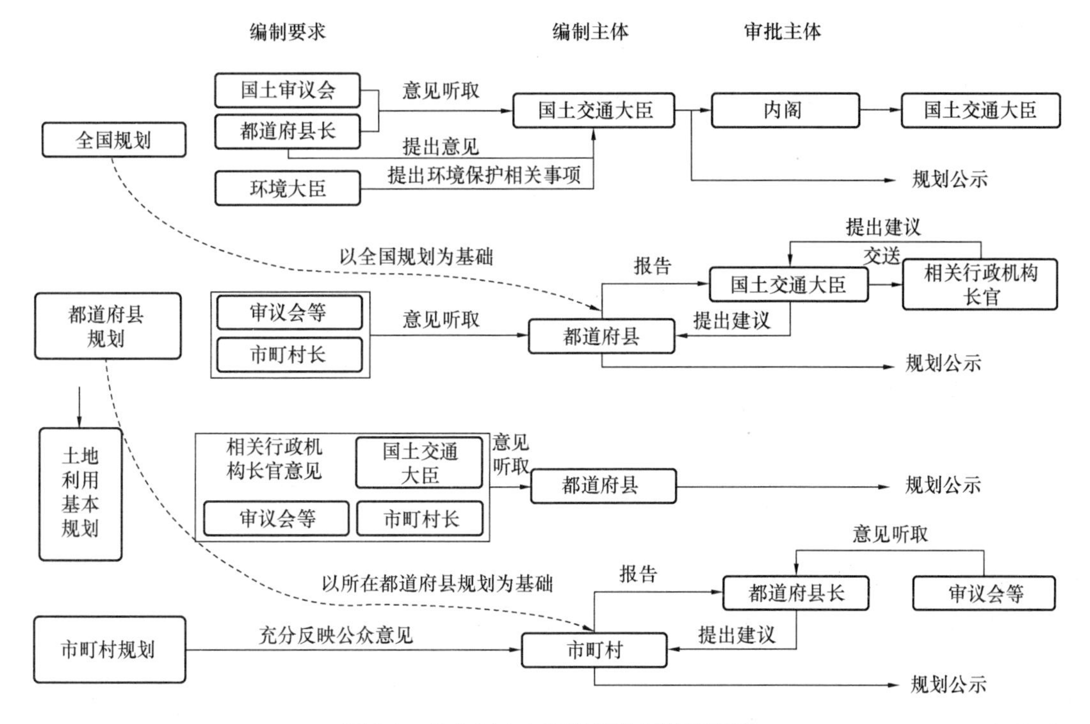

图2-3 日本国土空间规划编制审批程序

（资料来源：谭纵波，高浩歌．日本国土利用规划概观［J］．国际城市规划，2018，33（6）：1-12）

日本的国土利用规划虽然在形式上构建起了较为完整的规划体系，但并非国土规划或空间规划的理想模式，其出现并未取代城市规划等已存在的单项规划，协调单项规划的效果也并不明显，其实施效果也有限。由于国土利用规划内容不具备强制性约束力，国土利用规划的内容、编制审批程序等强调上、下级政府之间的协商，体现了高度地方自治精神。《国土利用规划法》明确要求全国、都道府县编制规划时必须听取下级政府的意见，而下级政府的规划只需要报送上级政府，无须审批，上级政府只能对其进行建议和劝告。

（2）荷兰国土空间规划。

20世纪50年代初，荷兰中央政府成立国家西部工作委员会，旨在从全国国土整治的角度，寻求解决荷兰西部地区国土存在的问题，并起草了兰斯塔德发展纲要，提出多中心绿心大都市的构想。1960年，在兰斯塔德发展纲要的基础上，荷兰政府制定了第一个国土空间规划。此后共经过4次国土空间规划的编制。到21世纪初，为适应欧洲区域一体化的发展需求。于2000年12月发布了《荷兰第五次国家空间规划政策文件概要（2000—2020）》，旨在指导荷兰未来30年空间开发。这次空间规划是对荷兰空间发展提供指导的战略性政策文本，该文本分析了过去荷兰的社会和空间变化，对荷兰未来的住房、基础设施、自然环境、空地、农业、水域等各种国土空间需求趋势进行了预测和展望，确定了重大基础设施的空间布局，提出了不同地区的空间发展目标，描述了各个地区的空间发展蓝图，构建了省、市当局进行具体空间布局和设计方案决策的政策框架。如图2-4所示为

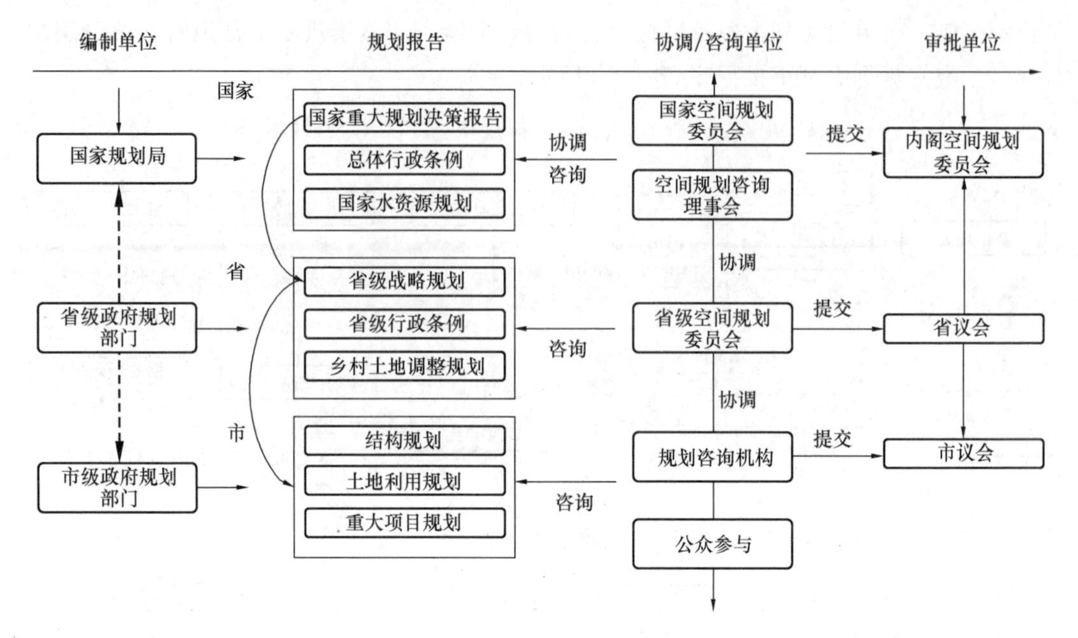

图 2-4　荷兰空间规划体系框架图（1965—2008 年）

（资料来源：周静，胡天新，顾永涛．荷兰国家空间规划体系的构建及横纵协调机制［J］．规划师，2017（2）：35-41）

1965—2008 年荷兰空间规划体系框架图。

根据行政管理体制划分，荷兰空间规划体系由国家、省、市三个层级架构，国家、省、市三级空间规划由各级政府执行委员会发起规划起草。其中，国家、省、市级编制的结构远景规划属于战略规划，市政府编制的土地利用规划（类似于我国的控制性详细规划）是法定规划。三个层级规划的关系既层层推进、互相呼应，又相对独立，下级规划必须顺应上级规划提出的主要规划理念和战略，服从重点项目的选址安排。省级层面是沟通国家级空间规划和地方结构愿景规划的重要环节，起到承上启下的作用。

2008 年至今，传统的荷兰空间规划体系不断变革，通过整合和简化法律法规和规划编制审批程序，深化多规合一，简政放权，减少规划的控制性和约束性，增加规划的统一性和可操作性，增强市场主体的能动性，促进了国民经济发展。

（3）德国国土空间规划。

德国国土空间规划从最早土地整理到今天的经济全球化与欧洲一体化，经历了萌芽、探索、发展与拓展 4 个阶段。德国当前空间规划体系的构成、任务、原则等内容均来源于《联邦空间规划法》和《建筑法典》。德国空间规划体系与其行政体制高度对应，分为联邦空间规划、州层级规划和地方规划。联邦空间规划通过制定《联邦规划法》，进而制定全国空间的整体发展战略，指导和协调各州间的空间规划及各部门专业规划，侧重战略性。州层级规划分为州规划和区域规划，其中州规划侧重于明确本行政区域内的发展方向、原则和目标，协调州内各地方的发展衔接和任务分工；在地方规划层面，土地利用规划相当于中国机构调整前的城市总体规划，主要用以明确用地类型；建设规划依据土地利用规划制定，主要用以明确用地使用强度、建筑控制等，相当于中国的详细规划。如图 2-5 所示

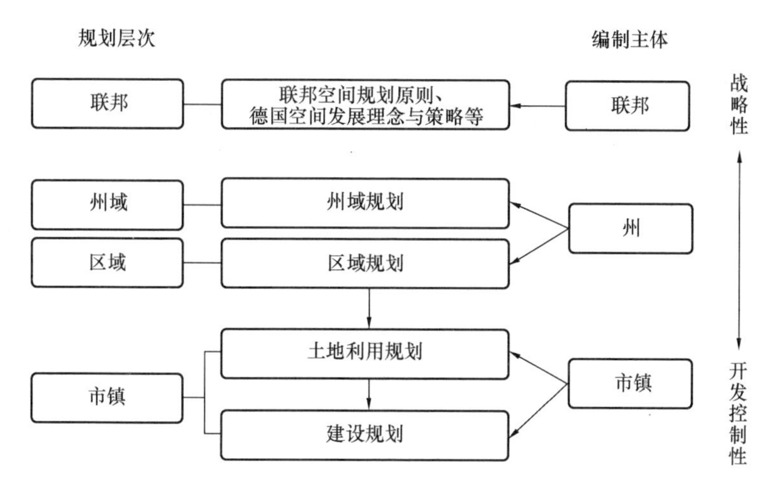

图 2-5　德国空间规划体系框架图

为德国空间规划体系框架图。

联邦空间规划主要由联邦通过联邦土地规划部组织召开土地规划部长会议，制定土地计划；州域空间规划和区域规划主要由州域规划和区域规划部门负责制定；地方规划主要由市政府议会和建设局具体负责各镇及乡镇的城市发展计划、建设规划。德国采用规划文本与图则联合使用的方法，在文本和图则中明确各地块的用地性质、容积率和配套设施建设等控制指标。德国空间规划体系的法律支撑情况一览表如表 2-5 所示。

德国空间规划体系的法律支撑情况一览表　　表 2-5

行政层级	国家	省	跨市	市
德国	联邦	州域	区域	市镇
《联邦空间规划法》	○	✓	✓	○
《联邦建设条例》	○	○	○	✓
《联邦土地利用法》	○	○	○	✓

注：✓表示法律强制要求编制该层级规划；○表示法律不强制要求编制该层级规划。

德国是国土空间规划的故乡，在优化空间结构、促进区域均衡发展等方面积累了丰富的经验，其国土规划始终贯穿生态保护的理念，促进了各国国土空间科学有序的规划，推动全球国土空间规划的进程，在实现区域经济的可持续发展方面贡献巨大。20 世纪初，德国最早将全国划分成若干个相互联系的区域进行全面的空间规划，之后英国、法国、荷兰等国家陆续进行了全国性的国土空间规划。随着国土空间规划进程的推进，可持续发展理念始终贯穿于英、德两国各级国土空间规划中。

（4）美国国土空间规划。

美国南北战争之后，城市发展迅速，城市规划也得到政府的逐步重视。1909 年由于召开了第一届全国城市规划会议，丹尼尔·伯姆罕完成了美国第一个综合性的城市规划——芝加哥城市规划，该年被称为城市规划的转折年。从这一年开始，根据不同层级规划出现的时间将美国的规划体系形成与演变历程划分为起步、形成、发展和稳定 4 个阶段。

美国没有全国性的空间规划，每个地区都根据自身的需要编制相应的空间规划，按等级主要分为联邦级、州级、地区级和区域国土空间规划。其中，联邦级空间规划往往以政策指导为主，地区级规划又包括总体规划、区划和土地细分规划三级规划。形成了自下而上形成“多样性”或“自由式”的空间规划体系（图 2-6）。

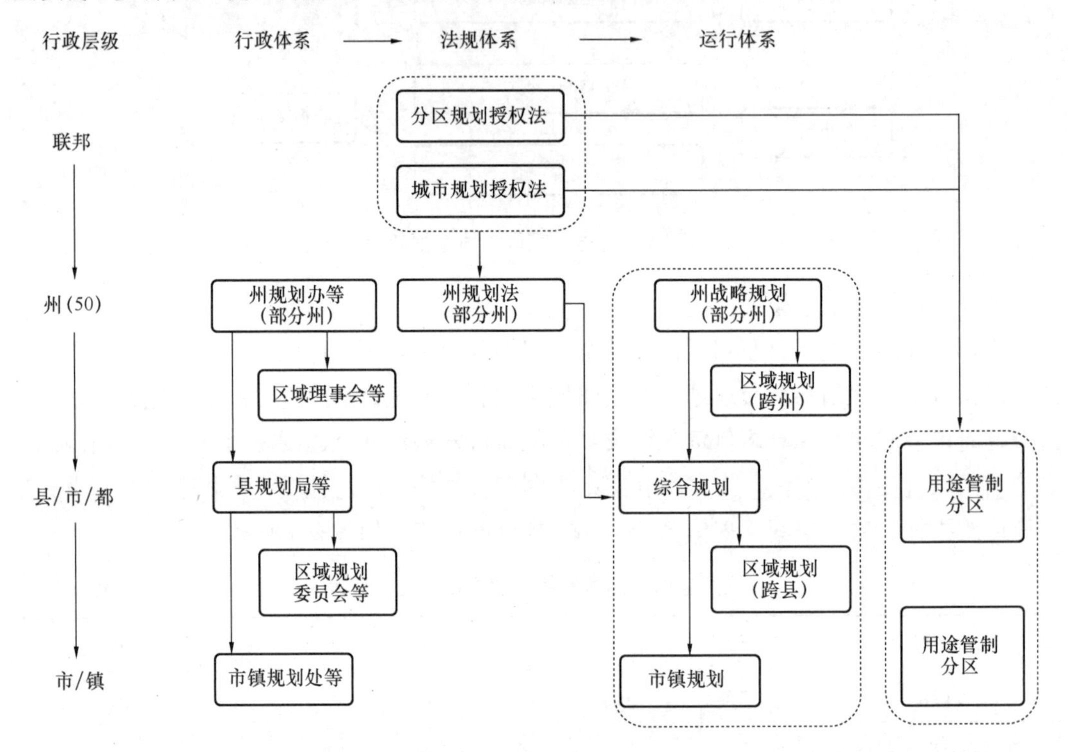

图 2-6　美国国土空间规划体系框架图

美国的空间规划体系具有极高的自由度。与政治体制相对应，美国国土规划的职能主要集中在地方政府。在空间规划中起主导作用的不是联邦政府，而是社会与私人组织，所以美国的空间规划体系高度自由，最大程度上保留了地方的自主性。美国空间规划的主要特点是以地方自主性为主导以及注重市场效率及大都市区规划，通过大都市圈的相互协作，促进市场效率提升，并促进全国范围内空间规划体系的完善。

2. 我国国土空间规划的演进历程及机构改革

（1）我国国土空间规划的演进历程。

我国国土空间规划起源于 20 世纪 50 年代开展的空间规划，到 21 世纪我国经济进入起飞阶段，空间资源竞争越来越激烈，国土空间规划的重要性逐渐受到政府和社会的重视。在 2003—2012 年间，广西钦州、重庆、广州等城市，在不打破既有部门新增架构的背景下，探索开展“多规合一”。其核心是“自下而上”向国家部委争取空间管理政策和权限，扩大城市建设用地规模。为应对“政出多门”的各类空间规划之间的矛盾和生态环境恶化、资源能源趋紧等问题，国家做出了“建立空间规划体系”的战略部署，不断调整和优化相应的体制机制，面向“全域覆盖、多规合一”的空间规划改革，拉开序幕。

2013 年 12 月，中央城镇化工作会议提出，积极推进市、县规划体制改革，探索能够实现“多规合一”的方式方法。

2014 年 3 月，《国家新型城镇化规划（2014—2020 年）》要求，推动有条件地区的经济社会发展总体规划、城市规划、土地利用规划等“多规合一”。

2014 年 8 月，国家发展改革委、国土资源部、环境保护部和住房和城乡建设部联合下发《关于开展市县“多规合一”试点工作的通知》，部署在全国 28 个市县开展“多规合一”试点。无论是地方自发尝试还是国家部委部署的“多规合一”试点，仍然主要针对各类规划重叠冲突、部门职责交叉重复问题，着眼于提高行政管理效能。随着党的十八大以来生态文明建设日益受到重视，强化国土空间源头保护和用途管制摆到了生态文明制度建设的重要地位，“多规合一”改革逐步纳入了生态文明体制改革范畴。

2015 年 4 月，《中共中央 国务院关于加快推进生态文明建设的意见》提出，国土是生态文明建设的空间载体。要坚定不移地实施主体功能区战略，健全空间规划体系，科学合理布局和整治生产空间、生活空间、生态空间。同年 9 月，中共中央、国务院印发《生态文明体制改革总体方案》，强调“整合目前各部门分头编制的各类空间性规划，编制统一的空间规划，实现规划全覆盖”；“支持市县推进‘多规合一’，统一编制市县空间规划，逐步形成一个市县一个规划、一张蓝图”。

2016 年 3 月，“十三五”规划提出，“建立国家空间规划体系，以主体功能区规划为基础统筹各类空间性规划，推进‘多规合一’”。到此时，国家文件重申推进“多规合一”，例如，“多规合一”由市县级逐步扩大到国家级和省级，以主体功能区规划代替了经济社会发展规划并强调其基础地位和统筹作用。

2017 年 1 月，在海南和宁夏试点的基础上，综合考虑地方工作基础和相关条件，又把吉林、浙江、福建、江西、河南、广西、贵州 7 省（区）纳入省级空间规划试点范畴。吉林、浙江、福建、江西、河南、广西、海南、贵州、宁夏 9 个省（区）以省级空间规划试点为契机，积极开展“多规合一”试点，探索市县空间规划的基本思路。

2018 年 3 月，国务院机构改革，组建自然资源部。将原来的国土资源部国土规划和土地利用规划、国家发展和改革委员会主体功能区规划以及住房和城乡建设部的城乡规划管理职责进行合并，纳入自然资源部职责范围。至此，空间性规划的“三国演义”“多规混淆”的局面基本结束。

2019 年 5 月，《中共中央 国务院关于建立国土空间规划体系并监督实施的若干意见》（以下简称《若干意见》），国土空间规划体系建设正式全面展开。2019 年 9 月 12 日，中共中央政治局常委、国务院副总理韩正出席省部级干部国土空间规划专题研讨班座谈会，强调要认真学习领会习近平总书记关于国土空间规划工作一系列重要指示精神，提高政治站位，抓好贯彻落实。

目前，全国国土空间规划和大部分省级国土空间规划已进入评审阶段，大量的市县国土空间规划（国务院批准的城市除外）或在方案编制过程中，或在徘徊等待上级规划传导过程中逐步前行。如图 2-7 所示为国土空间规划体系演进历程图。

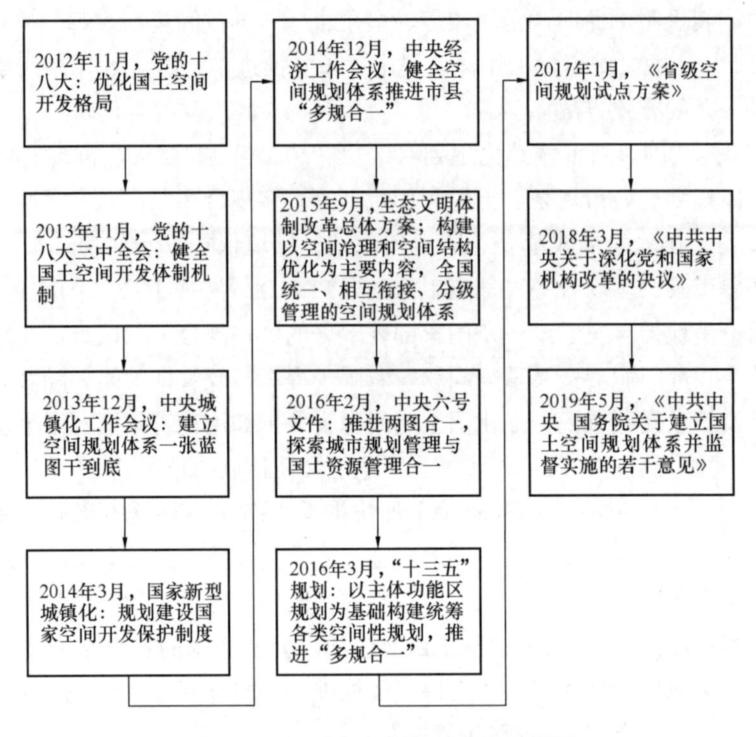

图 2-7 国土空间规划体系演进历程图

（2）伴随国土空间规划演进的机构改革。

中华人民共和国成立以来，国家规划机构的建立和发展是随着时代的变迁而逐步变化。中华人民共和国成立初期的国家规划机构的建设（图 2-8），呈现出不断升格和逐步加强的趋势。以下结合相关研究，以 1949 年为起点，梳理了我国规划机构改革的重大节点，仅供参考。

1949—1952 年，这一时期的城市规划建设工作尚未成为国家层面的主导性事务，相关的政府管理职能主要是由中央人民政府政务院财政经济委员会计划局下所设基本建设计划处承担。

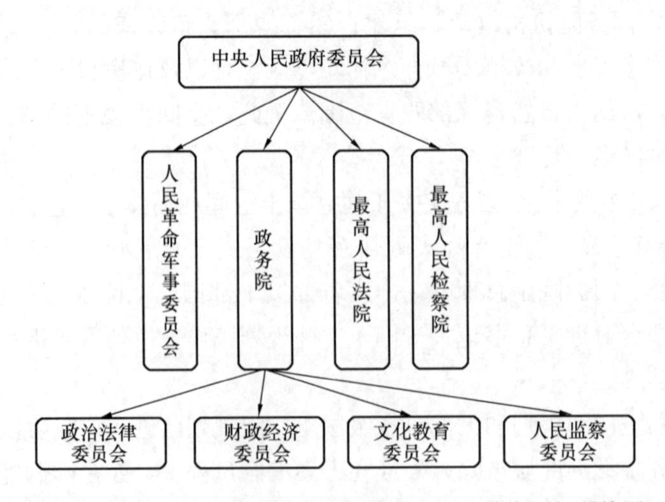

图 2-8 中华人民共和国成立初期的中央人民政府组织系统图

从工作内容来看，早期的管理工作更偏重于对城市规划建设活动的一些方针政策的引导。

自 1952 年开始，第一个“五年计划”进入准备阶段，国家建筑和规划机构的建立问题提上议事日程。到 1952 年 8 月，中央人民政府委员会第十七次会议决定成立中央人民政府建筑工程部（即建工部）。建工部设有六司、一局、一厅等。其中，一局即城市建设局。同年 11 月，中央人民政府委员会第十九次会议决定成立国家计划委员会（即国家计委），并在国家计委增设“基本建设综合计划局”“设计工作计划局”和“城市规划（计划）局”（即国家计委规划局）（图 2-9）。

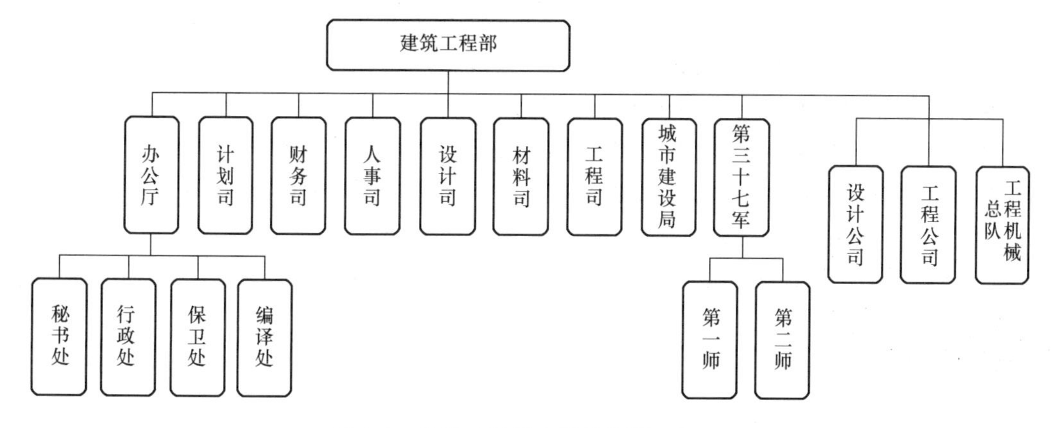

图 2-9　建筑工程部内设机构图（1952）

（资料来源：《住房和城乡建设部历史沿革及大事记》编委会组织．住房和城乡建设部历史沿革及大事记［M］．北京：中国城市出版社，2012）

1954 年 9 月，新成立国家建设委员会（简称“国家建委”，又称一届建委）。

1955 年 4 月，第一届全国人民代表大会常务委员会第十一次会议批准城市建设总局从建筑工程部划出，成立作为国务院的一个直属机构的城市建设总局（以下简称“国家城建总局”），万里被任命为国家城建总局局长。1956 年 5 月 12 日，第一届全国人大常务委员会第四十次会议决定撤销城市建设总局，设立城市建设部（以下简称“城建部”），万里被任命为城市建设部部长。城市建设部成立后，我国城市规划工作的组织领导机构和力量达到了新中国成立后的第一个高潮。1956 年 7 月，国家建委颁布《城市规划编制暂行办法》为主要标志，城市规划法治建设也取得重要成果。

1956 年 5 月，成立国家经济委员会（以下简称“国家经委”）和城市服务部等，是全国综合性宏观调控工交系统的主管部门。

1958 年 2 月，第一届全国人民代表大会第五次会议决定“撤销国家建设委员会。国家建设委员会管理的工作，分别交由国家计划委员会、国家经济委员会和建筑工程部管理”，“建筑材料工程部、建筑工程部和城市建设部合并为建筑工程部”。改组后的建工部，下设城市规划局、基本建设局、市政建设局等机构，既是管理建筑、建材等的专业部门，又是城乡建设的综合管理部门。1958 年 9 月成立国家基本建设委员会（统称二届建委），1961 年 1 月撤销。

1964 年，国家计委由“大计委”改为“小计委”；1965 年 3 月，成立国家基本建设委员会（统称三届建委）；1965 年 6 月建工部划归国家建委领导，1970 年 6 月建工部撤销（并入国家建委）。

1978 年 4 月，成立国家经济委员会（即国家经委），负责体制改革的总体设计。

1979 年 3 月，国家建委分出建筑材料工业部、国家城市建设总局、国家建筑工程总局、国家测绘总局和国务院环境保护领导小组办公室（除建材部外，后四者由国家建委代管）。

1982 年 5 月，以国家建委的部分机构和国家城市建设总局、国家建筑工程总局、国家测绘总局以及国务院环境保护领导小组办公室合并组建城乡建设环境保护部，其规划职能为“会同国家计委，负责审查城市总体规划，做好城市总体规划与国民经济发展计划的衔接工作，参与区域规划和国家重大建设项目的选址以及城市能源、通信、交通等的规划工作”。

1986 年 3 月，国家土地管理局以城乡建设环境保护部和农牧渔业部的有关土地管理业务连同人员为基础成立，为国务院直属机构；同年 8 月，国家环境保护局以城乡建设环境保护部国家环境保护局为基础成立，为国务院直属机构。

1988 年 4 月，建工部改组为建设部；同年 5 月国家经委撤销（与国家计委合并组建新的国家计委，部分职能并入国家经济体制改革委员会）。

1998 年，国家土地管理局升格为国土资源部；国家环境保护局升格为国家环境保护总局。

2008 年 3 月，建设部改组为住房和城乡建设部；国家计委改组为国家发展和改革委员会；国家环境保护局升格为环境保护部。

2018 年 3 月 17 日，根据《国务院机构改革方案》，新组建自然资源部、生态环境部、农业农村部、文化和旅游部、国家卫生健康委员会、退役军人事务部、应急管理部等部门。改革后，除国务院办公厅外，国务院设置组成部门 26 个（图 2-10）。裁撤国土资源部、环境保护部、农业部、文化部等部门。

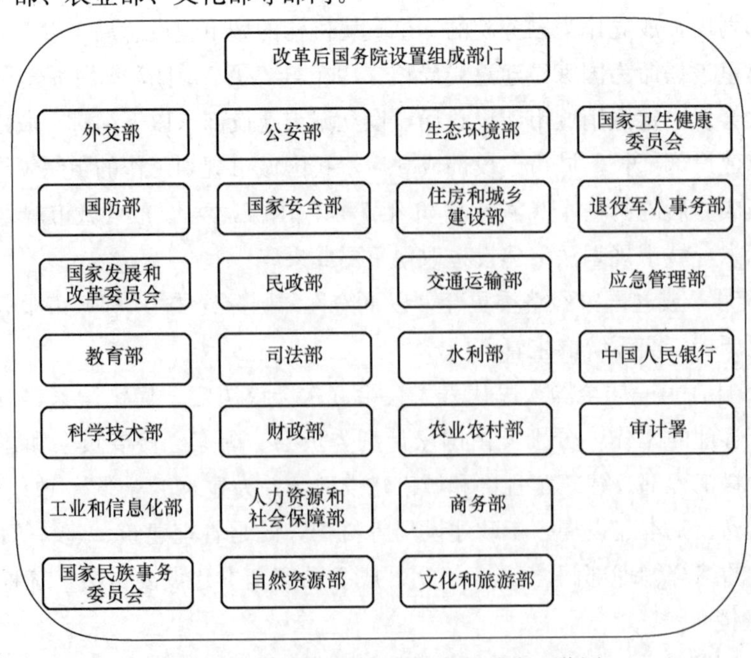

图 2-10　国务院机构改革后部门分布一览图

新组建的自然资源部将国土资源部的职责，国家发展改革委的组织编制主体功能区规划职责，住房和城乡建设部的城乡规划管理职责，水利部的水资源调查和确权登记管理职责，农业部的草原资源调查和确权登记管理职责，国家林业和草原局的森林、湿地等资源调查和确权登记管理职责，国家海洋局的职责以及国家测绘地理信息局的职责进行了整合。随着国务院机构改革方案的确定和自然资源部的组建，空间规划“九龙治水、多头管理”的现状将得到逐步转变。而国土空间规划将取代土地利用规划、城乡规划，成为我国国土空间管理的主要手段。

在“五位一体”战略布局、生态文明建设、国土空间治理体系等国家制度理念确立的背景下，自然资源部作为国土空间规划的主导机构，是承担并实现相关规划管理职能的重要实施主体。自然资源部的成立及国土空间规划体系的构建，是国家旨在通过规划管理机构的调整，带动规划职能的转变以及规划组织管理方式的革新，是以提升新时期空间治理效能为目标的重要路径选择，与新时期国家制度体系的完善相辅相成，以求两端并进，共同推进国家治理体系和治理能力现代化的进程。

2.1.3 国土空间规划的内涵

1. 国土空间规划的价值观

国土空间规划是实施国土空间用途管制的基础依据，是完善自然资源监管体制的关键环节，是现代国家政府进行空间治理的核心手段，是政府调控和引导空间资源配置的基础。谋求国土空间可持续发展是国土空间规划的根本出发点，一是面向生态文明建设，坚持“人与自然是生命共同体”，整体保护和系统修复生态环境，满足人民日益增长的美好生活需要对生态产品的需求；二是面向高质量发展，破解不平衡、不充分的发展问题，满足人民日益增长的美好生活需要对高水平收入、高品质服务的需求。要体现国土空间规划的价值，重点是树立“为人民编规划”“生态文明观”“自然资源观”。

(1)“为人民编规划”的核心要义是指规划编制应从部门事权视角转向全民需要视角，将区域协调和高质量发展作为规划统筹的关键视角，从区域视角构建国土空间开发保护的总体格局，实现“面上保护，点上开发”，推进生态补偿，鼓励跨行政区合作，促进区域一体化，推动城乡融合发展和乡村振兴。自然资源部组建的时代背景是新时代，新时代的主要矛盾是人民日益增长的美好生活需要和不平衡不充分的发展之间的矛盾。

(2)“生态文明观”的核心要义是指规划重点应从人类聚居系统转向人地关系地域系统，将人地关系作为规划研究的主线，强调“人与自然是生命共同体”。市县规划在思想上应坚持“人与自然和谐共生”“绿水青山就是金山银山”“良好生态环境是最普惠的民生福祉”“山水林田湖草是生命共同体”等生态文明要求和方针。

(3)“自然资源观”的核心要义是指从关注土地资源转向关注全域所有资源，将自然资源系统作为规划的重要对象，将全域空间作为规划范围。其一，规划应从关注单体资源的保护向关注山水林田湖草生态系统的整体保护转变；其二，规划不仅要探索土地资源的资产化、保值和增值路径，还需结合地方实际探索其他主要资源的资产化、保值和增值路径，实现所有自然资源的全域优化配置和整体效率提升；其三，规划不仅要重视耕地、森林、水域等非建设用地的管控，同时要更加注重建设用地的管控创新，着力盘活存量用地和提升土地利用效率，努力实现以最少的建设用地满足最优的经济增长需求。

2. 生态文明建设与国土空间规划

“山水林田湖草沙”作为一个生命共同体理念，国土空间规划须坚持生态优先、区域统筹、分级分类和协同共治的原则，打破部门行政管理职能条块分割的束缚，突出对“山水林田湖草生命共同体”系统性和完整性的保护与修复，构建覆盖全部自然生态空间的开发保护制度框架。

一切行动从认识开始，怎么认识决定怎么行动。对于国土空间规划而言，认识论的核心必然是生态文明理念。党的十八大以来，以习近平同志为核心的党中央站在战略和全局的高度，将生态文明建设纳入中国特色社会主义事业的总体框架，为努力建设美丽中国、实现中华民族永续发展，指明了前进方向。国土空间规划在《生态文明体制改革总体方案》中作为一项重要的制度建设内容予以明确，在《若干意见》中也明确提出，国土空间规划“是加快形成绿色生产方式和生活方式、推进生态文明建设、建设美丽中国的关键举措”。可见，国土空间规划就是为践行生态文明建设提供空间保障，生态文明建设优先理应成为国土空间规划工作的核心价值观。

从工业文明时代步入生态文明时代，是世界发展的必然趋势。中国走生态文明之路，之所以必须更加积极主动，一方面源自全球自然资源环境的压力和中国作为国际大国的担当，如若中国像美国、澳大利亚一样发展，至少需要五个地球的能源和资源，这是地球无法承担的；另一方面源于中国自身的生态系统退化，如果说杜甫笔下的古代战乱年代是“国破山河在，城春草木深”，那么当代和平年代却有“国在山河破，城兴草木凋”之虞。换言之，中国由于人均资源保有量有限，但又要实现人民对美好生活的向往，就既不能延续以往高消耗的“美国模式”，也不能采用高成本的逆城镇化模式，而只能采取兼具紧约束资源投入和可支付经济投入两大特征的可持续发展模式。因此，中国走生态文明的道路，从现实看源于内外双重压力，从长远看则关系人民福祉、关乎民族未来。

3. “多规合一”与国土空间规划

2019 年，《国务院关于加强和规范事中事后监管的指导意见》明确“国土空间规划是国家空间发展的指南、可持续发展的空间蓝图，是各类开发保护建设活动的基本依据”“国土空间规划是对一定区域国土空间开发保护在空间和时间上做出的安排”。

推进“多规合一”是实现“空间规划”的手段和方式，也是开展空间规划的前提和基础。从“多规合一”的试点推行，到国土空间规划的建立，可清晰梳理两者的特点。“多规合一”是一种技术方案，不是实现的目的。其通过信息数字化技术构建出一套以空间体系的“一张图”，以优化空间布局及统筹专项规划为目的，指导建设项目落实相关管控指标，做到节约资源和保护环境，最终达到促进城乡有序发展及协调城市布局结构不合理的问题。在《若干意见》出台前，各地实施的“多规合一”的共性特点为建立高规格的领导协调机制，整合各专项规划，解决各规划冲突且不相容的情况，利用大数据及信息化平台打通各职能部门审批环节，最终实现规划数据信息联动及实时更新，为各项审批决策提供科学且准确的支撑。《若干意见》出台后，“多规合一”更是以一种实现路径来建立国土空间规划，国土空间规划本身就包含“多规合一”特性。通过多年来试点城市推行“多规合一”，已解决各专项规划冲突的矛盾，但新时期下的国土空间规划以外仍然存在多种专项规划需要合一的问题，诸如产业发展规划、综合交通规划、重大基础设施规划、公共服务设施规划等专项规划的管理实施仍然归于各主管部门，仍需继续推行更广范围的“多规合一”。

4.“国土空间规划”“专项规划”与“国土空间规划体系”

“国土空间规划”是对一定区域内国土空间开发保护在空间和时间上做出的安排，包括各行政层级的总体规划和与有关行政层级总体规划相对应的详细规划。“专项规划”是指在特定区域、流域和特定领域，为实现特定功能，对空间开发和保护利用做出的专门安排，均是涉及空间利用的相关规划。“国土空间规划体系”是“国土空间规划”与“专项规划”的总称。相较于“空间规划”，“国土空间规划”强调了规划对象——国土空间所具有的领土和主权属性。国土空间规划既包含尺度、区位、边界三个空间要素，也包含禀赋、人的活动、权益三个与国土相关的要素，以及要有明确的空间范围和边界、清晰的责任主体和权利人。

2.2 国土空间规划体系概述

根据《中共中央 国务院关于统一规划体系更好发挥国家发展规划战略导向作用的意见》要求，建立以发展规划为统领，以空间规划为基础，以专项规划和区域规划为支撑，由国家、省、市、县各级规划共同组成，定位准确、边界清晰、功能互补、统一衔接的国家规划体系。

《中共中央 国务院关于建立国土空间规划体系并监督实施的若干意见》的发布，标志着国土空间规划体系顶层设计和“四梁八柱”基本形成。其明确了建立国土空间规划体系并监督实施的时间表：到2020年，基本建立国土空间规划体系，逐步建立“多规合一”的规划编制审批体系、实施监督体系、法规政策体系和技术标准体系；到2025年，健全国土空间规划的法规政策和技术标准体系。

国土空间规划体系的“四梁八柱”，可概括为“五级三类四体系”的构架（图2-11）。其中，从规划运行方面来看，国土空间规划包括“四个体系”，即规划编制审批体系、实

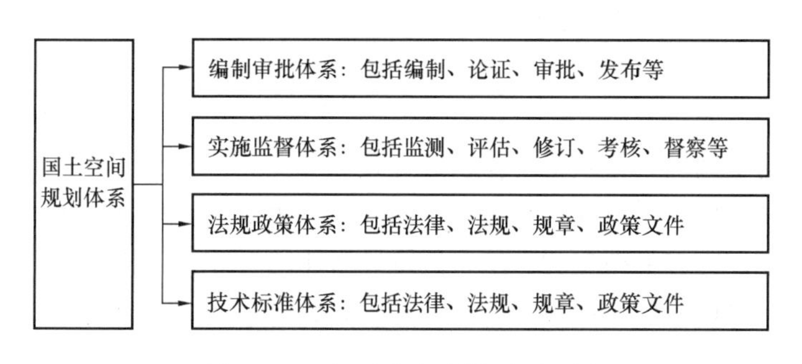

图2-11 国土空间规划体系示意图

施监督体系、法规政策体系、技术标准体系。其中，规划编制审批体系和实施监督体系包括从编制、审批、实施、监测、评估、预警、考核、完善等完整闭环的规划及实施管理流程；法规政策体系和技术标准体系是两个基础支撑。

2.2.1 编制审批体系

建立全国统一、权责清晰、科学高效的国土空间规划体系的目的是解决此前综合性空间规划缺位、规划类型过多、相互重复冲突等问题，通过分级分类的国土空间规划编制体系实现国家战略部署的层级传导、约束指标的层级传递和各类开发保护活动的空间落实，形成有机衔接、高效运转的空间规划运行机制。

2019年5月，《中共中央 国务院关于建立国土空间规划体系并监督实施的若干意见》正式下发。国土空间规划编制程序包括准备工作、专题研究、规划编制、规划多方案论证、规划公示、成果报批、规划公告等。

1. 国土空间规划编制体系

按照《中共中央 国务院关于建立国土空间规划体系并监督实施的若干意见》要求，形成主体清晰、分工明确、衔接有效的“五级三类”的国土空间规划，从国家层面建立了分级分类的国土空间规划体系，形成了包括国家、省、市、县、乡（镇）“五级”编制体系，下位规划遵从上位规划，形成纵向传导体系，逐层进行编制；同时建立总体规划、详细规划、专项规划“三类”横向传导编制体系，形成完整的规划体系，以更好地支撑国土空间规划体系。如图2-12所示为国土空间规划体系组成架构图。

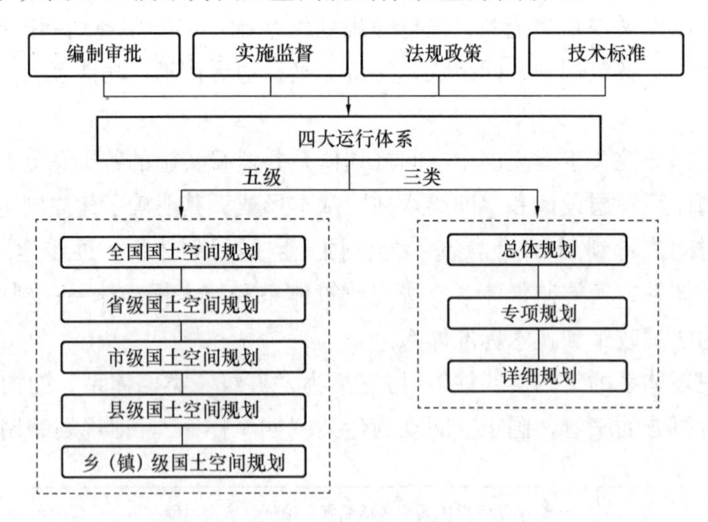

图2-12　国土空间规划体系组成架构图

从纵向看，对应我国的行政管理体系，分五个层级，分别是国家级、省级、市级、县级、乡（镇）级。全国国土空间规划是对全国国土空间做出的全局安排，是全国国土空间保护、开发、利用、修复的政策和总纲，侧重战略性，由自然资源部会同相关部门组织编制，由党中央、国务院审定后印发。省级国土空间规划是对全国国土空间规划的落实，指导市（县）国土空间规划编制，侧重协调性，由省级政府组织编制，经同级人大常委会审议后报国务院审批。市（县）和乡（镇）国土空间规划是本级政府对上级国土空间规划要求的细化落实，是对本行政区域开发保护做出的具体安排，侧重实施性。需报国务院审批的城市国土空间总体规划，由市政府组织编制，经同级人大常委会审议后，由省级政府报国务院审批；其他市（县）及乡（镇）国土空间规划由省级政府根据当地实际，明确规划编制审批内容和程序要求。各地可因地制宜，将市（县）与乡（镇）国土空间规划合并编制，也可以几个乡（镇）为单元编制乡（镇）级国土空间规划。如图 2-13 所示为国土空间规划组织编制审批程序图。

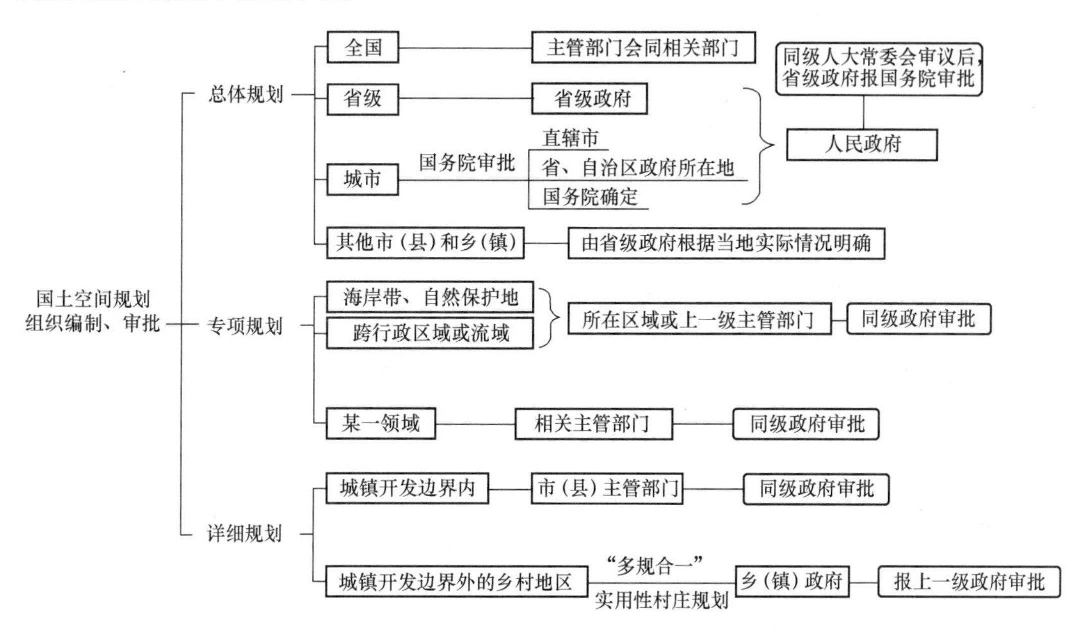

图 2-13　国土空间规划组织编制审批程序图

从规划内容类型来看，国土空间规划分为“三类”。“三类”是指规划的类型，分为总体规划、详细规划、相关专项规划。国土空间总体规划是详细规划的依据、相关专项规划的基础；相关专项规划要相互协同，并与详细规划做好衔接（图 2-14）。

（1）总体规划强调的是规划的综合性，是对一定区域，如行政区全域范围涉及的国土空间保护、开发、利用、修复作全局性的安排。需要全面落实党中央、国务院的重大决策部署，作为体现国家意志和发展的国土空间行动纲领，加强与国家远景发展规划衔接，对国家重大战略任务进行空间落实。

（2）详细规划强调实施性，一般是在市（县）以下组织编制，详细规划是对具体地块用途和开发建设强度等做出的实施性安排，是开展国土空间开发保护活动、实施国土空间用途管制、核发城乡建设项目规划许可、进行各项建设等的法定依据。在城镇开发边界内的详细规划，由市（县）自然资源主管部门组织编制，报同级政府审批；在城镇开发边界外的乡村地区，以一个或几个行政村为单元，由乡镇政府组织编制“多规合一”的实用性村庄规划，作为详细规划，报上一级政府审批。

（3）相关专项规划强调的是专门性，海岸带、自然保护地等专项规划及跨行政区域或流域的国土空间规划，由所在区域或上一级自然资源主管部门牵头组织编制，报同级政府

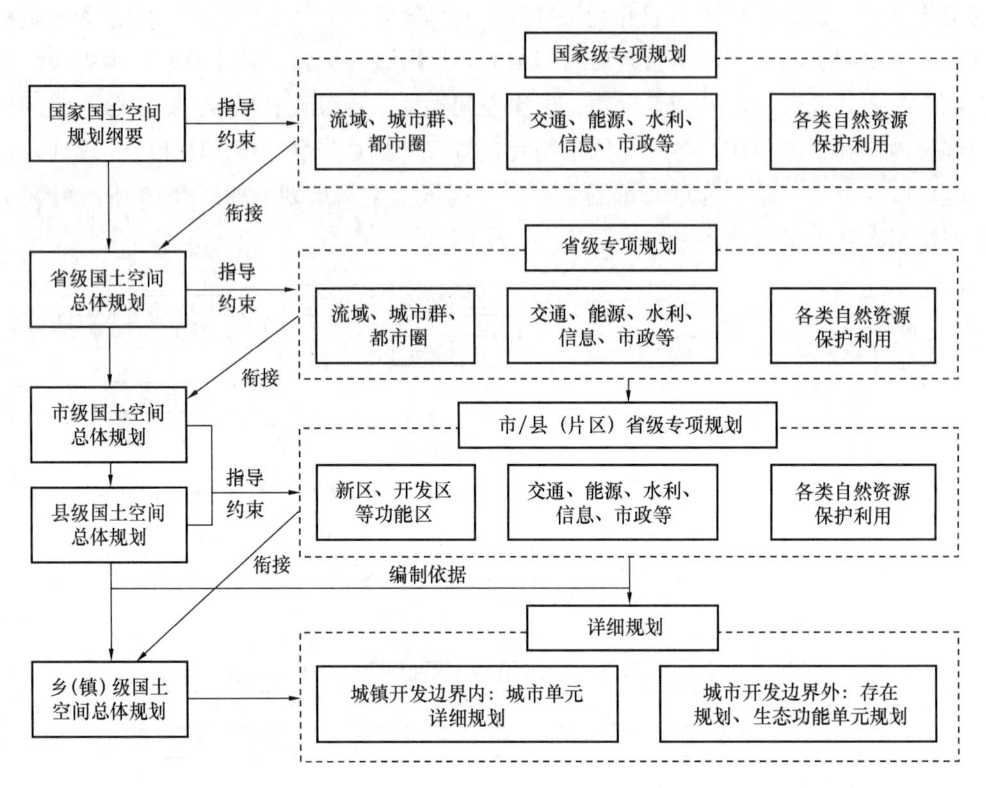

图 2-14　国土空间规划体系下总体规划与专项规划、详细规划的关系示意图

（资料来源：王朝宇，马星，轩源，等．国土空间规划体系下专项规划体系构建路径探讨［J］．规划师，2021，37（15）：87-94）

审批；涉及空间利用的某一领域专项规划，如交通、能源、水利、农业、信息、市政等基础设施，公共服务设施，军事设施，以及生态环境保护、文物保护、林业草原等专项规划，由相关主管部门组织编制。相关专项规划可在国家、省和市（县）层级编制，不同层级、不同地区的专项规划可结合实际选择编制的类型和精度。

2. 国土空间规划审批体系

《中共中央 国务院关于建立国土空间规划体系并监督实施的若干意见》中明确要求，要解决规划审批周期过长的问题，大幅压缩规划审批时间。国土空间规划审批体现地方对规划的自主权，减少报送国务院审批总体规划的城市数量。同时取消编制大纲或规划纲要的审查环节，减少重复性的审查。

按照“谁审批、谁监管”“管什么就批什么”的原则，对省级和市（县）国土空间规划，侧重控制性审查，重点审查目标定位、底线约束、控制性指标、相邻关系等，并对规划程序和报批成果形式作合规性审查。

（1）编制审批要求。

① 国土空间规划应严格按照中央精神，依法、依规编制和审批。

② 建立健全国土空间规划“编”“审”分离机制。规划编制实行编制单位终身负责

制；规划审查应充分发挥规划委员会的作用，实行参编单位专家回避制度，推动开展第三方独立技术审查。

③ 下级国土空间规划不得突破上级国土空间规划确定的约束性指标，不得违背上级国土空间规划的刚性管控要求。审批其他各类规划应符合国土空间规划约束性指标和刚性管控要求，其他规划不能替代国土空间规划作为各类开发保护建设活动的规划审批依据。

④ 规划修改必须严格落实法定程序要求，深入调查研究，征求利害关系人意见，组织专家论证，实行集体决策。不得以城市设计、工程设计或建设方案等非法定方式擅自修改规划、违规变更规划条件。

⑤ 体现战略性。全面落实党中央、国务院重大决策部署，体现国家意志和国家发展规划的战略性，自上而下编制各级国土空间规划，对空间发展作出战略性、系统性安排。落实国家安全战略、区域协调发展战略和主体功能区战略，明确空间发展目标，优化城镇化格局、农业生产格局、生态保护格局，确定空间发展策略，转变国土空间开发保护方式，提升国土空间开发保护质量和效率。

⑥ 提高科学性。坚持生态优先、绿色发展，尊重自然规律、经济规律、社会规律和城乡发展规律，因地制宜开展规划编制工作；坚持节约优先、保护优先、自然恢复为主的方针，划定生态保护红线、永久基本农田、城镇开发边界等空间管控边界以及各类海域保护线，强化底线约束，为可持续发展预留空间。坚持山水林田湖草生命共同体理念，构建生态廊道和生态网络。坚持陆海统筹、区域协调、城乡融合，优化国土空间结构和布局，统筹地上地下空间综合利用，着力完善交通、水利等基础设施和公共服务设施。坚持上下结合、社会协同，完善公众参与制度，发挥不同领域专家的作用。

⑦ 加强协调性。强化国家发展规划的统领作用，强化国土空间规划的基础作用。国土空间总体规划要统筹和综合平衡各相关专项领域的空间需求。详细规划要依据批准的国土空间总体规划进行编制和修改。相关专项规划要遵循国土空间总体规划，不得违背总体规划强制性内容，其主要内容要纳入详细规划。

⑧ 注重操作性。按照谁组织编制、谁负责实施的原则，明确各级各类国土空间规划编制和管理的要点。明确规划约束性指标和刚性管控要求，同时提出指导性要求。制定实施规划的政策措施，提出下级国土空间总体规划和相关专项规划、详细规划的分解落实要求，健全规划实施传导机制，确保规划能用、管用、好用。

（2）审批要点。

结合《中共中央 国务院关于建立国土空间规划体系并监督实施的若干意见》要求，各级国土空间主要审查要点如表 2-6 所示。

各级国土空间规划审查要点表　　**表 2-6**

序号	国土空间规划	审查要点
1	省级	国土空间开发保护目标
2		国土空间开发强度、建设用地规模，生态保护红线控制面积、自然岸线保有率，耕地保有量及永久基本农田保护面积，用水总量和强度控制等指标的分解下达

续表

序号	国土空间规划	审查要点
3	省级	主体功能区划分，城镇开发边界、生态保护红线、永久基本农田的协调落实情况
4		城镇体系布局，城市群、都市圈等区域协调重点地区的空间结构
5		生态屏障、生态廊道和生态系统保护格局，重大基础设施网络布局，城乡公共服务设施配置要求
6		体现地方特色的自然保护地体系和历史文化保护体系
7		乡村空间布局，促进乡村振兴的原则和要求
8		保障规划实施的政策措施
9		对市（县）级规划的指导和约束要求
10		其他
11	国务院审批的市级	市域国土空间规划分区和用途管制规则
12		重大交通枢纽、重要线性工程网络、城市安全与综合防灾体系、地下空间、邻避设施等设施布局，城镇政策性住房和教育、卫生、养老、文化体育等城乡公共服务设施布局原则和标准
13		城镇开发边界内，城市结构性绿地、水体等开敞空间的控制范围和均衡分布要求，各类历史文化遗存的保护范围和要求，通风廊道的格局和控制要求
14		城镇开发强度分区及容积率、密度等控制指标，高度、风貌等空间形态控制要求
15		中心城区城市功能布局和用地结构
16		其他
17	其他市、县、乡镇级	由各省（自治区、直辖市）根据本地实际，参照上述审查要点制定

2.2.2 实施监督体系

《中共中央 国务院关于建立国土空间规划体系并监督实施的若干意见》强调加强监督规划实施，落实“一个规划，一张蓝图”的规划编制新目标与新要求。建立国土空间规划体系并监督实施是党中央、国务院做出的重大决策部署。要依法依规监督实施规划，防止违规编制、擅自随意调整、未批先建、不按规划违规建设等问题。

1. 提高规划法律地位，强化规划权威

自上而下编制各级国土空间规划，下级国土空间规划要服从上级国土空间规划，落实上级规划要求和任务，相关专项规划、详细规划要以总体规划为基础，细化和落实总体规划要求。规划经过编制审批程序批复后，任何部门和个人不得随意修改、违规变更。

2. 谁审批、谁监管，分级建立国土空间规划审查备案制度

精简规划审批内容，管什么就批什么，大幅缩减审批时间。减少需报国务院审批的城市数量，直辖市、计划单列市、省会城市及国务院指定城市的国土空间总体规划由国务院审批。相关专项规划在编制和审查过程中应加强与有关国土空间规划的衔接及“一张图”的核对，批复后纳入同级国土空间基础信息平台，叠加到国土空间规划“一张图”上。

3. 健全用途管制制度和加强边界管控

以国土空间规划为依据，对所有国土空间分区分类实施用途管制。在城镇开发边界内的建设，实行“详细规划＋规划许可”的管制方式；在城镇开发边界外的建设，按照主导用途分区，实行“详细规划＋规划许可”和“约束指标＋分区准入”的管制方式。

三条控制线是国土空间用途管制的基本依据，涉及生态保护红线、永久基本农田占用的，按程序报国务院审批；对于生态保护红线内允许的对生态功能不造成破坏的有限人为活动，由省政府制定具体监管办法；城镇开发边界调整报国土空间规划原审批机关审批。

4. 监督规划实施

依托国土空间基础信息平台，建立健全国土空间规划动态监测评估预警和实施监管机制。上级自然资源主管部门要会同有关部门组织对下级国土空间规划中各类管控边界、约束性指标等管控要求的落实情况进行监督检查，将国土空间规划执行情况纳入自然资源执法督察内容。健全资源环境承载能力监测预警长效机制，建立国土空间规划定期评估制度，结合国民经济社会发展实际和规划定期评估结果，对国土空间规划进行动态调整完善。

5. 推进“放管服”改革

以“多规合一”为基础，以服务项目精准落地为目标，统筹规划、建设、管理三大环节，提高详细规划编制实施管理效率，推动“多审合一、多证合一、多测合一、多验合一”。优化现行建设项目用地（海）预审、规划选址以及建设用地规划许可、建设工程规划许可、乡村建设规划许可等审批流程，形成统一审批流程、统一信息数据平台、统一审批管理体系、统一监管方式，提高审批效能和监管服务水平。

6. 实行规划全周期管理

（1）加快建立完善国土空间基础信息平台，形成国土空间规划“一张图”，作为统一国土空间用途管制、实施建设项目规划许可、强化规划实施监督的依据和支撑。不得擅自更改底图、数据，确保数据规范、上下贯通、图数一致。

（2）建立规划编制、审批、修改和实施监督全程留痕制度，要在国土空间规划“一张图”实施监督信息系统中设置自动强制留痕功能；尚未建成系统的，必须落实人工留痕制度，确保规划管理行为全过程可回溯、可查询。

（3）加强规划实施监测评估预警，按照“一年一体检、五年一评估”要求开展城市体检评估并提出改进规划管理意见，市（县）自然资源主管部门要适时向社会公开城市体检评估报告，省级自然资源主管部门要严格履行监督检查责任。

（4）将国土空间规划执行情况纳入自然资源执法督察内容，加强日常巡查和台账检查，做好批后监管。对新增违法违规建设“零容忍”，一经发现，及时严肃查处；对历史遗留问题全面梳理，依法依规分类加快处置。

2.2.3　法规政策体系

国土空间规划编制和监督实施必须基于完善的法规政策体系。在法规政策方面，一方面需要在国土空间规划法、国土空间开发保护法及地方条例中明确各级各类国土空间专项规划编制、审批主体及流程；另一方面针对国土空间专项规划编制、审批、成果入库、实施管理等全流程环节制定具体的管理办法、管理细则等部门规章。

在当前国土空间规划编制工作全面启动背景下，法规政策体系的完善，对充分发挥好法治对自然资源管理改革的引领和保障具有重要作用。

研究制定《国土空间开发保护法》，加快国土空间规划相关法律法规建设。梳理与国土空间规划相关的现行法律法规和部门规章，对“多规合一”改革涉及突破现行法律法规规定的内容和条款，按程序报批，取得授权后施行，并做好过渡时期的法律法规衔接。完善适应主体功能区要求的配套政策，保障国土空间规划有效实施。2011 年以来，国家相继颁布了多个政策文件，为国土空间规划工作的开展奠定了基础，重点包括国土空间规划体系、以国家公园为主体的自然保护地体系、落实三条控制线、省级国土空间规划编制指南等（表 2-7）。

国土空间规划相关政策文件一览表 **表 2-7**

序号	时间	事件	备注
1	2011 年 6 月	《国务院关于印发全国主体功能区规划的通知》	—
2	2013 年 11 月	《中共中央关于全面深化改革若干重大问题的决定》	—
3	2015 年 9 月	《生态文明体制改革总体方案》	—
4	2014 年 8 月	《关于开展市县“多规合一”试点工作的通知》	—
5	2017 年 1 月	中共中央办公厅　国务院办公厅《省级空间规划试点方案》	—
6	2017 年 2 月	《国务院关于印发全国国土规划纲要(2016—2030 年)的通知》	—
7	2017 年 10 月	《中国共产党第十九次全国代表大会报告》	—
8	2018 年 2 月	《中共中央关于深化党和国家机构改革的决定》	—
9	2018 年 12 月	《中共中央 国务院关于统一规划体系更好发挥国家发展规划战略导向作用的意见》	—
10	2019 年 5 月	《中共中央 国务院关于建立国土空间规划体系并监督实施的若干意见》	—
11	2019 年 5 月	《自然资源部关于全面开展国土空间规划工作的通知》	—
12	2019 年 6 月	《关于建立以国家公园为主体的自然保护地体系的指导意见》	中共中央办公厅 国务院办公厅印发
13	2019 年 6 月	《关于在国土空间规划中统筹划定落实三条控制线的指导意见》	中共中央办公厅　国务院办公厅印发
14	2020 年 1 月	《自然资源部办公厅关于印发〈省级国土空间规划编制指南〉（试行）的通知》	自然资源部办公厅
15	2020 年 1 月	《自然资源部办公厅关于印发〈资源环境承载能力和国土空间开发适宜性评价指南（试行）〉的函》	自然资源部办公厅
16	2020 年 5 月	《自然资源部办公厅关于加强国土空间规划监督管理的通知》	自然资源部办公厅

新的《国土空间开发保护法》还未出台，我国空间规划法规体系将延续现行的城乡规划和土地利用规划法规体系，主要包括《中华人民共和国城乡规划法》《中华人民共和国土地管理法》《中华人民共和国环境保护法》以及涉及的其他空间要素管理类法规，包括

《基本农田保护条例》《中华人民共和国草原法》《中华人民共和国水法》《中华人民共和国森林法》《中华人民共和国文物保护法》《中华人民共和国旅游法》《中华人民共和国测绘法》《行政区域界线管理条例》等，同时还有涉及上述相关法规配套的管理或实施条例、规范技术标准等。

我国城乡规划法规体系中，主要是以《中华人民共和国城乡规划法》（以下简称《城乡规划法》）为核心。2008 年 1 月 1 日，以《城乡规划法》的正式实施为标志，我国城市规划由“城市”走向“城乡”，原来的城、乡二元法律法规体系转变为城乡统筹的法律体系。至此，我国的城市规划法规体系调整为城乡规划法规体系，并以《城乡规划法》为核心，进行调整、补充、修改和逐步完善。城乡规划法规体系是以法律、法规、规章、规范性文件及标准规范构成。现整理我国城乡规划法律法规及规章如表 2-8 所示。

我国城乡规划法规体系一览表　　表 2-8

序号	类别		名称	施行年份
1	法律		《中华人民共和国城乡规划法》	2019 年修订
2	行政法规		《村庄和集镇规划建设管理条例》	1993 年
			《历史文化名城名镇名村保护条例》	2008 年
			《风景名胜区条例》	2016 年修订
3	部门规章与规划性文件	城乡规划编制与审批	《历史文化名城保护规划编制要求》	1994 年
			《城市绿化规划建设指标的规定》	1994 年
			《城市总体规划审查工作原则》	1999 年
			《村镇规划编制办法（试行）》	2000 年
			《城市规划强制性内容暂行规定》	2002 年
			《城市规划编制办法》	2006 年
			《城市总体规划实施评估办法（试行）》	2009 年
			《省域城镇体系规划编制审批办法》	2010 年
			《城市、镇控制性详细规划编制审批办法》	2011 年
			《城市综合交通体系规划编制导则》	2012 年
			《城市总体规划编制审批办法（征求意见）》	2016 年
		城乡规划实施管理与监督检查	《停车场建设和管理暂行规定》	1989 年
			《建设项目选址规划管理办法》	1991 年
			《城市国有土地使用权出让转让规划管理办法》	1993 年
			《开发区规划管理办法》	1995 年
			《近期建设规划工作暂行办法》	2002 年
			《城市绿线管理办法》	2002 年
			《城市紫线管理办法》	2004 年
			《城市抗震防灾规划管理规定》	2003 年
			《城市黄线管理办法》	2006 年
			《城市蓝线管理办法》	2006 年
			《城建监察规定》	2010 年修订
			《建制镇规划建设管理办法》	2011 年修订
			《城市地下空间开发利用管理规定》	2011 年修订
			《市政公用设施抗灾设防管理规定》	2015 年修订

续表

序号	类别	名称	施行年份
4	城市规划行业管理	《城市规划编制单位资质管理规定》	2012年修订
		《注册城乡规划师职业资格制度规定》	2017年修订

我国土地利用规划法规体系主要以《中华人民共和国土地管理法》为核心，其他法规、行政规章主要包括《中华人民共和国土地管理法实施条例》《中华人民共和国基本农田保护条例》等，现整理我国城乡土地利用规划法律法规及规章如表2-9所示。

我国土地利用规划法规体系一览表 **表2-9**

序号	类别	名称	施行年份
1	法律	《中华人民共和国土地管理法》	2019年修正
2	行政法规	《国有土地上房屋征收与补偿条例》	2011年
		《基本农田保护条例》	2011年修订
		《中华人民共和国土地管理法实施条例》	2021年修正
3	部门规章	《耕地占补平衡考核办法》	2006年
		《土地储备管理办法》	2007年
		《建设项目用地预审管理办法》	2009年
		《省级土地利用总体规划编制守则》	2009年
		《土地调查条例实施办法》	2009年
		《土地利用总体规划编制审查办法》	2009年
		《土地权属争议调查处理办法》	2010年
		《闲置土地处置办法》	2012年
		《土地复垦条例实施办法》	2013年
		《节约集约利用土地规定》	2014年
		《草原征地占用审核审批管理办法》	2014年修订
		《土地利用年度计划管理办法》	2016年
		《土地利用总体规划管理办法》	2017年

我国规划法规政策体系除了城乡规划法规体系和土地利用规划法规体系，还有其他空间规划法规体系，比如主要以《中华人民共和国环境保护法》为核心的环境保护法规体系，原国家海洋局、农业农村部以及林业局等出台的相关法律、法规、部门规章等。

2.2.4 技术标准体系

按照“多规合一”要求，由自然资源部会同相关部门负责构建统一的国土空间规划技术标准体系，修订完善国土资源现状调查和国土空间规划用地分类标准，制定各级各类国土空间规划编制办法和技术规程。

国土空间规划涉及方方面面的技术标准问题，一方面针对自然保护地、流域、都市圈和生态修复等新类型的专项规划制定编制技术标准，对于已有的不同部门主导的各类标准，应对同一设施建设或要素配置统一标准要求；另一方面针对“一张图”管理需求，制定国土空间专项规划成果入库技术指南。同时，规划工作需要有延续性，需要结合新体系的建构，梳理现有的各类标准规范，并进行必要的调整、合并、优化和扩展，构建起“多规合一”的统一国土空间规划技术标准体系，包括国土空间规划编制方法和技术规程，规划入库标准以及实施监管的规范性要求等，涵盖规划编制、实施、监管的全过程。根据2017年修订的《中华人民共和国标准化法》，标准分为国家标准、行业标准、地方标准和团体标准、企业标准。据此，规划行业、地方有关部门等也应参与国土空间规划编制和实施技术标准的制定工作。

依据《国土空间规划技术标准体系建设三年行动计划（2021—2023年）》（以下简称《行动计划》），加强并完善国土空间规划技术标准体系建设的顶层设计，制定各项标准制修订的整体安排和路线图，围绕编制审批实施监督全流程管理工作需要，国土空间规划技术标准体系由基础通用、编制审批、实施监督和信息技术四种类型标准组成（图2-15）。

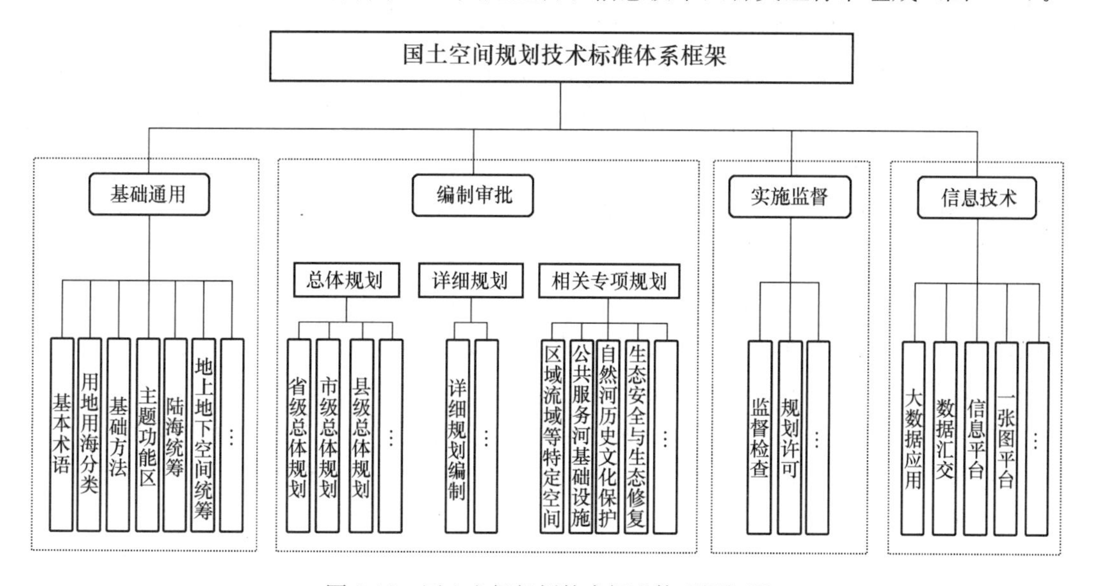

图2-15　国土空间规划技术标准体系框架图

（资料来源：自然资源部、国家标准化管理委员会，《国土空间规划技术标准体系建设三年行动计划（2021—2023年）》）

（1）基础通用类标准，主要是适用于国土空间规划编制审批实施监督全流程的相关标准规范，具备基础性和普适性特点，同时也作为其他相关标准的基础，具有广泛指导意义；

（2）编制审批类标准，主要是支撑不同类别国土空间总体规划、详细规划和相关专项规划编制或审批的技术方法，特别是通过标准强化规划编制审批的权威性；

（3）实施监督类标准，主要是适用于各类空间规划在实施管理、监督检查等方面的相关标准规范，强调规划用途管制和过程监督；

（4）信息技术类标准，主要是以实景三维中国建设数据为基底，以自然资源调查监测数据为基础，采用国家统一的测绘基准和测绘系统，整合各类空间关联数据，建立全国统一的国土空间基础信息平台的相关标准规范，体现新时代国土空间规划的信息化、数字化水平。

2021年10月，中共中央 国务院印发的《国家标准化发展纲要》明确要求制定统一的国土空间规划技术标准。按照行动计划，到 2023 年，全国自然资源系统将制修订标准 30 余项，基本建立“多规合一”的国土空间规划技术标准体系。提出新标准要“坚持科学、简明、可操作”，强调覆盖全域全要素全过程，同时要“能用、管用、好用”，体现出如下特点：

（1）强化标准协同，提高标准可操作性。

《行动计划》提出标准“能用”，要首先满足可操作性要求，强化部门协同，实现新标准与现行标准之间基本协同，不存在矛盾冲突的内容。其次，强调标准上下联动，兼顾国家标准、行业标准“适应性”和规划成果“因地制宜”的关系，鼓励地方结合当地实际制定具有地方特色的技术标准；同时支持团体标准制定，以推进形成国家标准、行业标准、地方标准、团体标准协同配套的标准支撑体系。

（2）强调标准质量，突出标准实施监督。

《行动计划》提出标准“管用”，是强调标准的内容和质量能够达到标准对象的使用要求，可为国土空间规划编制审批监督管理提供基本依据，并将逐步满足法规引用标准、政策实施配套标准的基本要求，逐步推进政策、规则、标准联通。同时，突出标准实施督查，提出将建立完善标准实施效果评估制度和复审制度，保障标准的实用性和时效性。

（3）夯实标准基础，推进标准与技术创新互动。

《行动计划》提出标准“好用”，是强化标准的与时俱进，尤其是在新理念落实、新技术应用等方面，实现标准与技术创新的互动发展。《行动计划》提出标准要“充分体现生态优先、绿色发展、双碳、战略、智慧城市建设、大数据等目标、方法和手段与国土空间规划标准的有机结合”，应及时把先进适用的技术成果融入标准，加强关键技术领域的标准研制，以保障和夯实标准编制基础。

2022 年 5 月，自然资源部组织有关标委会研究制定了《自然资源标准体系》，为了更好地支撑与服务国土空间规划，实现“多规合一”，强化国土空间规划对各专项规划的指导，设立国土空间规划标准子体系（表 2-10）。按照国土空间规划的工作流程和要素，将子体系划分为国土空间规划基础通用、国土空间规划编制审批、国土空间规划实施监督和国土空间规划信息技术四个门类。

自然资源标准体系一览表 **表 2-10**

序号	标准名称	拟定级别	标准代号	现行状态	建议制定/修订时间	备注
国土空间规划基础通用						
1	《国土空间规划术语》	GB/T	—	待制定	B	—
2	《国土空间调查、规划、用途管制用地用海分类标准》	—	—	—	—	先行以文件形式印发自然资源办公厅发〔2020〕51 号
3	《国土空间规划技术标准》	GB/T	—	待制定	A	—
4	《国土空间规划城市设计指南》	—	TD/T 1065—2021	已发布	—	—

续表

序号	标准名称	拟定级别	标准代号	现行状态	建议制定/修订时间	备注
5	《国土空间规划制图规范》	GB/T	—	待制定	A	—
6	《城区范围确定规程》	—	TD/T 1064—2021	已发布	—	下一步拟制定国家标准
7	《镇区范围确定规程》	TD/T	—	待制定	A	—
8	《国土空间总体规划底图编制规范》	GB/T	—	制定中	2021	TC93/SC4、TC230 归口
9	《国土空间规划控制线划定技术指南》	TD/T	—	待制定	—	—
10	《国土空间规划环境影响评价编制指南》	TD/T	—	制定中	202114003	—
11	《主体功能区（县）名录评估调整技术指南》	TD/T	—	制定中	202114002	—
12	《资源环境承载能力和国土空间适宜性评价技术指南（试行）》	GB/T	—	待制定	—	先行已以文件形式印发，自然资办函〔2020〕127 号
13	《其他相关标准（主体功能区规划、土地利用规划和城乡规划等）》	—	—	—	—	—
国土空间规划编制审批之总体规划						
14	《省级国土空间规划编制指南》（试行）	GB/T	—	制定中	20171826-T-334	先行已以文件形式印发，自然资办发〔2020〕5 号
15	《市级国土空间总体规划编制指南（试行）》	TD/T	—	待制定	A	先行已以文件形式印发，自然资办发〔2020〕46 号
16	《县级国土空间总体规划编制指南》	TD/T	—	待制定	A	—
17	《乡镇国土空间总体规划编制指南》	TD/T	—	待制定	A	—
18	《市级国土空间总体规划制图规范（试行）》	TD/T	—	待制定	A	先行已以文件形式印发，自然资办发〔2021〕31 号
19	《县级国土空间总体规划制图规范》	TD/T	—	待制定	A	—

续表

序号	标准名称	拟定级别	标准代号	现行状态	建议制定/修订时间	备注
20	《乡镇国土空间总体规划制图规范》	TD/T	—	待制定	A	—
国土空间规划编制审批之详细规划						
21	《详细规划编制指南》	TD/T	—	待制定	A	—
国土空间规划编制审批之相关专项规划						
22	《都市圈国土空间规划编制规程》	TD/T	—	制定中	202014001	—
23	《综合交通规划技术规范》	—	—	待制定	—	—
24	《综合防灾规划技术规范》	TD/T	—	制定中	202014008	—
25	《公共服务设施规划技术规范》	GB/T	—	待制定	A	—
26	《绿色基础设施规划技术规范》	TD/T	—	待制定	A	—
27	《历史文化遗产及风貌保护技术指南》	TD/T	—	制定中	202014006	—
28	《城乡公共卫生应急空间规划规范》	TD/T	—	制定中	202014007	—
29	《街道设计导则》	TD/T	—	待制定	A	—
30	《地下空间规划标准》	TD/T	—	待制定	A	—
31	《社区生活圈规划技术指南》	—	TD/T 1062—2021	已发布	—	—
32	《城市更新空间单元规划编制技术导则》	GB/T	—	制定中	20211155-T-334	—
33	《行政区域（流域）专项规划技术规程》	—	—	待制定	—	—
34	《自然保护地规划技术规程》	—	—	待制定	—	—
35	《海岸带规划编制技术指南》	HY/T	—	制定中	201810002-T，	原名为：三区三线划定技术规范
36	《用海项目与规划符合性判别规则》	HY/T	—	待制定	—	—
37	《区域建设用海规划编制规范》	—	HY/T 148—2013	已发布	—	—

续表

序号	标准名称	拟定级别	标准代号	现行状态	建议制定/修订时间	备注
国土空间规划实施监督						
38	《国土空间规划监测评估预警标准》	GB/T	—	制定中	20194423-T-334	—
39	《生态保护红线监测评估预警技术标准》	TD/T	—	制定中	202114001	—
40	《国土空间规划城市体检评估规程》	—	TD/T 1063—2021	已发布	—	—
41	《城市蔓延评估规程》	TD/T	—	待制定	A	—
国土空间规划信息技术						
42	《国土空间总体规划数据库建设规范》	TD/T	—	待制定	A	—
43	《省级国土空间规划数据库标准》	TD/T	—	待制定	A	—
44	《市级国土空间总体规划数据库规范（试行）》	TD/T	—	待制定	A	先行已以文件形式印发，自然资办发〔2021〕31 号
45	《乡镇国土空间规划数据库标准》	TD/T	—	待制定	A	—
46	《市（地）级土地利用总体规划数据库标准》	—	TD/T 1026—2010	已发布	—	待评估
47	《县级土地利用总体规划数据库标准》	—	TD/T 1027—2010	已发布	—	待评估
48	《乡（镇）土地利用总体规划数据库标准》	—	TD/T 1028—2010	已发布	—	待评估
49	《建设项目用地审批空间分析模型》	TD/T	—	制定中	202031014	—
大数据应用						
50	《国土空间规划城市时空大数据应用基本规定》	TD/T	—	制定中	202114004	—
数据汇交						
51	《国土空间规划数据汇交标准》	TD/T	—	待制定	A	—
信息平台						
52	《国土空间规划信息平台建设指南》	TD/T	—	待制定	A	—

续表

序号	标准名称	拟定级别	标准代号	现行状态	建议制定/修订时间	备注
国土空间规划“一张图”						
53	《国土空间规划“一张图”实施监督信息系统技术规范》	—	GB/T 39972—2021	已发布	—	—

注：“建议制定/修订时间”中A表示未来5年内能完成制修订的标准；B表示未来5年内要启动开展研制任务的标准；标有具体年份＋数字的为以往标准制修订中已经立项但尚未完成发布的标准（具体年份＋数字为计划号）。在新的立法工作完成前的过渡期，现行相关城乡规划技术标准体系仍然有效。

2.3 国土空间规划体系下市政基础设施规划

市政基础设施规划是国土空间开发的重要支撑体系，也是国土空间五级三类规划中的专项规划中的一类。在落实“一个规划，一张蓝图”的规划编制新目标与新要求和国家提出重点加强重大基础设施网络建设的要求下，通过合理布局重要市政基础设施网络，明确基础设施用地的需求；明确市政基础设施空间保护与利用目标和约束性指标，聚焦市政空间及红线落地的刚性管控。充分考虑资源承载、环境制约、技术可达、经济可行四个方面的要求，实现基础设施高质量发展。

2.3.1 规划编制思路

市政基础设施作为国土空间规划中非常重要的一个支撑体系，在国土空间规划新要求下，市政基础设施也需要转变观念，转变传统粗放的发展模式。在重视安全底线的保障下，统筹好存量和增量、地上和地下、传统与新型基础设施系统的布局，通过进一步构建集约高效、智能绿色、安全可靠的现代化基础设施体系和韧性城市的建设，提高城市的综合承载力以及资源利用和运行的效率，从而保障高质量发展和高品质生活的实现。

国家级、省级相关专项规划侧重战略性、协调性，重点在区域层面做好各领域空间布局与重大工程、项目的结构性协调；在总体层次，市域、县域或中心城区范围的相关专项规划侧重协调性、传导性，重点做好专项领域统筹协调，落实细化总体规划专项安排，做好与详细规划的衔接；在详细层次，重点对市政基础设施线性工程及重点地区或重要节点的城市设计做出统筹安排，侧重实施性、落地性，相关内容纳入详细规划。专项规划与国土空间规划体系的关系示意如图2-16所示。

市政基础设施规划编制应满足以下要求。

1. 相关部门制定编制目录清单，明确各领域专项规划内容和标准要求

市政基础设施规划需要统一专项规划组织管理，统筹平衡各专项空间需求。可由自然资源主管部门联合相关部门制定编制目录清单，报同级人民政府批准实施。通过制定专项规划编制目录清单，明确规划编制主体和审查要点，统一规划期限、基础数据、标准要求等。

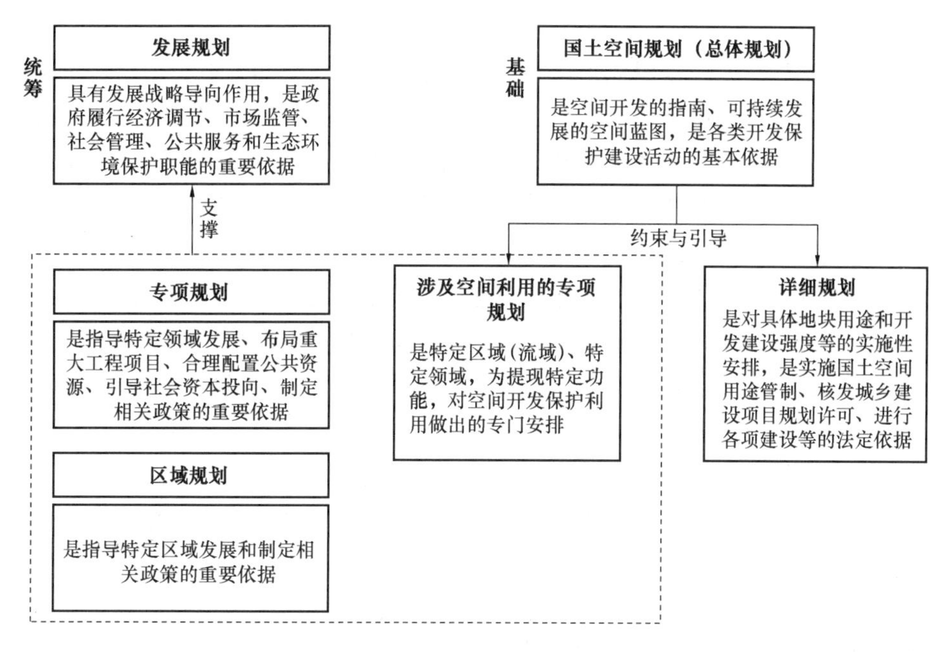

图 2-16　专项规划与国土空间规划体系的关系示意

2. 做好与国土空间规划“一张图”衔接，纳入国土空间基础信息平台

在规划编制中，必须使用国土空间基础信息平台提供的底图和空间关联现状数据信息，做好与国土空间规划“一张图”的衔接，在规划成果向审批机关报批前，同级自然资源部门进行“一张图”合规性审查，并出具“一张图”合规性审查意见；规划编制后，经批准的国土空间专项规划应纳入国土空间基础信息平台，叠加到国土空间规划“一张图”上，并作为国土空间用途管制和核发许可的依据。在全流程的保障方面，明确专项目录清单由各级自然资源部门会同发展改革部门共同管理、共同审核、共同报批，主要目的是加强国土空间专项规划和发展专项规划的有效衔接，保证专项规划同时符合发展规划和国土空间总体规划的要求。

3. 统一规划编制基础，明确空间性内容编制要点

在规划编制准备阶段，由各级自然资源部门提供统一的空间基础数据，包括规划编制所需的国土空间底数底图、与国土空间规划衔接的技术标准、国土空间规划“一张图”数据接口和相关国土空间规划成果参考等，实现空间规划编制基础的“多规合一”。

从编制要点来看，国土空间专项规划空间性内容编制要点包括各专项领域开发保护活动目标与指标、总体规划约束性指标分解落实情况、建设标准、空间格局、空间性要素规划布局与用地规模、近期重点工程项目及相关时序安排与保障措施等。

在规划成果获批后，应由自然资源主管部门基于统一的质检要求及细则开展入库数据审查，从成果数据的完整性、规范性和空间拓扑等方面对编制成果进行质量检查，将相关专项规划成果纳入国土空间基础信息平台，叠加到国土空间规划“一张图”上，通过国土空间基础信息平台逐级传导到地方并落实到详细规划，实现空间规划实施的“多规合一”。

4. 制定“刚弹”结合的控制导则

市政基础设施规划要根据用地指标和底线规划相符性，叠加土地利用规划和控制性详细规划等相关规划，分类制定“刚弹”结合的控制策略。以强制性指标和弹性控制指标制定规划管理策略建议，为规划实施管理提供有意义的参考，缓解预留用地与其他建设用地之间的突出矛盾，增补独立式市政基础设施，明晰调整指引性和调整规模。

5. 建设绿色市政基础设施

市政设施在建设过程中可以融入绿色理念、新技术，比如节能建筑、绿色能源，打造资源节约型、循环经济型市政项目，并在运营管理中积极落实综合资源规划政策，强化用户侧的节能环保意识，加强供应侧节能新技术的政策扶持，推广风能、太阳能等新技术应用，实现各种资源综合有效利用。

采用5G、大数据、人工智能、物联网、区块链、城市大脑等智慧城市新技术，提出韧性城市建设中智慧化信息交互能力建设的规划思路，与智慧城市建设相融合，能够有效实现韧性城市规划的智能化、精细化管控。

6. 构建韧性城市重点空间格局，整合优化基础设施的韧性

遵循灾害链的产生规律，科学预测设定最大灾害效应下的综合避难需求，统筹优化应急避难场所、医疗系统、救灾物资保障系统、城市生命线系统等防灾设施布局。针对突发公共卫生事件，创新提出构建完善的城市空间防疫系统，为疫时战地医疗机构战略留白，实现应急避难场所在不同灾害类型下的空间复合利用。从源头上对城市灾害环境进行顶层设计，科学分析、准确把握城市灾害环境及防灾减灾工作中存在的短板，明确目标和设防措施，提高城市安全保障水平和韧性应对能力。聚焦空间优化需求，在城市韧性空间应对领域，提出城市在重大灾害减轻、应对和恢复过程中需要优化提升的空间载体种类、数量和布局优化思路。形成以系统防灾、综合减灾为目标的城市土地和建筑空间布局等优化策略。

2.3.2 规划编制内容

在各级国土空间规划中，市政基础设施规划内容有不同的编制要求；在国土空间规划体系下，市政基础设施专项规划编制内容也有变化和调整。

1. 全国国土空间规划

根据《国务院关于印发全国国土规划纲要（2016—2030年）的通知》，在全国国土规划里提出推动形成基础设施更加完善、资源保障更加有力、防灾减灾更加高效、体制机制更加健全的现代化基础支撑与保障体系。

其主要内容为合理布局管道运输网络、加快水利基础设施建设、加强江河湖库防洪抗旱设施建设、加快农村水利设施建设、推进水资源配置工程建设、强化环保基础设施建设、推进信息通信基础设施建设、强化水资源综合配置（严格控制流域和区域用水总量、加强水资源保障能力建设、促进水资源节约利用）、构建能源安全保障体系（加强能源矿产勘查、提高能源开发利用水平、完善高效快捷的电力与煤炭输送骨干网络）、增强防灾减灾能力（完善灾害监测预警网络、加强重点区域灾害防治、提升灾害综合应对能力、构建国土生态安全屏障）。

2. 省级国土空间规划

省级国土空间规划是对全国国土空间规划纲要的落实和深化，是一定时期内省域国土空间保护、开发、利用、修复的政策和总纲，是编制省级相关专项规划、市（县）等下位国土空间规划的基本依据，在国土空间规划体系中发挥承上启下、统筹协调作用，具有战略性、协调性、综合性和约束性。

根据《省级国土空间规划编制指南》（试行），省级国土空间规划市政基础设施规划的主要内容包括落实国家重大交通、能源、水利、信息通信等基础设施项目，明确空间布局和规划要求。预测新增建设用地需求，明确省级重大基础设施项目、建设时序安排，确定重点项目表。按照区域一体化要求，构建与国土空间开发保护格局相适应的基础设施支撑体系。按照高效集约的原则，统筹各类区域基础设施布局，线性基础设施尽量并线，明确重大基础设施廊道布局要求，减少对国土空间的分割和过度占用。合理布局各类防灾、抗灾、救灾通道，明确省级综合防灾减灾重大项目布局及时序安排，并纳入重点项目表。

3. 市级国土空间规划

市级国土空间规划要体现综合性、战略性、协调性、基础性和约束性，落实和深化上位规划要求，为编制下位国土空间总体规划、详细规划、相关专项规划和开展各类开发保护建设活动、实施国土空间用途管制提供基本依据。

根据《市级国土空间总体规划编制指南》（试行），参考《广东省市级国土空间总体规划编制技术指南（试行）》，市级国土空间规划市政基础设施规划包括市域层面和中心城区层面两个层次。

（1）市域层面。

预测供水、排水、供电、通信、燃气、垃圾处理等需求总量，统筹存量和增量、地上和地下、传统和新型基础设施系统布局，合理确定市域重大设施配置标准、规模和系统布局要求。按照能源供需平衡方案、碳排放减量任务和能源消耗总量等指标，提出清洁能源空间安排，鼓励分布式、网络化能源布局，建设低碳城市。

预留市级以上水利、能源等区域性市政基础设施廊道，明确控制要求，提出交通廊道、能源通道、水利工程等基础设施共建共享具体要求；协调安排市级邻避设施等的布局；确定市域内重大水资源工程布局、重大水利基础设施和重要能源通道建设项目。

基于灾害风险评估和重点灾害区域识别，确定综合防灾减灾目标和设防标准，划示灾害风险区。明确防洪（潮）、抗震、消防、人防、防疫等各类重大防灾设施标准、布局要求与防灾减灾措施，适度提高生命线工程的冗余度。化工园区与城市建成区、人口密集区、重要设施等防护目标之间应设定足够的外部安全防护距离。针对气候变化影响，结合城市自然地理特征，优化防洪排涝通道和蓄滞洪区，划定洪涝风险控制线，修复自然生态系统，因地制宜推进海绵城市建设。

沿海城市应强化因气候变化造成海平面上升的灾害应对措施，重点提升港口、码头、渔港等沿海重要设施防灾水平，提升城市应对台风和海洋灾害的能力。

（2）中心城区层面。

确定各类市政设施建设标准与设施容量、重大设施的用地布局及重要设施廊道走向。

对城市水厂、污水处理厂、城市发电厂、220kV以上变电站及高压走廊（鼓励有条件的地区可深化至110kV以上变电站及高压走廊）、城市气源、城市热源、城市通信设施等重要市政基础设施提出管控要求。划定中心城区重要基础设施的黄线，鼓励新建城区提出综合管廊布局方案。各地可根据城市实际，提出海绵城市、城市综合管廊、垃圾分类处理的布局建设要求。

提高城市韧性化水平，提出防灾设施用地布局和防灾减灾具体措施，粤港澳大湾区及其他易涝地区提出排涝体系建设要求和防控措施。结合公园、绿地、广场等开敞空间和体育场馆等公共设施，以社区生活圈为基础构建城市健康安全单元，提出网络化、分布式的应急避难场所、疏散通道的布局要求，完善应急空间网络。预留一定应急用地和大型危险品存储用地，科学划定涉及城市安全的重要设施范围、通道以及危险品生产和仓储用地的防护范围。强化公共卫生高风险场所的规划管控，优化医疗资源空间布局，提出专业公共卫生设施建设要求，合理预留应急医疗卫生设施备用场地。

4. 县级国土空间规划

县级国土空间规划是本级政府对上级国土空间规划要求的细化落实，是对行政辖区内国土空间开发保护活动做出的具体安排，侧重实施性。其包括县域层面和中心城区层面。

（1）县域层面。

确定规划期内基础设施保障水平，确定能源、供水、排水、通信、燃气、电力、环卫等主要市政基础设施的数量、规模、廊道控制范围与标准要求。

确定综合防灾减灾目标和设防标准，明确主要灾害类型（洪涝、地震、地质灾害等）及其防御措施；提出主要防灾避难场所、应急避难和救援通道等的布局和管控要求；明确化工园区与城市建成区、人口密集区、重要设施等防护目标之间的外部安全防护距离，满足标准要求。

（2）中心城区层面。

明确各类市政基础设施的建设目标，确定市政设施建设标准与设施容量、重大设施的用地布局及重要设施廊道走向，对城市水厂、污水处理厂、大中型泵站、城市发电厂、220kV以上变电站及高压走廊、城市气源、城市热源、城市通信设施等重要市政基础设施及市政主干管网提出管控要求。根据城市实际，提出海绵城市、城市综合管廊、垃圾分类处理的布局建设要求。

5. 乡（镇）级国土空间规划

乡（镇）级国土空间规划是乡村建设规划许可的法定依据，要体现落地性、实施性和管控性，突出土地用途和全域管控，对具体地块的用途做出确切的安排，对各类空间要素进行有机整合，充分融合原有的土地利用规划和村庄建设规划。

统筹城乡市政基础设施，落实重要市政基础设施廊道和重大邻避设施控制要求，确定各类市政基础设施的建设目标，预测城乡市政各专业需求总量，确定各类设施建设标准、规模和重大设施布局，划定各类设施的定界、定点、定量要求，对周边用地的管控要求。根据镇级实际，提出海绵城市、城市综合管廊、垃圾分类处理、新能源、5G信息、智能电网的布局建设要求。

落实上位规划综合防灾减灾目标和设防标准，明确镇域防灾设施用地布局，制定公共卫生防疫、防洪、抗旱、消防、抗震、地质灾害等的规划防治措施。合理布局防灾减灾设施和避难场所，划定涉及城乡安全的重要设施范围、通道以及危险品生产和仓储用地的防护范围，合理确定人防体系布局。

2.3.3　规划管控措施

规划管控是为落实各层级规划意图，实行空间资源有效配置所采取的政策性工具。市政基础设施规划是国土空间规划的一部分，要在各级国土空间规划的管控下进行编制。不同层次规划中各类空间要素的分级管控规则应与相关部门的事权边界一致，体现在对下层次规划的指导和刚性约束上。其中，各级国土空间规划底线分区均为“三线”底线、刚性分区；国家级和省级功能分区上以发展战略弹性分区，市（县）级和乡（镇）级均为用途分区、刚性分区，市县级依据资源现状、落实管控意图，划分用途分区，乡镇级落实耕地保护制度，约束建设开发行为（图 2-17）。

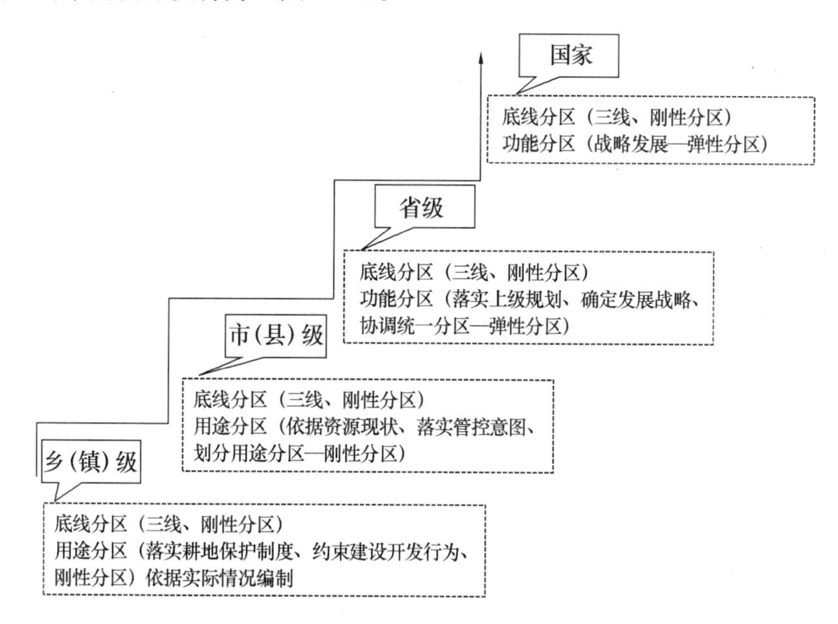

图 2-17　国土空间规划管控分级图

按指标性质的不同，国土空间规划指标分为约束性指标、预期性指标和建议性指标。约束性指标是为实现规划目标，在规划期内不得突破或必须实现的指标；预期性指标是指按照经济社会发展预期，规划期内努力实现或不突破的指标；建议性指标是指可根据地方实际选取的规划指标。

1. 全国国土空间规划

根据国务院印发的《全国国土规划纲要（2016—2030 年）》，全国市政基础设施规划的管控指标有“基础设施体系趋于完善，资源保障能力和国土安全水平不断提升。到 2030 年，综合交通和信息通信基础设施体系更加完善，城乡供水和防洪能力显著增强，水、土地、能源和矿产资源供给得到有效保障，防灾减灾体系基本完善，抵御自然灾害能力明显提升。如公路与铁路网密度达到0.6km/km²，用水总量控制在7000亿m³以内"。

2. 省级国土空间规划

省级国土空间规划主要是落实全国国土空间规划纲要确定的省级国土空间规划指标要求，完善指标体系。根据《省级国土空间规划编制指南》（试行），市政基础设施规划指标有约束性指标用水总量（亿m³）和单位GDP使用建筑用水下降率。

省级市政基础设施规划管控主要包括：

（1）预测新增建设用地需求，明确省级重大基础设施项目、建设时序安排，确定重点项目表。建立基础设施支撑体系。按照高效集约的原则，统筹各类区域基础设施布局，明确重大基础设施廊道布局要求。

（2）提出防洪排涝、抗震、防潮、人防、地质灾害防治等防治标准和规划要求，明确应对措施。合理布局各类防灾、抗灾、救灾通道，明确省级综合防灾减灾重大项目布局及时序安排，并纳入重点项目表。

3. 市（县）级国土空间规划

市（县）级国土空间规划主要落实重要管控要素的系统传导和衔接，优化开发保护的约束性条件和管控边界，强化总体规划的战略引领和底线管控作用。其中，市政基础设施规划指标有约束性指标用水总量（亿m³）；建议性指标新能源和可再生能源比例（%）；预期性指标人均应急避难场所面积（m²）、每万元GDP水耗（m³）、降雨就地消纳率（%）、城镇生活垃圾回收利用率（%）和农村生活垃圾处理率（%）等（表2-11）。

市级国土空间规划市政基础设施体系必选指标表 **表2-11**

编号	指标项	指标属性	指标层级
1	用水总量（亿m³）	约束性	市域
2	新能源和可再生能源比例（%）	建议性	市域
3	每万元GDP水耗（m³）	预期性	市域
4	农村生活垃圾处理率（%）	预期性	市域
5	人均应急避难场所面积（m²）	预期性	中心城区
6	降雨就地消纳率（%）	预期性	中心城区
7	城镇生活垃圾回收利用率（%）	预期性	中心城区

市（县）级市政基础设施规划管控主要包括：

（1）制定水资源供需平衡方案，明确水资源利用上限。制定能源供需平衡方案，落实碳排放减量任务，控制能源消耗总量。确定重要能源、市政、防灾等基础设施和廊道用地控制范围和控制要求，划定重要基础设施的黄线，划定洪涝风险控制线。

（2）明确各类市政基础设施的建设目标，确定市政设施建设标准与设施容量、重大设施的用地布局及重要设施廊道走向、对城市水厂、污水处理厂、城市发电厂、220kV以上变电站及高压走廊、城市气源、城市热源、城市通信设施等重要市政基础设施提出管控要求。

2.3.4　规划传导过程

为解决规划类型过多，互相交叉，朝令夕改的问题，国家建立五级三类国土空间规划体系，将分散在各个部门的涉及空间利用的各类规划统一整合。其中建立健全规划实施传导体系是确保建立全国统一、权责清晰、科学高效的国土空间规划体系的关键。

《中共中央 国务院关于建立国土空间规划体系并监督实施的若干意见》明确指出总体规划是详细规划的依据，是专项规划的基础，国土空间规划体系传导机制可分为纵向传导、横向传导、刚性传导和弹性传导。其中，纵向传导指的是各级规划通过上下联动逐步形成规划“一张图”；横向传导主要指国土空间总体规划和相关专项规划的传导。因此从总体规划、详细规划及相关专项规划编制体系角度看，需考虑市政基础设施规划在各层级规划中的纵向传导作用及各类型规划中的横向衔接工作。

1. 纵向传导

在纵向传导上，注重市政基础设施规划纵向传导和实施协同，为贯彻落实上级政府的决策部署、战略意图和理念要求，专项规划需要强化层级之间的传导机制，自上而下逐级编制，实现主要内容的有效传导，确保规划目标指标、管控要求落实以及规划的有效实施。全国级市政基础设施规划的编制重点突出战略性，省级市政基础设施规划突出协调性，而市（县）级、乡（镇）级市政基础设施规划侧重实施性。例如，市（县）级市政基础设施规划的传递重点应针对实施要求进行细化和深化，在具体空间用途的管制与安排上体现可操作性。

2. 横向传导

在横向传导上，统筹衔接国土空间规划体系下的三类规划，充分发挥专项规划从总体规划到详细规划的过渡传导作用。国土空间总体规划侧重战略性、综合性和统筹性，在定位上指导市政基础设施规划，全面统筹市政基础设施规划对象、范围和内容深度；市政基础设施规划侧重支持性、专业性和协调性，专项规划服从总体规划，基于市政基础设施规划要求进一步细化落实总体规划提出的战略定位、目标指标、空间格局、底线管控、资源保护、支撑体系等内容，并对特定区域、特定领域做出专门的空间保护利用安排，确定设施的地理坐标和用地边界。

3. 刚性传导和弹性传导

为确保规划传导的精准与有效，必须把握规划传导原则和传导内容，注重不同类型市政基础设施规划间的有序衔接，以空间性传导要素为主，明确各级国土空间总体规划向各专项规划传导的具体内容与方式，清晰界定刚性管控与弹性管控内容范围，确保规划精准落地。一方面需要自上而下集中落实生态底线保护、战略发展方向、民生设施保障、公共安全等方面的强制性管控内容，实现精准管控要求；另一方面也要注意自下而上提供弹性空间允许相关专项规划根据实际情况调整各项规划指标，避免一刀切的管控弊端，践行以人为本、高品质生活的规划目标。

（1）刚性传导内容需要严格遵从国土空间总体规划的管控要求，一是生态保护与开发底线要求，包括生态保护红线、永久基本保护农田范围、城镇开发边界、城市“四线”、生态控制线、工业控制线等控制线和水资源保护区、自然保护区等各类要素保护区、功能区的控制规模、边界范围和管理规定；二是土地功能用途与开发时序要求，包括主体功能区、土地用途分类管制要求与时序利用计划；三是社会民生重点保障与公共安全设施要求，包括重大公共服务设施、市政设施和公共安全设施等结构体系、空间布局、规模数量、用地要求、配置方向与重点。

（2）弹性传导内容是允许各类相关专项规划在符合国土空间总体规划的战略目标和管控要求的前提下根据实际情况和各行业有关规定进行优化和补充的内容，如深化专项设施用地的用途、面积、开发强度、配置标准及其周边用地的保护和控制要求、建设时序等。其主要内容要纳入详细规划。

市（县）级国土空间总体规划与相关专项规划的传导方式如表 2-12 所示。

市（县）级国土空间总体规划与相关专项规划的传导方式　　表 2-12

序号	传导方式	适用范围
1	规则传导	国土空间总体规划要求相关专项规划遵守的法律法规、标准、规范、规定、办法等，可分为强制落实和细化深化两类
2	指标传导	国土空间总体规划要求相关专项规划落实的定量管控要求，分为约束性指标和预期性指标
3	分区/用途传导	国土空间总体规划为加强国土空间资源管控而确定的主体功能分区和规划分区等，需在相关专项规划中落实并严格遵守分区准入规则或细化规划分区功能用途，如三区、主体功能区、各类用途分区等
4	名录传导	国土空间总体规划要求相关专项规划用列表名单方式表达的目录，细化落实边界管控要求的内容，如历史文物保护名录、自然保护地名录等
5	结构传导	国土空间总体规划要求相关专项规划需要落实的空间结构体系，通常表达为规模等级体系或点线面空间结构，如公共服务设施体系、生态格局结构等
6	位置传导	国土空间总体规划中明确地理区位，要求在相关专项规划中进一步确定地理坐标的内容，包括线性位置和点状位置两类，如交通线位和交通枢纽布点等
7	边界传导	总体规划要求相关专项规划中必须精准划定的具体管控边界具有明确的用途属性，权籍属性和管控要求，如三线、各类控制线及各类建设用地的用途分类等

第3章 新时代市政基础设施发展趋势

3.1 新时代城市建设与市政基础设施

3.1.1 低碳城市与市政基础设施

人与自然是自然生态系统的重要组成部分。人类文明在经历了原始文明—农业文明—工业文明的发展历程，人与自然的关系也由依赖自然—改造自然—过度消耗自然的过程进行转变。在这一过程中，我们经历了文明的大爆发，但如果再延续以过度消耗自然资源、破坏生态环境为基础的发展方式，未来地球将不能继续承载人类文明的延续。在此背景下，生态文明是继工业文明之后的一种新的文明境界，是以尊重和维护自然为前提，以人与自然和谐共生为宗旨，倡导建立一种可持续的生产和生活方式。

党的十八大以来，以习近平同志为核心的党中央推动生态文明建设，“绿水青山就是金山银山，推动形成绿色发展方式和生活方式，是发展观的一场深刻革命”。2020年9月，我国明确提出2030年“碳达峰”与2060年“碳中和”目标。《中共中央 国务院关于完整准确全面贯彻新发展理念做好碳达峰碳中和工作的意见》明确提出：到2025年，绿色低碳循环发展的经济体系初步形成，重点行业能源利用效率大幅提升。到2030年，经济社会发展全面绿色转型取得显著成效，重点耗能行业能源利用效率达到国际先进水平。到2060年，绿色低碳循环发展的经济体系和清洁低碳安全高效的能源体系全面建立，能源利用效率达到国际先进水平，非化石能源消费比重达到80%以上，碳中和目标顺利实现，生态文明建设取得丰硕成果，开创人与自然和谐共生新境界。

2021年10月26日，《国务院关于印发2030年前碳达峰行动方案的通知》中提出，“将碳达峰贯穿于经济社会发展全过程和各方面，重点实施能源绿色低碳转型行动、节能降碳增效行动、工业领域碳达峰行动、城乡建设碳达峰行动、交通运输绿色低碳行动、循环经济助力降碳行动、绿色低碳科技创新行动、碳汇能力巩固提升行动、绿色低碳全民行动、各地区梯次有序碳达峰行动等‘碳达峰十大行动’”。

为实现“双碳”目标，提升城乡建设绿色低碳发展质量，推进城乡建设和管理模式低碳转型，加快城乡建设绿色低碳发展，城市更新和乡村振兴落实绿色低碳要求等是其中重要举措。2022年6月30日，住房和城乡建设部、国家发展改革委印发的《城乡建设领域碳达峰实施方案的通知》提出，在2030年前，城乡建设领域碳排放达到峰值，城乡建设方式绿色低碳转型取得积极进展，“大量建设、大量消耗、大量排放”基本扭转；城市整体性、系统性、生长性增强，“城市病”问题初步解决。力争到2060年前，城乡建设方式全面实现绿色低碳转型，系统性变革全面实现，美好人居环境全面建成，城乡建设领域碳排放治理现代化全面实现，人民生活更加幸福。

市政基础设施的绿色低碳发展是建设绿色低碳城市的重要组成部分，基础设施体系化、智能化、生态绿色化建设和稳定运行，可以有效减少能源消耗和碳排放。比如开展城市生活垃圾资源化利用、建设海绵城市、实施污水资源化利用、推进太阳能光伏一体化技术建设等措施，对城市低碳运行有重要促进作用。按照目前的研究成果，低碳生态城市系统构建通常由绿色低碳交通、绿色低碳建筑、低碳生态产业、低碳生态市政、低碳生态空间和城市绿化碳汇六部分组成。其中，低碳生态型市政基础设施规划建设是实现城市可持续发展，推进生态文明建设的重要一环。低碳生态市政技术分类统计图如图 3-1 所示。

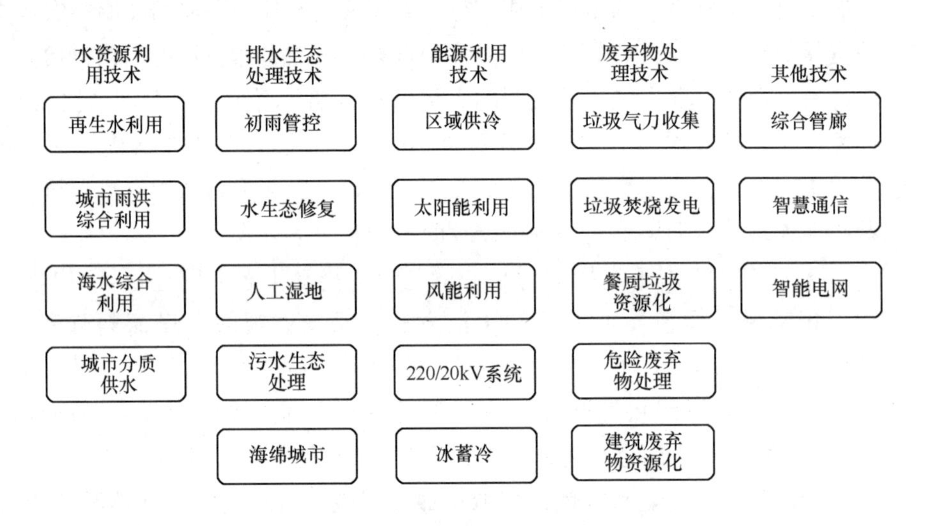

图 3-1　低碳生态市政技术分类统计图

在“双碳”目标指引下，构建市政基础设施面向“碳达峰、碳中和”的发展目标和实施路径，持续推进低碳生态型市政技术应用，对促进传统市政基础设施升级转型具有普遍的现实意义。构建适合我国国情和城市特点的市政基础设施低碳化发展路径，重点在于正确分析碳足迹、计算碳排放量，选择出各个系统的低碳化的关键点，并根据关键点确定低碳规划、低碳设计、低碳施工、低碳运营、低碳拆除各个阶段的具体方案。例如，污水处理厂作为温室气体的主要排放源，碳中和运行已成为未来污水处理的核心内容，挖掘污水处理厂潜能（COD 及太阳能），采用低碳运行策略，降低单位污水处理能耗，减少单位 GDP 污水产生量，研发与应用具有低碳运行潜力的污水处理工艺和技术等。在能源供应领域中，强化绿色电力的定位和供应，构建绿色电力体系，实现低碳电力的供应。如图 3-2 所示为低碳电力的实现路径图。

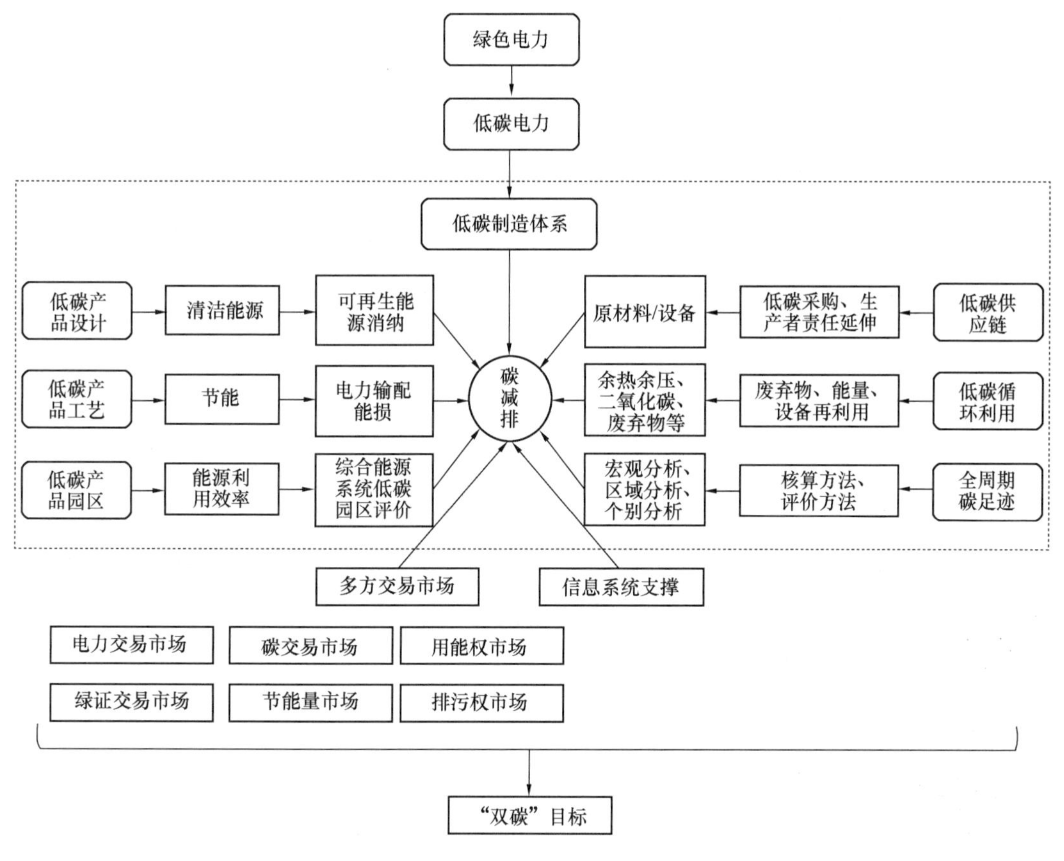

图 3-2 低碳电力的实现路径图

3.1.2 韧性城市与市政基础设施

“韧性”是一种性质，如同形容人或事物经常用到的刚性、柔性、惯性，用以描述事物的本质属性。在不同学术领域及语境下，“韧性”有不同的含义和概念。现今大多数学者认为，该词的英文“Resilience”最早来源于拉丁语“Resilio”，意为“回到原始状态”(To jump back)。1973 年，霍林首次将该理论引入生态学领域，随后这一理论逐渐渗透社会系统领域。韧性概念经历了从单一到多元，从“恢复”“稳定”到“平衡”“适应”的演化过程，研究对象不断增加、涉及学科领域不断拓展。

韧性城市是韧性理论与城市理论相结合的有机产物，也是世界范围城镇化发展的必然产物。城市韧性由基础设施韧性、制度韧性、经济韧性和社会韧性共同构成，涵盖设施脆弱性的减轻和社区应急能力，政府和非政府组织引导能力，经济多样性，人口特征、组织结构方式及人力资本等要素的集成。近年来，随着城市化进程的快速发展，城市风险愈加呈现出多发性、叠加性、传导性等复杂特征，一些不确定因素和未知风险不断增加。自然灾害、突发重大公共卫生危机、公共冲突、环境污染等，常常影响着城市的发展。安全韧性城市是具备在逆变环境中承受，适应和迅速恢复能力的城市，其强调城市适应不确定性的能力，即受到较小强度冲击时，城市可以将冲击吸收；受到中等强度冲击时，城市可以将冲击消减；受到较大强度冲击时，城市能够承受并可以迅速恢复。如图 3-3 所示为韧性城市发展阶段图。

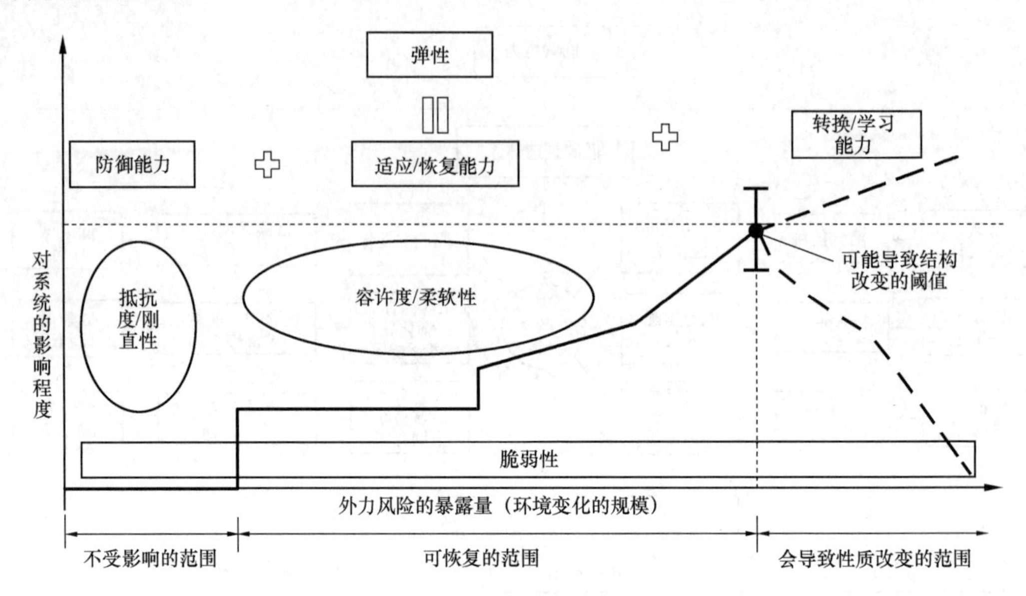

图 3-3　韧性城市发展阶段图

（资料来源：范维澄．安全韧性城市发展趋势［J］．劳动保护，2020（3）：20-23）

韧性理论经历了工程韧性、生态韧性、演进韧性三个阶段的演变，其与传统规划理念存在一定差异（表 3-1）。传统的市政基础设施规划以追求规模效益、方便管理和维护为导向，趋于采用大型、集中、稳健的基础设施。而在韧性安全理念下，传统市政基础设施规划策略也将发生变化；韧性基础设施规划趋向于多样性、冗余性、灵活性的基础设施。城市市政基础设施是城市赖以生存的支撑；规划建设韧性、安全的市政基础设施是城市得以运行的安全保障。《“十四五”全国城市基础设施建设规划》中指出，我国城市基础设施领域发展不平衡、不充分问题仍然突出，体系化水平、设施运行效率和效益有待提高，安全韧性不足，已经成为制约城市基础设施高质量发展的“瓶颈”。全面提升城市各类基础设施的防灾、减灾、抗灾、应急救灾能力和极端条件下城市重要基础设施的快速恢复能力、关键部位综合防护能力。

工程韧性、生态韧性和演进韧性的观点总结比较表　　**表 3-1**

韧性阶段	平衡状态	目标	理论支撑	系统特征	韧性定义
工程韧性	单一稳态	恢复初始稳态	工程思维	有序的，线性的	韧性是系统受到扰动偏离既定稳态后，恢复到初始状态的速度
生态韧性	两个或多个稳态	塑造新的稳态，强调缓冲能力	生态学思维	复杂的，非线性的	韧性是系统改变自身结构之前所能吸收的扰动的量级
演进韧性	抛弃了对平衡状态的追求	持续不断地适应，强调学习力和创新性	系统论思维，适应性循环和跨尺度的动态交流效应	混沌的	韧性是和持续不断的调整能力紧密相关的一种动态的系统属性

在韧性城市理念下，城市水系统、能源系统、通信系统、环卫系统、防灾系统等基础设施都将面临新的规划发展要求（表3-2）。在韧性城市的理念下，不只是关注提高抵御单个灾害的能力，而是更强调市政基础设施、人及生态自然的系统整体系。市政基础设施的规划建设趋向于多样性、冗余性、灵活性、模块性和创新性、小规模、分散的基础设施。例如，城市水系统的韧性提升，强调以水为核心对象，统筹涉水专业，全过程统筹城市水安全、水生态、水环境、水资源，强调不同系统间协作，达到城市韧性的最优组合。在城市废弃物利用规划中，强调废弃物的多样化利用，减少废弃物产生，建设“无废城市”。

韧性城市理念对市政基础设施规划领域的影响一览表 **表3-2**

序号	基础设施类别	传统城市规划	韧性城市规划
1	给水工程	集中供水、区域供水	多水源供水、常规供水与应急供水相结合
2	污水工程	区域污水集中处理	适度集中与分散相结合、分布式污水处理
3	雨水工程	灰色基础设施	海绵城市、绿色基础设施
4	供电工程	单电源或双电源，管线直埋	多电源、综合管沟
5	通信工程	直埋管线	综合管沟
6	燃气工程	天然气管网	电能、太阳能、天然气等多样化清洁能源系统
7	供热工程	集中供热	集中供热与清洁能源分散供热结合

3.1.3 数智城市与市政基础设施

智慧城市的核心是以一种更智慧的方法通过利用以物联网、云计算等为核心的新一代信息技术来改变政府、企业和人们相互交往的方式，对于包括民生、环保、公共安全、城市服务、工商业活动在内的各种需求做出快速、智能的响应，提高城市运行效率，为居民创造更美好的城市生活。智慧城市三层结构示意如图3-4所示。

智慧高效的治理模式正在发生重大变革，数字化—信息化—智能化—网络化逐渐成为新时代的重要发展趋势。智慧城市建设在加速地区产业结构升级、助推城市创新和技术进步、吸引外资、促进城市绿色发展和减少环境污染等方面具有显著的社会效益和经济效益。而智慧市政基础设施是增强我国城市市政基础设施精细化管理水平，提升市政基础设施公共服务水平的重要抓手。当然，要实现智慧高效的运行管理模式，需要相应的基础设施作为支撑。构建泛在感知网络，推动智慧交通、智慧能源、智慧市政、智慧社区等应用落地，全面提升城市治理水平。

当前，我们正处于工业4.0的万物互联时代，在大数据、物联网等信息技术得到广泛应用的背景下，运用信息技术以及相应服务提升城市基础设施系统效率以及应对外在干扰的能力。为更好地发挥数智城市的效能，在市政基础设施规划建设方面应立足战略层面，结合智慧服务、数据处理等业务需求统筹布局并预留数据中心的空间用地，提出5G基站建设密度、建设形式，完善通信系统和行动装置。另外，积极推进智慧能源、智慧水务、智慧电网等融合型基础设施建设，提升传统市政基础设施运行效率，实现高质量供给和服

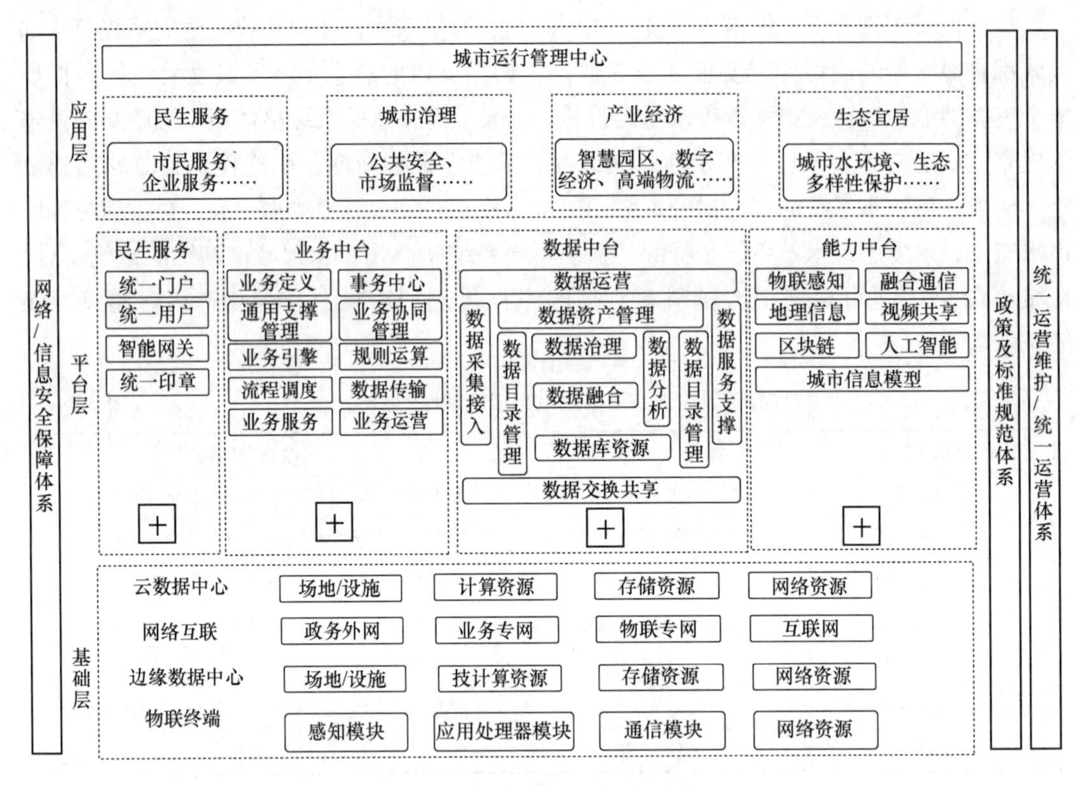

图 3-4　智慧城市三层结构示意

务。融合基础设施是在原先的基础设施上集成高速双向通信网络系统，通过先进的传感和测量技术、设备技术控制方法以及决策支持系统技术的应用，实现能源系统、水务系统、电网系统等基础设施运行管理的智能化，从而达到更可靠、更安全、更高效、更友好的目标。如表 3-3 所示为“智慧城市”融合型基础设施建设一览表。

“智慧城市”融合型基础设施建设一览表　　表 3-3

序号	智慧设施	功能
1	智慧水务	实现水务业务系统的控制智能化、数据资源化、管理精确化、决策智慧化，保障水务设施安全运行，使水务业务运营更高效、管理更科学和服务更优质
2	智慧能源	能源产业与信息产业相结合，建设智能电网，促进能源在统一平台上按需相互转化和分配，激励可再生能源的创新和传统化石能源的高效清洁利用
3	智慧环保	借助物联网技术，把感应器和装备嵌入到各种环境监控对象（物体）中，通过超级计算机和云计算将环保领域物联网整合起来，可以实现人类社会与环境业务系统的整合，以更加精细和动态的方式实现环境管理和决策的智慧
4	智慧防灾	实时预测性警务、自然灾害（气候风险、地质灾害等）监测与评估

3.2　新时代市政基础设施发展趋势

市政基础设施作为城市生存和发展必不可少的支撑性设施，随着城市的发展和技术的进步，在城市空间中，市政设施空间与其他空间的关系也在不断地发展和变化。市政设施呈现出“类型多样化、建设地下化、空间小型化、功能复合化”等发展趋势。当然，市政设施的不断发展和变化，必然对我们城市空间的规划布局产生较大的影响。

3.2.1 设施类型多样化

一直以来，城市中常见的市政基础设施有给水厂、水质净化厂、泵站、变电站、通信机楼、燃气调压站、垃圾转运站、消防站等设施。近年来，国家提出了“新型基础设施”的概念，其主要包括新能源汽车充电设施、数据中心、5G基站、特高压电网等设施。随着城市的发展和技术的进步，设施类型不断增加和丰富，传统的设施和新型的设施是相辅相成的，在促进城市发展和便利市民生活等方面都发挥了不可替代的作用。设施类型的多样化也对其在城市空间的布局提出了新的挑战和难点，例如5G基站相比于4G时代的基站数量要增加2～4倍，对城市空间和景观风貌将产生较大影响。

传统市政设施与新型市政设施类型对比如图3-5所示。

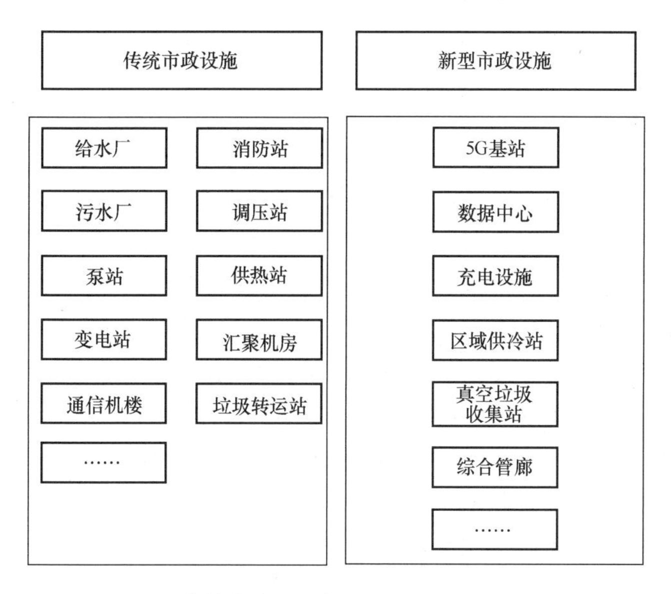

图3-5 传统市政设施与新型市政设施类型对比

3.2.2 设施建设地下化

地下空间开发是凸显土地集约开发和价值提升的重要手段和方式。市政设施地下化在其中起到了节约土地、改善环境、安全稳定等作用。在综合考虑技术、经济、环境影响、安全防灾等因素的基础上，推进市政场站的地下化，促进地下空间的复合利用，是城市高强度开发过程中的重要措施。现阶段城市地下市政设施主要包括综合管廊、地下市政场站、地下能源设施、地下海绵设施等。一般情况下，污水处理厂、给水厂、垃圾处理厂、调蓄设施等适宜进行地下化建设。燃气设施、通信设施、消防设施、防洪设施等由于功能要求、安全要求和使用场景等因素，一般不适宜进行地下化建设。如图3-6所示是深圳洪湖水水质净化厂（全地下式）。

图 3-6　深圳洪湖水水质净化厂（全地下式）

3.2.3　设施空间小型化

得益于技术进步，科技的发展，相应的设施设备工艺有了全新的进步，使得市政设施空间集约化程度不断提高，逐渐向小型化发展。比如采用高效澄清池工艺的水厂可比现行国家标准、行业标准及地方用地指标集约 35%；模块化变电站是一种变电站建设的新模式，把变电站设计为模块化结构，可集约用地，降低综合造价，减少工期，以内蒙古乌海市宝音 110kV 变电站为例，其建设规模为 80MVA 主变压器 2 台，110kV 出线 2 回，10kV 出线 28 回，每台主变 10kV 侧装设 4MVar 电容器 1 组、6MVar 电容器 2 组。采用模块化变电站技术后，有效地减少了占地面积和建筑面积，与常规全户内站相比，围墙内占地面积减少 3.4%，建筑面积减少 20%，建设工期缩短了两个月。此外，通过分散型设施的规划布局，也可以减少城市大型设施的建设和管网敷设。

3.2.4　设施功能复合化

为提高土地利用效率，高度集中各项城市功能，将城市基础设施剩余空间与其他不同类型的城市功能相复合，实现功能的综合化。通过鼓励不同市政基础设施之间，以及部分市政基础设施与公共服务设施、交通基础设施等融合设置，全面提升市政基础设施服务水平。市政基础设施与商业功能的复合利用、与居住功能的复合利用、与体育功能的复合利用等形式成为空间资源整合的重要方向。例如，供热设施用地与燃气供应设施用地、环卫设施用地复合利用；排水设施用地与供热设施用地、环卫设施用地复合利用；排水设施用地、环卫设施用地、电力设施用地兼容交通停车设施；鼓励市政基础用地与文化教育、公园绿地复合利用。

3.2.5　设施建设品质化

随着我国经济的高速发展和社会的不断进步，人们对生产、生活场所的要求越来越高，更注重全要素、高品质、高标准，市政设施建设宗旨逐渐由“功能”转向“品质”。党的十九大提出坚持“以人民为中心的发展思想”，以“高水平、高标准、高质量”规划引领城市发展为指引方向，标志着我国城市建设由粗放、高速的发展建设模式，迈入了高品质与精细化设计建设的时代。许多规划层面上所做的基础设施规划，只是机械地布局，满足指标要求，而对于基础设施建设如何协调城市空间形态，满足空间品质的提升考虑得较少。比如，对于城市综合管廊的规划、蓄水空间的规划，长期停留在口号上，鲜有付诸实施，也缺少与城市其他公共空间关系的研究；对于人行道的街道设施设计，盲道、灯柱、交通信号杆、咪表（即电子计时表）、充电桩、行道树、垃圾桶、雨水井、候车棚、座椅等一直缺少统筹设计，各自为政，街道空间碎片化、障碍化，也给行人带来诸多的不便；对于轨道交通建设，如何利用既有建筑作为地铁出入口，如何最大限度地将地铁空间与城市地上、地下空间结合，如何与自行车、私家车、公交车形成顺畅接驳等，这些问题只有通过城市设计认真、系统地研究才能解决。

第2篇

方　法　篇

在我国现阶段相关研究中，缺少系统阐述市政基础设施空间如何在城市空间中进行规划、建设和管理的研究和内容。在新时代，市政基础设施空间的规划、建设和管理都出现了一些新的变化。在规划方面，需要衔接生态文明背景下国土空间规划“一张图”系统，重视市政基础设施空间规划的优化和实施；在建设方面，需要面向节约集约利用土地，重视市政基础设施空间的复合利用和整合；在管理方面，需要面向智慧化管控，融入智慧城市，重视市政基础设施空间的智慧化管理和管控。

本篇章从市政基础设施空间利用方式、空间整合方式、空间布局规划、空间管控方式、空间智慧管理5个方面进行系统研究，重点探索新时代市政基础设施空间利用方式、空间整合方式、空间布局规划方法、空间管控方式、空间管理机制等技术方法，希望能为市政基础设施规划建设及管理提供专业、全面的建议和指导。

第 4 章　空间利用方式研究

4.1　节约集约利用方式研究

节约资源是我国的基本国策，是维护国家资源安全、推进生态文明建设、推动高质量发展的一项重大任务。早在 2014 年 3 月，我国就颁布了《节约集约利用土地规定》的首部部门规章。2022 年 9 月，习近平总书记主持召开中央全面深化改革委员会第二十七次会议，审议通过《关于全面加强资源节约工作的意见》，对资源节约集约做出了新的部署，提出了更高的要求。节约集约用地一般包含三层含义，即节约用地、集约用地以及通过整合置换改善用地结构、布局，提高土地配置、利用效率。

目前，国内关于土地集约化利用的研究主要集中在土地开发和利用模式的研究，缺乏针对市政基础设施与其他设施兼容用地集约共建系统性的研究。探索市政设施用地节约集约化利用，推动实现城市市政公用设施高质量发展，增强市民对市政设施的认同感和获得感，实现“人—市政—环境”的融合发展，提升城市空间品质，是当下市政基础设施高质量发展的重要课题和方向。

市政基础设施节约集约的空间利用方式主要有集约化空间利用方式、减量化空间利用方式、设施空间地下化、桥下空间利用方式、岩洞空间利用方式等。其中，集约化空间利用方式主要是指通过整合土地功能，将市政基础设施功能兼容，实现土地高效利用；减量化空间利用方式是指通过市政基础设施建设模式、技术升级、空间挖潜等方式实现空间高效利用。

4.1.1　集约化空间利用研究

我国城市建设用地按其用地功能可以划分为居住用地、公共管理与公共服务用地、商业服务业设施用地、工业用地、物流仓储用地、道路与交通设施用地、公用设施用地、绿地与广场用地等类别。目前，很多城市或地区为了引导土地集约使用、促进产业升级转型、减少交通需求以及提升城市内涵品质，鼓励合理的土地混合使用，增强土地使用的弹性。当市政设施在其他功能的用地空间内进行建设时，若适当节约了原本应当占用的建设空间，该建设形式可以视为集约化空间利用。

1. 集约化空间利用的基本要求

市政设施集约化空间利用应当符合环境相容、保障公益、结构平衡和景观协调等原则。优先建议在城市各级中心区、商业与公共服务中心区、轨道站点服务范围、客运交通枢纽及重要的滨水区等区域进行市政设施集约化空间利用；并且在充分保障各类公共设施建设规模和使用功能的基础上，推荐公共管理与服务设施用地、交通设施用地与市政设施进行集约化空间利用，提高土地利用效益。在集约化建设时应当符合相关技术条件和政策条件的要求。具体如下：

（1）相关技术条件主要包括具体地块的上层次规划要求、周边条件、交通、市政、公共服务设施等情况，自然与地理承载力、日照通风和消防等强制性规定等。位于生态敏感区、重要的景观区域或可能造成较大环境影响、安全影响的，应进行专项技术论证。

（2）相关政策条件主要包括国家、省、市的土地、规划、产权和产业政策，以及是否满足申报条件、符合行政许可的程序要求等。

市政设施与其他类型用地兼容性分析情况如表 4-1 所示。

市政设施与其他类型用地兼容性分析情况　　表 4-1

类型	详细设施	可兼容的用地类型	与其他类型用地兼容性（1～5 分）
给水设施	给水厂	—	1
	市政给水加压泵站	绿地及广场用地	2
	原水泵站	—	1
污水设施	水质净化厂	文体设施用地、绿地及广场用地	3
	应急污水处理设施	绿地及广场用地	2
	截污泵站	绿地及广场用地	2
雨水设施	雨水泵站	文体设施用地、工业用地、仓储物流用地、城市道路用地、绿地及广场用地等	4
	雨水调蓄设施	绿地及广场用地	2
再生水设施	再生水泵站	绿地及广场用地	2
电力设施	500kV 变电站	绿地及广场用地	2
	220kV 变电站	工业用地、仓储物流用地、绿地及广场用地等	3
	110kV 变电站	居住用地、文体设施用地、商业服务用地、工业用地、仓储物流用地、绿地及广场用地等	4
通信设施	通信机楼	商业服务用地、行政管理用地、工业用地、仓储物流用地	2
	片区汇聚机房	居住用地、文体设施用地、商业服务用地、行政管理用地、工业用地、仓储物流用地、绿地及广场用地等	5
燃气设施	天然气区域调压站	—	1
	液化石油气储配站	—	1
	液化石油气瓶装供应站	—	1
环卫设施	转运站	商业服务用地、工业用地、仓储物流用地、绿地及广场用地等	3
	垃圾填埋场	—	1
	垃圾焚烧场	—	1
	环境园	—	1

续表

类型	详细设施	可兼容的用地类型	与其他类型用地兼容性（1～5分）
消防设施	消防站	居住用地、文体设施用地、商业服务用地、行政管理用地、工业用地、仓储物流用地、绿地及广场用地等	5
管廊设施	监控中心	商业服务用地、行政管理用地、工业用地、仓储物流用地、绿地及广场用地等	3

注：兼容性分析判断标准，5分为兼容性最强，即该类型的市政设施十分推荐与其他类型用地进行集约化空间利用；1分为兼容性最差，即该类型的市政设施完全不建议与其他类型用地进行集约化空间利用。

2. 集约利用居住、商业、公共、工业、仓储等建筑空间

市政设施与居住、商业、公共、工业、仓储等建筑在同一地块内兼容布置，可减少对地块的分割，共用建筑控制线，节约用地空间。小型市政设施采用这种布局方式最为普遍，从功能布局和消防安全上都比较容易实现。国内已经建成的典型设施有深圳的中康变电站和福景消防站等。

（1）深圳中康变电站位于深圳福田梅林片区梅坳五路与梅坳三路交汇处，原规划为独立占地建设，后为提高土地利用效率，选择在变电站上部加盖保障住房，并采用半地下附建形式，实现了两种功能的复合，于2021年12月28日正式投运（图4-1）。

图4-1　中康半地下变电站上盖保障房效果示意

（资料来源：中康变电站上盖保障性住房项目）

（2）深圳福景消防站位于深圳市福田区景田路旁天健时尚新天地小区南侧，底部4层为消防业务大楼，地上22层为保障性住房，总建筑面积约12000m^2。由于用地局促，消防站功能性要求较高，在满足消防站面积的同时，需保证保障房套数；北侧紧邻住宅，需同时满足建筑消防环道与扑救场地设置要求，以及与住宅的间距和退线、退界要求；保障房核心筒需避让消防车库，且上下结构需要转换以满足9.9m×16.8m一跨停两辆消防车；用地只有一边邻近城市道路，所有出入口只能在一条边解决，地铁风亭及地下空间入侵用地红线内，影响建筑布局。项目最终较好地处理了以上问题，在土地资源稀缺制约下，通过政府与企业的合作，实现了市政设施与住房保障之间的“双赢”建设（图4-2）。

图4-2 福景消防站上盖保障房实拍图

（资料来源：福景消防站）

3. 集约利用公园、广场等公共空间

市政设施集约利用公园、广场等公共空间，可增加用地的多元化功能，使整体用地达到利益最大化。市政设施在建设时，地面均可建设成公园、广场，增加城市公共活动空间。另一类与公共建筑合建，如变电设施、通信设施、消防设施与公共建筑合建的方式在国内外已有探索，并对整合设置进行研究。并且，由于污水（再生水）厂、变电站等市政设施的邻避效应，建设时常遭到周边居民的强烈反对，采用地下化设计，既节约了土地资源，又减少了对周边环境的影响，融合建设景观公园还能进一步提高城市品质。国内已经建成的典型设施有青岛高新区地下污水厂、北京槐房再生水厂等。

（1）青岛高新区地下污水厂位于高新区双高路以南、祥茂河以东的滨海生态湿地，占地6.35hm^2，处理能力18万t/d，服务面积92km^2，总投资5.8亿元，是国内北方首座地下式污水处理厂。该厂采用改良A_2O-MBBR+纤维转盘滤池工艺+紫外消毒，出水达到一级A标准，处理后的尾水部分经深度处理作为中水回用，其余排入墨水河，污泥经浓缩脱水后外运处置。

该厂地下分为两层，负一层为操作、检修层，主要是污水处理用的水池；负二层为水工构筑物，用来放置设备，还专门设有汽车通道。同时，地下箱体内部设有通风、除臭系统，气味通过管道收集，臭气经生物除臭及离子除臭双重系统处理后，经通风塔高空排放；地上部分则建成了休闲运动公园（图 4-3）。

图 4-3　青岛高新区水处理厂＋休闲运动公园效果图

（资料来源：青岛高新区地下污水厂效果图）

（2）北京槐房再生水厂位于南四环公益西桥东南侧，是北京市“三年行动方案”建设项目，其处理规模为 60 万 m^3/d，占地 31.36hm^2，主要承担缓解城南地区污水处理压力的任务。厂区采用热水解＋消化＋板框脱水的污泥处理工艺，实现污泥的无害化处置，是全国规模最大、技术领先的封闭式地下再生水厂（图 4-4）。

该项目地下处理区部分约 17 万 m^2，地下式建造显著降低了对周边环境的影响，地面建成的湿地公园还提高了周边绿化水平。经水厂处理后的尾水既达到再生水回用标准，又实现再生水设施无臭味、低噪声运行。该项目节约土地约 1/3，每年为河道补充 2 亿 m^3 高品质再生水，年产约 15 万 t 有机营养土和 2400 万 m^3 沼气，可以降低碳排放 2 万 t/a。将污水厂建设由“邻避效应”转变为“邻喜效应”。

图 4-4　北京槐房再生水厂

（资料来源：北京槐房再生水厂）

4.1.2　减量化空间利用研究

1. 通过建设模式转变实现

近年来，上海、北京、深圳等城市根据自身土地资源现状、经济发展诉求，分别出台《上海市基础设施用地指标》（2007 年）、《北京市城市建设节约用地标准》（2008 年）、《深圳市城市规划标准与准则》（2014 年）等，对市政基础设施用地指标进行了不同程度的缩减。以水厂用地为例，三个城市的用地指标均比国家标准少 5%～25%。随着规划理念的转变，也促进了建设模式的转变，如市政设施分散设置、减量设置。

（1）建设分散型市政设施。

分散型的市政设施主要集中在污水处理及热力供应方面，设置分散型的设施可减少城区大型设施的建设及管网敷设，同时增加建设的灵活性。

为应对广大小城镇及农村地区的污水处理，分散型污水处理设施发展较快。分散型污水处理设施具有工艺紧凑、形式灵活且不需要专业人员管理等优势，而一体化的污水处理装置，可工厂化生产、就地组装、设置灵活，并可深度处理后直接回用再生水等特点。对于市政管网难改造、周边无污水厂建设用地的老旧城区，还可以将分散型污水处理设施与公园绿地结合建设。国内已经建成的典型设施有深圳宝安江碧工业园工业废水处理厂和分散供热设施等。

① 深圳宝安江碧工业园工业废水处理厂位于深圳市宝安区松岗街道江边社区犁头嘴，地处茅洲河、沙井河交汇处，占地面积 1.99 万 m^2，建筑面积 11.4 万 m^2。该设施污水处理规模为 3.5 万 t/d，近期处理规模 1.5 万 t/d，可以将江碧工业园的园区电镀、线路板厂生产废水分类处理，每类水均有单独工艺进行处理，出水水质为目前国内行业最高标

准。作为工业废水上楼立体式处理项目，其综合处理中心主体建筑地下3层，地面7层；长180m，宽65m，建筑高度40m。其中，地下3层为事故池；地下2层为废水调节池；地下1层为排放废水深度处理区；地面1层为物料区及操作平台；地面2层为生化处理区；地面3层为生化处理操作平台；地面4层为物化处理区；地面5层为物化处理操作平台；地面6、7层为回用水处理区（图4-5）。

图4-5　深圳宝安江碧工业园工业废水处理厂效果图

（资料来源：江碧工业废水处理厂）

② 由于煤炭供热对空气环境的影响，热泵、壁挂炉、太阳能、分布式能源、街区燃气锅炉等分散供热设施逐步得到发展和推广，可极大地减少供热市政用地。如普通家用（或别墅用）热泵室外机占地不超过4m^2，即能满足冬季的热负荷采暖需求；燃气壁挂炉仅占室内不足0.1m^2的空间即可满足户内冬季采暖需求；冷热电三联供分布式能源系统一般位于场所地下，可不单独占地；30万m^2建筑面积小区的天然气锅炉仅需在小区内部占地400～500m^2即可。以上分散供热的方式不仅集约了建设用地，还增加了建设的灵活性。

（2）市政设施减量设置。

市政设施的减量设置主要考虑电力设施和环卫设施，核心是提高设施的服务半径来减少设置数量，以及通过制定科学的规则改变居民的生活习惯来减少设置数量。

① 电力设施方面，目前国家电网常规建设的220kV变电站的主变容量基本为每台150MVA、180MVA，110kV变电站基本为每台50MVA、63MVA，南方电网为解决高密度、高负荷地区的供需矛盾，220kV变电站的主变容量增至240MVA，110kV变电站的主变容量增至80MVA，在广州等地稳定运行。该方式可有效减少变电站的设置个数，且每个变电站的占地面积未增加。

② 环卫设施方面，国内普遍的垃圾收运模式是“小区垃圾收集桶—压缩转运站—垃圾处理场”的集中转运模式，有的地区中间还会设置大型转运站，垃圾两次或多次转运；目前我国台湾、杭州等地“分散转运及直运”的模式可有效减量设置垃圾转运设施。我国

台湾的分散转运模式也称为“垃圾不落地”政策，取消原先固定放置在小区门口的垃圾桶，改由垃圾车定时定点上门收取，垃圾只能留在家里，等垃圾车到了才可丢，居民上街一般都自带垃圾袋，将垃圾带回家里或在垃圾分类点投放（图 4-6）；2009 年，杭州也开始推行垃圾清洁直运模式，即采用桶车对接、车车对接、厢车对接等方式，用压缩、密封、实用、环保的运输工具，将垃圾从收集点、接驳点收集后直接运至垃圾处理场的一种垃圾集、疏、运方式，现已覆盖杭州主城区，不再新建垃圾中转站。

图 4-6　台北市“垃圾不落地”转运模式

（资料来源：台北市民在垃圾车前倒垃圾）

（3）模块化设计建设。

模块化设计是选择相对独立的功能单元为单体模块，通过组合、拼接、替换等方式形成新的产品。一般来说，模块可以是功能单体，也可以是具有独立功能的功能集合，但无论怎么变化，模块都要从统一、标准的角度出发，方便更换、组合或者维修。模块化设计可以在产品开发过程中减少开发项目，从而缩短开发周期，降低生产成本。同时，也能够以模块自由组合为途径，实现模块间不同方式的变换，从而实现个性化产品的自我设计与使用。

在模块化设计过程中可以从以下三个方面进行设计。首先是功能模块设计，基于产品功能系统或者功能树，将产品拆分成为不同的功能模块，并对这些模块进行分别生产，最终优化组合在一起，形成成熟的产品；其次是造型模块设计，即从生产制造以及结构组合的角度出发，将设施的整体造型分为若干个小的造型单元，既简化了加工流程、降低了加工难度，同时又丰富了产品家族系统的整体性或者延续性；最后是考虑细节模块设计，即基于零部件或者配件设计的考虑，给它们一个设计或生产的约束，保证其能够直接应用到设施上。

（4）一体化设计建设。

一体化设计是基于产品系统设计的视角，将设施设计与空间设计相结合，运用整合设计的方法进行整体设计。这要求设计师首先建立系统的概念，找到不同设施之间的内部联系，然后根据用户需求，结合空间尺度以及人机尺寸关系，使设计内容符合实际要求。最后也要注意在设计过程中，协调系统内各部件之间的关系。

根据不同的设计方式，可以从功能一体化、空间一体化以及生活方式一体化方面进行展开设计。其中，功能一体化是指基于功能结合，将具有相同属性的设施巧妙地组合到一起，使得产品具有多功能或者使用方式多样化，例如常说的“厨电一体化”就是典型的设计案例；空间一体化是指将设施与空间的结合看成一个系统，在设计时充分考虑设施的空间布置关系。

2. 通过技术升级实现

市政设施建设用地的集约以技术进步为基础，通过总结各类市政设施现阶段新技术，以及相关案例的实施情况和技术应用成熟度，可以有效减少设施及防护用地，提升各类设施的集约化建设能力。

近年来各类市政设施技术水平不断提高，工程技术进步对市政设施占地及防护距离减少具有较大的推动作用。如热电厂通过加强余热回收及汽轮机超临界技术，增大供热服务半径，可减少热电厂建设数量，节约用地；污水厂、垃圾站采取封闭式、地下化建造方式，有效减少防护距离；变电站通过提高设备集成性及输送控制技术，实现不同电压等级的变电设施合建、不同电压等级的高压廊道归并，节省电力设施及高压电力廊道防护用地。

（1）给水设施集约建设技术。

给水设施中占地比较大的主要是水厂，且对周边环境有一定要求，并需要设置10m的绿化隔离带。水厂常规处理构筑物的组合主要是“混凝沉淀池（澄清池）→过滤池→清水池”三阶段的配合，也是主要的占地部分，这三部分的技术优化，对水厂用地节约至关重要。近些年，高效澄清池、叠合式反应沉淀清水池等工艺的应用，集约用地效果明显。高效澄清池是将澄清区与絮凝区一体化结合，具有高效、占地少和排泥可直接脱水的特点，例如上海市中心城区的某水厂改造工程采用高效澄清池，万吨水占地面积指标仅为1600m^2，低于行业平均水平的30%，出水水质稳定达标；叠合式反应沉淀清水池是将反应池、沉淀池、清水池三池合一建设，节约总占地。

深圳东湖水厂（图4-7）位于罗湖区爱国路4002号，东邻深圳水库，占地4.5万m^2，始建于1961年，是深圳市建设最早的水厂，最初供水能力0.25万m^3/d，经多次改扩建之后，形成现状35万m^3/d的供水规模，主要服务区域是罗湖区（莲塘街道除外）。由于受周边重大基础设施限制，扩能改造无法大面积新征用地，并且需要保障改造期间具有30万m^3/d的供水能力，此外还需增加同规模的深度处理和污泥处理系统，预计扩能至60万$m^3 \cdot d^{-1}$。用地该厂采用叠合式设计、应用BIM技术，实现高效池型、紧凑归并、组合搭配、叠建布置等一系列集约化设计，扩建后用地指标为0.094$m^2/(m^3 \cdot d^{-1})$，仅为国家建设标准的30%左右。

（2）电力设施集约建设技术。

变电站是城市基础供应的重要设施，且存在一定的服务半径，即使用地过度紧张的地区，仍需保证在一定范围内建设变电站，以保证用电需求。户内变电站、GIS化建设、无人值班变电站以及模块化变电站的技术发展，可较大程度地节约用地。

户内型变电站将电气设备全部或部分安装在户内，可以有效节约用地空间。使用气体

图 4-7　深圳东湖水厂
（资料来源：东湖水厂扩能改造项目效果图）

绝缘封闭式开关设备（GIS）作为高压开关，各电气设备之间采用电缆方式，按这种形式建设的变电站具有占地省、电磁辐射小、安装维护量少等特点，但总体造价将显著提高，适用于用地条件紧张的城市环境。220kV 变电站 GIS 化前后用地指标对比如表 4-2 所示。

220kV 变电站 GIS 化前后用地指标对比表　　**表 4-2**

建设形式	占地面积（m^2）	节约面积比例
传统变电站	9000	—
GIS-架空出线	7000	20%～25%
GIS-电缆出线	3000	60%～70%

无人值班变电站是一种先进的运行管理模式，借助微机远动等自动化技术，值班人员在远方获取相关信息，并对变电站的设备运行进行控制和管理，可以取消供值班人员使用的辅助生活面积，使得控制楼的占地面积仅剩下一个控制室，从而减少变电站的占地面积。模块化变电站是一种变电站建设的新模式，把变电站设计为模块化结构，工厂化生产，相关设备都被安装在模块内，把模块运到现场后，即可进行外部连接、整体联调。该方式可集约用地，降低综合造价，减少工期。

（3）环卫设施集约建设技术。

现阶段，我国的垃圾处理以填埋为主，截至 2018 年，我国城市（含县城）生活垃圾无害化处理中填埋处理占比为 58.03%、焚烧处理占比仅为 39.01%，垃圾焚烧处理率仍有较大增长空间。垃圾焚烧处理具有占地小、减量效果好、无害化较彻底以及可回收垃圾焚烧余热等优点，但设施建设经常遭遇反对，主要是周边民众担心焚烧过程中排放的二噁英等有毒、有害气体对身体健康带来危害。相关研究表明，1 吨垃圾露天焚烧或在填埋场产生甲烷自燃排放的二噁英，是同等量垃圾经过现代化焚烧所排放二噁英的几千倍，因此，符合规范要求的垃圾焚烧相较于填埋处理，实际上是削减二噁英排放的有效措施。

同时，垃圾焚烧与填埋相比具有明显的节地效果，且现有的技术可以保障空气环境，上海、深圳确定垃圾焚烧厂用地标准为 30～50m^2/（$t \cdot d^{-1}$）。在国家标准中垃圾填埋场折合的用地标准约 140m^2/（$t \cdot d^{-1}$）。此外，垃圾转运站也是重要的环卫中转设施，基本以 2km^2 左右为服务面积进行建设；但在老旧城区，垃圾转运站通常存在脏、乱、差，设施不足，增设困难等问题。国内外普遍通过半地下或地下化建设实现用地集约。

上海黄浦区生活垃圾转运站为上海江桥垃圾焚烧厂的配套项目，转运规模为 600t/d，总建筑面积 9061.5m^2，总投资 1.76 亿元，采用 BOT 模式，主要负责中转黄浦区全区的原生生活垃圾，是一座集生活垃圾中转、大件垃圾破碎及中转、电池和玻璃回收为一体的综合性中转站（图 4-8）。该站通过半地下化建设，实现了外部封闭、压缩设备少、低能耗、抗高峰期冲击能力强、对垃圾收集的适应性高、连续运转能力强、不须设置垃圾渗滤液收集设施等特点。

图 4-8　采用半地下室结构的黄浦区生活垃圾转运站实景

3. 通过空间挖潜实现

市政设施空间挖潜大量采用地下式建设来释放地面空间，例如污水厂、变电站、泵站、换热站、垃圾转运站等。以污水厂为例，截至2021年，我国已有建成/在建地下式污水处理厂200多座，占全国城镇污水处理厂总数的5.7%左右；地下空间的立体叠加使用减小了建筑占地，地下空间双层封闭除臭可无须设置防护绿化带。另外，地下污水处理厂为了减小地下空间体量，一般采用短流程污水处理技术，这些因素均减少了污水厂用地面积。

西安市首个全地下污水处理厂即西安市第三污水处理厂扩容项目，污水厂设计处理规模30万m^3/d（图4-9），可有效缓解西安发展带来的污水增量问题，而且可以有效改善浐河及渭河水环境质量，对促进区域经济和环境保护协调发展具有重要意义；该项目污水处理全过程将在地下运行，污水处理后的出水水质可达国家地表环境质量Ⅳ类标准，此标准可作为冲厕、园林绿化等用水。

图4-9 西安市第三污水处理厂扩容工程项目模型图
（资料来源：西安市第三污水处理厂扩容工程项目）

4.1.3 设施空间“地下化”研究

1. 市政设施地下化的利用现状

近年来，由于土地资源紧张、土地价值高昂，我国各大城市在地下空间的开发建设方面取得了长足的进步，而关于地下市政设施的建设和研究尚处于摸索阶段。

市政设施“地下化”是指主要采用地下/半地下的建设形式布置主体工艺设施，或者在主体工艺设施上方上盖单层或多层建筑结构，地面部分或上盖部分设置公园绿地、广场、体育场馆、停车场等，综合利用地上与地下空间，增加城市公共功能。

市政设施纳入地下空间时，一般有以下4种情形：

（1）扩容改造后的用地不足和新建地面市政设施用地不能满足要求，考虑地下化。

（2）各级中心片区及其他公共活动场所（如公园、旅游区）等影响景观风貌的市政设施，考虑地下化。

（3）居住区内难落地的邻避设施考虑地下化。

（4）城市重点发展及高标准建设区考虑市政设施地下化。

2. 市政设施地下化的实现模式

市政设施的地下化可通过两种模式实现：第一种是以各类市政管线的干支管网分布与走向作为依据，进一步结合城市主干道路网的布局，最终完成以市政网络化发展为主导的综合管廊系统的建设；第二种是结合市政站场的布局，将雨水、污水、电力、环卫等市政站场设施以地下化和半地下化的方式进行建设，从而为城市预留出更多的地面空间资源。

其中，第一种在以综合管廊方式实现的模式中，地下综合管廊选线规划实际上与传统的市政管线的布局有相似之处，布局时应在符合市政管线的基本要求的基础上，紧密结合城市的干道网，主干综合管廊主要布局在城市主干道下，同时与地铁、道路、地下街等建设相结合，最终形成与城市主干道相对应的综合管廊布局形态。

综合管廊具有恒温性、恒湿性、隔热性、隔声性、遮光性、气密性、隐蔽性、空间性、良好的抗震性和安全性，可以大大增强市政基础设施的物理韧性。各种工程管线敷设在综合管廊中，避免了与土壤、地下水、道路结构层中的酸碱物质直接接触，大大延缓了管道腐蚀，延长使用寿命，也便于管理和养护。此外综合管廊的结构具有一定的坚固性，采用综合管廊相当于在管线外增加了一道钢筋混凝土保护层，对于工程管线具有较好的保护性能，这在战时及灾害性条件下显得尤为重要。另外，综合管廊可以预留一定的弹性空间，可有效地解决城市发展过程中各类市政管线持续增长的需求，为未来城市基础设施承载力提供足够的韧性。

第二种在以市政场站设施地下化建设方式实现的模式中，有以下一些案例，如地下雨水调蓄设施依托海绵城市建设要求，通过综合考虑城市雨水分区、城市地势低洼地区、城市易涝区以及规划雨水泵站的地区，规划在城市公园、下凹式桥梁、雨水泵站的地下建设雨水调蓄池及地下雨水泵站，保障汛期排水的迅速，同时兼顾雨水回收利用；地下污水设施以地下原址扩建的方式进行选址；地下供电设施则结合公园、绿地、广场以及轨道交通、公共设施等同期建设地下变电站，以解决中心区域市政设施选址以及与环境相协调的困难。

3. 市政设施地下化存在的问题

保障安全是市政设施建设必须遵守的底线，变电站、给水厂等保障城市生命线的重要市政工程，如果采用地下化建设，在发生地震、火灾等各类灾害时，产生的影响大，应急救援等工作开展起来十分困难；同时也容易诱发次生灾害等。因此，安全防灾因素必须在决策时进行充分考虑。

当前，城市地下市政基础设施建设总体平稳，基本满足城市快速发展需要，但城市道路、城市地下管线、地下通道、地下公共停车场、人防等市政基础设施仍存在底数不清、统筹协调不够、运行管理不到位等问题，城市道路塌陷等事故时有发生。2021 年 6 月 13 日，湖北十堰市张湾区艳湖社区集贸市场发生燃气爆炸，造成 26 人死亡，138 人受伤（图 4-10）。2021 年 7 月 20 日，河南等地持续遭遇强降雨，郑州等城市发生严重内涝（图 4-11），造成郑州城市内涝，交通、通信、供水等系统受到严重影响。河南省特别是郑州市1座500kV变电站、8座110kV变电站和1座35kV变电站因场地受淹等原因紧急停运避险，98.22万用户供电受到影响，造成重大人员伤亡和财产损失。习近平总书记分别作出重要指示，“全面排查各类安全隐患，切实保障人民群众生命和财产安全”，“强化灾害隐患巡查排险，加强重要基础设施安全防护”。

图4-10　湖北十堰市张湾区艳湖社区集贸市场燃气爆炸事故建筑物破坏情况实景

（资料来源：湖北省应急管理厅）

为进一步加强城市地下市政基础设施建设，住房和城乡建设部于2020年12月印发了《住房和城乡建设部关于加强城市地下市政基础设施建设的指导意见》，2021年5月又印发了《城市市政基础设施普查和综合管理信息平台建设工作指导手册》，强调要以习近平新时代中国特色社会主义思想为指导，全面贯彻党的十九大和十九届二中、三中、四中、五中全会精神，进一步加强城市地下市政基础设施建设。各地应抓紧谋划并推进地下市政基础设施的建设工作。到2023年年底前，基本完成设施普查，摸清底数，掌握存在的隐患风险点并限期消除，地级及以上城市建立和完善综合管理信息平台。到2025年年底前，基本实现综合管理信息平台全覆盖，城市地下市政基础设施建设协调机制更加健全，城市地下市政基础设施建设效率明显提高，安全隐患及事故明显减少，城市安全韧性显著提升。将城市作为有机生命体，加强城市地下空间利用和市政基础设施建设的统筹，实现地下设施与地面设施协同建设，地下设施之间竖向分层布局、横向紧密衔接。

4. 市政设施地下化建设的适宜性

各类市政设施进行地下化建设时，应遵循合理适度原则、综合协调原则、持续性发展

图 4-11　2021 年 7 月 20 日郑州特大暴雨高架桥实景

（资料来源：《灾害过后，一个城市如何能快速恢复》）

原则等。按照各类市政设施类型，有针对性地分析市政设施地下化建设的适宜性。

一般来说，由于功能要求、安全要求、使用场景等因素不适宜地下化建设的设施有燃气设施、供热设施、通信设施、广播电视设施、消防设施、防洪设施。

供电设施等采取地下化建设在我国大中型城市已有较多成功案例，建议在城市核心区等因地制宜采取地下化建设；变电站地下化建设时应满足相应的安全运行要求。供水设施、排水设施有条件时可采用地下化建设方式，地面建设绿地等，可以有效改善区域环境，地下排水设施要满足安全设计要求，保障通风、防洪、消防等安全要求。目前地下化的垃圾转运站、危险废物处理设施等环卫设施已经有成功案例，建议在城市核心区、居民聚集区等采用地下化建设方式。具体见表 4-3。

市政设施地下化建设的适宜性分析一览表　　**表 4-3**

<table>
<tr><th>分类</th><th>市政设施</th><th>建设指引</th></tr>
<tr><td rowspan="4">有条件时适宜地下化建设的设施</td><td>供电设施</td><td>建议在城市核心区等因地制宜采取地下化建设，变电站地下化建设时应满足相应的安全运行要求</td></tr>
<tr><td>供水设施</td><td rowspan="2">有条件时可采用地下化建设方式，地面建设绿地等，可以有效改善区域环境，地下排水设施要满足安全设计要求，保障通风、防洪、消防等安全要求</td></tr>
<tr><td>排水设施</td></tr>
<tr><td>垃圾转运站、危险废弃物处理设施等环卫设施</td><td>建议在城市核心区、居民聚集区等采用地下化建设</td></tr>
<tr><td rowspan="6">不适宜地下化建设的设施</td><td>燃气设施</td><td rowspan="6">由于功能要求、安全要求、使用场景等因素一般不适宜进行地下化建设</td></tr>
<tr><td>供热设施</td></tr>
<tr><td>通信设施</td></tr>
<tr><td>广播电视设施</td></tr>
<tr><td>消防设施</td></tr>
<tr><td>防洪设施</td></tr>
</table>

5. 典型市政设施的地下化

目前已建设成功的地下市政基础设施有变电站、垃圾转运站、地下污水厂等，如上海500kV世博变电站、上海市110kV都市变电站、群英变电站等，广州京溪污水处理厂，上海黄浦、静安半地下垃圾转运站等。

（1）地下变电站。

城市变电站建设基本分为独立地上、独立地下和地上地下结合建设三种模式。独立地上是指单独取得用地，主要电气设备均位于地上独立建筑内的变电站；独立地下是指单独取得用地，但主要电气设备均位于地下独立建筑内的变电站；结合建设是指将变电站与公共建筑内其他非居住建筑综合结建的变电站，结建对象多为商业、办公建筑或工业、仓储物流建筑等，基本排除住宅、学校、医院、护理院等噪声、电磁环境敏感目标。国外以东京、伦敦、巴黎为代表的大型城市地下变电站建设经验较为丰富，但数量上仍是地上变电站占多数。其中，东京是地下变电站建设较多的城市。为最大限度地利用城市空间，东京地下变电站大多采取了结建模式，如新宿变电站、高轮变电站、275kV东新宿变电站和500kV新丰洲变电站分别建于公园地下、寺庙地下、东京电力公司办公楼地下和东京电力公司数据存储中心地下。

地下变电站与非居建筑结合建设是国内未来地下变电站发展的主要趋势。地下变电站与非居建筑结合建设是指，地下变电站与除住宅以外的非居建筑物（主要包括办公楼、社区中心等公共建筑）联合建设，主要采用贴建或合建的方式，实现一体化规划、一体化设计、一体化施工。地下变电站与非居建筑结合建设的方式主要分为贴建和合建两种。按照我国现行《建筑设计防火规范》GB 50016—2014和《火力发电厂与变电站设计防火标准》GB 50229—2019的要求，非居建筑与地下变电站贴临建设，地下变电站通过相邻的防火墙与非居建筑分开，满足现行《建筑设计防火规范》GB 50016—2014要求，是各地消防部门比较认可的方式，具体实施案例较多，技术比较成熟。

从提升建设效率、关注民生利益出发，未来城市变电站的建设将进一步提升景观融合和功能复合，如核心区域多采用结建模式，非核心区域采用独立地上模式仍是较为经济、安全的选择。功能复合方面可多考虑与停车场、充电站、储能、光伏、数据中心等结合建设。变电站地下（半地下）建设利弊分析见表4-4。

变电站地下（半地下）建设利弊分析对比表　　表4-4

项目	独立占地地上变电站	地下（半地下）变电站
工程造价	低	为地上的2～3倍
设备运输、检修	方便	较困难
通风除湿、排水、设备运行环境	好	较差
消防	设计简单，易于满足相关消防规范	设计较复杂，评审周期长
电缆出线	方便	较困难
土地产权	产权独立，纠纷少	产权较复杂，易引起纠纷
土地利用效率	低	高
环境景观	较差	较好
用地空间可落实性	在城市中心区较难落实	在城市中心区较易落实

上海500kV世博变电站位于上海市市中心区域静安区雕塑公园（图4-12）东北角的地下，该站是一个圆筒状的地下结构，面积5.3万m^2，是国内首座500kV电压等级全地下变电站，于2007年建成。其基坑面积超过13000m^2，地下分为四层，直径130m，深约30m，顶部离地面距离在两米以上。地上设施仅有主控室、进出口和进出风口，建筑面积近1600m^2。其项目特点为周边环境和地下城市管网十分复杂，工程采用了逆作法施工工艺，有效地缩短了施工总工期，保护了周围环境并具有较强的经济性。其施工现场和三维数字模型如图4-13所示。

图4-12　上海500kV世博变电站＋静安雕塑公园结构示意图（左）和公园内部实景图（右）

图4-13　上海500kV世博变电站＋静安雕塑公园施工现场图（左）和三维数字模型图（右）

（2）地下垃圾转运站。

生活垃圾转运站作为城市建设中必不可少的配套公共设施，综合考虑其服务区域、转运能力、运输距离、交通便利等因素，一般建设在人口居住密集区；同时，垃圾转运站建设要符合用地面积的要求和防止二次污染等条件，因此，在城市规划中转运站的选址难度大。另外，由于转运站建设运行会涉及对居住环境的影响，常常出现“环卫服务人人需要，环卫设施却人人避之”的现象，许多城市都面临着垃圾转运站建设协调难、使用难等各种问题，严重制约了城市环境卫生设施的规划布点与建设。

地下垃圾转运站建设和中小型垃圾转运站厂房完全转入地下，地面仅保留管理服务用房，其他场地全部铺设绿化作为市民公园等休憩游玩场所。这种设计可以为建筑密度大、绿地空间少的城区节约土地和地面空间，增加绿化面积和市民活动空间，地下的负压和密闭环境能够有效避免二次污染，远期可以通过改造满足未来城区的发展需求，可持续利用地下空间。

垃圾转运站全地下化设计与常规方式对比示意如图 4-14 所示。

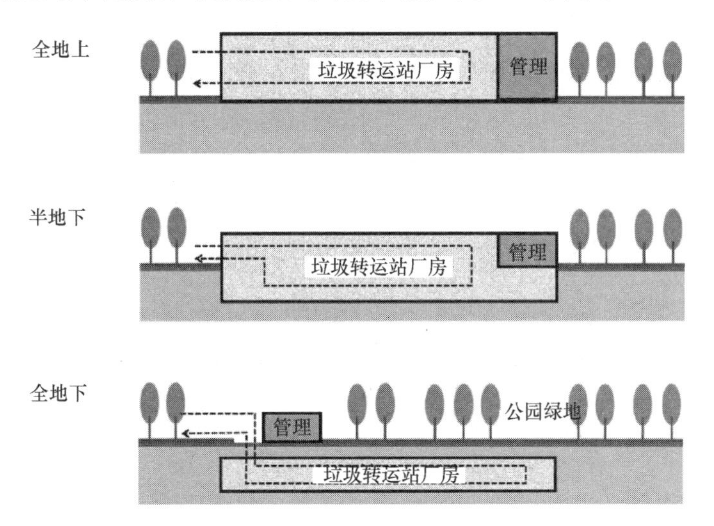

图 4-14　垃圾转运站全地下化设计与常规方式对比示意

（资料来源：刘亚江，华洪亮．中小型垃圾转运站全地下设计研究［C］．2020 年工业建筑学术交流会论文集）

例如，大凤地下垃圾转运站位于福州市鼓楼区乌山西路与西二环路交叉口，西南侧绿化成美丽的街边公园，出入口像停车场的模样，大凤地下垃圾转运站就在路面下方，是福建省首座花园式纯地下垃圾转运站，在功能设计上充分体现绿色、环保、智能等特点（图 4-15）。

图 4-15　福州大凤垃圾转运站航拍图

（资料来源：刘亚江．福州街角公园地下大凤垃圾转运站设计研究［J］．智能建筑与智慧城市，2020（2））

（3）地下污水处理厂。

地下或半地下污水厂由于具有节约用地、环境友好等特点，近年来数量逐渐增加。城市中心区污水厂在建设选址遇到“瓶颈”时，可采用地下式污水厂，以节约土地资源。

在生态文明理念的引领下，地下式污水处理厂可成为良好的载体，利用地面空间与周边社区融合，为居民提供各类便民服务，是未来引领行业发展的方向之一。

例如，深圳固戍水质净化厂（图 4-16、图 4-17），作为深圳市首座“三层式”及单厂规模最大的水质净化厂项目，运用“半地下式＋双层上盖”的复合体结构设计，统筹城市地上地下空间利用，积极践行厂城融合发展理念。为集约利用土地，水质净化厂生化区采用双层上盖建造，上层建设体育主题公园，中间层建设停车场。

图 4-16　深圳固戍水质净化厂

（资料来源：环水固戍水质净化厂二期项目入围菲迪克全球工程项目奖）

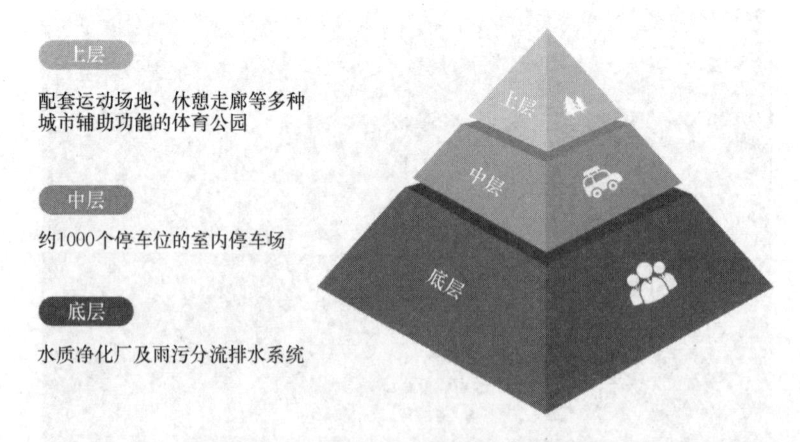

图 4-17　深圳固戍水质净化厂三层式复合体结构设计图

（资料来源：固戍水质净化厂结构设计）

新版《室外排水设计标准》GB 50014—2021 新增地下或半地下污水厂设计的相关规定（表 4-5）。提出厂区布置应尽量节约用地。当污水厂位于用地非常紧张、环境要求高的地区，可采用地下或半地下污水厂的建设方式，但应进行充分的必要性和可行性论证。同时提出地下或半地下污水厂设计的相关要求，包括必要性和可行性论证、上部空间、进出通道、消防、除臭通风、净空要求等。应综合考虑规模、用地、环境、投资等各方面因素，确定处理工艺、建筑结构、通风、除臭、交通、消防、供配电及自动控制、照明、给水排水、监控等系统的配置。各系统之间应相互协调。

国内外其他地下/半地下形式建设污水处理厂的主要设计参数对比情况一览表　　表 4-5

序号	水厂名称	位置	占地面积（hm^2）	设计规模（万 t/d）	单位面积处理能力（万 t/d·hm^2）	主要处理工艺	建设形式
1	沙井污水处理厂二期	深圳宝安	13.69	35	2.55	多段强化脱氮改良型 A_2/O 生化处理	上盖沙井街道体育公园
2	沙井水质净化厂三期	深圳宝安	6.19	20	3.23	多段 AO 生物池＋矩形双层沉淀池＋高密度沉淀池＋滤布滤池	双层覆盖半地下式结构形式，上盖生态市政公园
3	固戍水质净化厂二期	深圳宝安	15.14	32	2.11	生化处理工艺和深度处理设施	半地下式，地面建设停车场和生态体育公园
4	青岛高新区地下污水厂	山东青岛	6.35	18	2.83	改良 A_2O-MBBR＋纤维转盘滤池	全地下式，上方为草坪
5	马来西亚 Pantai 污水处理厂	马来西亚	15	32	2.13	改良 A_2O＋周进周出矩形沉淀池，超滤＋臭氧深度处理	全地下式，上盖活水公园、环保展馆、文化广场、运动场及商业街等
6	法国马赛 Géolide 污水处理厂	法国马赛	3	30	10	ACTIFLO® 高效沉淀池和 Biostyr® 曝气生物滤池	上盖足球场
7	日本有明水再生中心	日本	4.66	12	2.57	A_2O 法与生物膜过滤，臭氧及纤维过滤深度处理	全地下式，上盖江东区体育馆、游泳池、健身房、网球场等
8	美国加州 Donald C. Tillman 再生水厂	美国加州	36	30	0.83	活性污泥法	污水厂的办公楼将一个花园和污水厂曝气池完美相连

污水厂地埋式建设虽然对景观影响小，占地小，但吨水投资费用约高 1 倍，同时运行费用比地上式高 20%～30%。污水厂地下化建设优缺点分析对比如表 4-6 所示。

污水厂地下化建设优缺点分析对比表　　表 4-6

项目	常规地上污水处理厂	地下污水处理厂
工程造价	低	为地上的 1.3～1.5 倍
占地	占地面积大	为地上的 1/3～1/2
功能复合	功能单一	可与公园、运动休闲等功能复合
环境景观	较差	较好
厂址空间落实性	厂址较为受限	厂址受限相对小

综合影响评价结果显示，地下式污水处理厂在环境影响、基建投资、生态效益三方面的综合负面影响较地上式要高出约 20%。虽然地下式污水处理厂地表园林景观会产生一定生态效益，但这并不能“中和”其环境影响以及基建投资所产生的负面效益。因此，地下式污水处理厂建设并非优选方式，需要因地制宜，选址要特别慎重。

4.1.4 桥下空间利用研究

随着交通立体化成为超大型城市交通组织的重要形式，大量桥下消极空间亟待利用，如何提升城市土地效率，优化桥下空间，拓展城市空间品质，更好满足人民群众的美好生活新需求，成为一个崭新的课题。随着城市开发强度的增加，土地资源越发紧张，市政基础设施面临着“落地难”的问题，利用桥下空间落实市政基础设施也受到广泛的关注。

1. 桥下空间的定义与分类

(1) 桥下空间是指城市桥梁用地红线内的陆域用地，包括桥梁垂直投影范围内的空间，不包括基本农田、河道及其堤防等。

(2) 桥下空间的分类方法参照桥梁的分类：按用途分，包括铁路桥、公路桥、公铁两用桥、人行桥等桥下空间；按跨越障碍分，包括跨江（河、湖）桥、跨谷桥、跨线桥、立交桥、高架桥等桥下空间。其中，按跨越障碍的分类方法更加常用。

2. 桥下空间的特征分析

(1) 桥下空间特征分析。

桥下空间的形态特征分类如表 4-7 所示。

① 高架桥桥下空间以带状空间为主，桥下道路分隔带由于两侧均为车行道，空间相对独立、狭长，呈孤岛式，同时受车行道净空要求，桥下道路分隔带净空一般大于 4.5m，利用形式虽有限，但可利用率较高，其常规利用形式以道路绿化为主，也可建设公交场站、市政设施、停车场等，有一定的公共性。

② 跨线桥桥下空间通常位于桥梁投影范围内，为较宽的带状或接近面状的空间，交通可达性较好，公共性相对更突出。

③ 立交桥桥下空间以面状空间为主，不仅包括桥梁投影区域，还包括立交匝道边线以内的场地，公共性突出，边角性、消极性相对较弱，是桥下空间开发利用的重点研究对象。

桥下空间的形态特征分类一览表 **表 4-7**

分类	范围	主要空间形态特征
高架桥桥下空间	桥梁投影范围以内	狭长的带状空间，相对独立、呈孤岛式，有一定的公共性
跨线桥桥下空间	桥梁投影范围以内	较宽的带状或接近面状的空间，公共性相对更突出
立交桥桥下空间	常以最外侧立交匝道边线界定范围	面状空间，公共性突出，边角性、消极性相对较弱

(2) 用地特征分析。

桥下空间属于交通设施用地。为避免用地性质冲突问题，原则上桥下空间利用仅接受单一用地性质的混合用地情况，即仅利用桥下空间建设可以与交通设施用地相兼容的设施。

例如《深圳市城市规划标准与准则》规定，交通设施用地的适建用途分为可附设的市政设施和其他配套辅助设施。可附设的市政设施是指在满足功能、安全与环境条件下可附设的市政设施（简称“可附设的市政设施”）。其具体包括泵站、110kV箱式变电站、邮政支局、邮政所、通信机房、无线电主干（次干、一般）监测站、有线电视分中心、瓶装气便民服务点、垃圾转运站、公共厕所、再生资源回收站、环卫工人作息场所等。其他配套辅助设施是指为生活生产配套服务的小型、辅助型设施，如配套管理服务设施（社区居委会、社区警务室、社区服务中心、社区服务站、配套管理、配套办公等）、文体活动设施（社区文化中心、文化室、社区体育活动场地、室内外运动设施、社区绿地等）、小型卫生福利设施（社区健康服务中心、诊所、救助站）、食堂等设施。

3. 桥下空间利用影响因素分析

桥下空间的利用应在满足主要功能（动态交通）的基础上，充分、合理地利用桥下剩余空间。桥下空间利用形式应根据区位规模、桥梁自身、交通条件、景观要求、使用需求综合确定（图4-18）。

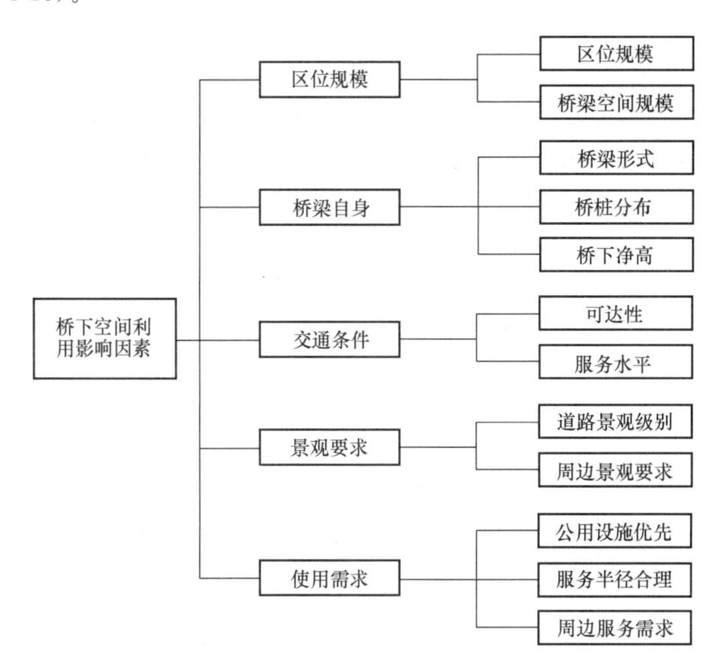

图4-18　桥下空间利用影响因素分析图

（1）外界环境因素分析。

桥梁与周围建筑间的距离（D）及桥梁高度（H）都会影响到人们对空间使用的感受。D/H的值越大，环境开放性越强；反之，环境封闭感越强（表4-8）。

（2）桥体本身因素分析。

桥体本身因素包括桥体本身的支撑主体、有无匝道、柱数量与柱间距，它们均会影响桥下空间的布局和使用（图4-19）。具体包括桥下可使用长度、桥下可使用宽度、桥下可使用净面积、桥下可使用高度、柱子形式、柱子总数量、柱子总面积、柱间距、匝道宽度、匝道面积等。

桥下空间利用环境因素分析表　　表 4-8

空间尺度	封闭程度	空间利用形式	备注
$D/H \leqslant 1$	空间封闭感强烈	开放型利用	不适合新建建（构）筑物、悬挂宣传栏、设置停车场等
$1 < D/H \leqslant 2$	空间封闭感减弱	新建建（构）筑物及悬挂宣传栏等，适合开放型利用	不适合设置停车场
$2 < D/H \leqslant 3$	空间封闭感很弱	新建建（构）筑物、悬挂宣传栏、设置停车场等，适合开放型利用	—
$D/H \geqslant 3$	空间封闭感消失	空间利用形式不限	—

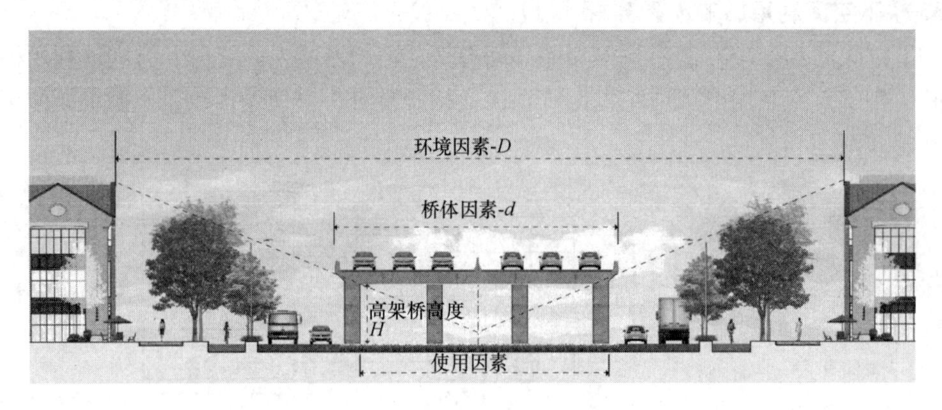

图 4-19　桥下本身因素示意

其中，影响桥下空间开发利用的最重要的一个因素就是桥梁的净空高度。参考《昆山市道路桥梁桥下空间利用导则》，当桥下空间净空高度在 2.2m 以下，一般不进行利用。因为成人平均身高约 170cm，举手高度超过身高 40～50cm，若净空高度小于 2.2m，人们进行活动时会感到压抑且存在一定的安全隐患。当桥下空间净空高度在 2.2m 以上时，可根据周边环境条件、使用需求等综合考虑确定利用形式（表 4-9）。

桥下空间利用桥体本身因素分析一览表　　表 4-9

空间尺度	封闭程度	空间利用形式
$H \leqslant 2.2$m	空间封闭感强烈	非建设空间
2.2m$< H \leqslant 5$m	空间封闭感减弱	交通类、市政类及公共服务类等设施空间
$H \geqslant 5$m	空间封闭感很弱	公共服务类的体育场地，如篮球场、羽毛球场等，或者大型工程车辆、小汽车停车场等

4. 桥下空间利用原则

城市桥梁桥下空间利用应当遵循安全至上、公益优先、合理利用、规范使用的原则，保障桥梁完好安全、桥下空间利用有序、桥梁养护维修便利。

(1) 安全至上。城市桥梁桥下空间的利用，必须确保道路桥梁结构安全和道路通行安全。桥下空间利用应当避免产生吸引大量人流、人员过多聚集的情形。

（2）公益优先。城市桥梁桥下空间利用应当优先满足城市交通、市政公用设施管养和公益事业的需求。不但可以解决这些服务功能的用地问题，也可以更好地为市民服务，在后期维护和用地权属上也可以规避一些不必要的麻烦。

（3）合理利用。统筹规划、集约利用道路桥梁桥下空间资源，结合桥下空间环境条件，兼顾桥梁周边环境生态，适当配套城市基础设施。重点考虑多种功能的复合利用，提高土地利用效率。

（4）规范使用。城市桥梁桥下空间利用需考虑城市规划管控等要求，规范桥下空间的申请条件和使用要求，便于桥梁养护维修和安全管理工作。

5. 桥下空间利用的主要方式

目前，城市建成区桥下空间利用形式主要有交通、停车、市政、商业、绿化、休闲六种，如表4-10所示。

桥下空间开发利用的主要方式一览表　　表4-10

利用类型	利用方式	利用优势	存在问题
交通	慢行交通、公共交通，如设置公交专用道、骑行道或步行专用道	一定程度上提高了道路的通行能力，缓解了交通压力	秩序控制要求高，交通管理难度大
停车	设置机动车或非机动车停车场	提高土地资源有效利用率，缓解停车压力	进出停车场的车辆影响辅道其他车辆的正常通行
市政	在桥下空间建设环卫、电力、通信等市政公用设施	减轻对道路景观影响，同时安置在道路隔离带绿地中央，减少了与行人接触，以避免发生危险	市政设施设置需保证桥梁结构安全
商业	设置商业零售、休闲饮食、文化体验站点等	增加经济效益	人流量增多对桥梁和人身安全带来隐患，给城市管理带来挑战
绿化	桥下绿化种植，多以耐阴性植物为主	适用范围广，改善道路空气质量及美化景观	植物生长条件较为苛刻，人工管理需求较大，部分植物叶面积灰严重，生长状况较差
休闲	结合周边设置桥下公共活动空间	提供休憩场所，完善城市功能，打造城市形象	需尽量减少车辆行驶产生的噪声、尾气影响，对环境要求较高，服务设施资金投入较大

其中，市政利用是指在土地增量有限的背景下，为满足城市公共基础设施建设的需求，可根据周边土地利用情况，在桥下空间有规划地设置市政设施，如供电开关箱、箱式变压器等电力设施，公共厕所、环卫工具房、环卫工人休息站等环卫设施，城市道路养护管理所需的抢修、抢险、养护、维修场地和工具房等道路管养维护设施，5G机房、多功能智能杆等通信设施等。

6. 桥下空间市政利用相关案例

（1）澳门金莲花广场高架桥下公厕（图4-20）。

澳门金莲花广场高架桥下，西面临近金莲花广场，东面临近海港，周边用地主要为文化体育用地、广场用地、商业用地，集中了大量的游客。政府充分利用其地理位置，在高架桥桥下建设了公共厕所，既可满足来澳门金莲花广场游览者的需要，还不占用其他用地，可谓一举两得。

图 4-20 澳门金莲花广场高架桥下公厕实景

(2) 武汉高架桥下的配电站（图 4-21）。

对于占地较大且对居住区有一定干扰的设施，如垃圾压缩站（转运站）、消防站、配电站、材料堆放处等，也可在高架桥下设置。如武汉高架桥下的配电站，增加了遮挡设施，以提高美观性。

图 4-21 武汉高架桥下的配电站实景

(3) 太原市高架桥下电动出租车充电桩（图 4-22）。

太原市在 24 个高架桥下建 2000 余个出租车充电桩，电动出租车可在高架桥下建成的充电站内充电，也契合了新型基础设施的建设要求。

图 4-22　太原市高架桥下电动出租车充电桩实景

7. 桥下空间市政利用适用性分析

桥下空间进行市政利用需要具有适当的空间大小，桥下高度大于 2m；人行友好度较好，适于城市管理部门人员进出；市政设施用房应根据区域规划结合周边服务需求和布局情况统一布局。

市政利用存在的问题主要有两点：一是桥梁结构安全问题。在桥下空间建设市政设施有可能会影响到桥梁的主体结构安全，因此要在做好安全评估的前提下对桥下空间进行市政利用，确保桥梁结构安全。二是视觉上的协调问题。由于功能性及安全性是市政利用的主要考虑要素，在视觉上往往没有得到重视，因此外观与周围绿地不协调，没有达到美化城市的效果。

市政利用符合相关技术要求，用于城市管理设施的，场地内应整洁、平整、防滑，并满足排水要求。城市管理配套用房应当采用轻质、牢固、阻燃、耐用材料。严禁设置燃气、电炉及进行明火作业，禁止停放化学危险品和堆放易燃易爆物品，场内应当设置灭火器，醒目处设置“严禁火种”禁令标志。

环卫、市政、道路养护、交通管理等城市管理设施应方便城市桥梁养护维修作业，人员进出安全，并与周边环境相协调。市政材料摆放点用地周边必须按照统一标准设置围栏，围栏高度不低于 2m，与桥梁结构的距离应大于 1m，与桥梁所跨车行道距离大于 0.5m，围栏应与桥体和周围环境相协调。设施内机具停放、材料堆放应划分固定区域，并采取防尘措施。

8. 桥下空间利用政策与运营维护管理研究

在我国，对桥下空间的利用也正在逐步走向正轨，如天津、昆山、东莞、佛山、深圳等城市已就桥下空间利用与管理出台相关意见、规定来指导桥下空间利用。从桥下空间开发利用的理念来看，这些城市也基本上以突出公益性利用、优化城市景观、解决城市动态和静态交通为主，对经营性利用方式进行了限制。在运营维护管理方面也给出以下相关建议。

(1) 加强安全评估。

在桥下空间开发利用管理项目落实过程中，要坚持安全至上的原则，要切实把安全第一的思想贯穿始终，坚决守住安全底线。城市桥梁桥下空间的利用，必须确保道路桥梁结构安全和道路通行安全；桥下空间保护利用项目工程要严格按照公路和铁路安全规范进行，强化监督，确保工程质量，确保绝对安全；桥下空间利用应当避免产生吸引大量人流、人员过多聚集的情形；临河的桥下空间利用应综合考虑城市洪涝灾害，在具体利用时应征求水利等相关部门的意见，以确保安全。

(2) 强化法律保障。

在全面理顺道路经营单位、属地区、乡镇（街道）及相关部门的监管职责，彻底消除桥下空间因权属职责、利益多元、长期缺乏专门管理而造成的监管盲区。

(3) 鼓励公众参与。

加强对城市桥梁桥下空间利用的政策宣传。鼓励广大群众和社会各界举报违规占用城市桥梁桥下空间的行为。交通运输或相关行政管理部门接到有关城市桥梁桥下空间的投诉后，应在10个工作日内进行处理或回复。

(4) 健全管理体制。

① 加强桥下空间规划管理。坚持统一规划、合理开发、公益优先、综合利用和依法管理的原则。

② 加强桥下空间建设管理。严格采用统一规划设计、统一技术规范、统一验收标准，加强工程质量监管，以确保各类设施满足使用要求和景观效果。相关职能部门要定期对桥下空间建设项目进行检查督导，保证项目建设质量。

③ 加强桥下空间使用管理。日常管理按照“谁使用谁负责”的原则，由使用桥下空间的单位和个人负责维护和保养，履行秩序管理。不得擅自改变桥下空间使用用途或以任何形式转让给第三方。

④ 加强桥下空间监督管理。各主管单位要加强巡查，对已利用的桥下空间进行使用监督；对桥下空间存在的非法占用和乱搭乱建、乱堆乱放等问题开展集中整治，消除脏、乱、差现象和安全隐患；对未利用的桥下空间，相关单位按安全管理要求因地制宜设置护栏、种植绿化或进行封闭隔离，防止非法侵占（表4-11）。

国内主要城市已出台的桥下空间利用法规/标准情况一览表（不完全统计）　**表4-11**

序号	城市	桥下空间利用法规/标准	时间
1	深圳	《深圳市城市桥梁桥下空间利用和管理办法》	2021年9月
2	天津	《天津市城市桥梁桥下空间使用设计导则》	2020年11月
3	昆山	《昆山市道路桥梁桥下空间利用导则》	2020年1月
4	佛山	《佛山市人民政府办公室关于城市桥梁桥下空间利用和管理的指导意见》	2014年5月
5	东莞	《东莞市道路桥梁桥下空间利用和管理办法（试行）》	2020年3月

9. 桥下空间利用小结

通过对国内外桥下空间利用与发展的相关研究分析，桥下空间的发展趋势从以往“被遗忘的空间”“灰色空间”逐步受到重视，更有“城市中宝藏地带”和“被错误利用的地方”之称。桥下空间从形象不佳到美观怡人，从城市边缘化到充满生机与活力的城市场所。对于市政基础设施，对采光要求不高、桥下有一定空间的可放置市政设施用房，如箱式变电站、清洁环卫用房、公共厕所、5G 机房等。通过系统的统筹、因地制宜的规划设计策略，桥下空间的开发与利用对市政基础设施落实用地具有积极的意义。有助于达到节约城市土地资源、美化城市环境、丰富城市功能、响应国家存量规划和有机更新的城市发展战略、提高城市活力和形象、保护和恢复生态环境的目标。

4.1.5　岩洞空间利用研究

天然岩洞曾是人类早期住所的选择；人工岩洞也是现代地下空间开发利用的主要形式之一；山体岩洞逐渐成为众多土地资源紧缺城市市政基础设施地下空间开发利用的重要战略储备区。在近期阶段以保护性规划和可行性研究为主，在具备了成熟的开发条件后，可有计划地实施重点建设，作为增加城市土地供应、拓展城市空间的有效途径之一。

对典型和先进的市政基础设施与岩洞联合布局利用的建设案例进行调研与分析，尤其是市政基础设施岩洞化的基础应用条件、关键技术要求、造价、管理措施等相关重点内容，并形成分析报告。

1. 岩洞利用案例分析

（1）中国香港岩洞利用案例。

中国香港是高密度开发的城市，山多，而可供发展的土地有限。中国香港特区政府土地供应专责小组指出，发展岩洞是增加长远土地供应的其中一个既创新又可行的方法，并将岩洞利用列为五大中长期土地供应选项之一。香港自 20 世纪 80 年代初就已经针对岩洞相关利用开展了一系列基础研究，如《地下空间发展潜力研究》《岩洞工程研究》《岩洞选址研究》《香港规划标准与准则》等，同时香港出台了系列岩洞工程设计施工文件，包括《岩土工程指南 4：地下洞室工程规程》《地下洞室防火安全设计指南》等用于指导岩洞的设计和施工。在此基础上完成了赤柱污水处理厂、港岛西废弃物转运站、狗虱湾爆炸品仓库、香港大学海水配水库等一系列岩洞利用的时间里并得到了较好的效果。香港《岩洞总纲图》初步划定了 48 个策略性岩洞区（香港岛 11 个；九龙 5 个；新界 32 个），面积在 30～200hm^2 不等。目前有 8 个岩洞项目处于规划或研究阶段。如表 4-12 所示为香港计划迁入岩洞的市政设施。

香港计划迁入岩洞的市政设施　　**表 4-12**

政府设施	可置换出的土地面积（hm^2）
沙田污水处理厂	28
西贡污水处理厂	2.2
深井污水处理厂	1

续表

政府设施	可置换出的土地面积（hm^2）
荃湾二号食水配水库	4
钻石山食水及海水配水库	4
油塘食水及海水配水库	6

在表 4-12 中，沙田污水处理厂迁入岩洞计划是其中工程最大的一个项目，沙田污水处理厂位于城门河河口，占地约 $28hm^2$。计划每日处理来自沙田及马鞍山地区的 34 万 m^3 污水。该污水厂迁入岩洞后可以置换出 $28hm^2$ 的中心城区用地，污水厂主要设施隐藏于岩洞内部，岩洞作为坚固的天然屏障，可以降低污水厂对周边环境及景观的影响。本项目预计施工期至 2030 年，投资约 300 亿港币。在选择岩洞位置时经过多因素比选、经济技术评价后最终确定，主要考虑的因素有地质因素、对现有污水收集系统的影响、土地权属、对周围环境的影响、对附近交通网络的影响（表 4-13）。沙田污水处理厂通过以上五大因素的分析，最终确定了阿公角的牛埔山区域。

岩洞选址考虑因素 **表 4-13**

因素	说明	沙田污水处理厂选择区域
地质因素	尽可能选择稳定地质（例如花岗岩）区域，应该避开地质断裂和薄弱带	本区地质类型为坚硬花岗岩，无明显的软弱带和断层，最适合建造大型岩洞
对现有污水收集系统的影响	重建污水系统及附属设施的过程将会对周围造成影响。因此，选择尽可能靠近现有污水处理厂的地点，可尽量减少对整个区域的干扰	所选地点邻近现有的污水处理厂及污水隧道。因此，将污水处理厂迁往该区可尽量减少对上游污水收集系统及下游污水处理网络的影响，从而尽量减少对整个沙田区的干扰，减少建造及营运成本，并缩短建造期
土地权属	选择产权清晰的土地，减少拆迁成本	由于大部分地区属于政府土地，搬迁计划并不涉及大量私人征地
对周围环境的影响	评估岩洞污水处理厂对环境的影响，包括空气质量、噪声、生态、水质等	采取适当措施，可尽量减少迁址污水处理厂对周围环境的影响
对附近交通网络的影响	评估建设及运营后岩洞污水处理厂对附近交通网络的影响，尽可能减少新建道路	采取适当措施，可尽量减少因迁址污水处理厂而造成的交通影响

（2）国内外其他岩洞利用案例。

① 腾讯贵安绿色数据中心（图 4-23）。项目总占地面积约为 $51.36hm^2$，隧洞面积超过 3 万 m^2，是一个特高等级绿色高效灾备数据中心，具有“高隐蔽、高防护、高安全”的特点。结合山洞山体结构和岩层物理特性，其气流组织特点会将外部自然冷源送入洞内而不影响洞内设备稳定。同时该项目坚持边开发边修复的理念，尽最大可能保护数据中心周边的自然生态环境。

② 新加坡“地下科学城”（图 4-24）。新加坡同样面临用地紧缺问题，从 20 世纪 90 年代开始进行地下岩洞建设可行性的研究，目前已经开展地下弹药设施、油气储藏等设施迁入岩洞等项目的实施。新加坡总体规划草案（2019）规划在滨海湾、裕廊创新区和榜鹅

图 4-23　腾讯贵安绿色数据中心

（资料来源：邓刚．实体连“云端”［N］．贵州日报，2022-07-07）

图 4-24　新加坡“地下科学城”

（资料来源：李地元．新加坡城市地下空间开发利用现状及启示［J］．科技导报，2015，33（6）：115-119）

数码园区共列出 650hm^2 的地下空间，以期满足数据中心、公交车停车场、仓库和储水池等用地需求。同时新加坡还在研究岩洞内建设“地下科学城”等计划。

③ 芬兰 Viikinmäki 污水处理厂（图 4-25）：芬兰 Viikinmäki 污水处理厂位于赫尔辛基市，1986 年开始建设，1994 年建成。污水厂服务人口 80 万，设计规模为 33 万 m^3/d，工程总造价为 2.15 亿美元。其中，地下部分造价为 1.98 亿美元。该项目水处理设施大多建于地下 10m 以下的岩石层（花岗岩和片麻岩）中，地下开挖面积达 15hm^2，岩洞整体进行了全面加固和防水处理。

④ 挪威奥斯陆的 Oset 水处理综合体。挪威奥斯陆的 Oset 水处理综合体是最大的岩洞水处理设施之一。最初建于 1971 年，由 5 个平行的洞穴组成。2008 年对其进行了扩大和升级，制水规模 39 万 m^3/d。目前是欧洲最大的岩洞内水厂，为奥斯陆约 90%的人口

图 4-25　芬兰 Viikinmäki 污水处理厂

（资料来源：雷晓玲．《参观芬兰 Viikinmäki 山洞污水处理厂有感》）

提供供水服务。

（3）岩洞利用案例总结。

① 做好岩洞利用顶层设计。国外很早就开始进行岩洞空间利用的规划研究，并制定相应标准与准则、设计指南、长期战略等。当前，内地城市岩洞空间发展暂时处于空白状态，也未能像发达城市那样事先制定相应标准与准则。这就需要根据未来城市发展规划，提早对城市岩洞空间进行功能用地划分，避免造成矛盾。

② 加强岩洞利用的复合功能。在进行城市总体规划过程中，应考虑将地下岩洞开发利用与市政、人防工程或其他工程功能等相结合，从而把公共系统与非公共系统、公共用地与非公共用地进行紧密衔接，争取为城市创造更大效益，以期实现城市岩洞空间利用的可持续发展。只有进行整体考虑与全面科学规划，才能使市政设施岩洞的资源效益最大化。

③ 在岩洞利用中加强公众参与。在环境方面，控制和改善岩洞规划对城市地面负面环境影响；在经济方面，要体现岩洞开发对城市的经济效益；在社会方面，突出岩洞规划过程中城市管理能力和决策能力，并强化公众在岩洞规划过程中的参与性等。

部分国内外已建市政基础设施利用岩洞如表 4-14 所示。

如图 4-26 所示为香港岩洞污水厂实景。

2. 深圳市市政基础设施及岩洞布局基础条件分析

通过部门访谈、资料分析、现场踏勘等形式，对深圳市地质、山体、现状岩洞布局等基础条件进行分析，对岩洞开发的适宜性进行评估。结合深圳市市政基础设施的建设诉求，以及各类市政基础设施在建设用地布局方面的限制和技术要求，确定具有岩洞发展潜力的市政基础设施类别。

部分国内外已建市政基础设施利用岩洞　　表 4-14

地点	类别	位置	规格	岩石类型	其他
中国香港	引水渠	水务署西区引水渠	10 (W) × 8 (H) × 29(L)	—	于1984年完成
	废物转运站	环境保护署，港岛废物转运站（坚尼地城）	27(W) × 11(H) × 66(L)	凝灰岩	于1997年完成。两个大小不同的石窟垂直分布，其中最大的石窟（倾卸大堂）的尺寸为指定尺寸
	配水库	香港大学的水务署西配水库	17.6(W) × 17(H) × 50(L)	具有沉积层的凝灰岩	于2009年完成。两个大小相同的洞穴。水库的设计总蓄水量为12000m^3
	污水处理厂	渠务署赤柱污水处理厂	15(W) × 17(H) × 120(L)	花岗岩	于1995年完成。污水处理厂被安置在三个洞穴内，包括大约450m的道路通道、通风隧道和竖井
国外	环卫设施	Odda，Norway	—	片麻岩	铝冶炼厂废品
	环卫设施	Forsmark，Stripa，Sweden	69(W)×30(H)	片麻岩	圆柱体
	水处理设施	Lyckebo，Sweden	18(W)×30(H) 35m宽支柱	—	环形洞穴存储太阳能热水
	水处理设施	Oslo，Norway	13(W)×16(H)	正长岩	—
	水处理设施	Oslo，Norway	16(W)×10(H) 12m厚立柱	页岩和石灰岩	—

图 4-26　香港岩洞污水厂实景

（1）岩洞开发适宜性评价指标体系搭建。

综合考虑现有和拟建的地面及地下设施、工程地质、地形限制、郊野公园、保育性山地、地质不良区域、地下水分布情况等因素，重点将山体分布区域与岩性、地壳稳定程度、地下水贫水区进行因子叠加，判断基于目前基础数据影响下的岩洞利用适宜性评价指标体系（图 4-27），提出岩洞开发适建区分布。

（2）深圳市岩洞开发适宜性评价。

① 工程地质开发适宜性评价是通过因子叠加分析，地质灾害易发区与地质高敏感区呈较差分布区。地质灾害易发区多以砂质黏性土、粉质黏土、砂砾石为主，地形起伏较

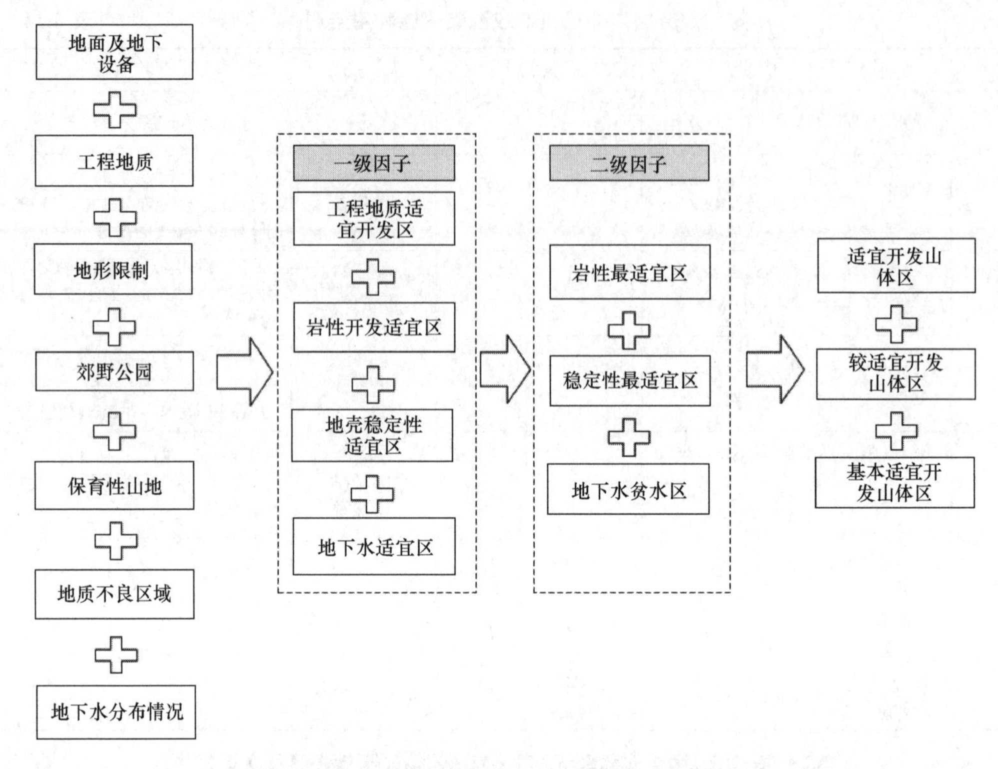

图 4-27　岩洞利用适宜性评价指标体系

大，地质环境条件复杂，进行工程建设活动易引发崩塌、滑坡地质灾害。地质高敏感区即地形变化、坡度变化较大区域，是岩洞开发可选择的区域。

② 地表水文环境影响评价。通过因子叠加分析，水高敏感区有多处分布于山体所在区域，在岩洞开发区域选择时，需对水高敏感区进行避让，严格保护地表水文环境。

③ 生态高敏感性评价。通过因子叠加分析，生态高敏感区以遥感影像为基础，通过NDVI 分析地表下垫面情况，识别植被覆盖分布，岩洞开发区域山体基本与高植被覆盖区、生态基本控制线划定区重合，因此是否能突破生态基本控制线管控要求，需在选址时进一步论证，避免对生态区植物、生物造成较大影响。

④ 通过综合敏感性与岩性耦合分析评价因子叠加分析，得出深圳市岩洞开发适宜性评价。总体分为最适宜开发区域、较适宜开发区域、不适宜开发区域三大类。在未来的岩洞开发中，可以根据评价结果进行选址分析。

3. 深圳市市政基础设施与岩洞联合布局可行性建议与实施策略

在以上研究的基础上，综合考虑市政基础设施岩洞化建设要求、与传统市政基础设施之间的协调衔接、技术经济评价等相关因素，明确深圳市市政基础设施与岩洞联合布局的可行性建议，提出适宜的市政基础设施岩洞化改造的思路和方向，形成市政基础设施与岩洞联合布局的实施策略建议。

（1）效益评估指标选取与方法选取。

评价指标主要为建设成本、运营维护成本、生态成本、经济效益、社会效益、环境效益。通过构建效益评估来量化岩洞利用的效益—费用关系，从而为项目的选取提供参考。如表4-15所示为效益评估指标量化评估方法。

效益评估指标量化评估方法　　表4-15

序号	评价指标	评价内容	使用方法	内容	公式	备注
1	建设成本	建设费用	工程估价法	—	$S=P$(单价)$\times n$(数量)	—
2	运营维护成本	运营维护费用	工程估价法	一般情况下，岩洞内设施运营维护费用为地面设施运营维护费用的1.5～2倍	$S=P$(运营维护单价)$\times t$(时间)$\times 1.5$	—
3	生态成本	生态环境影响	恢复与防护费用法	人们愿意为生态环境的恶化所承担的费用，用以恢复原本的生态环境或者避免破坏事件的发生。为了消除生态破坏带来的不良影响，就需要投入一定的资金，那么这部分资金就是恢复与防护费用	$B=\sum_{i=1}^{i=n}q_i\times Q_{Ci}\times P_{Ci}$	式中，q_i——各污染物的削减量(kg/a)； Q_{Ci}——污染当量值，不同污染物或污染排放量之间的污染危害和处理费用的相对关系(kg)； P_{Ci}——污染当量征收标准(元)，可查阅《排污费征收使用管理条例》
4	经济效益	节省城市土地	市场价格比对法	将节省的土地与市场价格进行对比，同时考虑土地价格的增长率	$X=[\sum_{i=1}^{i=n}P\times S\times(1+a)]/(1+r)^n$	式中，P——土地价格(元/m^2)； S——节省的城市土地面积(m^2)； a——土地的增值(%)； r——将未来支付改变为现值所使用的利率； n——年数计算； i——年份的序数
		地面建筑增值效益	市场价格经验法	因将厌恶性市政设施移至岩洞内，导致周边城市土地和地面建筑产生增值	$X=\beta_1 G_1+\beta_2 G_2$	式中，X——地面建筑的增值效益(万元)； β_1——城市土地增值系数； β_2——城市房产增值系数； G_1——同级别平均土地价格(m^2/万元)； G_2——同级别平均房价(m^2/万元)
		防灾效益	经验系数法	基础市政设施搬入岩洞内，基本免受台风、洪水等自然灾害的破坏，节省了设施维修费用	$X=Sa$	式中，X——节省的设施维修费用(万元)； S——设施建设费用(万元)； a——经验系数
5	社会效益	增加就业机会	抽样类比法	据统计城市地下空间建筑平均每平方米经营面积需安排0.12人，即8.3m^2就可以安排一人就业。按同等规模建设进行类比，地上建筑可提供1个就业岗位，岩洞内建筑可提供4个	$X=\frac{8.3\times 4\times a}{s}$	式中，X——增加的经济效益(万元)； a——经济系数； s——岩洞建设面积(m^2)

续表

序号	评价指标	评价内容	使用方法	内容	公式	备注
6	环境效益	环境质量提升	污染损失法	因地下空间污染物具有易集中处理等特点，大大降低了环境中污染物的排放。计算单一污染物对环境造成的经济损失，可采用詹姆斯的“损失—浓度曲线”方法，根据环境洁净时的总价值和污染物对环境造成的损失率的乘积计算污染对环境造成的经济损失	—	按照搬入岩洞的设施进行具体分析，如垃圾转运搬入岩洞，降低了垃圾产生的污染物对环境的影响

（2）市政基础设施分类评价方法。

参考对岩洞用途及潜在问题分析、国内外已建案例及相关文件、设施功能、用途特点等，采用层次分析法，量化基础设施各项指标，建立评分体系，应用以下模型对市政设施进行评价并分类。

$$S_i = \sum_{i=l}^{i=n} Q_{ij} W_j \tag{4-1}$$

式中：i——组成该部分的设施名称；

j——组成该部分的评价指标；

n——该部分评价指标个数；

S_i——该设施评价得分；

Q_{ij}——该设施第 j 个指标得分；

W_j——第 j 个指标权重。

分类评价打分表如表 4-16 所示。

分类评价打分表 **表 4-16**

评分类别	因子权重	说明
交通影响（Q_1）	0.25	市政基础设施搬入岩洞后，交通可达性变低，综合评价交通对设施功能的影响
公众支持（Q_2）	0.25	公众对厌恶性设施搬入岩洞的诉求分析，参考公众支持相关内容进行分析
效益评价（Q_3）	0.5	结合前文效益分析结果，评估设施搬入岩洞后的经济效益、社会效益和环境效益

根据以上效益分析和分类评价结果，结合国内外案例和深圳实际，将市政基础设施分为推荐利用类、研究利用类、慎重利用类三类。设施根据评价总分（1～10 分），将分为三个等级，从高级到低级分别为推荐利用：得分≥8 分；研究利用：6 分≤得分 8 分；慎重利用：得分 6。

结合效益分析，将市政设施分为A类（推荐利用类）、B类（研究利用类）、C类（慎重利用类）和D类（不建议利用类）四种类型，深圳市最优先选择的设施类型为数据中心和储油库，建议后续开展相应的专项研究。其中，推荐利用类市政设施如表4-17所示。

推荐利用类市政设施表 表4-17

类型	类型数量	设施类型参考	说明
A类（推荐利用类）	2	数据中心、储油库	已有案例，需求较为迫切
B类（研究利用类）	10	500kV变电站；爆炸品仓库；通信机房；档案库；食品储备、人防用品等仓库；公共交通、市政车辆停车库；垃圾转运设施；给水厂；污水厂；给水排水泵站；	已有案例，技术可行性较高
C类（慎重利用类）	7	供电设施（220kV/110kV变电站、开闭所、变配电所）；通信设施（移动基站、微波站、广播电视的发射、传输和监测设施）；消防、防洪等保卫城市安全的公用设施	有一定的风险需要克服
D类（不建议利用类）	8	电厂；危险品处理设施；医疗垃圾处理设施；供燃气设施（分输站、门站、储气站、加气母站、液化石油气储配站）	难以落实

4. 深圳市市政基础设施与岩洞联合布局的实施路径

对深圳市市政基础设施与岩洞联合布局利用的实施路径进行明确，包括近期试点区和试点项目、运营管理与维护、制度保障等相关内容。

（1）做好规划顶层设计，实现可持续发展。

国外很早就开始进行岩洞空间利用的规划研究，并制定相应标准与准则、设计指南、长期战略等。当前，内地城市岩洞空间发展暂时处于空白状态，也未能像发达城市那样事先制定相应标准与准则。这就需要根据未来城市发展规划，提早对城市岩洞空间进行功能用地划分。同时，在进行城市国土空间规划过程中，应考虑将地下岩洞开发利用与市政、人防工程或其他工程功能等相结合，从而把公共系统与非公共系统、公共用地与非公共用地进行紧密衔接，争取为城市创造更大效益，以期实现城市岩洞空间利用的可持续发展。只有进行整体考虑与全面科学规划，才能使市政设施岩洞化后的资源的效益最大化。学习先进经验，在环境方面，控制和改善岩洞规划对城市地面具有负面环境影响；在经济方面，要体现岩洞开发对城市的经济效益；在社会方面，突出岩洞规划过程中的城市管理能力和决策能力，并强化公众在岩洞规划过程中的参与性等，只有这样，才能真正实现岩洞利用的可持续发展。

（2）加强岩洞和周边区域的一体化开发。

对计划搬迁至岩洞的区域市政设施进行统筹周密考虑，对未来岩洞空间的利用方式、建设周期、市政管线等进行统筹考虑。为每个项目编制迁入岩洞的实施方案以及搬迁后的土地利用开发模式。建议搬迁至岩洞的市政设施尽可能选择在市中心区域，该区域的土地价值较高而且建设年代较为久远，搬迁至岩洞可以进行提标改造以及释放土地。岩洞本身可以作为土地集约化的示范基地供民众参观。对岩洞和周边一体化开发的认知理念、组织领导、规划设计、政策保障等问题进行研究解决和突破。

(3) 运用现代科技，指导规划开发。

以往传统的二维管理方式难以准确、直观地显示地下各管线交叉排列的空间位置关系，规划技术主要关注区域的平面形式及纸面流程。依规划建成的地下空间，也可能存在实际位置与设计不符的情况。建议岩洞使用四维数据模型（三维和时间）(图 4-28)。该模型的特点可以包括数据库（规划、设计、施工、运行、维护、监测等记录）、关于岩洞及其相关的基础设施（入口、竖井、隧道、通道等)、地质和其他特征（附近的岩洞、地基、隧道、公用设施)。这种数据模型极大地方便了规划、设计、施工和之后的运营、维护、升级和扩建，以及项目近远期的衔接，也便于形象化展示和公众咨询。

图 4-28　岩洞开发数据模型

(4) 在开发岩洞空间的同时注意邻避效应和对生态的保育。

由于岩洞内市政设施多为市政厌恶型设施，因此应充分考虑该设施对周边环境的影响。虽然岩洞的建设并不会直接破坏原有的地表生态，但是岩洞的开发仍然要考虑对生态的影响，建议对岩洞空间开发利用生态保护进行专门研究。例如，制定区域岩洞空间开发规划时，如果地表存在需要保护或保留的植被，应该考虑岩洞开发对其生长的影响，必要时咨询当地园林专家。对于高大植物密集的区域以及地下水流梯度较大的区域，建议不进行岩洞开发。在制定区域岩洞开发的规划时，应结合区域环境现状，提出相应的绿化控制标准，通过提高绿地系统的生态效益，真正达到改善当地生态环境的效果。

4.2　绿色低碳的利用方式研究

4.2.1　市政基础设施绿色低碳化发展路径

通过对市政基础设施绿色低碳化发展目标和参与主体的分析，构建适合我国国情和城市特点的市政基础设施低碳化发展路径，如图 4-29 所示。市政基础设施低碳化的第一步是要正确地分析碳足迹、计算碳排放量，一般由权威的专业机构完成。根据测算结果分析各个系统的碳排放量情况，从而选择出低碳化的关键点。根据关键点确定低碳规划、低碳设计、低碳施工、低碳运营、低碳拆除各个阶段的具体方案。同时，关键点的选择也指导低碳化措施的制定，低碳化实现的具体措施应当作用于市政基础设施的全生命周期。最后，政府部门提供政策与法律的支持是市政基础设施低碳化的重要保证。

1. 市政基础设施的碳排放量构成与碳足迹评测

评判碳排放的高低，首先需要对其进行量化。碳足迹是温室气体排放的一种测量，是指一个主体、组织和产品直接或间接产生温室气体的总量。市政基础设施的碳足迹包括直接碳足迹和间接碳足迹。其中，直接碳足迹是指建设与运营过程中消耗各种能源带来的碳

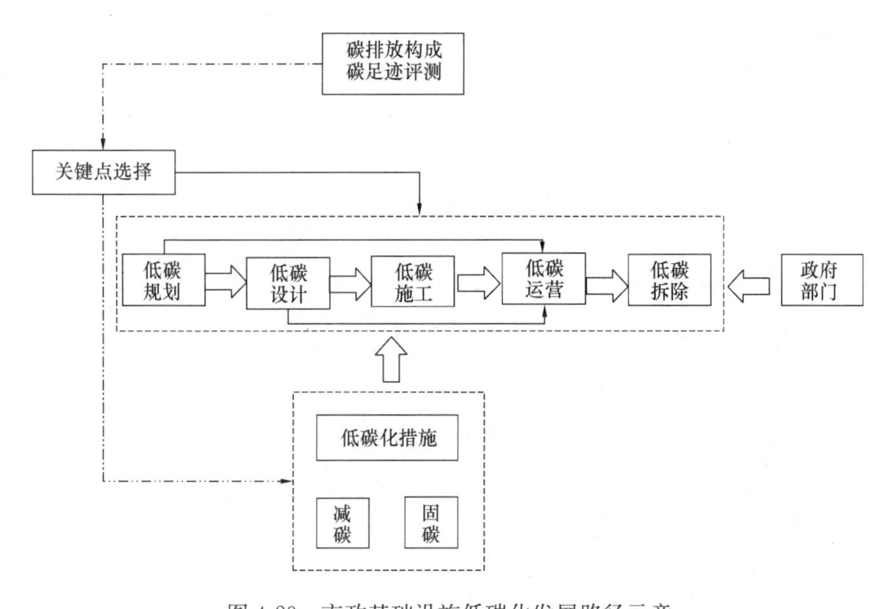

图 4-29　市政基础设施低碳化发展路径示意

表示影响关系　表示指导关系　表示支持关系

排放；间接碳足迹是指使用的各种产品和服务带来的碳排放。碳排放量计算的思想基础是全生命周期理论，市政基础设施的碳排放量最终可以转换为计算全生命周期中消耗的能源及材料造成的碳排放量，可以用以下公式计算：

$$GCE = \sum EC_i \times CEF(E)_i + m_i = \sum MC_i \times CEF(M)_j \qquad (4\text{-}2)$$

式中：GCE——市政基础设施碳排放总量；

EC_i——第 i 种能源的消耗量；

$CEF(E)_i$——第 i 种能源的碳排放因子；

MC_j——第 j 种材料的消耗量；

$CEF(M)_j$——第 j 种材料的碳排放因子。

2. 关键点选择

所谓关键点，是指在整个市政基础设施系统中碳排放量比重较大，且具有很大减排空间的子系统。关键点上的子系统是实现低碳化的重点，必须对这些子系统采取有效的节能减排措施。所以说关键点对市政基础设施低碳化发展有着重要的作用。正确确定关键点，有利于方案设计和减排措施的制定。关键子系统的选择受系统碳排放量和减排潜力两个要素的影响。因此，关键点选择时必须准确核算每个子系统的碳排放量，并分析该系统减排空间的大小，最后综合两个影响要素选择出市政基础设施低碳化的关键点。

目前研究较多的污水处理厂的低碳化，一方面是利用提到污水中的有机物能量，而回收这部分能量最简单的方式就是对污泥实施厌氧消化，产生甲烷后用于热电联产，以此减少污水厂对外部能源的需求，继而间接降低 CO_2 的排放量。理论上讲，生活污水中所含的有机物能量可达污水处理消耗能量的 9～10 倍；另一方面，污水处理厂生物处理池及初沉池、二沉池等单元具有庞大的表面面积，为太阳能光伏发电创造了必要的场地条件。如果光伏组件能被布置在这些处理单元上，不仅可以实现太阳能发电，而且还能在冬季时利用光伏板来覆盖这些处理单元，实现对生物处理的保温作用和臭气收集。另外，市政污水本身具有流量稳定、水量充足、带有余温等特点。污水处理厂可以引入水源热泵技术进行热能的提取回收。如图 4-30 所示为合肥王小郢污水处理厂。

图 4-30　合肥王小郢污水处理厂

3. "低碳规划、设计、施工、运营、拆除" 模式

市政基础设施低碳化意味着要运用"低碳规划、设计、施工、运营、拆除"模式。第一，低碳规划。在城市基础设施规划时，各种基础设施布局要低碳化、循环化。第二，低碳设计。在基础设施设计方案上必须体现低碳理念。第三，低碳施工。市政基础设施施工过程中要尽量使用低碳材料，运用节能低排放的施工工艺，同时降低施工管理中的能耗及碳排放。第四，低碳运营。市政基础设施运营要优先选择节能方案，减少各种能源的消耗，从而降低一次性能源消耗带来的碳排放量。第五，低碳拆除。拆除阶段也同样重要，拆除方案的选择，拆除过程中的废料回收利用都会影响到系统的碳排放量。其中，低碳规划和设计是减排的关键。规划和设计阶段决定了项目的建设规模、建设方案、使用材料等，对项目最终使用功能的影响是最大的。例如，公交站点与线路设计是否合理直接影响到城市交通量，从而影响到市政基础设施的碳排放量。规划和设计过程自身的碳排放量几乎可以忽略不计，但它对施工和运营阶段的碳排放量的影响是巨大的。因此，必须重视市政基础设施规划和设计方案的低碳性，从根源上减少碳的排放量。

4. 低碳化措施

低碳实现的方式有两种，即"减碳"和"固碳"。市政基础设施因系统自身的特点既可以采用"减碳"方式减排，又可以采用"固碳"方式减排。一方面，市政基础设施中很多工程利用技术创新就能有效地减少二氧化碳的排放。市政基础设施的减排技术使用的空间很大，在很多方面都能应用技术创新实现节能减排。与此同时，减排技术应用的难度比其他行业要低，使用科学有效的处理方式就可以使碳的排放量远低于传统方式。比如城市垃圾处理工程，常见的垃圾处理技术是卫生填埋、焚烧和堆肥。如果利用垃圾填埋沼气（LFG）进行发电，不仅可以直接减少温室气体排放，同时可以将温室气体转化为能源，又间接地减少了碳排放。因此利用 LFG 发电所产生的温室气体减排效应是非常可观的。另一方面，市政基础设施中的部分子系统是产生大量温室气体的源泉，而部分子系统却可以主动固碳，如园林工程，园林工程是城市最主要的碳汇，被认为是唯一一种主动建设低碳城市的方式。植物是地球上陆地碳的主要储存库，森林中储存了陆地生态系统有机碳地上部分的 80%，地下部分的 40%。园林工程对现在和未来的气候变化、碳平衡都具有重要作用。不同类型的植物之间，其固碳释氧能力存在差异。城市园林绿化部门应当在本地适宜树种种类中尽量优选固碳能力强的树种。优化园林结构、增加园林覆盖面积可以有效提高城市的碳汇水平，使市政基础设施低碳化得以实现。

4.2.2 “双碳”与市政基础设施空间利用

1. 市政和基础设施：水

如何围绕着“减污、降碳”的双重目标制定路线图，稳步实现净零排放？水务行业要迈向更可持续的未来，除了传统的污染排放控制功能，碳排放是水务行业活动各个方面的一个特征，要实现净零目标，意味着应将水务公司及其供应链合作伙伴包括在内。对企业支出数据的分析可以揭示出较少的排放可能产生或隐藏在何处。水务行业碳排放的主要来源如图 4-31 所示。

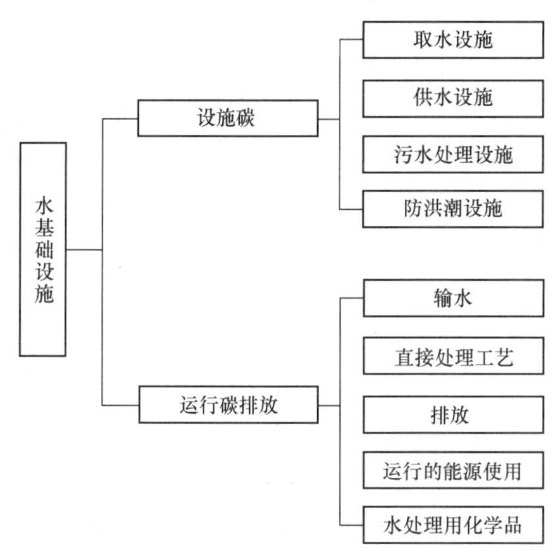

图 4-31 水务行业碳排放的主要来源

“碳中和”城市水系统规划应充分发掘非常规水资源与分质供水的减碳潜力，进一步完善污水管网、泵站等基础设施，推广城市雨污分流系统，以节约水资源为核心，增大对雨水、再生水和海水淡化水等非常规水资源的利用比例，减少对新鲜水的取用与污染。采取分质供水和梯级利用技术，根据消费端需水水质标准对再生水进行分质供水：高标准水可直接补充到水体生态系统；低标准水用于绿化、公厕等用水。

完善绿色低碳环保设施和垃圾资源回收利用处理系统，全面推动垃圾分类处理、运输与处理工作，以充分利用固体废弃物剩余价值，优化垃圾焚烧无害化技术与热能再利用方式，减少废弃物处理带来的碳排放与环境污染，实现对固体废弃物的减量化、无害化和资源化处理。

“碳中和”城市需强调资源环境承载力，特别是碳汇能力的提升，重视绿色基础设施建设和“场地—中心—廊道”城市生态基底打造。

“300m 见绿、500m 见园”，在“窄马路、密路网”的城市格网内合理布置街边绿地、口袋公园等场地，提倡居室绿化、屋顶绿化等建筑立体绿化，在控制性详细规划中引入绿容率、可上人屋面绿化面积及透水地面面积比例等管控指标，增加生活社区绿植覆盖，有效调节社区微气候，优化居住休憩体验。同时优化植物群落结构，提倡乔、林、木相结合，提高植林率，构建以乔木为主的立体植物群落结构，提高单位绿化面积的碳汇能力。

城市公园、湿地公园、郊野公园等开敞空间系统和生态保护区域是碳汇中心，在城市中心区与边缘区建设碳汇中心将起到碳捕捉、气候调节、污染控制、生态涵养等作用。借助城郊农林区打造生态屏障，实现碳捕捉、碳汇经济与水土保护的“生态—经济”复合功能。

以河湖岸带、青山绿园、城市道路为载体，建设临水穿城的安全行洪通道、自然生态廊道和文化休闲漫道，构建集碳汇、生态、景观、休憩于一体的复合功能型廊道，能有效吸附临近交通产生的二氧化碳与空气污染物，起到慢行廊道、通道微风、防护走廊、噪声屏障等重要作用。

“碳中和”城市建设是全方位、宽领域的系统工程，唯有多方面重视减碳排和增碳汇，在规划—建设—运营全阶段采取主动措施才能早日实现城市碳达峰和碳中和。在新一轮国土空间规划中，需重点打造碳排放动态数据库并将其作为低碳城市空间优化与问题研判的核心量化工具，从低碳产业体系、绿色交通体系、低碳市政设施体系、绿色基础设施等国土空间规划多专题入手提高城市生产生活的碳排放效率，推动重要能源消费端增长达峰，以城市生态系统建设提高蓝绿碳汇能力，早日实现城市碳氧平衡。这既是低碳城市建设的升级优化，也是在生态文明建设、国土空间规划大背景下对“碳中和”城市建设的有益探索，更是落实“十四五”规划内容和碳达峰碳中和目标的战略举措。

2. 市政和基础设施：废弃物

除了优化废弃物处理设施的手段外，优化废弃物产生量和利用更少的资源来运输废弃物也很重要。所有城市商业和生活功能都需要能源和水作为基本的运营资源，同时，这些功能运作将产生各种形式的废弃物，包括固体废弃物和废水。处理城市或地区产生的废弃物也会产生城市基础设施排放。废弃物处理设施运行所需的能源将产生碳排放，一些废弃物处理工艺或方法也会产生其他形式的温室气体排放。这些温室气体排放属于城市基础设施排放，其处理方法或减排控制完全由设施运营商的管理者管理。然而要将这些废弃物转移到废弃物处理设施也会使运输网络和系统产生额外的碳排放。尽量减少废弃物处理设施的碳排放只是实现废弃物基础设施碳中和目标的一种方式。要优化废弃物处理效率和资源消耗，市场上有很多不同的新技术和方法可供选择。国内很多城市已出台了一些新的政策，鼓励废弃物分类、回收和再利用，并在各个城市建成了许多垃圾焚烧发电厂，将废热转化为电力供城市和社区使用。所有这些措施都是将废弃物处理对城市和地区环境问题的影响降到最低的例子。然而这些工作的实施效率仍有很大的优化空间，与这些应用和实施策略的规划情况是完全相关的。

习近平总书记指出，应对气候变化是我国可持续发展的内在要求，也是负责任大国应尽的国际义务，这不是别人要我们做，而是我们自己要做。“2030 年前实现碳排放达峰”“2060 年前实现碳中和的目标”也成为 2021 年两会热点话题和“十四五”规划的重要内容。当前，极端气候、温室效应等环境问题严重影响着城市人居环境与安全，减碳控排与生态文明建设已刻不容缓。“十四五”是碳达峰的关键期、窗口期。中共中央 国务院印发的《生态文明体制改革总体方案》、2021 年中央财经委员会第九次会议等指出了国土空间规划对碳达峰和碳中和目标实现的作用。国土空间规划既是生态文明建设的重要支撑，借助其全方位规划管控的特点，更能从工业、交通、能源、建筑等领域多管齐下推动城市碳达峰和提升生态碳汇能力，从减碳排和增碳汇两方面出发建设“碳中和”城市。

因此，“碳中和”城市建设可借力国土空间规划，在规划中融入低碳规划理念和碳排放管控措施，全方位落实碳达峰和碳中和重大部署，推动城市生产生活碳达峰，增加“绿色碳汇”和“蓝色碳汇”。这既是生态文明建设与生态系统保护必须落实的重要内容，更是维护人类福祉、保护人类家园的关键举措，具有十分重要的战略意义。具体实施可通过建设碳排放动态数据库、低碳产业体系、绿色交通体系、低碳市政设施体系、绿色基础设施等实现。

4.3　智慧安全的运营维护方式研究

4.3.1　智慧通信

1. 智慧通信系统

智慧通信系统分为三个层次：底层是用于感知、收集数据，并根据指令做出智慧响应的感知层；中间层是负责数据传输的网络层；上层是智慧城市统一支撑平台及各类智慧应用的应用层（图 4-32）。这三个层次相对应的智慧通信基础设施分别是智慧化改造后的传统基础设施、信息网络设施和信息共享设施。其中，智慧化改造后的传统基础设施是指运用现代的信息技术对传统的基础设施进行感知层面和智能化层面的改造，改造后这些设施可以具备高度一体化、智能化的特点；信息网络设施主要由电信网、广播电视网、互联网、专用网等组成，对于城市信息化程度和竞争力的体现而言，信息网络设施是其标志之一；信息共享设施是指云计算平台、信息安全服务平台及测试中心等。

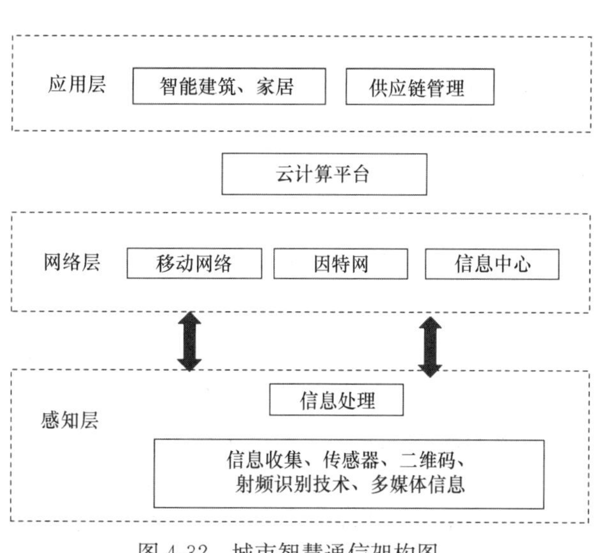

图 4-32　城市智慧通信架构图

2. 智慧通信技术

智慧通信是实现智慧城市“全面感知、可靠传送、智能处理”的核心和动力引擎，是物联网、云计算、IPv6 协议、感知、接入网技术、数据挖掘、普适计算等多种通信技术的聚合和集成。

（1）物联网。

基于互联网、传统电信网等信息承载体的物联网，让所有能够被独立寻址的普通物理对象实现互联互通的网络。它具有普通对象设备化、自治终端互联化和普适服务智能化3个重要特征。物联网的核心在于实现物与物和物与人之间的通信，最终实现在任何时间、任何地点、任何人、任何物都能方便地通信。

（2）云计算。

云计算是网格计算、分布式计算、并行计算、效用计算、网络存储、虚拟化、负载均衡等传统计算机技术和网络技术发展融合的产物。它旨在通过网络把多个成本相对较低的计算实体整合成一个具有强大计算能力的完美系统，并借助SaaS、PaaS、IaaS等先进的商业模式把这一强大的计算能力分布到终端用户手中。云计算技术能够提供虚拟的、强大的计算、存储能力，是实现城市智慧通信的关键技术。

（3）IPv6协议。

目前的IP地址资源近乎枯竭。地址的不足，严重制约了互联网以及相关技术的应用和发展。相对于IPv4协议，IPv6协议具有更大的地址空间、更小的路由表、更强的组播特性以及更高的安全性。IPv6是规模部署物联网和云计算等技术的先决条件。由于我国正在进行大规模的城市建设，有许多新增的基础设施和互联网用户，对于IP地址资源有更加迫切的需求。

（4）感知技术。

感知技术是采集、传送物体信息，并根据指令做出智慧响应的关键技术，是智慧通信的神经末梢。目前主要的感知技术有射频识别技术（RFID）、二维码、蓝牙、ZigBee、微机电系统（MEMS）、无线传感器网络（WSN）、卫星定位技术等。

（5）接入网技术。

智慧通信中信息节点需要接入网络，用以发送和接收信息。接入网技术主要分为无线接入网和有线接入网。其中，无线接入网技术主要有GSM、CDMA 2000 1X、WCDMA、TD-SCDMA、CDMA20001x EV-DO、WLAN等；有线接入网技术主要包括ADSL、VD-SL、HFC、SDH/MSTP、PON等。

伴随着移动互联网技术的突破性进展、物联网的发展和应用、云计算技术的日趋成熟，智慧通信技术和基础设施得到快速发展，为城市智慧化发展提供了有力的支撑。智慧信息基础设施具有基础性、公共性、智能化的特点，有利于转变城市运营管理模式，提升城市管理的监测、分析、预警、决策能力和智慧化水平，提高城市管理和服务的精细化程度，满足公众对城市生活和营商环境的新需求，增强应对突发和重大事件的应对能力。

3. 智慧通信能够为城市发展提供的功能

智慧通信能够为城市发展提供的功能主要有：

（1）数据管理。

对矢量、影像、缓存、目录、元数据、三维模型数据的管理维护、更新及发布，提供地图浏览、查询统计、定位、标注、空间分析以及三维显示等功能。

（2）运营维护管理。

提供权限管理、服务的注册运行、维护管理运行状态，并进行监测，保障平台运行的安全和稳定。

(3) 信息服务。

以在线的方式提供地图、影像图、元数据、空间分析等各类标准空间信息服务，支持各应用系统的二次开发和运行。

(4) 智慧应用。

提供国土、市政、交通、公安、测绘、房产、规划、电信等部门空间数据一体化应用及智能化互联互通，信息交换与共享。

通过这些功能，可以实现城市的全面感测、充分整合，以促进激励创新和协同运作，从而实现智慧化运行。

(1) 全面感测。

遍布各处的传感器和智能设备组成“物联网”，对城市运行的核心系统进行测量、监控和分析。

(2) 充分整合。

“物联网”与互联网系统完全连接和融合，将数据整合为城市核心系统的运行全图，提供智慧的基础设施。

(3) 激励创新。

鼓励政府、企业和个人在智慧基础设施之上进行科技和业务的创新应用，为城市提供源源不断的发展动力。

(4) 协同运作。

基于智慧的基础设施，城市里的各个关键系统和参与者能进行和谐高效的协作，达成城市运行的最佳状态。

此外，目前城市低碳转型和智慧提升已经成为解决城市问题、保护城市生态环境和改善城市生活质量的重要途径，更低碳、更智慧、更环保、更便捷越来越成为居民生活的基本需求。低碳生态市政目标刺激了智慧通信技术的创新发展及应用，智慧通信基础设施建设则为低碳生态发展铺路搭桥。

4.3.2 智慧市政

随着我国经济的快速发展，城市化步伐不断加快，为了适应城市发展与管理的需求，解决城市市政管理过程中的问题，数字化城市与智慧化市政的建设势在必行。

通过自动化、数字化、智能化市政管理，实现对城市基础设施及资源的精准管理、动态监控和高效运营维护，统一协调、合理利用城市资源，提高城市资源的利用率，实现城市节能减排；通过构建城市应急指挥平台，提高城市对紧急事件的应变及处理能力；通过市政大数据平台的统计、分析，为城市市政综合规划、发展预测提供数据支撑和决策依据，从整体上提升城市市政管理与服务水平，提高市民的满意度。

构建集城市燃气、电力、供水排水、热力、水务、综合管廊、环保于一体的“智慧市政”运营管理平台，实现城市市政的全面协同化管理。

利用物联网及新型传感器等技术，实时、自动采集城市资源流动全过程涉及的数据信息；对城市燃气、电力、供水、热力等，实现全网监测；对监测异常的情况，进行智能报警。

基于GIS系统，整合城市燃气、电力、供水、热力等基础数据资源，实现“智慧市政”调度指挥管理与决策的可视化；同时，实现GIS与视频监控的集成与联动，为应急处理提供方便。

实现城市各区域环境质量及污水废水排放点的动态监测；制定环境质量检测指标，对于未达标的情况进行报警，并自动关联相关区域的污水废水排放点的排放信息，以便查找原因、解决问题，从而保证和提高城市环境质量。

对城市关键设备设施等资源，实现从启用档案、维护保养、维修、报废等全生命周期的管理；实现智能设备的互联、互通，以及远程管控与运营维护；对设备的运行状态、执行效率、能耗情况等进行实时跟踪与监控、分析与优化，从而提高设备的综合能力和应用效率。

构建“智慧市政”应急调度指挥系统，实现安全事故、应急预案、资源调度、模拟仿真为一体的可视化、数字化安全应急管理，通过GIS跟踪、视频监控、移动应用等多种方式，实现安全应急事件的动态感知、智能分析与辅助决策，提高城市应急调度管理能力。

构建“智慧市政”大数据平台，对市政相关信息进行深度挖掘与统计分析，构建各大管网动态模型，为合理调配城市资源、准确预测资源使用情况、及时预警异常情况等提供数据支撑，实现智能化、科学化决策。

构建城市市政门户平台，支持平板电脑及手机终端，用户可以随时随地查询市政公共信息、跟踪城市资源使用情况，还可以预约相关服务、反馈异常及问题，提高办事效率和服务质量；市政相关调度人员及领导可以随时随地监控、处理业务，提高应急事件的响应速度。如图4-33所示为智慧市政大数据平台构架。

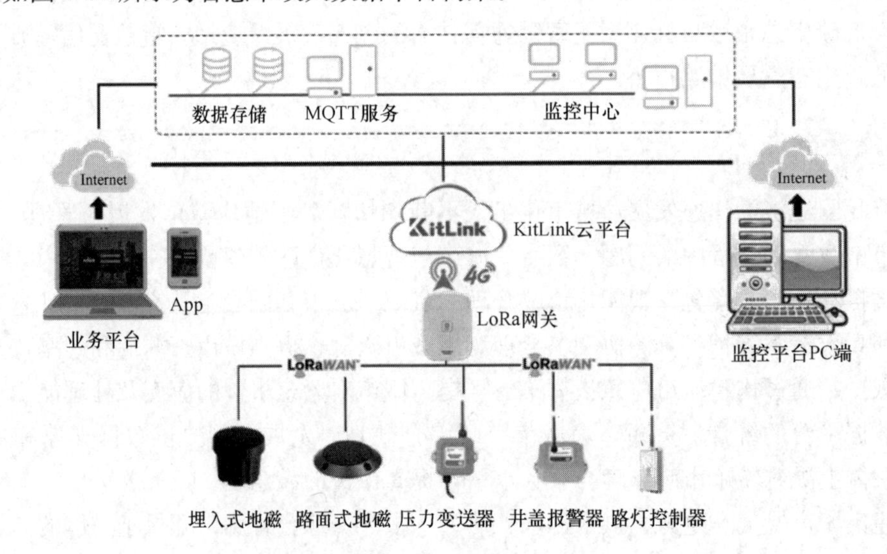

图4-33　智慧市政大数据平台构架

4.3.3 智慧运营

1. 强大的市政物联网，实现智能设备的动态感知、互联互通

利用物联网及新型传感器等技术，实现城市燃气、电力、供水、热力等数据的自动采集、实时监测和智能报警。如图 4-34 所示为智慧水务感知体系。

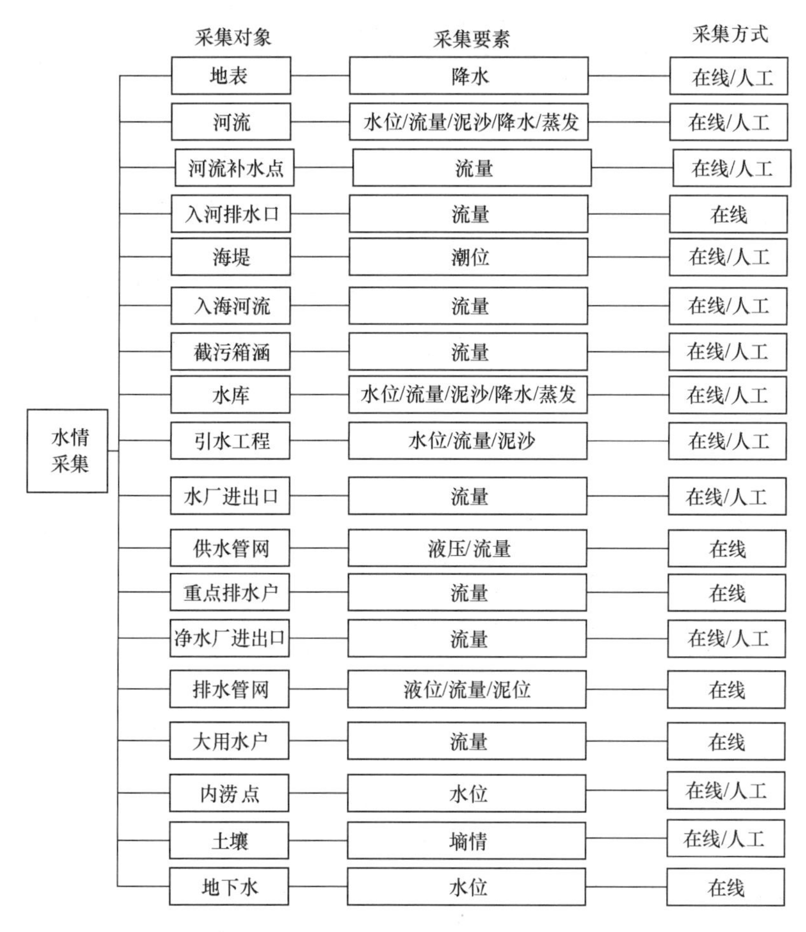

图 4-34 智慧水务感知体系

2. 基于 GIS 系统，实现“智慧市政”信息的可视化

整合城市燃气、电力、供水、热力等数据资源，通过 GIS 系统进行可视化展示。同时，可以实现 GIS 与视频监控系统的集成与联动，为应急处理提供方便。如图 4-35 所示为智慧水务管控体系案例框架。

3. 严格监控环境质量

针对城市各区域环境质量及污水废水排放点进行动态监测，并根据质量指标自动判定环境达标情况。对于环境质量超标或异常排放的情况，系统进行报警，并自动关联相关区域的排放信息，为解决环境问题提供依据。

4. 实现设备远程运营维护，提高设备综合运行效率

对城市关键的设备设施，实现从启用、建档、维护保养、维修、报废等全生命周期的

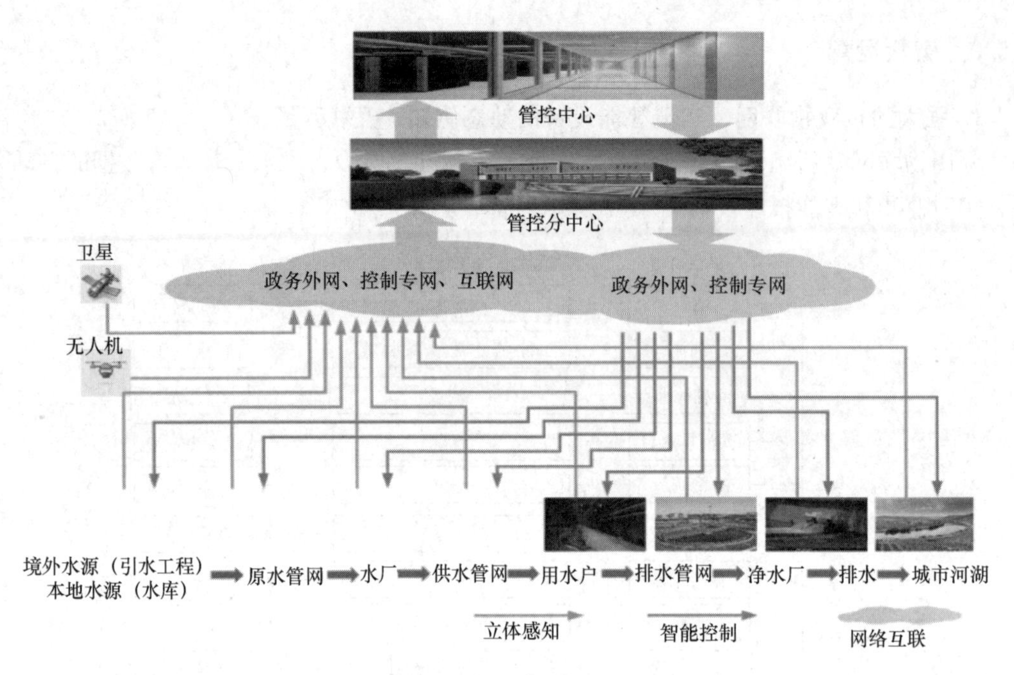

图 4-35　智慧水务管控体系案例框架

管理。实现智能设备的远程运营维护，并对设备的运行状态、执行效率、能耗情况等进行实时跟踪与监控、分析与优化，从而提高设备的综合运行效率。

5. 构建“智慧市政”应急调度指挥系统，保障城市安全

系统运用GPS、GIS、GSM/GPRS等技术，结合车载导航定位设备、电子地图，形成一个以监控为中心，涵盖整个应急事件范围内的安全网络，可以对应急现场进行综合实时监控，便于指挥调度中心从全局掌握现场情况、确定应急预案，也便于调度中心统一协调指挥，下达决策指令，确保整个事件处理过程快速、高效地推进。

6. 构建“智慧市政”大数据平台，为科学决策提供依据

系统针对市政相关信息进行深度挖掘与统计分析，构建水、电、气、热等各大管网的动态模型，为合理调配城市资源、准确预测资源使用情况、及时预警异常情况等提供数据支撑。

7. 构建城市市政门户平台，提高整个城市的服务形象

系统支持平板电脑及手机终端，用户可以随时随地查询市政公共信息、跟踪城市资源使用情况，还可以预约相关服务、反馈异常及问题，提高办事效率和服务质量。

第5章 空间整合方式研究

5.1 市政设施空间整合方式研究

5.1.1 市政设施空间整合方式概述

1. 市政设施多元化整合建设

随着规划设计理念的更新，通过技术衔接和布局优化将部分市政设施整合建设，可节约用地，减少投资，减少邻避设施的污染防控要求，并在上下游设施衔接中实现资源共享、能量互供、最大化发挥各自效能。陈永海等研究发现，综合考虑各市政设施的安全性、技术保证、选址要求、产业链等因素进行分析，除燃气设施由于安全风险性较大，难以与其他设施进行整合外，其他设施均可相互整合建设或与绿地、广场、公共设施等公共空间整合建设。

2. 市政设施相互整合建设

市政基础设施整合建设最大化地降低了每个单体设施所占用的空间，提高土地和空间的利用效率。其可分为同类型设施间的整合和不同类设施互相整合建设。目前已有这方面的相关研究和应用案例。

对环境产生影响效果类似的同类型市政设施一体化建设，可以显著减小防护距离要求，提高用地使用效率并减少环境污染源。可整合建设的设施包括垃圾转运站、公厕、环卫工人休息所、变电站、开闭所、配电室，移动、有线电视、基站等各类通信设施。

不同类型的市政设施，主要考虑性质相似，相互间无影响，通过设施间的适度整合集中，可以实现整体防护用地的节约。可整合建设的设施有利用大型市政设施如污水厂等与供配电、通信设施，环卫设施与供电设施、通信设施，消防站与给水泵站、通信设施等提出整合指引。

市政设施之间的整合示意如图5-1所示。

3. 市政设施之间的兼容情况

市政设施之间污水设施、再生水设施、雨水设施与其他类型市政设施之间共建共享的兼容性最强，电力设施、通信设施、燃气设施、环卫设施、消防设施、管廊设施次之，而给水设施的兼容性最差，具体见表5-1。

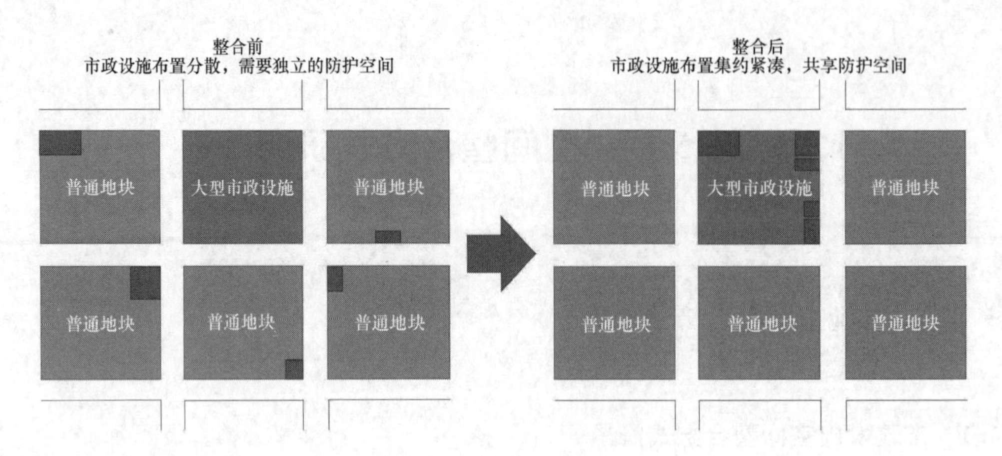

图 5-1 市政设施之间的整合示意图

市政设施用地兼容性分析情况一览表 表 5-1

类型	详细设施	可以整合的市政设施	市政设施之间兼容性（1～5 分）
给水设施	给水厂	—	1
	市政给水加压泵站	给水场站	2
	原水泵站	—	1
污水设施	水质净化厂	排水泵站、变电站、垃圾转运站等环卫设施	4
	应急污水处理设施	排水泵站、垃圾转运站等环卫设施	3
	截污泵站	排水泵站、垃圾转运站等环卫设施	3
雨水设施	雨水泵站	污水泵站、变电站、垃圾转运站等环卫设施	4
	雨水调蓄设施	排水泵站、变电站、通信基站、垃圾转运站等环卫设施	5
再生水设施	再生水泵站	排水泵站、变电站、垃圾转运站等环卫设施	4
电力设施	500kV 变电站	电厂	2
	220kV 变电站	通信基站、垃圾转运站等环卫设施	3
	110kV 变电站	通信机房、通信基站、垃圾转运站等环卫设施	4
通信设施	通信机楼	110kV 变电站、垃圾转运站等环卫设施	3
	片区汇聚机房	排水泵站、110kV 变电站、垃圾转运站等环卫设施	5
燃气设施	天然气区域调压站	其他燃气设施	3
	液化石油气储配站	其他燃气设施	2
	液化石油气瓶装供应站	其他燃气设施	2

续表

类型	详细设施	可以整合的市政设施	市政设施之间兼容性（1～5分）
环卫设施	转运站	排水泵站、110kV变电站	3
	垃圾填埋场	其他环卫设施	2
	垃圾焚烧场	其他环卫设施	2
	环境园	其他环卫设施	3
消防设施	消防站	通信基站、110kV变电站	2
管廊设施	监控中心	通信机房、通信基站	3

注：兼容性分析（1～5分）判断标准，5分为兼容性最强，与多种设施或用地均无影响可共建共享；1分为兼容性最差，与不推荐采用共建共享的建设形式或功能和少量特点设施进行共建共享。

4. 以市政综合体（园）形式整合

当前我国城市经济发展处于关键转型期，以大量劳动力和高能耗为代价的粗放式增长难以为继，经济发展由要素驱动转向创新驱动势在必行。而随着城市规模的不断扩大、城市经济的不断发展，产业综合园作为区域产业、经济发展的重要空间，近年来在全国各地蓬勃发展。产业综合体（园）往往以创新规划打破传统园区弊端，实现了以“小而全、强核心、大生态”的单元模式，打造“生产、生活、生态”高度融合的创新空间布局模式。

市政综合体（园）借鉴了产业综合体（园）的布局基础，通过高标准规划设计、高质量建设运营、高水平安全监管，有机组合市政基础设施，实现资源利用效率最大化和环境影响最小化。其适用条件是在土地资源较为宽松，地形平整，有多种市政、交通等综合功能需求的区域，特别是城市独立的组团单元或新建开发区域。在建设布局时，需要统筹安排各市政设施体，形成规划合理、布局完善、功能多样的市政，减少邻避效应。市政综合体（园）布局示意形式如图5-2所示。

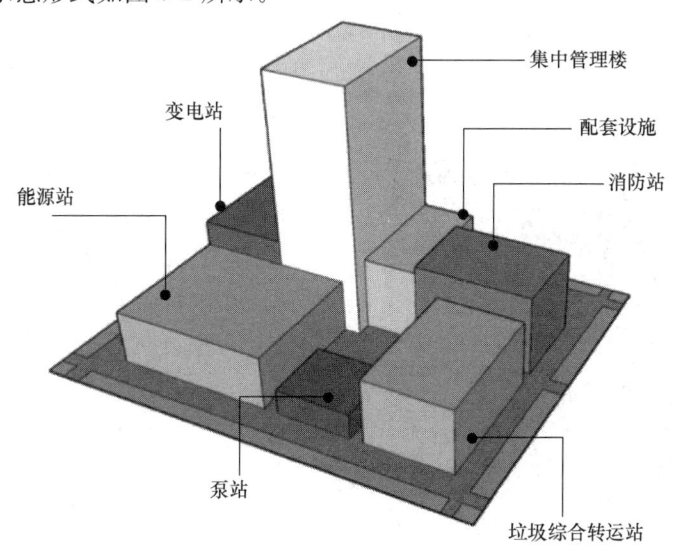

图5-2 市政综合体（园）布局示意形式

5.1.2 市政综合体（楼）

城市综合体是把城市中不同性质、不同使用功能的社会生活空间相结合，统一规划设计，统一开发和管理，充分发挥建筑空间的共同作用，满足人们对于现代城市综合、低能耗、高效率的要求，形成一个完整独立的街区。其功能直接被纳入城市功能体系中，成为城市整体不可或缺的一个组成部分。如将商业、办公、居住、旅店、展览、餐饮、会议、文娱和交通等城市生活空间的各项进行组合，形成一个多功能、高效率的综合体。其中，占地规模体量较小并布置于同一座建筑内的，也可以称为市政综合体（楼）。

1. 市政综合体（楼）基本概念

市政综合楼是指各类市政基础设施整合在同一座建筑内。该方式可以实现用地集约利用，同时还共享了设施的卫生防护距离。但应当注意的是，由于不同市政设施的工艺流程可能涉及设备运行风险，如高温、高压、高磁、恶臭等运行工况，若发生爆炸或火灾，则带来的危害和影响都将扩大，还可能造成次生灾害。因此，不同类型设施合建时，往往比单独建设更需要提高安全要求，采用更高的设备标准，并对市政基础设施的整合方式进行安全专题评估。市政综合楼外观示意如图 5-3 所示。

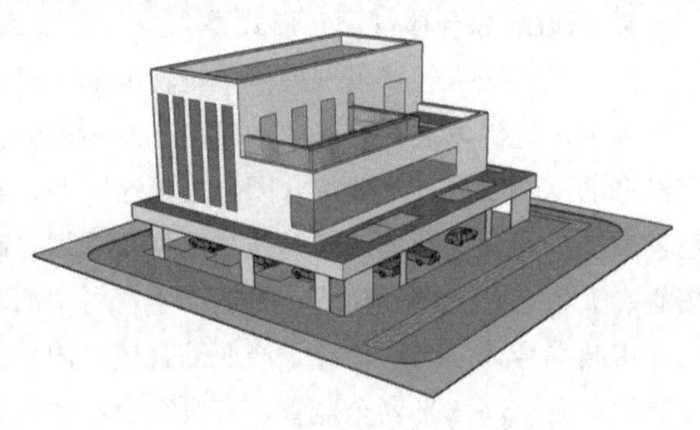

图 5-3 市政综合楼外观示意

市政综合体是指在满足安全运行的前提下，将多个市政设施集中安置在一个建筑群中，紧凑布局，实现公共设施用地和交通设施等用地的立体、混合开发。随着市政功能与规模的不断增大，将多种市政功能组合在一块用地中，既可实现土地集约化的目标，又通过规划中市政综合体的布局网络形成合理的服务半径。当人口聚集、用地紧张达到一定程度的时候，这个区域的核心部分就容易出现市政综合体的建设安排。市政综合体示意如图 5-4 所示。

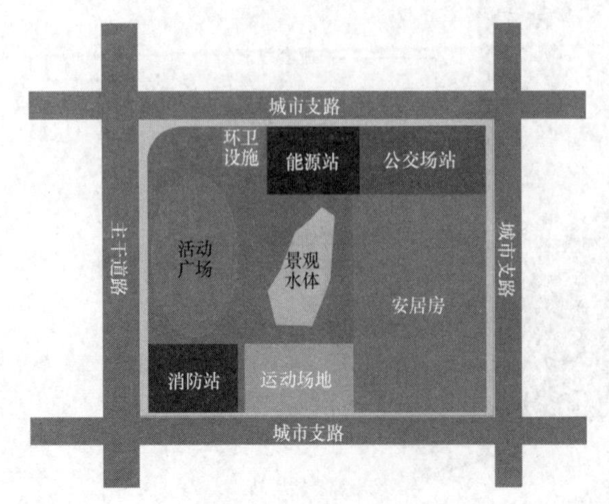

图 5-4 市政综合体示意

2. 市政综合体（楼）建设形式

市政综合体（楼）目前常见的建设方式有垂直空间分层式、建筑群组结合式。其中，垂直空间分层式建设适用于地下空间开发利用受限，各种市政功能需求多而用地紧张的城市区域，多布置在城市的人流密集区、负荷中心区；建筑群组结合式建设适用于同一地块的地面地上空间统筹开发，减小防护距离，破解“邻避效应”。市政综合体（楼）建设过程中还可以充分利用地下空间，适用于在城市中心、用地紧张以及“邻避”市政设施落地困难等情况，在设计时应当合理布置地面和地上出入口交通流线，满足车辆和人行通行要求。

在面积大于 3hm^2 用地的尺度下，市政综合体（楼）可以布置得更为灵活，通过将多种建筑整合建设，实现综合体的功能集聚。该形式下可以包括公园广场、消防场站、文体设施、环卫设施、能源站、公交场站、安居房等建筑单位。

3. 市政综合体（楼）典型案例介绍

（1）福州市斗门调蓄池及公交立体停车场。

福州市斗门调蓄池及公交场站综合改造项目位于福建省福州市晋安区华林路，是福州市公交集团公司于 2009 年以划拨方式取得，用地面积 19850m^2，土地用途为公交停车场。该项目原为普通公交停车场及公交配套办公用房，用途单一。随着经济社会发展，华林路周边交通日益发达，该公交停车场临近地铁出入口，人流密集，原公交停车场已不能满足日常公交车调度、接驳、停靠、维修等多种需求，且周边区域地势低洼，在台风季易发内涝，上百辆公交车需紧急调离，亟须改造升级。

经福州市政府批准，该项目于 2017 年进行改造，工期历时两年。改造后，土地使用功能由单一的公交停车场变为兼容调蓄池、地下社会停车、公交停车楼等多种功能的综合性公交车场，改造后容积率由 1.4 提升至 2.18，开发模式变为地上地下综合开发，停车容量由 140 辆变为 450 辆。具体做法及模式特点有以下三个方面。

①地上地下综合改造。地上部分设置 5 层停车楼，楼顶也设置为停车场，停车楼可停车 250 辆，底层设置公交车维修车间和工具间等；地下部分共设置 5 层，地下一层为社会车辆停车库，可停放小汽车 200 辆及非机动车 500 辆，地下二至五层为容量约 16 万 m^3 的调蓄池。

②统筹考虑周边景观。在场地的中部腹地，利用大面积场地建设公交停车楼，避免大体量的停车楼建筑体设置于路边，减少对城市景观的冲突，也有利于停车楼交通组织。

③提升社会综合效益。新建项目充分发挥土地使用效益的最大化和最优化，利用原公交停车场用地，综合考虑防涝和公交停车，在地上设置公交停车库、地下设置调蓄池，集约化利用场地空间，提高土地资源利用效益。项目建成后，涝水可进入调蓄池，洪峰过后再抽排入河，16 万 m^3 的调蓄容量将使周边 0.46km^2 区域的内涝防治标准从现状的 20 年一遇提高至 50 年一遇，贯彻了海绵城市渗、滞、蓄、净、用、排的建设理念。

福州市斗门调蓄池及公交场站外观如图 5-5 所示。

（2）南京市江北新区桥荫路市政综合体。

南京市江北新区桥荫路市政综合体（在建项目）（图 5-6）位于南京桥荫路以西，华江路以北，浦园路以南。随着南京江北新区开发建设的快速推进，区内的市政设施的建设需求也将日益迫切，在城市土地资源和可利用空间紧张的背景下，尤其是高强度开发区域，传统的增加市政设施用地供给、提高设计规模的模式将面临更多困难，况且部分市政基础设施属于邻避设施，也面临选址困难问题。

该项目规划用地性质为 U 类公用设施用地，用地面积约 1.27 万 m^2，容积率≤1.0，

图 5-5　福州市斗门调蓄池及公交场站外观

建筑高度≤24m。拟建总建筑面积约 1.7 万 m^2。其中，地上建筑面积约 1.27 万 m^2；地下建筑面积约 0.43 万 m^2，包含社区服务用房、垃圾中转站、消防站、公厕、变电站等。项目在满足安全运行的前提下，将多个市政设施集中安置在多层结构的建（构）筑物内，紧凑布局，实现道路与交通设施用地（S 类）、公用设施（U 类）等用地的立体、混合开发，建成后将形成一座综合性民生建筑。

图 5-6　南京市江北新区桥荫路市政综合体项目效果图

（3）南京市河西南部市政综合体。

南京市河西南部市政综合体（图 5-7）位于南京市奥体新城南部，地块西侧为渭河路，东南角贴临建造有 220kV 滨南变电站，东侧为绕城公路绿化隔离带，南侧为规划二号支路。项目占地面积 3.4hm^2，总建筑面积 16 万 m^2，其中，地上总建筑面积 11 万 m^2、地下总建筑面积 5 万 m^2，容积率 3.33，总投资 4.85 亿元。项目结合用地条件综合布置了 220kV 滨南变（在建）、特勤消防站、公安特勤营地、小汽车及公交车充换电站、供电所收费站、公交首末站、公交保养厂、环卫停车楼、环卫办公住宿楼、加油站、商业配套设施、人防医疗救护站、专业队及人员掩蔽工程。

该市政综合体是目前华东地区第一个由市政项目与商业项目在同一地块内高强度、多功能复合开发利用的经典案例，为华东地区乃至全国范围内新型城镇化进程背景下的城市存量用地的开发和利用以及市政类建设工程在城市更新进程中的发展，提供了新思路、新方向；也是国内第一个将高压配电及收费系统、汽车加油加气系统、汽车（含公交车及环卫车）室内充（换）电系统、公交保养与运营系统、环卫办公与运营系统、特勤消防与警务系统、人防医疗与防护系统及大型商业、高层办公有机融合为一体的特大型市政、商业类城市综合体项目，为我国大中型城市土地集约化利用和开发及城市更新提供了宝贵的经验。

图 5-7　南京市河西南部市政综合体实景

（资料来源：肖鲁江，张金水．城市更新背景下市政综合体建筑设计策略研究——以南京市河西南部市政综合体设计为例［J］．建筑与文化，2022（2）：53-55）

5.1.3　生态环境园

1. 生态环境园基本概念

所谓环境园，就是将分选回收、焚烧发电、高温堆肥、卫生填埋、渣土收纳、粪便处理、渗滤液处理等诸多处理工艺集于一身的环卫综合基地。园内各种处理工艺有机结合，处理设施布局优化，园区实施全面绿化，并可一同建设研发、宣教等附属环卫设施，最终将环境园建成一个技术先进、环境优美、环境友好型的环卫综合基地。环境园内的作业流程如图 5-8 所示。

城市垃圾被送入环境园内后，将依据其物化性质的不同被送往不同的处理设施进行处理，如有机易腐性垃圾将被送入餐厨垃圾处置中心处理，大件垃圾将被送入大件垃圾处理厂处理，高热值垃圾将被送入焚烧厂进行焚烧发电，而灰土砖石部分则直接被送往卫生填埋场填埋处理。

环境园内的处理设施之间还可存在物质流动，如餐厨垃圾处置中心、堆肥场、焚烧厂

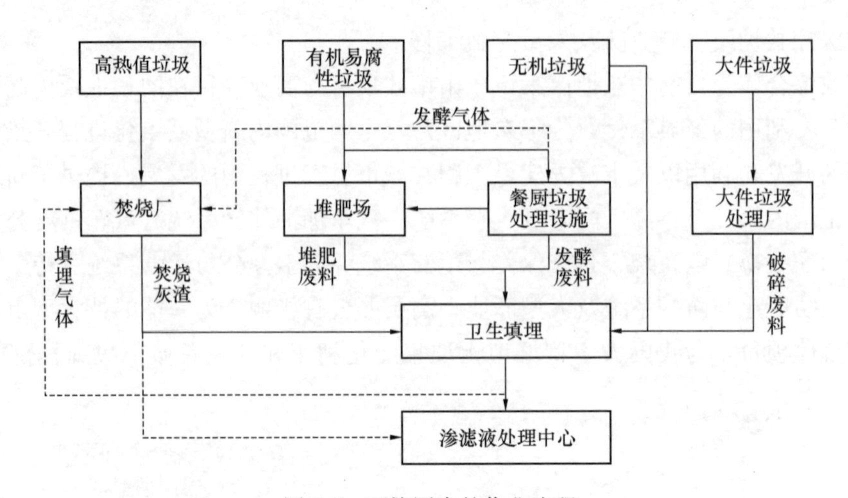

图 5-8 环境园内的作业流程

（资料来源：唐圣钧，丁年，刘天亮，等．以环境园为核心的城市垃圾处理设施规划新方法［J］．环境卫生工程，2010，18（2）：55-58）

产生的残渣都可送往卫生填埋场填埋处理或作为日覆盖材料，填埋场和餐厨垃圾处置中心产生的甲烷可送往焚烧厂作为辅助燃料。

2. 生态环境园建设形式

环境园内部根据用地面积、城市垃圾处理需求、配套设施要求等规划建设各类项目，按功能基本可分为垃圾处理类项目、环卫配套项目、研发类项目及办公与生活类项目四类。

垃圾处理类项目及环卫配套项目包括垃圾焚烧厂、大件垃圾处理厂、垃圾分拣中心、有机易腐垃圾处理厂、沼气提纯净化厂和废橡胶综合处理厂等；二次污染控制设施可集中建设，如焚烧厂、填埋场和堆肥场的渗滤液可集中处理，堆肥场、分选中心产生的废气可集中处理，不仅可降低二次污染控制成本，还可节约用地；处理设施也可以集中设置，特别是卫生填埋场和焚烧发电厂的集中设置，利于延长填埋场的使用寿命；还可配套建设环卫宣传中心，以方便市民进入环境园了解环卫作业知识，居民在环境园内亲身感受垃圾产生量的巨大、垃圾处理程序的复杂，理解垃圾减量化的重要性，既宣传了环卫知识，又提高了他们的环境意识。

3. 生态环境园典型案例

（1）深圳宝安能源生态园。

深圳宝安能源生态园位于深圳宝安燕罗街道老虎坑环境园内，总设计处理规模为8000t/d。一期项目占地面积约 5.5 万 m^2，于 2005 年 12 月建成投产，设计规模为 1200t/d，建设 3 条 400t/d 的焚烧生产线，配备两台 12MW 汽轮发电机组，于 2007 年获得我国可再生能源产业蓝天奖；二期项目占地面积约 6.5 万 m^2，于 2012 年 12 月建成投产，设计规模为 3000t/d，建设 4 条 750t/d 的焚烧生产线，余热发电配两台 32MW 汽轮发电机组；三期项目占地面积 11.4 万 m^2，于 2019 年 7 月投产运行，设计处理能力 3800t/d，建设 5 条 850t/d 的焚烧生产线，配置 3×45MW 汽轮发电机组，配套建设灰渣综合利用及处置场。

2014年，宝安能源生态园一、二期获得垃圾焚烧行业第一名，也是深圳改革开放以来的第一个国家优质工程金质奖，同时还达到高标准的运营水平，环保指标达到严于欧盟的深圳标准，多次获评广东省环境卫生协会颁发的最佳运营奖，获共青团广东省委授予“省级青年文明号”殊荣，并且得到全国垃圾焚烧厂无害化等级评定AAA级（最高级别）认定。

在环保宣传方面，生态园内的分类科普展馆于2018年10月揭牌，展馆内设有垃圾分流分类展示区、手工品制作展示区、垃圾抓斗游戏体验区，通过展示图片、视频、实物，结合“科技体验＋游戏体验”的宣教方式，向公众普及垃圾分类、垃圾焚烧发电等知识，让公众意识到“垃圾围城”对环境的污染和对人类的危害，以营造良好的垃圾分类氛围，提高公众环保意识。如图5-9所示为宝安能源生态园二期实景。

图5-9　宝安能源生态园二期实景

（资料来源：《深圳市环境卫生设施近期建设规划（2021—2023）》）

（2）深圳清水河环境园。

深圳市清水河环境园位于深圳福田、罗湖两区的北缘山地，玉龙坑北侧。现状设施包括以玉龙坑垃圾填埋场、下坪固体废弃物填埋场和市政环卫综合处理厂为顶点的三角形地区，环境园现状面积约220hm^2，园内已建成的主要环卫设施有玉龙坑垃圾填埋场、下坪固体废弃物填埋场，市政环卫综合处理厂、市卫生处理厂、市政环卫工具厂、市政环卫车辆修配厂和市政环卫机运队停车场等设施。

清水河环境园是集垃圾分选、污染控制管理、垃圾资源化回收利用、新技术推广应用等功能于一体的优化系统，将向世人展示一种全新的城市垃圾处理及综合利用的理念和模式。其建设项目内容主要包括废橡胶处理厂、废电池处理厂、废塑料处理厂、无害化卫生处理厂、垃圾分选中心及大件垃圾破碎场、粪渣无害化处理厂、有机易腐垃圾生物制气厂。为创造出一个环境优美、设施齐全的新型环卫基地，通过强化园区干道两侧的绿化种植，形成贯穿整个园区的绿化长廊，并对园区配以适当的建筑小品、雕塑点缀，以创造美好的工作环境。

在内部布局方面，根据内部道路、山体地形等条件将园区适当分为若干片区。其中，环境园A区位于清平快速路西侧，距离周边城市生活区较远，规划将垃圾处理类项目和环卫配套项目设置其中；环境园B区位于清平快速路东侧，离城市生活区较近，规划将不会对周边环境造成污染的研发、办公及生活类项目设置其中。这样的功能布局不仅使物料流程顺畅，同时垃圾处理类项目对园内研发、办公及生活类项目的影响也明显降低。如图5-10所示为深圳清水河环境园土地利用规划图。

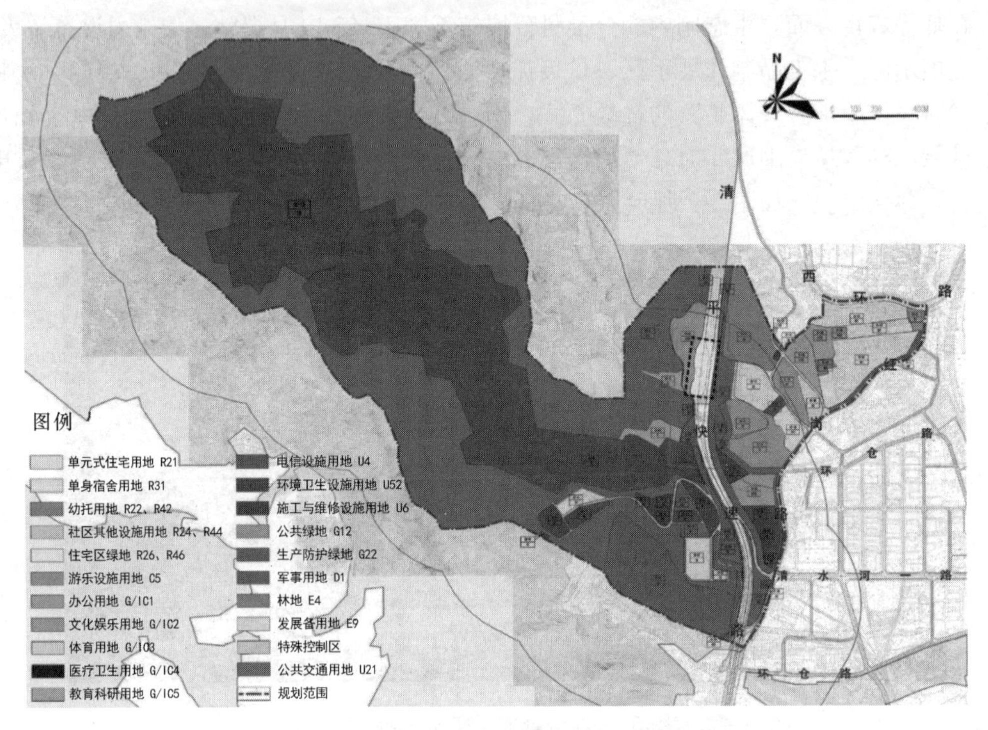

图5-10 深圳清水河环境园土地利用规划图

（资料来源：深圳市清水河环境园详细蓝图．项目编绘，2005-10-12）

5.1.4 能源综合体

1. 能源综合体基本概念

能源综合体本质上是以变电站、区域供冷供热站等市政设施为依托，是充分发挥能源配置中心作用，构建支持多能互补的“源—网—荷—储”协同控制区块，实现电网等能源企业业务从单一供能向综合能源服务的转变。建设能源综合体、开展一站式综合能源服务，无论从社会提质增效方面，还是从企业发展转型方面都具有重要意义。此外，建设能源综合体不能仅仅依靠单方的力量，而应该成为社会、政府、企业、用户的共识，通过各方广泛合作、相向而行，才能最终确保能源综合体达到建设目标，真正满足各方对更高品质能源和更高质量发展的期待。

2. 能源综合体建设形式

依托变电站建设能源综合体，有多种方案可供选择。最为便利的选择是利用变电站的屋顶资源，布置屋顶光伏发电板，建设光伏发电站，产生的电力可供变电站照明、运行和制冷使用，从而减少变电站本身运行所带来的电能损耗和成本损失。

通过安装燃气分布式电源、热泵和冰蓄冷等装置，变电站可以转型为区域内的能源供应站。利用燃气分布式发电的余热、烟气集中供冷供热，开展“冷热电三联供”，可以降低冷热负荷用电成本，满足用户对冷、热、电的多样能源需求。这一模式可主要针对传统产业工业园区、医院、高校等用户。

在对电能质量有特殊需求的新兴产业园区（如芯片制造业、半导体制造业）、数据中心、重要保电用户等区域内，变电站还可被改造为电力服务站。通过安装电能质量调节装置，变电站可为用户提供定制化供电套餐，减少用户因电压暂降、三相不平衡、谐波、频率波动等问题带来的生产损失。

对于电网侧和用户侧储能的发展而言，变电站也是重要的基础设施资源。在变电站安装飞轮、电化学等储能装置建设储能站，可提高用户的供电可靠性，减少用户容量电费，并进行峰谷套利，方便用户在条件成熟时参与电力辅助市场交易，兼顾电网侧和用户侧储能价值。这一模式对生产呈现尖峰特性、对供电可靠性要求较高的工业用户具有较强的适用性。

安装充电桩和停车位，在变电站建设电动汽车充电站，开展电动汽车充电、租赁业务，扩大充电服务市场，提高用户黏性，通过收取充电服务费、停车费等保证变电站的合理收益。

无论是能源供应站、电力服务站，还是储能站或电动汽车充电站，其产生的大量数据资源都可成为变电站的重要核心资源。在变电站内建设数据中心，开展用户能效监测、智能分析，可以实现能源的互补协调，优化控制和全景展示，将能源综合体打造为本区域“能量流＋信息流＋价值流”的协调控制中心，通过大数据分析为用户提供用能建议、制订节能方案。

3. 能源综合体典型案例

（1）苏州月亮湾能源中心。

苏州月亮湾能源中心位于苏州工业园区星湖街西、创苑路南，将能源中心、大型公交首末站和社会停车场三项基础设施合建在同一座综合大楼内，比各自单独建设节约47.6％的土地面积（图5-11）。该能源中心于2010年初启动建设，并于当年8月建成投运，作为江苏省首例大型非电空调、区域集中供冷项目，总投资1.63亿元，供冷总装机容量3万冷吨，并配套集中供热和供冷基础设施项目配套管网长约12.1km。其中，供热管网覆盖科教创新区11km^2，供冷管网覆盖月亮湾及周边区域，目前的用户包括工业、办公、数据中心、酒店、商业等多种业态。

能源中心的运行使月亮湾核心区域空调设备装机容量下降20％～25％，节约用户机房面积约10000m^2，节约用户屋顶面积约15000m^2，有效提高了城市和建筑空间的利用率，仅此一项就节约社会总投资4500万元，同时每年为用户减少约400万元的运行维护费用。此外，由于无须设置外机、冷却塔等对外散热设施，在月亮湾区域采用集中供冷后，核心区的环境温度将降低2℃，有效降低了城市热岛效应。

（2）南京青奥城能源中心。

图 5-11 苏州月亮湾能源中心现场实景

（资料来源：月亮湾能源中心）

南京青奥城能源中心（图 5-12）位于南京市建邺区河西新城的南京青奥城，建设用地 0.68hm²。项目在建设时巧妙地利用了城市地块规划之外的一块没有商业价值的三角形土地，建筑最终建成三层，集中了三种市政功能：一层为国家电网公交车充（换）电站；二层为综合洗衣中心；三层为区域能源中心，是大型的余热利用、多能互补型、燃气冷热电三联供区域能源中心，建筑面积共计 6600m²。该建设形成了综合体的模式，高效利用了建筑空间，改善了城市区域环境。

该中心为青奥城区域总计 93 万 m² 建筑面积提供能源服务，最大服务半径 1.5km，具体服务对象包含青奥村、国际风情街、奥林匹克博物馆以及国际青年文化中心。中心的

图 5-12 南京青奥城能源中心

（资料来源：青奥城能源站示意图）

能源系统在夏季以电厂蒸汽为主能源，天然气、电力为辅助能源，制取冷水为用户提供制冷服务；在冬季以电厂蒸汽为能源、天然气为辅，制取热水为用户提供采暖服务。由于采用了3种能源形式，可避免单一能源供应异常引发的整体系统崩溃，即使大电网断电，在夏季仍可提供青奥城27%的空调负荷，确保重要用户的空调需求，在冬季可满足100%采暖负荷。

该能源中心投入使用后，收获了很好的社会价值。首先通过整体优化能源的供需关系，青奥城能源中心可实现的节能减排量为6730吨标煤/年，二氧化碳为20324吨/年，节能减排显著。同时优化了城市能源结构，减少城市电力基础设施投资系统，平衡了城区电力、燃气、热力峰谷差，实现削峰填谷，为保障城市夏季供电安全、缓解冬季供气压力作出贡献；青奥城能源中心可减少6400kW的尖峰用电，初步估算可减少城市电力基础设施投资约2100万元。此外，提升了建筑品质和城区品位，青奥城使用能源中心提供的服务后，各单体建筑屋顶不再被大量冷却塔所占用，可变身成美丽的屋顶花园，也减少了城市中心建筑群的热岛效应。

5.1.5　水利综合体

1. 水利综合体基本概念

为了开发利用水利资源和防治水害，将几种水工建筑物集中修建在一起，它们各自发挥作用又互相配合工作；与此同时，在基础设施高质量发展的背景下，对水利基础设施的建筑风貌设计提出更高要求，并且与周边城市形成良好融合，可以认为是水利综合体。水利综合体满足了市政基础设施功能完备、运行安全的基本条件后，地下化建设、融入其他建筑内部、采取与周边建筑形态统一或外立面景观绿化等形式，都可以优化建筑风貌，有效提升城市品质。

2. 水利综合体建设形式

水利综合体建设采取立体式多层布局，条件允许的情况下可以适当利用地下空间。立体式多层布局主要采用地下（半地下）的建设形式来布置主体工艺设施。具体是在主体工艺设施上方上盖单层或多层建筑结构，地面部分或上盖部分设置公园绿地、广场、体育场馆、停车场等，综合利用地上与地下空间，增加城市公共功能。

通过分层设置构筑物，一般将水务设施的主体结构置于地下（半地下）区域，可以大幅减小噪声、异味，地下（半地下）层布置为各个水处理构筑物功能区，并提供工作人员工作的操作区。地面部分与周边环境景观融为一体，实现集约节约利用土地资源，化解水利设施尤其是污水设施带来的邻避效应。

3. 水利综合体典型案例

（1）温州市中心片污水处理厂屋顶体育休闲公园。

温州市中心片污水处理厂位于温州市杨府山涂田工业区，是温州第一座城镇污水处理厂，是目前市区四个大型污水处理厂之一，占地面积$19hm^2$，设计规模为20万t/d，出水执行国家二级排放标准。该厂已超负荷运行，无法满足当前以及未来温州城市发展的需求；由于位置优越，属滨江商务区范围，靠近瓯江，周边有城市公园和商品住宅区，按区域规划，温州市未来的金融中心也在附近。为扩展滨江商务区建设、改善区域环境、提升土地价值，温州市政府决定对老厂进行迁扩建，同时进行土地的综合开发利用，新厂占地面积为 5.67hm²，仅为原厂的 30%。同时，在片区已建地块污水处理厂上，充分利用厂房屋顶空间，建设兼具滑雪场、足球场等功能为一体的体育休闲公园（图 5-13），形成联动瓯江路、会展路及滨江休闲带的公共开放空间。

图 5-13　温州市中心片污水处理厂屋顶上的体育休闲公园

污水处理厂屋顶的温州市体育休闲公园项目采取了土地空间分层利用理念，即以污水处理厂屋顶为起始高度，采用上下分层供地模式，实现城市土地集约节约利用，同时对周边高压铁塔进行落地。目前已建成半地埋式污水处理厂、室内滑雪场、室外足球基地；地下一层为中心片污水处理厂，日处理能力 40 万 t；地上一层为水环境科普馆，面积约 700m²，为省内首座水环境科普展览馆；地上二层为冰雪中心和足球基地，冰雪中心一期总用地面积 2.6 万 m²、总建筑面积 2.2 万 m²，足球基地总用地面积 3.15 万 m²、总建筑面积 0.29 万 m²。项目通过地块多维立体开发利用，在用地极为稀缺的城市核心区位释放约 26.67hm² 群众公共活动空间，有效实现了地块整体价值的提升。

（2）福田水质净化厂上盖足球主题公园。

福田水质净化厂位于深圳市福田区滨海大道与红树林路交汇处东侧，设计规模 40 万 t/d，占地 27.9hm²，总投资 13.4 亿元，采用多段式 AO 工艺，出水水质执行一级 A 标准。于 2014 年 3 月 26 日正式动工，2015 年 12 月进入污水调试，2016 年 10 月 19 日通过环保验收，2017 年 5 月通过竣工验收。服务范围东起华强北路，西至侨城东路，北临二线关，南达深圳湾，总服务面积 65.7km²。

2021 年 8 月，在福田水质净化厂上盖建成的以足球为主题的体育生态公园福田海滨生态体育公园（图 5-14、图 5-15）正式开园，该园是创新全新空间模式的体育综合体，“屋内水厂，屋顶公园”是福田区城市闲置空间集约利用新模式。该公园以足球体育运动为主，辅以休闲游览活动，有机结合了慢行系统与绿地系统，在“天然氧吧”中构建了宜人多样的休闲体验环境，并提供了包含轻食简餐、室内运动、运动康复等综合性配套服务，成为深圳市绿色、环保、低碳、集约用地的足球文化标杆。该园形成了创新空间模式的体育综合体，以“屋内水厂，屋顶公园”助力深圳空间提质增效综合改革之路，是福田区城市闲置空间集约利用新模式，也是福田区体现福田温度，送给广大市民的文体、健康、环境的一大“福礼”，使“15min 健身圈”真正走进百姓家中。

图 5-14　福田水质净化厂上盖部分建成前实景

（资料来源：福田水质净化厂）

图 5-15　福田水质净化厂上盖福田海滨生态体育公园建成后实景

（资料来源：《福田水质净化厂上建起足球体育公园》）

5.1.6 消防综合体

1. 消防综合体基本概念

最新公布的《2020中国人口普查分县资料》显示，我国目前共有105个大城市，包括7个超大城市、14个特大城市、14个Ⅰ型大城市以及70个Ⅱ型大城市。大城市高密度发展导致土地资源紧张，可建设用地减少，同时还产生了巨大消防压力。随着社会分工逐步细化，城市中单一功能的建筑不断减少、多功能建筑不断增加，“消防综合体”的概念应运而生，即为将消防站和公寓、宿舍、保障房、商业综合体、文体设施、交通设施（轨道、港口等）等其他使用空间合建的综合性建筑。

消防综合体的设置需要符合以下原则：

（1）公共利益优先原则。

消防站合建/附建，应优先考虑与城市基础设施、公共服务设施以及政策性公共住房结合。

（2）消防救援能力保障原则。

在符合消防系统规划、用地规模满足消防设施中远期功能发展需求，交通可达性保障之下考虑共建共享。与其他设施、用地共建共享后，土地用途按主导功能确定。

（3）权益协商共享原则。

消防设施用地，贡献用地面积或建设面积用于其他设施建设，共建共享产生的相应权益，由共建各方权责主体协商共享；其他用地权属单位，贡献用地面积或建设面积用于消防设施建设的单位。相关奖励的操作规则编制可以参考深圳市《关于城市更新促进公共利益用地供给的暂行规定》。

2. 消防综合体建设形式

相关研究表明，在我国高密度发展的城市中，为了提高空间利用率，采用“消防综合体”形式，实现不同功能叠加是有技术优势的。建设时消防综合体可以分成以下两种类型：

第一类，相近功能宜进行组合，单体多功能建筑将增多。在进行“消防站综合体”设计时，宜考虑与之相近功能进行结合。相近功能的建筑相互组合有利于提高建筑空间使用率，更容易达到相辅相成的关系，单体建筑含多种功能的情况将会越来越多。

第二类，不同功能用地，“消防站综合体”功能组合的方式不一样。对于用地较为宽松的情况，消防站与其他功能的组合一般为水平并置，充分利用场地对流线进行梳理，营造良好的室外空间；对于用地较为紧张的情况，消防站与其他功能的组合可能是穿插式或垂直叠加，有利于提高土地利用率。可以合建的不同功能建筑有保障房、商业综合体、文体中心等。

3. 消防综合体典型案例

（1）深圳前海消防站。

深圳前海消防站位于前海自贸区前湾片区九单元五街坊09、10地块（图5-16）。地块西南侧为沿江高速，东南为听海大道，东北及西北皆为单向行驶的坊内支路；西北侧为城市慢行系统的休闲自行车道及林荫大道，延伸通向中心绿地；地块近似矩形，呈洼地状，东南高而西北低，高差约1.5m，总面积约6000m²。

深圳前海消防站顺应前海九单元5街坊的城市设计导则，将消防站一期及其出车广场设在用地东北侧，将消防站二期及其出入口设在西北侧，与西南侧的应急避难场地毗邻。消防训练塔设在消防站一期与二期之间的中轴线东南向末端作为标志塔，消防站训练场地与10地块结合，形成5000多m²完整统一的公共应急避难场地。消防站一期与二期统一规划，功能上各自独立，分别设置各自人行出入口及地下出入口，互不干扰、独立运作，各自拥有完整的地上和地下空间。

图5-16　深圳前海消防站

深圳前海消防站在功能设计上体现“二代站房、优化升级”的理念。基于所参加的“深圳市消防站标准化工作坊”，结合二十多座新型消防站建筑的一系列设计实践，以及已建成工程实例的经验教训，在原有一代消防站的功能布局、流线组织基础上，继承原有特点、优化成为二代，在立面风格、材料选择、空间品质、城市界面等方面作出较大改变和全面优化，成为全新的“2.0版消防站”。消防车临街出车，首层布置12辆消防车，大大提高出警效率。参观出入口在用地西侧，对外开放区位于一层和夹层。消防车库面向出车广场，一层为门厅、餐厅等，二层值勤室、办公室等，北侧配套洗室和淋浴间，三层和四层为业务用房和业辅用房。此外，在楼栋多处设置空中花园，丰富了消防员的生活。如图

5-17 所示为深圳前海消防站功能分区示意。

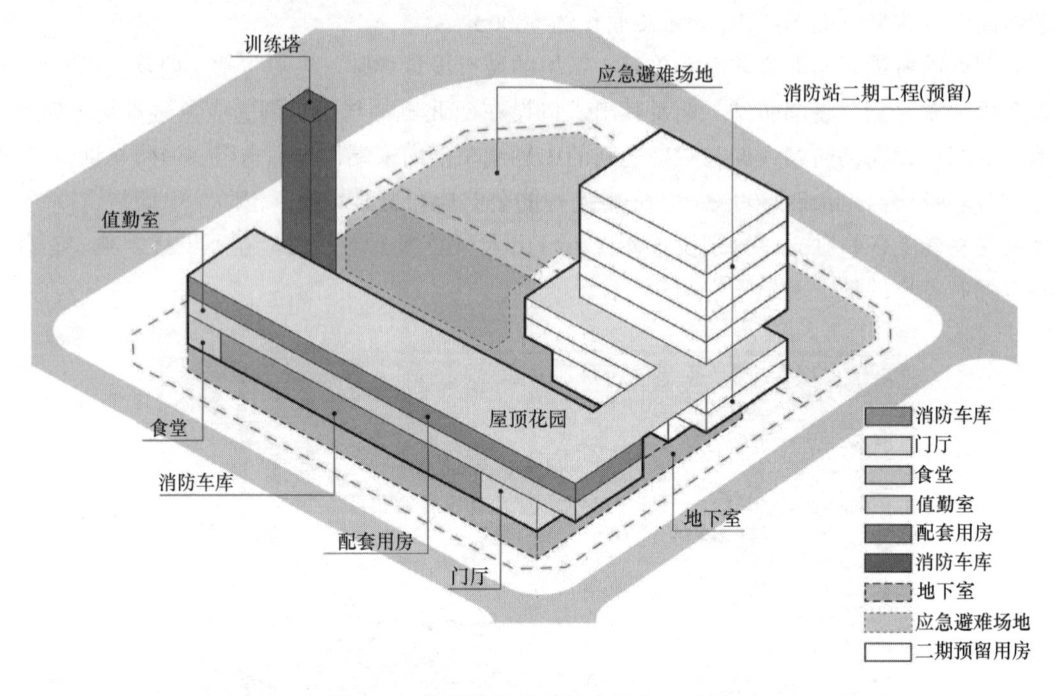

图 5-17　深圳前海消防站功能分区示意

（2）中国香港“消防站综合体”案例。

① 中国香港尖东消防局（相互穿插型）（图 5-18）位于香港九龙城。由一栋十三层消防总部办公楼和尖东消防局组成，该消防站周围高楼林立，用地十分紧张。为了解决这种高密度城区的消防压力，消防站和与之有功能联系的消防总部大楼结合，提高了该地块的土地利用率，并且使消防办公功能与消防站功能结合，形成了相辅相成的关系。

图 5-18　中国香港尖东消防局

② 中国香港启德消防站（水平并置型）（图 5-19）位于人口密度较高的观塘。消防站楼高五层，训练塔七层，与香港仔消防站相仿，水平结合了救护设施及坍塌搜救装备仓的功能，该装备仓为一层，位于消防局北侧。整体建筑形象色调柔和，更为社区化。

图 5-19　中国香港启德消防站实景

（资料来源：中国香港启德消防局）

5.2　市政通道整合方式研究

5.2.1　市政通道整合方式概述

1. 市政通道的基本定义

在城市规划建设过程中，除了市政设施需要考虑用地保障问题，还有大量管线、廊道工程也需要进行用地预留和保障，此类工程往往以市政通道的形式出现，而我国目前在国家层面，缺少明确的规范和规定。目前已经有城市结合自身情况出台文件，要求加强对重大基础设施廊道规划控制和建设管理，例如：常州市市区重大基础设施廊道规划管理规定，重大基础设施廊道包括铁路、高速公路、一级公路、高架快速路、三至五级航道、架空 220kV（含以上）电力线等相关设施。市政基础设施廊道是在规划阶段中控制专门用来布置市政基础设施的管廊带，用于对城市市政基础设施工程的统一管理及线位安排，一般布置在城市道路两侧，可与绿化带合用，也可以独立存在。陈曦寒等人提出，可以从城市黄线的概念中引申出市政基础设施廊道概念，补充城市总体规划中缺失的对市政管线的控制要求；并进一步提出“城市重大（敏感）管线廊道”概念，具体是指为城市或城市区域服务的重大及敏感的基础设施管线廊道；廊道内主要为输水干线、高压电力架空线路、输油输气管道等城市生命线工程，其宽度应在满足各种管线基本布置要求的基础上，控制保护范围，以确保城市安全。因此，确实有必要明确市政基础设施廊道的适用范围，并解决基础设施廊道的预留与控制问题。

本书结合市政工程规划建设经验，将较大尺寸市政管线（缆线或渠道）所在的路由定义为市政通道，该通道可以承载单条市政管线，也可以由多条市政管线组合形成。例如：某市政道路结合人行道、绿化带、非机动车道以及机动车道的地下空间敷设有给水干管 *DN*1000、污水干管 *d*800、雨水箱涵 A2.0×1.8、电缆沟 1.4m×1.7m、通信管道 24 孔、燃气干管 *DN*300 等市政管线，可以将该道路路由定义为市政通道；城市综合管廊作为一种将给水排水、电力、通信、燃气等各类工程管线集中在内的地下隧道空间，是一种典型的市政通道；某条沿山体设置的高压电力走廊，也符合市政通道的定义；目前在一些沿河敷设的截污干管和污水干管也是一种市政通道。

2. 市政通道整合的必要性

城市早期敷设的市政管线受限于当时的城市发展水平以及对未来发展的预判，往往无力承担日渐增长的供给负荷。例如：《北京城市总体规划（2004—2020）》提出，至 2020 年北京的总人口规模要控制在 1800 万人，但第七次人口普查数据显示，北京常住人口已经达到 2189 万人；同样，1999 年上海的规划预测 2020 年常住人口为 1900 万人左右，而目前已达到 2487 万人。一些早期规划设计的市政管线早已满负荷运行，更加难以满足城市发展需求，需要得到更新；并且受土壤环境影响，直埋的地下管线寿命一般仅为 20 年，且容易受到工程施工、交通事故等事件的影响，部分管线难以达到预期使用年限，也需要更新重建。

与此同时，我国对地下空间开发利用的需求达到了前所未有的高度，地下综合体、地下交通枢纽、地下街区、地下集群智能停车场和地下管廊等新型地下空间设施不断涌现，城市地下空间的综合利用也由此掀开了新的篇章。至“十三五”中期，我国城市地下空间总利用量约 6 亿 m^2。但是，由于我国前期的地下空间缺乏科学统一规划，致使目前大部分城市地下空间的功能和规模严重落后于城市的发展需要，面临着改造和扩建的需求。

传统的市政管线设施敷设大部分是以城市道路作为主要敷设路由，当大量市政干管集中在某一条路由时，往往就形成了市政主干通道，但是依赖城市道路形成的市政通道存在一定的局限性。首先，城市道路建设以构建交通网络为目的，主要考虑实现交通功能，市政管线仅作为其附属设施，处于次要地位，在建设过程中往往受限于实际条件，在保障交通功能的前提下，部分市政管线的敷设需求往往被舍弃或被迫减小尺寸；其次，城市道路的地下空间需要在满足相关规范要求的前提下统筹利用，在满足地铁线路、地下通道、地下商业以及相关的出入口等地下构筑物需要的情况下，市政管线敷设同样需要与实际建设条件妥协；此外，城市道路的建设时序和路由选择不一定符合构建市政主干系统的要求。

为了满足城市快速发展需要，解决早期管线更新改造需求，充分统筹利用地下空间，拓展除市政道路以外的建设路由，有必要结合城市主干道路、高压廊道、河道蓝线空间、轨道交通路线等，对市政通道布局进行充分整合。

3. 市政通道整合的目标与优势

在市政主干道有限断面上进行管线综合设计就是合理统筹城市主干道的各种关系，组织安排各种市政道路管线，包括给水排水工程管线、交通管线、燃气工程管线、电力工程管线、人防工程管线、电力电信管线等，在平面位置及竖向空间上的冲突与干扰，保持市政主干道的正常运行。保障地下管线敷设更加合理，能有效利用路面以下空间，缩短工期，节省工程投资，创造较好的经济效益和社会效益。

市政通道整合在全寿命周期内修建综合管廊带来的经济效益和社会效益，远远超出单独建设时所增加的一次性投入，具体来讲，建设优势包括：

（1）避免由于敷设和维修地下管线挖掘道路而对交通和居民出行造成影响和干扰，保持路容的完整和美观；

（2）降低了路面翻修和管线维修费用，增加了路面的完整性和工程管线的耐久性；

（3）便于各种工程管线的敷设、增设、维修和管理；

（4）由于工程管线布置紧凑合理，有效利用了道路下的空间，节约了城市用地；

（5）由于减少了道路的杆柱及各工程管线的检查井、室等，保证了城市的景观；

（6）由于架空管线一起入地，减少架空管线与绿化的矛盾，美化了城市景观；

（7）能提高城市的综合防灾与减灾能力。

4. 可以选择的市政通道空间

（1）合理利用城市道路空间，结合综合管廊等建设形式实现整合。

传统市政管线主要依托城市的市政道路并采取直埋方式进行敷设，包括给水管线、雨水管线、污水管线、再生水管线、电力管线、通信（包括电视）管线、燃气管线等类型。市政管线在平面上处于分散排布，对地下空间的利用不集约。因此，近年来，提出综合管廊的方式来对管线通道进行整合，可以进一步提升地下空间利用效率，保证管道安全，提高系统可靠性。但管廊建设成本较高，需要与道路新改扩建、地下轨道建设等时机充分衔接协调。

（2）结合城市其他空间实现整合。

① 水系碧道空间。城市因水而美，产业因水而兴，市民因水而乐，世界上许多著名的城市都有与之相伴相生的水系，如伦敦的泰晤士河、巴黎的塞纳河、维也纳的多瑙河、上海的黄浦江等，未来高品质“滨水空间、亲水空间”的打造是国际化城市的重要内容。例如，连通河湖水系、改善水环境、提升水安全、打造世界一流的滨水空间是未来深圳打造全球标杆城市、提升城市魅力的重要内容。如图5-20所示为深圳茅洲河碧道实景。

目前，许多城市开展了“还水于民”的水系整治工作，将滨水地区落后的工业企业向外搬迁，打造高品质的滨水公共空间。例如，上海黄浦江从2002年就开始了两岸滨水区域的整治改造工作，依次经历了沿江工业仓储企业的搬迁、世博会配套设施的建设和滨江环境的改造提升、新功能和新业态的注入、滨江地区的贯通开放等改造历程，形成了连续的滨水市民休闲空间，实现了两岸地区品质的再提升，成为上海市新的城市客厅和标志性公共空间。

河道两岸一般拥有较好的滨水空间，在此范围内可以考虑适当进行市政管线敷设。目前许多城市已经在该空间建有沿河截污工程、污水干管等，可以进一步考虑容纳更多市政管线，整合形成综合性的市政通道。

② 公园绿道空间。绿道（Greenway）是一种线形绿色开敞空间，一般是林荫小路，

图 5-20　深圳茅洲河碧道实拍图

供行人和骑单车者（排斥电动车）进入的游憩线路，通常沿着河滨、溪谷、山脊、风景带等自然道路和人工廊道建立。美国、英国、德国、新加坡以及我国一些地方都有比较成功的实践，如珠三角绿道网、成都绿道、武汉绿道、长沙绿道等。在景观设计中，绿道概念起源于 20 世纪 70 年代，是一种与景观相交叉的人为开发的走廊。“Green”表示绿色，诸如森林、河岸、野生动植物等；“Way”即道路。另外，交通管理部门把安全通畅的道路比喻为“绿道”，即一路绿灯之道。在城市发展空间受限的区域，可以考虑充分利用公园绿道资源，敷设市政管线，并整合形成综合性的市政通道。

③ 高压廊道空间。高压电力走廊，经常是被遗忘的城市角落。林立的高压电塔，一排排电力架空线，似乎很难融入城市景观中去。目前，国内出现利用高压电力走廊下空间建设的绿色廊道公园等形式，来化解空间闲置问题。一般可以设置景观植物，健身休闲设施，并可以对市民开放。

过去，高压电力走廊下面的地好多是荒着的，黄土裸露，杂草丛生，还有不少违建。城市管理部门可以对违法建筑进行拆除，并由园林部门进场进行景观提升，城市建设部门可以借此机会研究利用相关空间敷设市政管线，通过相关工程既改善了城市面貌，又提升了城市的环境品质，同时通过增加市政主干通道提升城市负荷承载能力。通过此类研究，进一步整合形成综合性的市政通道。

④ 轨道通道空间。轨道交通属于线性工程，线路贯穿全市多个片区，规划时需对整体线路进行考虑。但地下空间由总体规划层面向下传导时，仅进行片区性的地下空间规划，地块对轨道交通等线性工程的竖向布局把握不准确，无法做到整体性研究，导致轨道线路在设施协调及竖向管控等面临难题，地下空间规划难以做到有效传导，与城市地下空间融合发展困难等。

轨道交通属于线性工程，线路主要沿现状或规划道路敷设，由于城市交通走廊资源有限，不同设施必然会相互抢占有利资源，而且轨道交通线路规划建设时，未能与道路、市政管线等设施进行统筹规划，导致建设轨道交通线路或大型市政管线后，其他设施规划无法落地实施或者新建不同走廊对城市规划造成分割影响。因此，进行地下空间规划时，应统筹各类涉及地下设施的专项规划，整合同一走廊上敷设的各类设施，根据线路建设时序，明确线路平面及竖向布局，有条件的可进行同步建设，避免道路多次开挖等。因此，建议通过相关规划研究，可以结合轨道交通路由整合形成综合性的市政通道。

5.2.2　城市工程管线综合

城市建设规模不断扩大，整个城市需要越来越多的市政管线为其服务配套。但城市化建设的加快，也给城市道路下的市政管线的设计增加了一定的困难。此外，对于城市复杂繁多的现状，市政管线对城市建设会造成巨大的制约，因此进行市政管线综合规划是非常必要的。市政道路管线的综合设计是城市规划、建设、管理的重要基础设计，对指导下一阶段各种管线详细设计工作有重要作用。城市工程管线的综合规划是一项前瞻性、综合性要求很高的工作，在综合管线布置时应为远期建设管线考虑预留路由位置，合理安排各种工程管线在城市地上地下的铺设，结合城市总体规划合理优化利用地下空间，为各种工程管线的后期设计、建设、管理创造良好的条件。

1. 城市工程管线综合规划的主要内容

城市工程管线综合规划的主要内容应包括协调各工程管线布局；确定工程管线的敷设方式；确定工程管线敷设的排列顺序和位置；确定相邻工程管线的水平间距、交叉工程管线的垂直间距；确定地下敷设的工程管线的控制高程和覆土深度等。

2. 城市工程管线的种类

城市工程管线的种类多而复杂，根据其性能和用途、输送方式、敷设方式、弯曲程度等的不同有不同的分类。

（1）按工程管线性能和用途分类。

城市工程管线综合规划中常见的工程管线有六种：给水管道、排水管沟、电力线路、通信线路、热力管道、可燃或助燃气体管道。城市开发中常提到的“九通一平”中的“九通”即指上述各种管道和道路及有线电视管线贯通。按照工程管线的性能和用途可以分为如表5-2所示的11类。

工程管线分类表　　**表5-2**

序号	工程管线种类	包含种类
1	给水管道	工业给水、生活给水、消防给水等管道
2	排水管沟	工业污水（废水）、生活污水、雨水、降低地下水等管道和明沟
3	电力线路	高压输电、高低压配电、生产用电、电车用电等线路
4	通信线路	市内电话、长途电话、电报、有线广播、有线电视等线路
5	热力管道	蒸汽、热水等管道
6	可燃或助燃气体管道	煤气、乙炔、气体等管道
7	空气管道	新鲜空气、压缩空气等管道

续表

序号	工程管线种类	包含种类
8	灰渣管道	排泥、排灰、排渣、排尾矿等管道
9	城市垃圾输送管道	—
10	液体燃料管道包括石油、酒精等管道	—
11	工业生产专用管道	主要是工业生产上用的管道，如氯气管道，以及化工专用的管道等

按性能和用途分类的各种管线并不是每个城市都会遇到的，也并非全部是城市工程管线综合的研究对象。如某些工业生产特殊需要的管线（石油管道、酒精管道等）就很少需要在厂外敷设。道路是城市工程管线的载体，道路走向是多数工程管线走向的依据和坡向的依据。

（2）按工程管线输送方式分类。

① 压力管线。压力管线是指管道内流体介质由外部施加力使其流动的工程管线。通过一定的加压设备将流体介质由管道系统输送给终端用户，给水、煤气均属于压力管线。

② 重力自流管线。重力自流管线是指管道内流动着的介质由重力作用沿其设置的方向流动的工程管线。这类管线有时还需要中途提升设备将流体介质引向终端，雨水、污水管道系为重力自流输送。

（3）按工程管线敷设方式分类。

① 空中架设管线。空中架设管线是指通过地面支撑设施在空中布设的管线。

② 地下敷设管线。地下敷设管线又分为有沟敷设和无沟敷设。

3. 城市管线敷设形式

（1）空中架设。

工程管线敷设在地面上专门的墩杆、支架或敷设在建（构）筑物上，不受地下水位的影响，维修检查方便，施工的土方量小，是比较经济的敷设方式，主要用于工厂区或景观容貌要求不高的地段（图 5-21）。空中架设的工程管线应当与工程管线通过地段的城市详

图 5-21　管线架空敷设实景

（资料来源：作者拍摄于工程现场）

规相结合，地面支架设置在不同地段时也有不同的要求。空中架设可分为低支架、中支架、高支架三种。

① 低支架：用于不妨碍交通的地段，如沿围墙、平行公路或铁路等，高出地面不大于 0.3m，以避免地面水的侵袭。

② 中支架：用于人行频繁，需通过车辆的地方，净高 2.5～4.5m。

③ 高支架：用于管线跨越公路、铁路时，净高 4.5～6m。

当工程管线架空敷设有可能危及人身财产安全或对城市景观造成严重影响时，应采取直埋、保护管、管沟或综合管廊等方式进行地下敷设。

（2）地下敷设。

城市工程管线宜地下敷设，地下敷设也是管线敷设的发展方向。发达国家的管线入地率已超过 50%。地下敷设有以下 3 种形式。

① 管沟敷设。地沟的作用是保护管线不受外力和水的侵袭，保护管线的保温、围护结构，并使管线能自由地热胀冷缩。根据地沟是否满足通行分为通行地沟、半通行地沟和不通行地沟。

a. 通行地沟：净高大于 1.8m，通道宽大于 0.7m，以保证人员的经常进入维修；应有照明设施、自然或机械通风，保证温度不超过 40℃。由于造价高，一般不采用此方式。常用于重要干线交叉口等不允许开挖检修的地段，管道较多时可局部采用。

b. 半通行地沟：净高 1.4m，通道宽 0.5～0.7m，人可以弯腰行走。

c. 不通行地沟：断面尺寸满足施工要求即可，被广泛使用。

如图 5-22 所示为工程管线管沟敷设实拍图。

图 5-22 工程管线管沟敷设实拍图

② 直埋敷设。直埋敷设也叫无沟敷设，是较经济的敷设方式。给水排水和燃气等工程管线的覆土深度主要取决于有水和含有水分的管道在寒冷情况下是否会冰冻，以及当地土壤冰冻的深度；热力、通信、电力电缆等工程管线以及严寒或寒冷地区以外的工程管线应根据土壤性质和地面承受荷载的大小确定管线的覆土深度（覆土深度大于 1.5m 为深埋）。

如图 5-23 所示为工程管线管沟敷设实景。

③ 综合管廊敷设。综合管廊敷设方式是将城市工程管线放入综合管廊当中的一种敷设方法。当遇到以下情况之一时，工程管线宜采用综合管廊敷设。

a. 交通流量大或地下管线密集的城市道路以及配合地铁、地下道路、城市地下综合体等工程建设地段；

b. 高强度集中开发区域、重要的公共空间；

图 5-23 工程管线管沟敷设实景

c. 道路宽度难以满足直埋或架空敷设多种管线的路段；

d. 道路与铁路或河流的交叉处或管线复杂的道路交叉口；

e. 不宜开挖路面的地段。

综合管廊内可以敷设电力、通信、给水、热力、再生水、天然气、污水、雨水管线等城市工程管线。

干线综合管廊宜设置在机动车道、道路绿化带下；支线综合管廊宜设置在绿化带、人行道或非机动车道下。综合管廊覆土深度应根据道路施工、行车荷载、其他地下管线、绿化种植以及实际冰冻深度等因素综合确定。

4. 平面空间布置

工程管线的平面位置和竖向位置均应该采用城市统一坐标系统和高程系统。

(1) 工程管线按规划道路网布置。

避免规划道路网与现状道路网不一致的情况下，工程管线的再次迁移或对用地的影响，并在不妨碍工程管线正常与运行、检修和合理占用土地的情况下，使线路短捷。

工程管线应根据道路的规划横断面布置在人行道或非机动车道下面（图 5-24）。位置受限制时，可布置在机动车道或绿化带下面。

沿城市道路规划的工程管线应与道路中心线平行，其主干线应靠近分支管线多的一侧。工程管线不宜从道路一侧转到另一侧。

(2) 工程管线布局需结合用地规划。

工程管线的布置应与城市现状以及规划的地铁、地下通道、人防工程等地下隐蔽性工程协调配合，综合优化各专业管线需求，既便于用户使用，又节省地下空间。

充分利用现状工程管线，而对于原有管线满足不了要求需要改造的工程管线，经综合技术和经济比较后，可以通过原线位抽换管线，充分利用地下空间。

(3) 工程管线宜避开不良地质条件地区。

工程管线在地震断裂带、沉陷区、滑坡危险地带等不良地质条件地区敷设时，随着地段地质的变化，可能会引起工程管线断裂等破坏事故，造成损失，引起危险事故的发生。

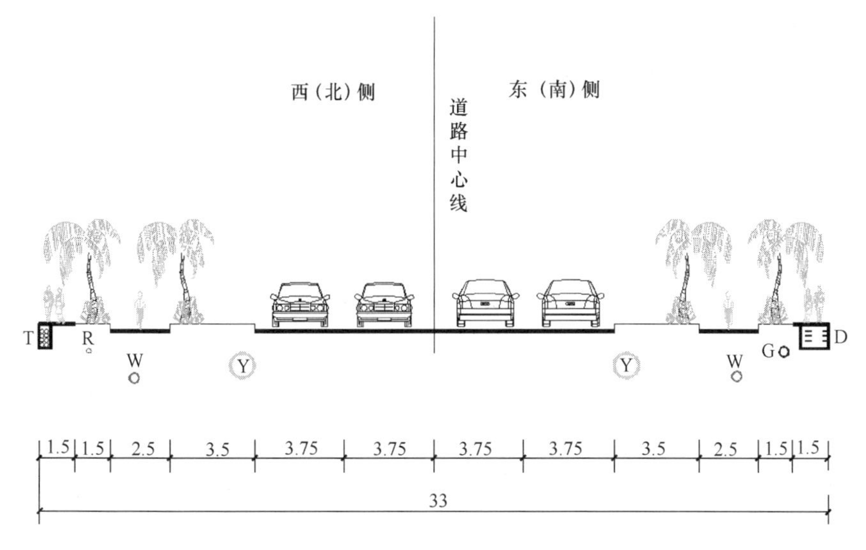

图 5-24　工程管线综合标准横断面布置示意图

平原城市宜避开土质松软地区、地震断裂带、沉陷区以及地下水位较高的不利地带；起伏较大的山区城市，应结合城市地形的特点合理布置工程管线位置，应避开滑坡危险地带和洪峰口。确实无法避开的工程管线，应采取保护措施并制定应急预案。

（4）工程管线间的避让原则。

① 在压力管线与重力自流管线交叉发生冲突时，压力管线容易调整管线高程，以解决交叉时的矛盾。

② 给水、供热、燃气等工程管线多使用易弯曲材质管道，可以通过一些弯曲方法来调整管线高程和坐标，从而解决工程管线交叉矛盾。

③ 主干管径较大，调整主干管线的弯曲度较难。另外，过多地调整主干线的弯曲度将增加系统阻力，需提高输送压力，增加运行费用。

（5）路侧的布置原则。

按照城市道路市政管线布置一般原则，在道路东侧或南侧自道路红线向道路中心线方向依次布置电力、给水、再生水、雨水等管线，在道路西侧或北侧自道路红线向道路中心线方向依次布置通信、燃气、污水等管线；在人行道、绿化带宽度受限情况下，雨水、污水管道可布置在慢车道（辅道）或车行道下。相关市政管线平面位置要求如表 5-3 所示。

市政管线平面位置要求　　　　**表 5-3**

管线名称	布置方向	布置位置
给水管线	东侧或南侧	人行道、绿化带
再生水管线	东侧或南侧	人行道、绿化带
雨水管线	东侧或南侧	人行道、绿化带、慢车道
污水管线	西侧或北侧	人行道、绿化带、慢车道
电力管线	东侧或南侧	人行道、绿化带
通信管线	西侧或北侧	人行道、绿化带
燃气管线	西侧或北侧	人行道、绿化带

另外，根据道路红线宽度和具体情况，布置市政管线时还需满足以下要求：

① 市政管线不宜从一侧转到另一侧，道路红线宽度超过 40m 时，给水、雨水和污水管道应在道路两侧布置。

② 市政管线管位在原则上不宜变动，若特殊情况需变动时，电力管线不宜与燃气管线放在同一侧。

③ 沿铁路、公路、河道敷设的工程管线应与铁路线路和公路线路平行。当工程管线与铁路、公路、河道交叉时，宜采用垂直交叉方式布置；受条件限制，可倾斜交叉布置，其最小交叉角不宜小于 30°。

此外，各管线相互之间以及其与建（构）筑物之间的水平净距应符合《城市工程管线综合规划规范》GB 50289—2016 中的相关要求，当道路宽度、断面以及现状工程管线位置等因素限制难以满足要求的时候，应根据现场的实际情况采取安全措施后减小其水平净距。

① 管线距建筑物距离：除次高压燃气管道为其至外墙面外均为其至建筑物基础，当次高压燃气管道采取有效的安全防护措施或增加管壁厚度时，管道距建筑物外墙面不应小于 3.0m。

② 地下燃气管线与铁塔基础边的水平净距，还应符合现行国家标准《城镇燃气设计规范》GB 50028—2006 地下燃气管线和交流电力线接地体净距的规定。

③ 燃气管线采用聚乙烯管材时，燃气管线与热力管线的最小水平净距应按现行行业标准《聚乙烯燃气管道工程技术标准》CJJ 63—2018 执行。

④ 直埋蒸汽管道与乔木最小水平间距为 2.0m。

5. 管线竖向空间布置

管线竖向布置与管线的埋深及管径的大小紧密联系，各种管线之间要有足够的垂直距离，方能保证道路下管线走向的通畅。一般情况下遵循以下原则。

（1）尽量减少埋深。

在满足管线最小覆土深度及符合生产要求的情况下，地下管线应力求浅埋，以减少土石方工程量和方便施工。地下管线的布置，应考虑同沟一次开挖的可能性，管线底部高差也不宜过大，以保证管线尽可能在原土上敷设，以减少基础工程量，降低工程造价。

（2）优先保证重力流管线的坡度。

满足工程管线覆土深度及交叉时的最小垂直净距等要求，并保证重力自流管线在流向上的坡度。

（3）工程管线交叉敷设时，宜按下列原则处理。

自地表面向下的排列顺序宜为通信管线、电力管线、热力管线、燃气管线、给水管线、再生水管线和排水管线（图 5-25）。

6. 重要交叉点的竖向协调

市政管线有很多类管线，按管线竖向适应能力和各阶段竖向协调的难易程度来分，可以分为压力管和重力管。对于压力管而言，由于其内介质靠压力传输，对于管线的竖向不敏感，在规划以后的工程实施过程中有很强的协调能力，所以压力管不是竖向综合的重点；对于重力流管线而言，由于其内的介质靠重力传输，对于管线的竖向极为敏感，特别

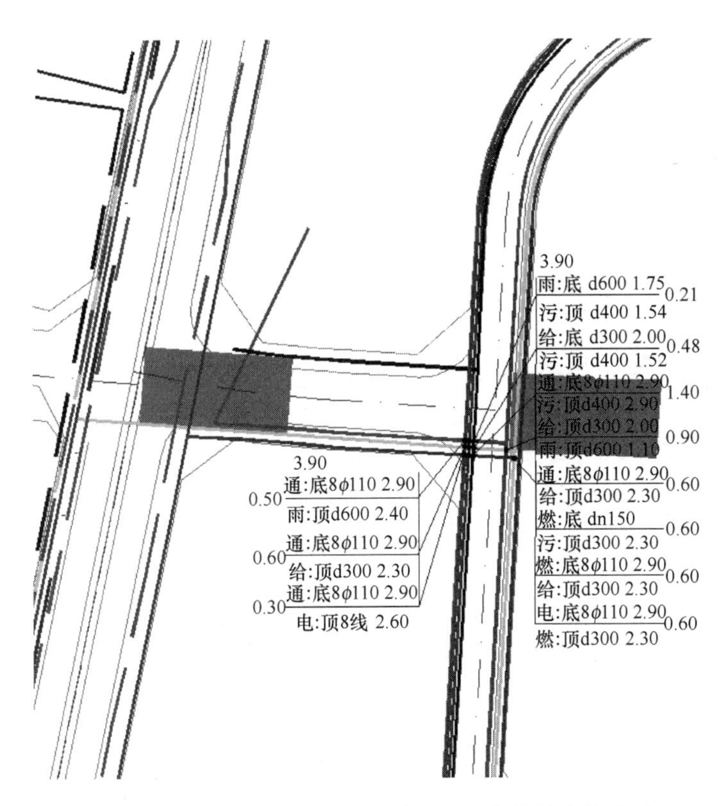

图 5-25　道路交叉口管线综合设计图

是对于下游的规模较大的管线及其管网系统，一旦规划确定，在以后的实施过程中，单个局部工程难以通过竖向的调整来解决本片区布局的问题，即使调整，也将引起牵一发而动全身的巨大的系统性调整，工作基本难以实施。所以在规划阶段，这些规模较大的管线的竖向问题应该尽早地进行分析核查，确保规划阶段的方案稳定。

各种地下管线交叉时的最小垂直净距应符合《城市工程管线综合规划规范》GB 50289—2016 的相关要求（表 5-4）。

工程管线交叉时的最小垂直净距（m）　　**表 5-4**

序号	管线名称		给水管线	污水、雨水管线	热力管线	燃气管线	通信管线		电力管线		再生水管线
							直埋	保护管及通道	直埋	保护管	
1	给水管线		0.15	—	—	—	—	—	—	—	—
2	污水、雨水管线		0.40	0.15	—	—	—	—	—	—	—
3	热力管线		0.15	0.15	0.15	—	—	—	—	—	—
4	燃气管线		0.15	0.15	0.15	0.15	—	—	—	—	—
5	通信管线	直埋	0.50	0.50	0.25	0.50	0.25	0.25	—	—	—
		保护管及通道	0.15	0.15	0.25	0.15	0.25	0.25	—	—	

续表

序号	管线名称		给水管线	污水、雨水管线	热力管线	燃气管线	通信管线		电力管线		再生水管线
							直埋	保护管及通道	直埋	保护管	
6	电力管线	直埋	0.50*	0.50*	0.50*	0.50*	0.50*	0.50*	0.50*	0.25	—
		保护管	0.25	0.25	0.25	0.15	0.25	0.25	0.25	0.25	—
7	再生水管		0.50	0.40	0.15	0.15	0.15	0.15	0.50*	0.25	0.15
8	管沟		0.15	0.15	0.15	0.15	0.25	0.25	0.5*	0.25	0.15
9	涵洞（基底）		0.15	0.15	0.15	0.15	0.25	0.25	0.5*	0.25	0.15
10	电车（轨底）		1.00	1.00	1.00	1.00	1.00	1.00	1.00	1.00	1.00
11	铁路（轨底）		1.00	1.20	1.20	1.20	1.50	1.50	1.00	1.00	1.00

注：① * 用隔板分隔时不得小于 0.25m；

② 燃气管线采用聚乙烯管材时，燃气管线与热力管线的最小垂直净距应按现行行业标准《聚乙烯燃气管道工程技术标准》CJJ 63—2018 执行；

③ 铁路为时速大于或等于 200km/h 客运专线时，铁路（轨底）与其他管线最小垂直净距为 1.50m。

7. 市政管线交叉协调处理

由于市政道路的规划红线宽窄不一，由几米到几十米不等，所以要在有限的道路断面内，根据管道的最小水平净距等要求来布置各种管道，就很容易在平面和竖向空间位置上发生互相冲突和干扰。一般地，由于各种市政管道都有自己的一套技术规范，设计、施工、验收以及维修养护都是由各自的专业单位独自完成，管道的建设时间也不尽一致，所以在管道施工中很容易出现管道的交叉冲突。一些早期建成的市政道路，由于没有较好地考虑管道综合平衡问题，“先施工的管道占据未施工管道的断面位置”的现象随处可见，导致后施工的管道常常碰到管道交叉冲突的干扰。在处理市政管线交叉冲突时，应遵循以下原则。

（1）有效改善交叉处管道的水力条件的原则。

无论使用哪种方法处理市政管理交叉冲突，都需设置相应的交叉构筑物，如增设检查井或将排水管道进行局部变形处理等。这样就会增加管道排水时的水头损失。因此应根据水力学原理，通过在检查井内合理设置导流槽和适当扩大交叉变形段的过水断面来改善水力条件，减少水头损失。

（2）保证各种管道运行安全可靠的原则。

不允许设置交叉构筑物而使管道出现局部“卡喉”等人为障碍，降低排水能力；更不允许顶托上游排水。结构处理时也应符合有关结构设计规范的要求，保证交叉构筑物具有足够的安全强度。

（3）便于维护管理的原则。

在处理市政管理交叉冲突时应充分考虑管道养护的方式，便于维护管理。如人工掏挖时，变形段不宜过长，一般不超过 10m；两端增设的连接井应有足够高度的井室，以便于维护人员操作。当有条件采用水力冲沟法清掏时，变形段和连接井井室应满足最小口径浮筒通过的要求。

8. 地下工程管线综合信息化管理

地下工程管线随着城市建设的发展而迅猛发展，随之而来的地下综合管线的管理问题也越来越多：施工破坏造成停水停电；“马路拉链”成为城市痼疾；排水不畅带来道路积水。

城市地下工程管线综合信息化管理是城市地下空间规划、城市建设、城市管理、城市应急和地下管线运行维护管理的基础。

(1) BIM技术。

BIM（Building Information Modeling，建筑信息模型）最先在建筑行业得到应用，后来被拓展应用到各个领域。BIM技术可以进行三维建模，以补充二维设计的不足，从而充分表达设计者的意图，并且可以全面分析工程管线的具体内容以及精准性高且可跨专业协调作业等。因此，将BIM技术应用在工程管线综合规划中，可以解决工程管线在规划设计以及施工中的诸多不便，提供技术依据和实施思路。近年来，已有很多市政工程案例采用BIM技术建立三维可视化“图纸”来发现施工方案的问题和提高施工效率，如陕西西铜高速城市段元朔路立交工程施工项目，是2021年第十四届全运会期间的重要交通枢纽。面对施工过程中工程体量庞大、地下管线复杂、建造工期紧张、涉及专业众多等挑战，施工单位运用了BIM技术对施工过程进行设计和管理控制，利用BIM技术构建的三维可视化模型发现并解决了U形隧道路段设计不匹配等细节问题，不仅解决了施工方案与隧道美观冲突的问题，还加快了工程进度，大大提升了施工效率。BIM三维模型如图5-26所示。

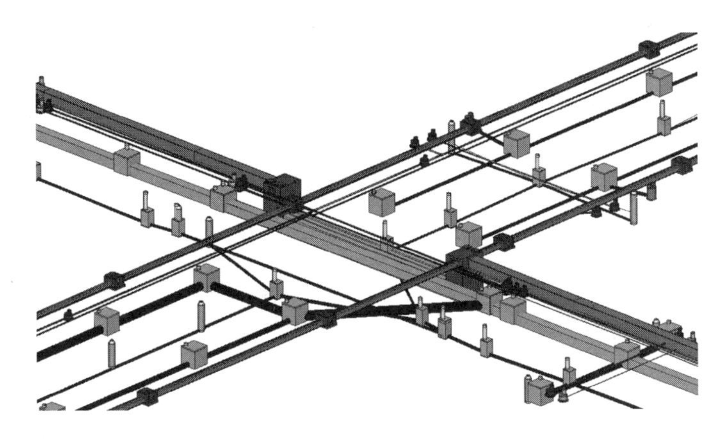

图5-26　BIM三维模型

（资料来源：李薇，屠冰冰，于水．基于BIM的港口工程地下管线设计方法［J］．中国水运，2021(9)：105-108）

BIM技术在城市工程管线综合中的应用优势如下：

① 可视化设计。相比较CAD的二维平面设计图，BIM的3D模型可以更加直观地表现出管线的设计意图和整体情况，避免了施工人员因主观认知差异而对规划方案产生误解；各参建方可以及时通过BIM信息及时准确下达命令，提高各方沟通效率，协同建设；当施工图纸和实际施工之间存在差异的时候，也可以利用BIM技术对设计方案进行修改；

此外通过可视化 3D 模型，也可以更直观地表现出管线的设计错误，从而规避施工风险，安全科学地进行工程管道施工。

② 协同设计。BIM 技术可以及时汇总和组织与城市工程管线有关的综合数据和信息，设计和施工人员可以根据数据结构或设计配置变化实时动态更新数据相关信息，从而保证了数据的综合性、及时性和有效性；带动施工进度的把控，基于施工进度和 BIM 进行动态调整各单位的实际建设情况，管网工程人员共享 BIM 模型当中的参数、信息，避免了因信息滞后造成的信息传输错误，提升动态化管理效率。

③ 模拟化设计。BIM 模型可以用于仿真模拟城市管线工程项目中关键节点的施工过程，从而论证施工组织方案的可行性。目前，应用 BIM 技术构建的三维信息模型来预知项目在施工过程中潜在的安全质量问题已经成为市政工程和城市管线综合的研究热点。

④ 碰撞检测。基于 BIM 的模型，可以对不同专业设计的同一空间工程管线进行碰撞检测，并提前进行设计更改，以避免在施工过程中产生设计变更而造成的成本上升、安全事故、耽误施工进度。如图 5-27 所示为 BIM 管线碰撞系统截图。

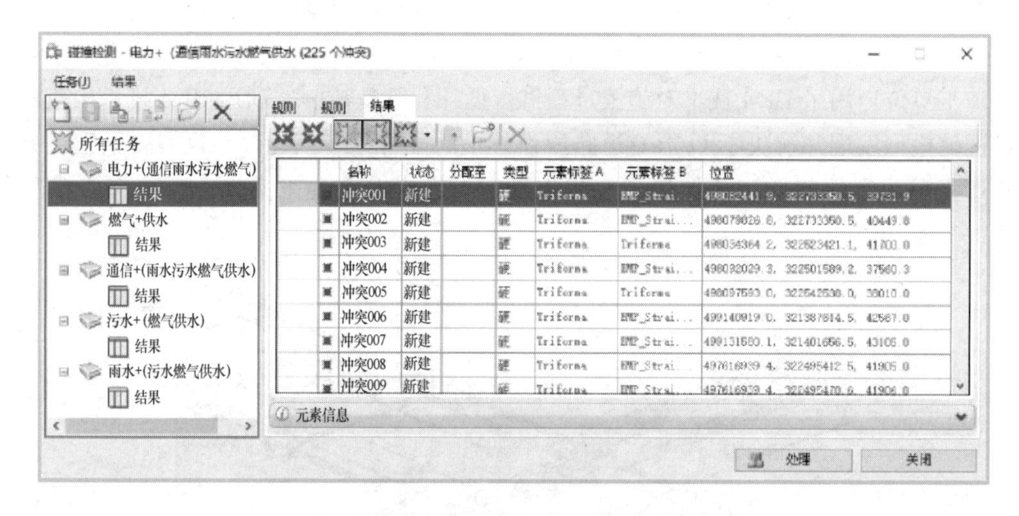

图 5-27　BIM 管线碰撞系统截图

（资料来源：任立夫．基于 BIM 技术的地下管线建模应用分析［J］．测绘通报，2021(2)：149-152）

（2）CIM、GIS 与 BIM 的深度融合。

GIS 技术在城市建设领域主要表现在道路、建筑、水域、植被等外在空间设施的几何和环境描述信息，是主要解决城市建设宏观领域各种问题的信息应用技术；而 BIM 模型表现在复杂的建筑设施本身及其所属机电等配套系统方面有着非常大的信息优势，是解决城市建设微观领域各种问题的信息应用技术。

CIM 即城市信息模型，如果说 BIM 是单体建筑数据的模型化集成，那么 CIM 就是城市宏观的信息模型集成。在日常城市管理过程中，除了对建筑、市政层面的考虑，还需要考虑城市运行方面的因素，如环境、安全、交通、天气、居民等一系列复杂的因素。

① 应用价值。将 CIM 技术、GIS 技术与 BIM 技术进行深度集成应用技术研究，可以改变我国目前地下工程管线的管理现状，消除信息壁垒，建立各系统之间数据信息的交换

和传递机制，实现项目从规划到运行维护整个生命周期内实时的信息共享。统一规划、统一技术、统一信息格式可以保障各方数据交换过程中的准确性、安全性和高效性，也方便后续的统一标准管理。GIS 技术与 BIM 技术的集成应用，可以驱动信息管理系统之间数据交换和传递的发展与创新，为统一管理标准，实现项目全生命周期应用价值最大化奠定基础。

建设单位可将 CIM 平台与当地建管部门实现无缝、实时对接，为项目建设提供从规划建设阶段到运营维护阶段的全生命周期服务。CIM 的应用方向是以 CIM 平台为基础，创建一个高效、实时、个性化的信息服务平台，实现资源整合，提升服务质量和管理水平，深化城市智慧化。

② GIS 与 BIM 深度集成管网信息传递。GIS 技术与 BIM 技术集成整合需要考虑在这两种技术之间不同数据格式的转化问题，实现数据层面与系统层面的集成，才可以达到深度集成的目的（图 5-28）。

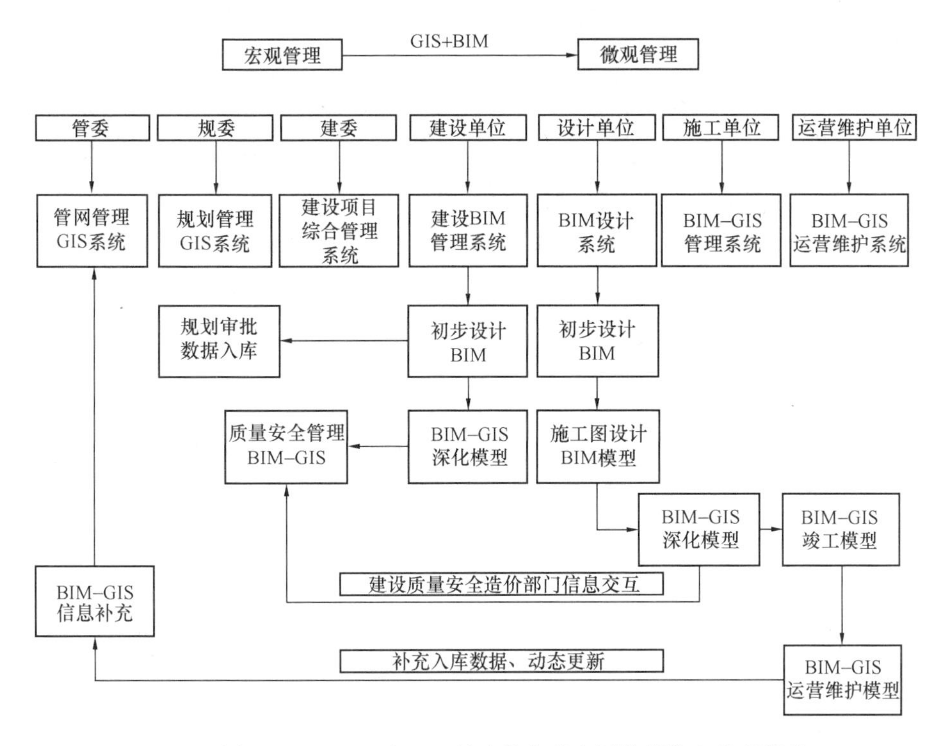

图 5-28　以 GIS+BIM 技术的集成应用数据信息传递模式

（资料来源：宋学峰．以 GIS 和 BIM 深度集成应用技术为核心的城市地下管网信息管理模式探讨［J］．土木建筑工程信息技术，20168(4)：80-84）

GIS 技术主要应用范围涉及政府政务管理、规划管理、管网管理及测绘单位等宏观部门；BIM 技术应用主要涉及项目建设、施工及运营维护等相关单位的微观管理。GIS 应用系统在集成了 BIM 技术之后，可使宏观管理与微观管理有效结合，实现各部门对建设相关信息的动态化管理，提升部门信息化和精细化管理水平，提升长线、大规模工程区域性工程设计、施工、管理能力。

GIS 和 BIM 的深度集成可以使得 BIM 模型在工程管线项目从初步设计到管理运营各

个阶段的信息均无损地向宏观管理部门传递，不仅极大提高GIS在城市工程管线的规划、建设、管理、监测、评价、灾害预警和政府政务信息分析的精细化程度，而且可以在微观领域上提升信息丰富度、拓展信息管理深度，保障项目相关各部门信息传递效率。

③ CIM搭建模型。目前，社会对CIM平台的技术选型方向比较多，主流方式是三维模型模式，在地下工程管线的监管中，采用Revit（图5-29）、Bentley等三维模型较多，BIM可以实现管线的可视化，具体可以精细到零部件，模型以共享数据格式集成到CIM平台中。

图5-29 集成Revit地下管线模型的CIM平台局部截图

（资料来源：石巍.CIM概念数字化平台选型浅析［J］.智能建筑与智慧城市，2021(6)：92-93）

(3) 地下管线管理平台。

城市地下管线信息管理及共享平台的建设工作是实现城市地下管线信息总体利用的基础，也是提高信息数据使用效率的前提。城市综合地下管线数据库随着计算机技术的发展拥有了良好的开发环境，城市地下工程管线管理及共享平台主要是服务于城市地下管线的普查、数据录入存储、数据输出、数据更新。

城市综合地下管线信息系统

用户界面

数据采集 | 空间查询 | 空间分析 | 统计分析 | 制图输出

数据库管理系统

空间数据库 | 属性数据库

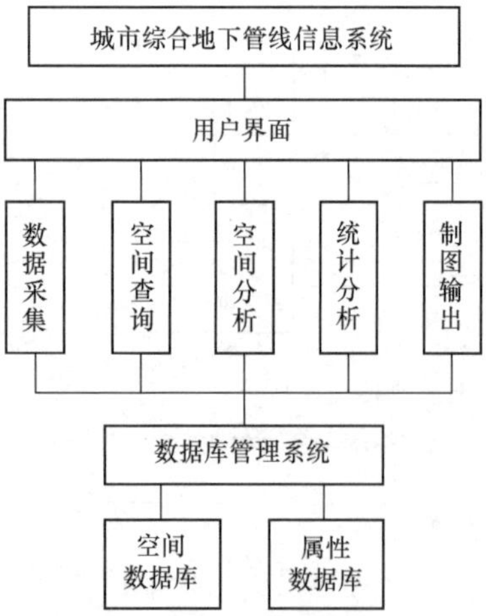

图5-30 城市综合地下管线信息系统总体结构示意

（资料来源：谢榕.城市综合地下管线基础信息库的构建探讨［J］.测绘通报，2000(6)：17-19）

一个较为全面的城市地下管线信息系统具有数据采集、空间查询、空间分析、统计分析、制图输出等功能（图5-30），并且可以为规划部门提供信息服务，进一步为政府部门的决策提供科学依据。

① 地下管线信息数据采集。地下管线基础地理信息收集目前主要包括探测普查、竣工测量、修补测量及权属单位提供的专业地下管线信息等方面。其中，普查、修补数据在通过探测后经质量检查之间录入信息系统数据库，竣工测量数据则由建设单

位和测绘单位通过系统申请、经过材料完整性和数据信息质检合格后入库。

② 基于城市地下管线信息管理及共享平台的建设。完成数据收集入库后，以“数据—服务—应用”为主线，开发建设管线地理空间信息共享交换平台，通过该平台发布统一规范的数据和应用服务。

地下管线信息建设的成果通过在城市规划与建设、城市道路施工、河道整治等工作中的应用，一方面能够有力保障城市建设和环境维护；另一方面，地下管线信息的准确性也可以得到进一步的验证及动态更新。同时，利用信息成果开展管线碰撞分析，还能够加强对地下管线的隐患排查，强化地下管线的统筹管理、顶层设计。其结构如图 5-31 所示。

5.2.3　城市地下综合管廊

综合管廊是指建于地下用于容纳两种及两种以上包括电力、通信、供水排水、再生水、热力、燃气等工程管线的构筑物及附属设施，以暗装、浅埋、深埋隧道的形式建造，允许安装、维护、拆除的地下设施系统。综合管廊做到了地下空间的综合利用和资源的共享，是现代化智慧城市建设的重要市政基础设施。与地上建筑相比，综合管廊的设计在受地下空间制约的同时，对其安全稳定性、功能性和环保性提出了更高要求，且由于地下空间资源的有限性和不可逆性，综合管廊的设计理念应具有超前性，以满足城市发展的需求和功能空间的变革。综合管廊断面示意如图 5-32 所示。

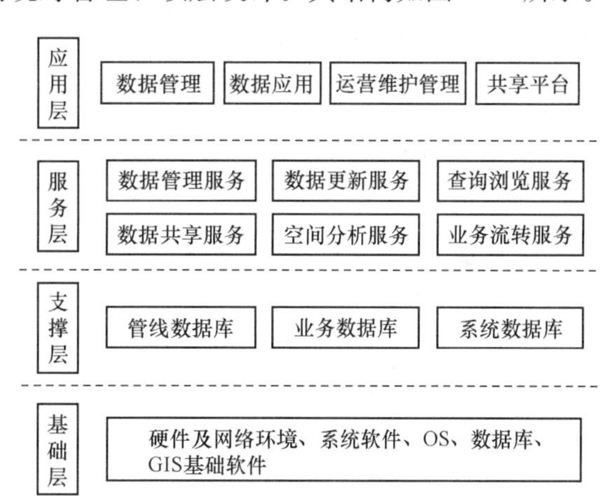

图 5-31　城市综合地下管线信息系统结构示意

（资料来源：许丹艳，刘颖，严建国，等．城市基础信息共建共享背景下的地下管线信息建设与管理 [J]. 测绘通报，2018(6)：139-143）

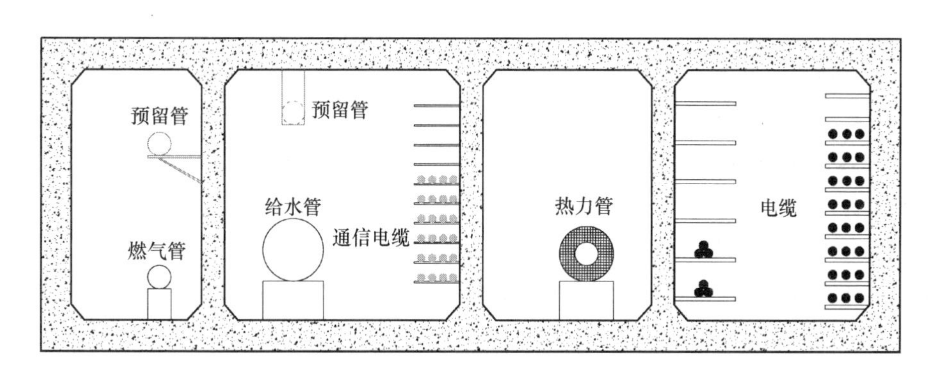

图 5-32　综合管廊断面示意

1. 综合管廊空间集约优势

城市综合管廊在集约化敷设管线、节约地下空间资源及养护和运营管理等方面具有显著优势。相比于管线直埋敷设，综合管廊可以将分散布置的各类市政管线进行集中敷设，充分利用了综合管廊的垂直空间，实现了管线在平面空间上的重叠，减少了部分管线的空间利用，实现地下空间的立体开发利用。以某条主干道为例，11 根管线的道路平面敷设要求，各类管线需要将近 20m 的平面空间，而采用综合管廊只需要 16.8m 平面空间。相比较而言，综合管廊集约节约了地下管线敷设空间（表 5-5）。

综合管廊和管线直埋敷设方式占用平面空间大小对比表 **表 5-5**

敷设方式	敷设管线类型	平面布局空间
管线直埋	2DN600 给水管（DN800）、DN300～DN500 再生水管、4 回 220kV 电缆、2 回 220kV 电缆（预留）、20kV 电缆、12～18 孔通信光缆、DN400 燃气中压管道、d500 污水管、DN900 蒸汽管道＋DN1000 蒸汽管道（二期）＋DN450 凝结水管 11 根管线	20m
综合管廊		16.8m

2. 综合管廊发展趋势

（1）规划建设理性化。

综合管廊可以减少“马路拉链”，保护市政管线，让城市更加美好。在规划建设时，综合管廊建设应该以新区同步建设为主，在城市老城区的综合管廊建设主要是随着城市更新、道路改扩建进行同步建设的。

（2）入廊管线科学化。

入廊管线的选择将对综合管廊的投资有重大影响，科学选择入廊管线对综合管廊规划建设至关重要。比如，国内对于重力流污水管线、天然气管线、大口径给水管、超高压电力电缆等，纳入综合管廊，一直有一定的争论。从目前积累的经验来看，这些管线纳入管廊，将显著增加综合管廊的断面尺寸及设备投资，从而增加综合管廊的造价。因此对于这些管线的入廊应重点论证和分析。

（3）管廊断面小型化。

持续推进精细化设计，因地制宜优化断面，推进入廊管线集约布置，提高断面利用率，从源头降低综合管廊断面。

（4）附属设施减量化。

将综合管廊的各种口部节点集约化设计，如吊装、逃生及线缆防线口节点整合、进风井兼做逃生口等，从而减少地面口部数量，节约工程投资。新型缆线管廊契合了综合管廊发展趋势，具有断面小、投资省、工期短、无附属设施、维护简便的特点，其在应用中具有更好的优势。

3. 综合管廊入廊管线

给水、压力流污水、再生水、天然气、热力、电力、通信等城市工程管线可纳入综合管廊，重力流雨水和污水管道、高压天然气或小于 DN300 中压天然气管道、大于 DN1200 给水管道一般不纳入综合管廊。入廊管线的确定应考虑综合管廊建设区域工程管线的现状、周边建筑设施现状、工程实施征地拆迁及交通组织等因素，结合社会经济发展状况和水文地质等自然条件，分析工程安全、技术、经济及运行维护等因素。

4. 综合管廊断面设计

（1）综合管廊标准断面内部净高应根据容纳的管线种类、数量综合确定。其中，干线综合管廊的内部净高不宜小于2.1m，支线综合管廊的内部净高不宜小于1.9m（与其他地下构筑物交叉的局部区段净高不应小于1.4m）。

（2）综合管廊标准断面内部净宽应根据容纳的管线种类、数量、运输、安装、运行、维护等要求综合确定。综合管廊通道净宽应满足管道、配件及设备运输的要求，并应符合规定：综合管廊内两侧设置支架或管道时，检修通道净宽不宜小于1.0m；单侧设置支架或管道时，检修通道净宽不宜小于0.9m；配备检修车的综合管廊检修通道宽度不宜小于2.2m，综合管廊坡降应与检修车爬坡能力匹配。电力电缆的支架间距应符合现行国家标准《电力工程电缆设计标准》GB 50217—2018的有关规定，通信光缆的桥架间距应符合现行行业标准《光缆进线室设计规定》YD/T 5151—2007的有关规定。

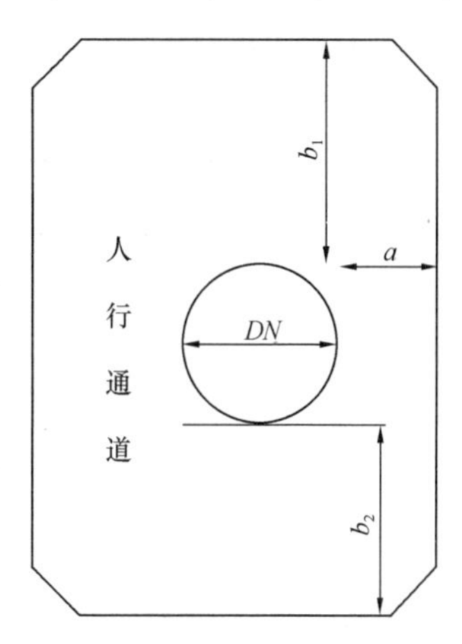

图5-33　综合管廊的管道安装净距示意

（3）综合管廊的管道安装净距（图5-33）不宜小于表5-6所示的数值。管道敷设时，应考虑管道的排气阀、排水阀、伸缩补偿器、阀门等配件安装、维护的作业空间。

综合管廊的管道安装净距（mm）　　**表5-6**

<table>
<tr><th rowspan="2">DN</th><th colspan="3">铸铁管、螺栓连接钢管</th><th colspan="3">焊接钢管、塑料管</th></tr>
<tr><th>a</th><th>b1</th><th>b2</th><th>a</th><th>b1</th><th>b2</th></tr>
<tr><td>DN<400</td><td>400</td><td>400</td><td rowspan="5">800</td><td rowspan="3">500</td><td rowspan="3">500</td><td rowspan="5">800</td></tr>
<tr><td>400≤DN<800</td><td rowspan="2">500</td><td rowspan="2">500</td></tr>
<tr><td>800≤DN<1000</td></tr>
<tr><td>1000≤DN<1500</td><td>600</td><td>600</td><td>600</td><td>600</td></tr>
<tr><td>DN≥1500</td><td>700</td><td>700</td><td>700</td><td>700</td></tr>
</table>

5. 三维控制线

（1）平面空间布置。

① 综合管廊与轨道、铁路间的控制要求。穿越或位于城市轨道交通建设控制区、保护区的综合管廊建设项目，必须进行专项设计和评审，并经市规划国土和建设部门批准。

a. 综合管廊先于轨道施工时，覆土厚度控制不小于2.5m，轨道区间段顶板与管廊地板净距离控制不小于5m；

b. 综合管廊与轨道同时施工时，竖向净距不小于1m；

c. 综合管廊后于轨道施工时，水平净距应不小于3m，竖向净距不小于5.0m；

d. 综合管线与铁路线交叉时，综合管廊距离铁路钢轨（或坡脚）的最小水平距离应为3.0m，与铁路（轨底）的最小垂直距离应为1.0m。

② 综合管廊与地下建（构）筑物间的控制要求。当综合管廊与两侧的地下空间出现交叉情况时，综合管廊应根据地下空间的规划方案采取不同的方式穿过地下空间。当地下空间覆土厚度达到3m以上时，采取与穿越轨道站体类似的方式及管廊与地下空间共板设

置；当地下空间覆土较浅，应考虑将综合管廊与地下空间结合设置；当地下空间布置为交通功能时，综合管廊可以拆分为两个单舱，分别布置在地下空间两侧。

综合管廊与地下构筑物的最小净距应根据地质条件和相邻构筑物性质确定，且不小于表 5-7 中所示的规定。

综合管廊与地下构筑物的最小净距 **表 5-7**

施工方法	明挖施工	顶管、盾构施工
综合管廊与地下构筑物水平净距	1.0m	综合管廊外径

综合管廊与相邻地下管线的最小净距应根据地质条件性质确定，且不得小于表 5-8 中所示的规定。

综合管廊与相邻地下管线的最小净距 **表 5-8**

施工方法	明挖施工（m）	顶管、盾构施工（m）
综合管廊与地下管线水平净距	1.0	综合管廊外径
综合管廊与地下管线交叉垂直净距	0.5	1.0

在综合管廊与雨水、污水管线交叉时，一般应尽量避让雨水、污水管线。雨水、污水管线设计时，宜尽量在综合管廊覆土层或者管廊下方穿越。少数无法避开的位置，综合管廊采用上倒虹或者下倒虹的方式穿越。采用明挖方式施工的，综合管廊与地下管线平行建设时，与地下管线的水平间距不小于 1m；与地下管线交叉穿越时，与地下管线的垂直间距不小于 0.5m。

③ 综合管廊与水系间的控制要求。综合管廊穿越河道时应选择在河床稳定的河段，其最小覆土深度应满足河道整治及综合管廊安全运行的要求，且一般不得小于 2.5m。

（2）竖向空间布置。

缆线（微型）管廊与其他市政基础设施（如桥、下穿隧道、轨道交通等）共线时，应根据技术经济比较，确定缆线（微型）管廊与其他市政基础设施的布置方式。缆线（微型）管廊的覆土深度应根据地下设施竖向规划、荷载、绿化种植等因素综合确定，并满足出廊后直埋管线的埋设条件。

6. 重要交叉节点

综合管廊敷设路有可能遇到高铁、地铁、河流、重力流管线等阻碍，本小节针对几种交叉节点时的处置方法进行介绍。

（1）高铁轨道节点。

城市综合管廊下穿高铁应结合项目自身特点，充分考虑安全性、可实施性及施工时序的影响，加强施工监测及检测；综合管廊与高铁框架共建方案有效地避免了两者之间的互相影响，促进了结构的安全性能，降低了施工风险，且节约造价；综合管廊与高铁高架桥分离式方案通过钢筋混凝土护壁支护开挖方案，最大限度地减小了对高铁桥墩的扰动，同时通过跳槽分段开挖的施工方式，保证了高铁桥墩的安全。

（2）地铁站节点。

当综合管廊和地铁平行敷设需要穿越地铁站时，可考虑以下两种方式穿越地铁站。一是综合管廊从车站出入口通道、风亭的下部穿越。其优点是车站与管廊较独立，管廊埋深较深，对出入口和风亭影响较小，标高协调较方便。缺点是管廊埋深与地下二层车站埋深相当，基坑开挖深度较大，管廊投资增加，工期较长。二是综合管廊设置于车站出入口通道、风亭的上部。其优点是管廊底板与附属结构顶板结合，附属结构标高可不下调或下调约 1m，基本不影响地铁的使用功能。管廊埋深浅且部分与地铁结构结合，有利于节省管廊投资和工期。缺点是如果是含燃气舱的综合管廊，则不能与其他建（构）筑物合建，燃气管线在地铁站点位置采用直埋方式。

（3）河流桥梁节点。

综合管廊穿越河道一般需根据河底规划标高选择下穿或管桥方式跨越。采用管桥方式跨越河道的优点在于施工方便，造价较低；缺点是破坏景观。采用下穿方式穿越河道的优点在于不破坏景观，施工速度较快；缺点是地下施工工程量较大，造价相对高。若综合管廊与沿线桥梁桩基冲突，需对冲突桥梁拆复建。为减少桥梁拆复建对沿线交通的影响，可对桥梁采取半幅拆复建方式，综合管廊与桥梁复建同期施工。

（4）重力流管线节点。

当排水管道埋设深度较浅且与综合管廊下部标高冲突时，可压缩管廊竖向高度，减少支架数量，并在管廊两侧平面进行外扩，增加支架长度，采用横向补偿竖向的方式，满足电力电缆及通信线缆的敷设规模，此处理方案在满足雨污水管道及电力和通信管线敷设的基础上，保证了综合管廊的整体性。当排水管道埋设深度较浅时，与综合管廊上部标高冲突时，可考虑适当下压综合管廊标高，通过一定距离的过渡段（转角及坡度需满足电力及通信线缆的敷设要求），使得综合管廊下穿雨污水管道进行避让。

7. 重要口部设施景观化

综合管廊出地面口部设施包括人员出入口、逃生口、吊装口、进风口、排风口、管线分支口等，宜优先布置在道路绿化带。如果道路无规划绿化带时，则布置在人行道内，设置位置和方式应与城市景观相结合。

（1）集约化布置。

综合管廊内多种管线集约布置，具有节省用地、检修安装方便、减少了车道上检查井等优点，但同时也衍生了外露孔口过多、对城市景观影响较大等问题，这成为设计需要深入研究的一个问题。在多舱室综合管廊设计中，采用设置多功能夹层的方式，通过夹层的转换，将除燃气舱室以外的其他舱室的通风口、吊装口、逃生口等设施集约布置于一体，同时在夹层的富余空间布置电气设备，这样布置不仅提高了各节点附属设施的利用效率，节约了空间，而且大大地减少了外露地面设施的数量。

（2）隐形化布置。

成都市为减少大型吊装口对城市地面景观的影响，对在人行道下的大型吊装口采用防水封闭于人行道结构以下的做法，并在地面上设置明显的标识，进一步减少地面构筑物。同时，通风口集约了小型吊装口的功能，平时检修和维护仅用通风口。只有对管道进行大规模更换时才启用大型吊装口。深圳前海综合管廊通风口通过风井转换通道到旁边的地块与建筑一体化设计，实现通风口的隐形化（图 5-34）。

图 5-34　综合管廊通风口与建筑一体化设计示意

（3）小型化布置。

在满足安全和功能的前提下，为了减少人行道上通风口对城市景观的影响，节点内通风口的小型化设计成为重点。多舱室地下综合管廊可以根据各个舱室的单个防火分区面积，合理安排不同舱室的轮换通风，以期最大限度地减小通风口面积，减小外露孔口尺寸，从而减小对城市景观的影响。

（4）结合立体绿化布置。

管廊附属口和立体绿化的结合，整体管廊设计可以采用统一的绿化风格、植物物种，利用立体绿化形成自身的特色和标识；也可以同一类型的附属口采用统一风格，与标识系统相结合，附属口一望即知何种类型，便于管理和维护。预制盖板的绿化定制，需要考虑的不仅是外观的美化、标识，更需要技术支撑、结构和防水处理、给水灌溉、积水排放、养分供给以及日常护理防虫害等。

（5）结合其他市政或公共设施布置。

监控中心和管廊出入口与其他市政和公共建筑项目集约化统筹合建。监控中心的布置位置最好靠近综合管廊主体，并有通道直接接入综合管廊的各个舱室，方便管理人员进入巡检，可采用半地下式和地下式监控中心，如成都市天府新区雅州路综合管廊的监控中心就与道路旁绿地下的公共地下停车场合建，综合管廊的监控中心与地下 BRT 车站统筹合建。

综合管廊的出入口分为人员出入口和检修车出入口，人员出入口是为方便巡检人员进出并能快速到达综合管廊内的目标位置而设置的，设置间距一般不超过 3km。人员出入口与人行过街通道、地下空间开发、地铁站点统筹合建，融合相似功能，可大大节约投资成本，减少占地，也能减小对城市景观的影响。如成都市日月大道综合管廊的人员出入口与人行过街通道的出入口合建。干线综合管廊由于容纳的管线尺寸较大，需要预留检修车通道，检修车出入口由于有坡度设置要求，往往通道较长，设计难度较大，如充分结合车行下穿隧道、地下空间开发、市政跨线桥底层来建设，能有效解决这个难题。如成都市天府新区雅州路综合管廊的检修车出入口利用公共地下停车场来布置，综合管廊的检修车出入口利用道路的车行下穿隧道布置。

8. 复合型缆线管廊（微型管廊）的应用

复合型缆线管廊也可称为“浅埋式综合管廊”或者“简易型综合管廊”，其主要特征为无覆土要求，设有可开启盖板，其内部空间不需要满足人员正常通行的需要，在传统缆线管廊的基础上，可纳入小口径给水管、再生水管、雨水管或者污水管等管道。相较于干线或支线综合管廊，复合型缆线管廊在结构上更加简单，无附属设施，包括通风口、投料口、逃生口、照明设施、消防设施等；在敷设要求上，复合型缆线管廊无覆土要求，且施工断面较小，可以大大减少综合管廊的投资造价。

复合型缆线管廊的提出主要解决城中村道路或城市小支路宽度有限且有多种市政管线敷设需求，道路敷设空间不足的问题。同时，可避免管线直埋容易造成无序开挖的问题。适用于城市一般居住区、工业园区、旧村等管线需求少、道路宽度有限的区域，道路上电力电缆回路数不超过16回，通信线缆不超过18孔，且给水管等管径不大于$DN300$。因此，复合型缆线管廊的空间结构应根据纳入管线的情况，并综合考虑施工、通风及维修便利性，推荐参考断面如图5-35所示。

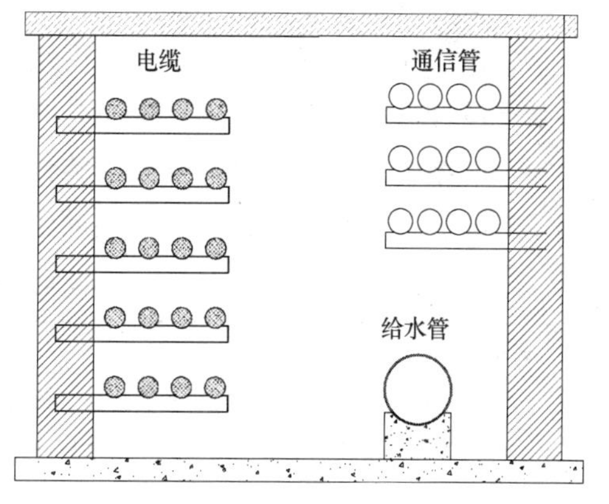

图5-35　复合型缆线管廊参考断面图

（资料来源：朱安邦，王灿，刘应明，等．城中村浅埋式复合型缆线管廊规划与设计要点[J]．中国给水排水，2019，35(16)：68-72）

复合型缆线管廊的优势：在城中村道路或市政支路上，采用复合型缆线管廊可以更好地集约利用空间，且建设成本相比于支线型综合管廊低，建设周期短，可有效解决城中村道路无序开挖的问题。

9. 综合管廊与轨道共建

城市轨道交通和综合管廊均属于大型服务型基础设施，通常沿城市主要道路敷设以服务周边用户，而且在建设过程中均面临交通疏解、管线改迁、征地拆迁、涉河、涉铁、涉高危管线等问题。二者若分开建设，会相互影响，进而加大工程建设难度，增加大量加固和保护措施，导致建设成本大幅攀升；若共同建设，则可对城市地下空间、前期工程、结构与支护等进行统筹，从而大幅缩减工程投资，避免多次建设对城市环境及居民出行的影响。

（1）共建管廊入廊管线分析。

原则上，电力、通信、给水、再生水、热力、压力雨水和压力污水管等市政管线均可入廊，而次高压天然气（0.4～1.6MPa）尽量考虑不入共建管廊，若已规划入廊，建议与规划部门对接调整次高压天然气规划路径，无法调整时需提前组织安全评估，轨道车站段天然气管道与车站建筑物之间的安全净距需满足相关规范要求。

（2）综合管廊与地铁区间的空间关系。

地铁区间与综合管廊类似，均为线性地下结构，埋深一般较大，综合管廊由于需出支线以及设置通风等附属设施，埋深不宜过大。综合管廊应设置在地铁区间上方，并与地铁结构保持一定安全距离，避免互相影响。

对于共建综合管廊工程，在综合比较管廊功能、技术经济性、施工条件，采用盾构法施工具有优势，在局部条件受限区段或与道路改造同期实施区段则采用明挖法施工较好。在城市轨道交通区间隧道段，明挖管廊通常位于城市轨道交通上方或侧方；在车站段，通常与车站附属设施共建（位于其上方或下方）或者设置于车站主体上方。盾构管廊与城市轨道交通相对独立，在区间段通常位于轨道侧方，在车站段位于车站附属设施下方。

（3）综合管廊与车站的空间关系。

车站作为轨道交通重要节点具有占用空间大、功能性强的特点，综合管廊与车站的位置关系是设计方案的难点。二者的结合方式主要分为侧穿、上跨、下穿三种方式。在具体设计中，应结合地铁功能性、管廊功能性、施工风险及影响、工程费用、地下空间有效利用等多方面进行分析，选择合适的共同建设方式（表5-9）。

综合管廊与地铁空间关系及特点 **表5-9**

序号	关系	特点
1	侧穿	（1）在车站主体侧面、附属建筑（出入口、风道）下方穿越，不增加地铁埋深，不影响车站功能； （2）工程影响范围增大，增加基坑开挖宽度，增加管线改移范围
2	上跨	（1）综合管廊在车站上部穿越，增加地铁埋深，影响车站功能，增加车站提升高度； （2）不占用车站投影范围以外的区域，对管线改移、城市交通影响范围较小，增加降水深度； （3）综合管廊埋深小，不利于设置分支口、通风口等附属设施； （4）对结构抗浮产生不利影响，需进行核算抗浮，必要时采取抗浮措施
3	下穿	（1）在车站下部穿越，不增加地铁埋深，不影响车站功能； （2）不占用车站投影范围以外的区域，对管线改移、城市交通影响范围较小； （3）暗挖管廊下穿车站施工风险较大，需采取加固措施；明挖管廊增加基坑开挖深度，增加降水深度； （4）对结构地基承载力产生不利影响，需进行核算，必要时采取加固等措施

5.2.4 高压电力隧道

一般定义10～220kV供配电线路为高压电力线路，随着城市快速发展、人口增加，对电力需求量增长迅速，同时土地资源紧缺，传统高压架空输电线路走廊占地较多以及对城市建设空间、景观、环境影响较大，易受气候等因素影响而故障率较高，架空电力走廊占地宽度是按架空线路敷设对地的垂直安全距离与平行安全距离的要求而制定的，在通廊占地宽度范围内是不允许、种树绿化的，这将对市区的绿化环保事业造成严重的影响。此外，随着公众在环保及公共健康方面意识的增强，全国各地出现越来越多的反对小区周围建立变电站或者架设高压输电线的事件。

高压架空输电线路由于其高压强辐射可能影响人们的健康问题，因此《110kV～750kV架空输电线路施工及验收规范》GB 50233—2014对输电线路110～750kV架空送电线路设计、施工及验收做出了安全距离的相关规定。输电线路边导线与建筑物之间的距离，在最大计算风偏情况下，不应小于表5-10和表5-11所列数值。

边导线与建筑物之间的最小净空距离　　表5-10

标称电压（kV）	110	220	330	500	750
距离（m）	4	5	6	8.5	11

边导线与建筑物之间的最小水平距离　　表5-11

标称电压（kV）	110	220	330	500	750
距离（m）	2	2.5	3	5	6

建立卫生防护走廊，对220kV以上的超高压输电线路必须建立卫生防护走廊，走廊宽度为40～50m，走廊下的障碍物（树木等）应基本清除干净。为保障输电线路、变电站附近居民的身心健康，建议在250～300m规定范围内不建人群密集的活动场所。建立线路保护区，对高压输电线路的线路保护区必须严格按设计标准进行规划。

地下敷设的电缆线路主要优点是不占用地上线路走廊。电缆埋设在地下，不受大气环境等自然条件的影响，同时对城市环境的影响也降到最低，如电磁辐射、可听噪声、视野污染等影响，运行比较安全，减少了地面上的协调。而直埋、电力套管及电缆沟无法满足大量高压电缆敷设的要求，因此，能敷设大量高压电缆、满足高负荷密度的供电要求、同时有效提高空间资源利用率的电缆隧道的出现，为城市电网的建设开辟了广阔的前景。

但与地下管线及建筑物基础之间的协调以及挖掘路面、影响市内交通等矛盾却异常突出，必须在规划中先行考虑。特别要关注高压深入和原有高压架空线改成地下电缆线路所需通道。一般110kV以下电缆，尚可在人行道下敷设，而更高电压的大容量电缆所需空间大，要采用隧道在车行道下敷设，应与其他公用地下管道统一规划。

1. 高压电缆隧道优缺点

在隧道内敷设，一方面可以提高其安全可靠性，另一方面也便于运行维护。同时，隧道内空间相对宽裕，辅助设施相对完备，为今后线路的可能进行的智能化改造也创造了良好的条件。高压电缆隧道还具有维护、检修及更换电缆方便，能可靠地防止外力破坏，敷设时受外界条件影响小，能容纳大规模、多电压等级的电缆，寻找故障点、修复、恢复送电快的优点；此外，大量地减少了电缆线路所占道路断面；减少对电缆的外力破坏和机械损伤；消除因土壤中有害物质引起的保护层化学腐蚀；检修或更换电缆迅速方便，随时可以增放新电缆，而且不必掘开路面。

同时隧道的建设也存在工作量大、建筑材料耗费多、工程难度大、投资大、工期长、附属设施多等劣势，而且也带来了通风、防火、防漏水等大量问题。

2. 高压电缆隧道发展方向

（1）人工智能高压电缆隧道。

传统电缆隧道巡检难、故障多，巡检人员的安全无法保障等问题一直存在困扰。而智慧电缆隧道则提升了电缆隧道多维精益运检的管理水平，让电缆隧道的管理更安全、更便捷、更高效，智慧隧道可运用大量物联网新技术，从而具有智慧感知、智慧中枢、智慧全景监测功能等。

按照国网公司“感知层—网络层—平台层—应用层”的设计架构，建立了高压电缆专业的物联网体系，并对各层设备及系统进行了具体部署。一是包括隧道内感知终端和非隧道内感知终端的感知层；二是包括光纤网络、无线专网和 APN 专网的网络层；三是包括设备数据、运营维护数据、感知数据三个模块组的平台层；四是基于台账、运营维护、感知三类基础数据的具有高级决策辅助功能的应用层。

如表 5-12 所示为国内人工智能高压电缆隧道案例。

国内人工智能高压电缆隧道案例　　表 5-12

序号	地区	电缆隧道等级	智能技术应用情况
1	江苏无锡	220kV 红旗变电缆隧道	国内首次应用隧道内 3D 数字孪生模拟巡检场景、首次使用多通道一机模式的软索机器人。具有智慧感知、智慧中枢、智慧全景功能的“三智六全”精益化运检示范工程
2	江苏南京	220kV 宁莫线电缆隧道	全国首个基于泛在电力物联网理念的人工智能高压电缆隧道。在隧道内全线部署通信光纤和电力 4G 无线专网，设置了各类智能巡检车、机器人等，建立电缆设备健康评价模型，配备可定位的智能安全帽

升级传统电缆隧道实现智能化运行与监控主要有 4 个方面：采用新型玻璃盾壳防水设计，结合智能化设备，有效解决了隧道渗水问题；利用电缆隧道与设备状态全感知技术，可及时掌控地下环境与设备异常情况，节约人力与物力成本，有效降低安全风险，提升人员运营维护效率，提高供电可靠性；利用感知数据智能分析模型，在打造数据分析标准化、智能化、多维化的同时，可深度挖掘数据资源价值，强化辅助决策功能，提升地下电缆通道精益化管理水平；利用人机协同快速联动机制，可提升地下电缆隧道空间环境风险应对与应急处置能力。

人工智能高压电缆隧道可实现应急通信、消防控制、机器人巡检等几十项功能，全面实现通道环境深度感知、电缆状态多维感知与诊断、隧道智能消防控制、隧道人员管理与应急指挥等多项应用场景中的设备联动功能，提升了电缆隧道的智能化管理水平及电网的供电可靠性。如图 5-36 所示为广州市地下综合管廊高压电力舱实拍图。

（2）市政公用隧道敷设高压电缆。

鉴于城市地下市政管线密度高、管位资源紧张，开辟新的电力通道相对困难，为充分利用城市通道资源，利用市政公用隧道敷设高压电缆在世界范围内已被广泛应用，国内也已有相关工程实例，如表 5-13 所示。随着城市轨道交通快速发展，以地铁为代表的城市

图 5-36　广州市地下综合管廊高压电力舱实拍图

轨道交通大规模规划建设，利用地铁自身富余空间敷设高压电缆具有广阔的发展前景，采用高压电缆随地铁隧道敷设方式，可有效解决通道条件对电网发展的阻碍，优化电网结构，以实现在满足城市规划要求的同时节约工程建设投资，实现电网、地铁和城市建设的共赢。

国内市政公用隧道敷设高压电缆案例　　**表 5-13**

序号	地区	市政公用隧道工程	敷设电缆等级（kV）
1	成都市	蜀都大道隧道工程	110
2	天津市	滨海新区中央大道海河隧道工程	220
3	南京市	纬七路跨越长江江底隧道工程	220

在高压电缆搭载城市交通隧道敷设时，需着重考虑隧道消防安全，在电缆选型、电缆接头保护、电缆接地保护、防火分隔、消防设施以及环境监测和控制等方面采取必要的措施，提高电缆隧道的防火能力和本质安全。除了做好防火设计外，日常更应做好电缆和防火设施的巡查和维护工作，确保高压电缆的稳定运行和设施的有效可靠。另外，电缆运行对人身安全和临近通信或弱电线路的干扰也是需要考虑的因素。

如图 5-37 所示为地铁隧道兼做高压电缆通道横断面示意。

3. 高压电缆隧道断面设计

《城市电力电缆线路设计技术规定》DL/T 5221—2016 对电缆隧道（Cable Tunnel）的定义为容纳电缆数量较多、有供安装和巡视的通道、全封闭型的电缆构筑物。对电缆根数为 12 根以上的采用电缆隧道敷设方式（单边隧道宽度约为 1600mm，双边隧道宽度约为 2000mm，净高≥1900mm，每边可设电缆支架为 4～6 排，埋深≥500mm）。电缆隧道可分为圆形的顶管式和现浇的方式。顶管式不需开挖路面，现场浇筑式需开挖路面，隧道顶部深至 2m，这种方式费用较贵，好处是施工放电缆方便。由于非开挖式隧道多为圆形，为充分利用圆形断面，降低工程造价，故考虑非开挖式隧道通道净宽可适当减少至

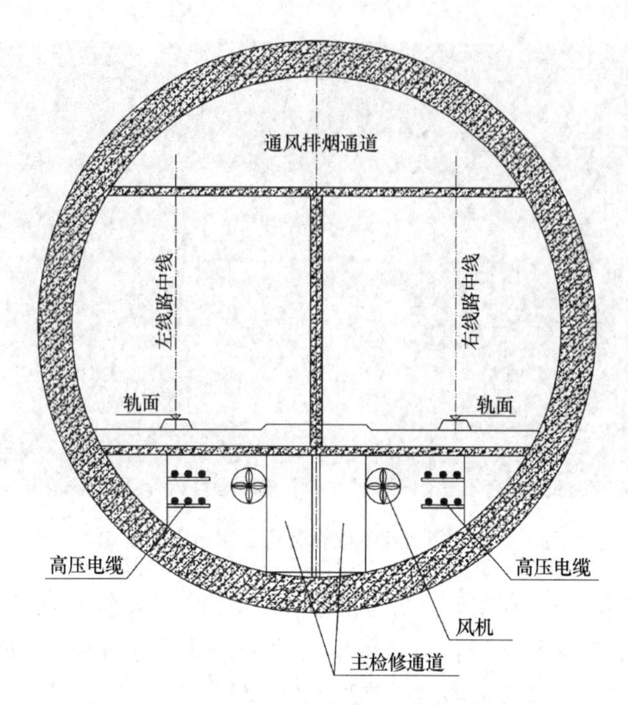

图 5-37　地铁隧道兼做高压电缆通道横断面示意

800mm，但对于隧道中敷设有 220kV 及以上电缆时，隧道通道净宽仍宜按 1000mm 考虑。

《电力工程电缆设计标准》GB 50217—2018 规定电缆隧道内通道的净高不宜小于 1.9m；与其他管沟交叉的局部段，净高可降低，但不应小于 1.4m。电缆隧道应实现排水畅通，且应符合下列规定：电缆隧道的纵向排水坡度不应小于 0.5%；沿排水方向适当距离宜设置集水井及其泄水系统，必要时应实施机械排水；电缆隧道底部沿纵向宜设置泄水边沟。

高压电缆隧道敷设主要用于电缆线路高度集中、路径选择难度较大或市政规划要求极高的区域。在国外城市的高压电缆工程建设中，电缆隧道已是一种较为成熟的电缆敷设方式，但在国内仅在北京、上海等超大型城市中有着广泛应用。电缆隧道的敷设方式能够有效促进高压电缆的运行维护作用，同时提升电力线路的输送能力以及安全性。如图 5-38 所示为矩形断面和圆形断面电缆隧道示意。

4. 重要节点空间设计

电力隧道工作井间距为 0.5～1.7km，距离较长的工作井之间设置逃生井。工作井在有条件的情况下尽量考虑与地铁附属出入口合建，合建后电力隧道出入口及出地面口部可与地铁出入口同时考虑，满足城市规划及景观要求。

通常情况下，隧道通风口之间的间距要保持在 500m 以内，并且在市政规划的基础上尽可能地将隧道通风口与工作井相结合，设置在绿化带中，通风口突出绿化带表面约 1m。

5. 高压电缆隧道平面布置

电缆隧道与相邻建（构）筑物及管线最小间距应符合国家现行有关规范，且不宜小于表 5-14 的规定。当不能满足要求时，应在设计和施工中采取必要措施。

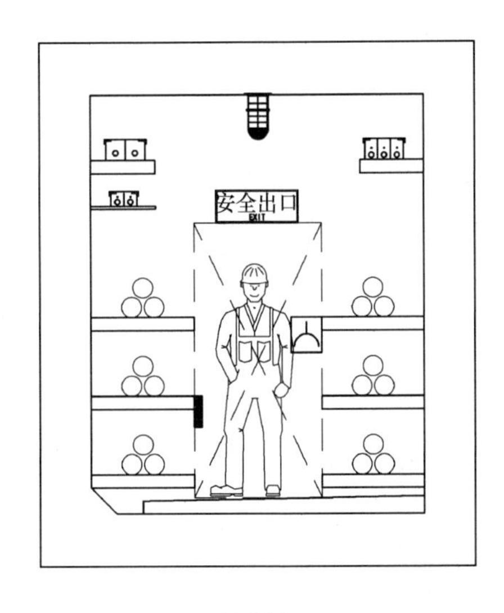

(a) 矩形断面

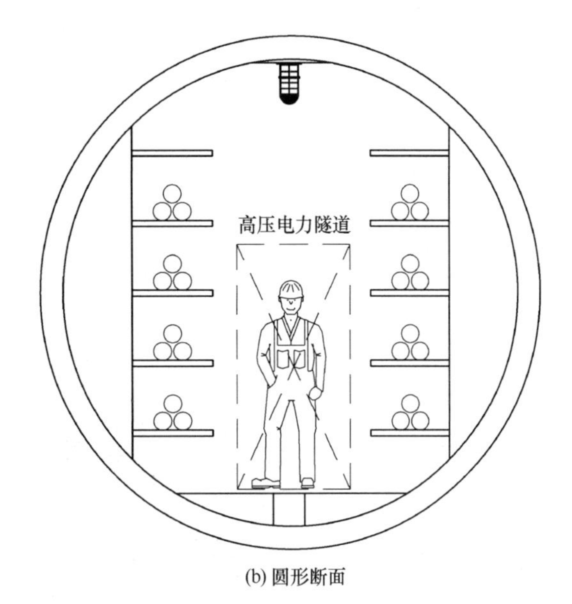

(b) 圆形断面

图 5-38 矩形断面和圆形断面电缆隧道示意

电缆隧道与相邻建（构）筑物及管线最小间距 **表 5-14**

具体情况	开挖式隧道（m）	非开挖式隧道
隧道与建（构）筑物平行距离	≥1.0	不小于隧道外径
隧道与地下管线平行距离	≥1.0	不小于隧道外径
隧道与地下管线交叉穿越间距	≥0.5	不小于隧道外径

隧道内电缆排列应按照电压等级“从高到低”“强电至弱电的控制和信号电缆、通信电缆”的顺序“自下而上”排列。不同电压等级的电缆不宜敷设于同一层支架上。

6. 重要交叉节点控制

电力隧道与地铁在场地条件允许的情况下平行设置，并尽可能拉大间距。在两条线路必须重叠时，电力隧道一般情况下上跨地铁隧道敷设，电力隧道与地铁区间隧道均为盾构法施工，通过在线路平面及纵断面上保证电力隧道与地铁区间隧道的安全距离。施工期间两条隧道将会相互影响，在工序上应进行合理安排，建议地铁隧道先行施工，先行施工的地铁隧道内注浆加固地铁隧道四周土体，加固范围为间距隧道四周 2m，上跨电力隧道在地铁隧道掌子面远离重叠位置一定距离后再施工。电力隧道与地铁车站交叉时，可下穿地铁车站出入口，在工序上考虑地铁车站先行施工，电力隧道后施工，在地铁施工时考虑地铁出入口先行加固。

5.2.5 深层隧道

1. 深层隧道发展概况及分类

深层隧道作为传统的灰色基础设施，是修建在城市地下，用作敷设各种市政设施地下管线的隧道。深层隧道的埋深多在 30～200m，主要用于城市合流制溢流污水（CSO）或初（小）雨收集调蓄、防洪排涝和污水输送等排水工程中，也用于跨区域引水的水源调度工程。其具有节约土地资源、对周边环境干扰小、可拓展空间大、线性收集效果好、排水能力强、调蓄容积大等优点，能充分利用深层地下空间，从行业层面克服大型市政管道浅层地下空间实施难度大等问题，并能连接现有的浅层排水管道、调蓄池、污水处理厂等排水设施，为大型或特大型城市基础设施建设和环境改善提供了新的解决途径。如图 5-39 所示为深层隧道系统示意。

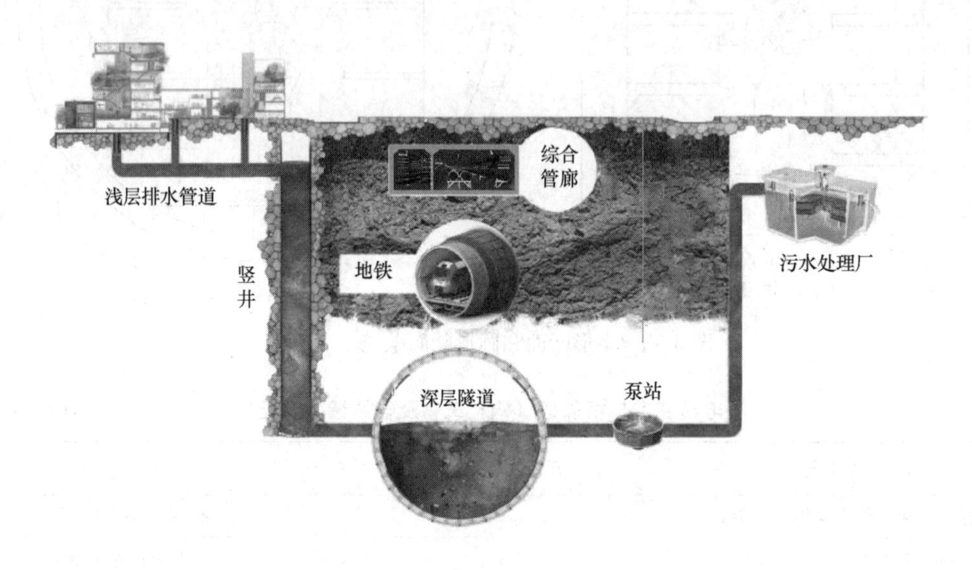

图 5-39　深层隧道系统示意

目前，国内学者通过分析深层隧道的控制目的和功能的不同进行分类，一般可以分为防洪排涝型深层隧道、污染控制型深层隧道和功能复合型深层隧道三种类型。

（1）防洪排涝型深隧。

防洪排涝型深层隧道主要是解决城市雨洪灾害和内涝问题，可兼具一定的雨洪调蓄功能。根据服务对象不同，防洪排涝型隧道又可分为排涝隧道和泄洪隧道。排涝隧道主要收集、调蓄超过本区域现有排水系统排水能力的雨水径流（即超标雨水产生的径流），以达到降低区域内涝风险的目标；泄洪隧道主要分流上游区域洪水并排放至下游水体，减少城市的洪涝灾害。防洪排涝型深层隧道一般适用于积水区域多而密集、水涝频繁且积水量大、河道泄洪能力不足的区域。防洪排涝型深层隧道通常沿积水区域主干街道布置，集中解决积水区域的水涝，典型的如大阪防涝隧道；或沿主径流垂直方向布置，通过截流上游山洪或河道洪水，从而降低下游区域洪涝风险，典型的如香港岛西雨水排放隧道和东京外围排放隧道。

在一些城市，由于受城市扩展导致峰流量增大或挤占城市河道、河道断面局限及竖向条件等因素影响，内涝的产生还常与河道排洪能力不足及下游洪水位顶托密切相关，在这种情况下的隧道多平行于河道设置，或位于河道的正下方，以解决河道排水能力不足且难以扩大的问题。目前部分国内外防洪排涝型深层隧道工程情况见表 5-15。

国内外防洪排涝型深层隧道工程　　**表 5-15**

所在城市	隧道系统名称	工程规模	主要功能
中国香港	荔枝角雨水排放隧道工程	长度为 2.5km、直径为 4.9m 的分支隧道；长度为 1.2km、直径为 4.9m 的倒虹吸隧道，埋深为 40m	提高排水标准
中国香港	荃湾雨水排放隧道	长度 5.1km、内径为 6.5m，最大埋深 200m	提高排水标准
日本东京	江户川深层排水隧道工程	长度为 6.3km、内径为 10.6m，埋深为 60～100m，最大排洪流量 $200m^3/s$	排洪，缓解内涝
日本东京	东京都古川地下调节池	长度为 3.26km，内径为 7.5m，深度为 25～36m，调蓄量为 13.26 万 m^3	调蓄削峰分洪，缓解内涝
日本东京	和田弥生干线	长度为 4.5km，内径 12.5m，深度为 40m，调蓄量 54 万 m^3	调蓄削峰分洪，缓解内涝
日本大阪府	寝室川南部地下河川	长度为 11.2km，内径为 6.9～9.8m，深度为 25m，调蓄量为 96 万 m^3	调蓄削峰分洪，缓解内涝
日本横滨	今井川地下河川	长度为 2.0km，内径为 10.8m，深度为 50m，调蓄量为 17.8 万 m^3	调蓄削峰分洪，缓解内涝
日本神奈川县	矢上川地下调节池	长度为 4.0km，内径为 7.9m，深度为 20～55m，调蓄量为 19.4 万 m^3	调蓄削峰分洪，缓解内涝
日本神奈川县	鹤见川地下河川	长度为 4.0km，内径为 10m，深度为 50m，排放流量为 $260m^3/s$	分洪，缓解内涝
美国奥斯汀	沃勒河深层隧道	长度为 1.7km，内径为 6.1～7.8m，深度为 21.94m	提高防洪标准
法国巴黎	巴黎调蓄隧道和调蓄池	长度为 5.1km，内径为 6～7m	缓解内涝
墨西哥城	东部深层排水隧道工程	长度为 63km，直径为 7m，深度为 200m。24 条进水道埋深为 150～200m，排水能力为 $150m^3/s$	提高雨季过流能力，及时排洪

（2）污染控制型深层隧道。

污染控制型深层隧道主要收集和输送城市污水，也有两种类型：污水输送隧道以及溢流污染控制型隧道。其中，污水输送隧道其实是一种埋深较大的污水输送干管，仅具有污水输送功能，随着现代大型都市快速扩张，中心城区逐渐覆盖到原本修建于城市外围的污水处理厂等大型污水处理设施。一方面，城市土地资源紧缺；另一方面，污水处理厂占用大量优质土地资源；同时，污水处理设施的运营对周边街区市民生活产生诸多不利影响，导致迁移处于城市中心地带的污水处理厂成为必然，以缓解城市发展空间不足的问题。典型的如香港的净化海港计划污水隧道、新加坡深层隧道排水系统（Deep Tunnel Sewerage System，DTSS）一期及二期工程。工程应用较多的溢流污染控制隧道主要服务于老城区合流制区域，用于收集并存储降雨过程中合流制区域超过截流能力的溢流污水，即合流制污水溢流（Combined Sewer Overflows，CSO），或部分新建区分流制系统的初期雨水，雨停后将其输送至污水厂处理后排放。典型的如武汉市东湖污水深层隧道、英国伦敦泰晤士河 LEE 隧道和泰晤士河 Tideway 隧道（图 5-40）、澳大利亚悉尼 Northside Storage 隧道、美国亚特兰大 West Area 合流制溢流污染控制隧道等。

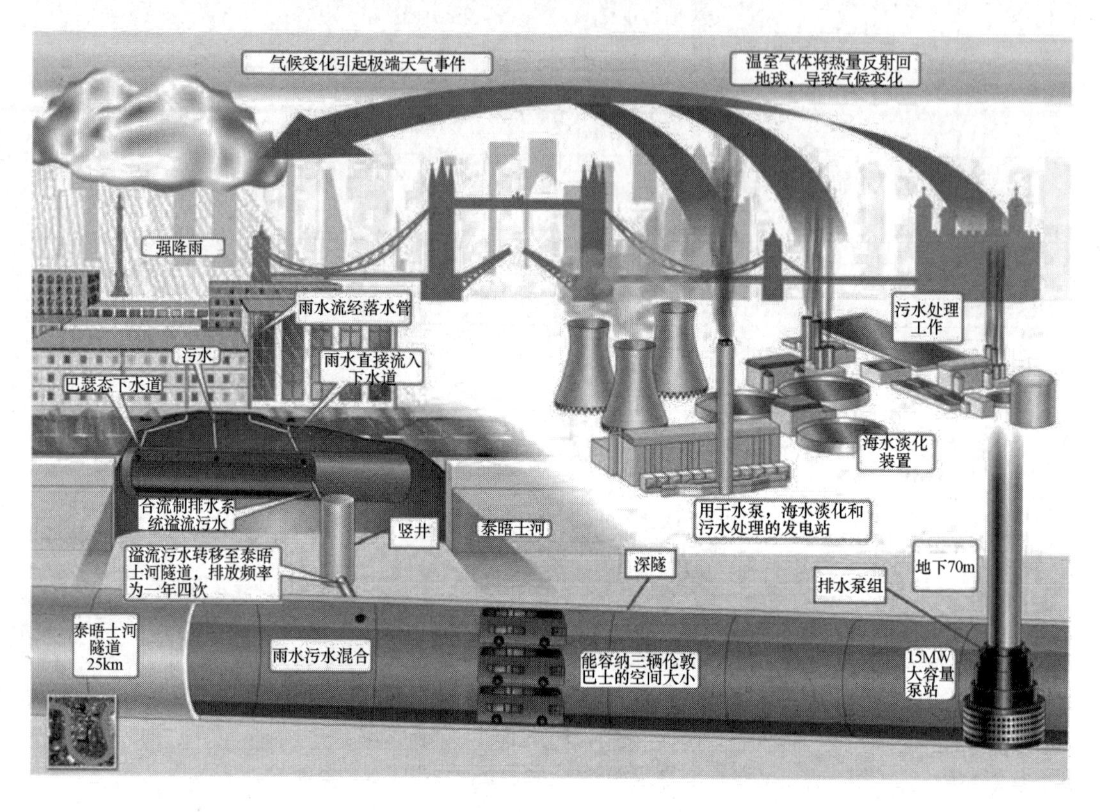

图 5-40　污染控制深层隧道系统布局与功能示意（泰晤士河 Tideway 隧道工程）
（资料来源：刘家宏，夏霖，王浩，等. 城市深层隧道排水系统典型案例分析 [J]. 科学通报，2017，62(27)：3269-3276）

这类隧道一般都沿溢流口设置，平行于截流干管、河流或海岸线，可有效地将多个溢流口串联起来，其作用类似于一个较大的截流管道和调蓄池。由于这种隧道多位于排水系统下游，仅用来储存和处理超过截流管能力的合流制溢流污水或分流制初期雨水，因而通常很难或不能解决上游汇水区域的积水问题。目前，部分国内外污染控制型深层隧道工程详情见表 5-16。

国内外污染控制型深层隧道工程　　**表 5-16**

所在城市		隧道系统名称	工程规模	主要功能
中国	武汉	大东湖深层隧道	长度为 17.5km、直径为 3～3.4m，深度为 30～50m，满负荷运营规模为 150 万 m^3/d	污水传输，实现污水全闭环处理，有效缓解中心城区的环境压力
	香港	净化海港计划污水隧道	长度为 23.6km，内径为 0.9～3m，深度为 100m	污水输送

续表

所在城市		隧道系统名称	工程规模	主要功能
新加坡		深层隧道阴沟系统一期	长度为 48km、内径为 3.3～6m，深度为 20～70m	污水输送
新加坡		深层隧道阴沟系统二期	长度为 50km、直径为 3～6m，深度为 35～55m	污水输送
英国伦敦		泰晤士河 LEE 隧道	长度为 6.9km，内径为 7.2m，深度为 75m	收集溢流污水，控制水体污染
英国伦敦		泰晤士河 Tideway 隧道	长度为 25km，内径为 6.5～7.2m，深度为 30～65m	收集溢流污水，控制水体污染
澳大利亚悉尼		Northside Storage 隧道	长度为 16km，内径为 3.8～6.6m，埋深为 40～100m，调蓄容量为 50 万 m^3	控制水体污染
美国	亚特兰大	West Area 隧道	长度为 13.4km	合流制溢流污染控制
美国	旧金山	旧金山输送调蓄系统	长度为 3km，内径为 9m、深度为 30m	限制合流污水溢流排放入旧金山湾，提高水质和减少洪涝
美国	印第安纳	印第安纳波利斯深层隧道系统	长度为 40km，内径为 5.5m，深度为 75m，调蓄容量为 100 万 m^3	控制水体污染

（3）功能复合型深层隧道。

功能复合型深层隧道是指兼具防洪排涝、溢流污染控制、城市交通等功能的隧道，如芝加哥市排水隧道、广州市东濠涌深层隧道以及上海市苏州河深层隧道，这些隧道均有截流、输送合流水和调蓄的功能；也有将排水泄洪与城市交通功能结合起来的隧道，如马来西亚吉隆坡的 SMART 隧道（图 5-41），它实现了泄洪隧道与高速公路隧道的叠加。目前部分国内外功能复合型深层隧道工程详情见表 5-17。

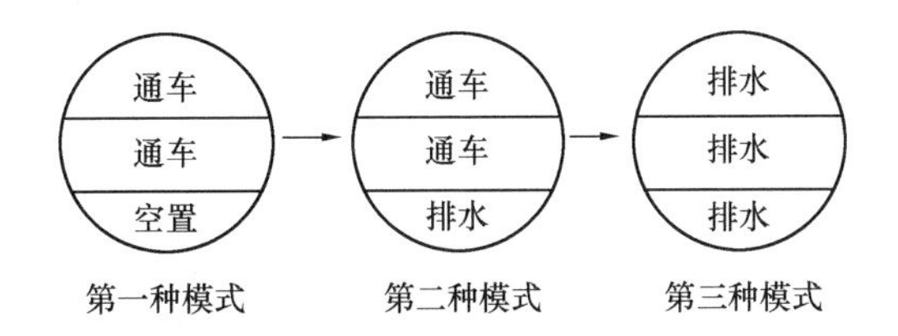

图 5-41　功能复合型深层隧道系统功能示意（马来西亚吉隆坡的 SMART 隧道工程）
（资料来源：鲁朝阳，车伍，唐磊，等. 隧道在城市洪涝及合流制溢流控制中的作用 [J]. 中国给水排水，2013，29（24）：35-40，48）

国内外功能复合型深层隧道工程　　**表 5-17**

所在城市		隧道系统名称	工程规模	主要功能
中国	广州	东濠涌深层隧道	长度为 1.77km，内径为 5.3m，深度为 40m，最大排水量为 48m^3/s	控制水体污染，提高排水标准
中国	上海	苏州河深层隧道	长度为 15.3km，直径为 10m，深度为 60m	面源污染控制，防洪排涝
中国	深圳	南山排水深层隧道系统	长度为 4.1km，直径为 4～7m，深度为 35～40m	防治合流制溢流污染、初雨调蓄、行洪通道

续表

所在城市		隧道系统名称	工程规模	主要功能
马来西亚吉隆坡		SMART 隧道	长度为 9.7km、直径为 13.2m，分上下两层，总储水量为 300 万 m^3	解决市中心的内涝问题，缓解城市交通拥挤状况
美国	芝加哥	芝加哥深层隧道和水库工程（TARP）	长度为 176km、直径为 3～10.6m、深度为 45～107m 的深层隧道，调蓄容量为 1000 万 m^3，256 座直径为 1.2～7.6m 的竖井，3 座大型泵站，600 多个浅层系统连接点和调控构筑物	调蓄合流溢流 CSO、保护密歇根湖，缓解内涝、防洪
	密尔沃基	密尔沃基深层隧道工程	长度为 45.5km，内径为 5.5～9.8m，深度为 100m，调蓄容量为 200 万 m^3	调蓄合流溢流 CSO、保护密歇根湖，缓解内涝、防洪
法国巴黎		巴黎调蓄隧道和调蓄池	长度为 5.1km，直径为 6～7m，共 4 条深层隧道和 8 座调蓄池，总储水量为 90 万 m^3	调蓄削峰，缓解塞纳河和马恩河的内涝和意外污染影响

深层隧道排水系统的工作原理根据系统类型和调度运行方式的不同而有所差异，但核心原理都是：排水管网中雨水和污水通过浅层设置和竖井传送到深层主隧道，并通过调度中心将其传送到污水处理厂或者水体当中，实现控制初雨污染、溢流，解决城市内涝的目的。

2. 深层隧道的组成

深层隧道的主要组成如下。

（1）截流井与入流管：用于将现状浅层排水系统的合流污水、初期雨水或超标雨水分流至深层排水调蓄隧道系统；

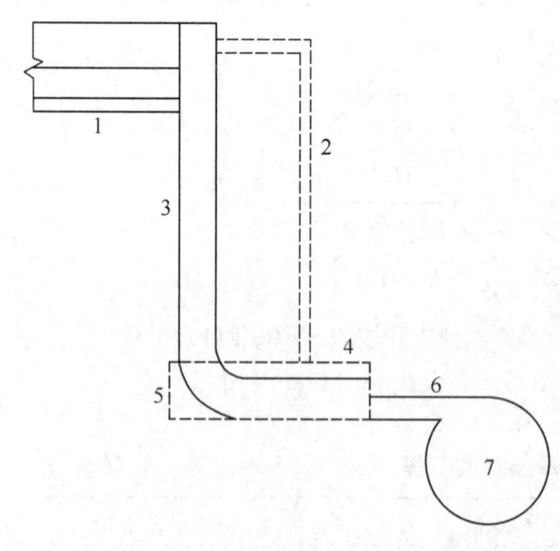

图 5-42 深层隧道衔接设施构造示意

1—进水口结构；2—通气道；3—竖井；4—脱气室；5—垂直弯头；6—连接隧道；7—主隧道

（资料来源：鲁朝阳，车伍，唐磊，等. 隧道在城市洪涝及合流制溢流控制中的应用［J］. 中国给水排水，2013，29(24)：35-40，48）

（2）预处理设施：根据深层排水调蓄隧道系统的功能目标，需要采取相应的预处理措施，如格栅、沉砂等处理单元，用于去除大的杂质，减少调蓄管淤积；

（3）入流竖井：用于将截流的合流污水、初期雨水或超标雨水传输送至深层排水调蓄隧道内，并进行消能；

（4）深层调蓄隧道：储存并输送合流污水、初期雨水或超标雨水；

（5）末端超深泵站：将调蓄管内存储的合流污水、初期雨水或超标雨水排空；

（6）调压井：平衡调蓄隧道的气压，排除隧道内的气体；

（7）附属设施：包括通风换气系统、除臭系统、电器与仪表监控系统、维护管理系统等。

深层隧道衔接设施构造如图 5-42 所示。

3. 深层隧道系统的运行

深层隧道系统主要通过截、蓄、排的方式将雨水、污水、合流水进行排放、蓄积和处理，根据不同的功能目标采取不同的排水工艺。不同的排水工艺在一定程度上决定了深层隧道的运行方式，下面简要介绍各工艺的内容：

（1）“截”主要是指截流水、截流点、截流工艺 3 个方面。截流水可以是雨水、污水或者合流水；截流点可以为浅层管网的中前段，也可为末端；截流工艺可通过槽式、堰式、闸式中的一种方式实现，也可通过其中两种及以上的结合方式实现。

（2）“蓄”主要是指将截流的水蓄积起来，分为在线调蓄和离线调蓄两类。在线调蓄是指隧道主体本身有调蓄功能，典型案例为美国芝加哥市排水隧道。离线调蓄是指正常情况下调蓄池没有流量，当雨水超标时，超标水储存至调蓄隧道中，暴雨之后抽排至浅层排水管道，代表案例为瑞典斯德哥尔摩的调蓄隧道。

（3）“排”主要是指排气、排空以及排泥等，涉及隧道内气体的排放、末端超深泵站的排水以及隧道内底泥的清除。排气主要指深层隧道内气体的排放、溢流污水臭气的排放、初期雨水臭气的排放；排空主要指深层隧道系统末端提升泵站的排放流量，流量越大，排空时间越短，泵的选型越少，造价就越高；排泥主要指隧道排空后底泥的清淤方式及清除程度，清淤效果会直接影响隧道的正常运行以及调蓄容积的高效利用。

4. 深层隧道的平面空间布置

在进行深层隧道管线的布设时，应处理好深层隧道、浅管和河道之间的关系。深层隧道管线应该根据城市内涝风险评估报告中确定的城市内涝积水点，布设在城市易涝区，并重视深层隧道、浅管和河道的有效结合，深层隧道工程不是要重建一个城市排水蓄洪系统，而是在原有城市排水管网的基础上进行提升与深化。只有当深层隧道、浅管和河道的管路畅通，深层隧道的功能才能发挥正常；否则，就有可能出现在暴雨时，上层管网“顶不住”、下层深层隧道“吃不饱”的现象。浅层排水管网和深层隧道工程构成的城市排涝系统，要同时连通城市内外天然水系河道，将防洪和排涝进行有效连接。

深层隧道应响应“少征地、少拆迁、少扰民”的目标，同时深层隧道的建设施工要减少对地表和浅层地下空间的影响。深层隧道的平面空间布置对深层隧道建设投资、施工周期、施工难度，以及后期的运行维护等有重要影响。深层隧道的平面空间布局应遵循以下原则：

（1）一般都设置在地下管线复杂、传统的雨水排放和存储设施不具备空间条件以及洪涝或径流污染问题突出的老城区和中心城区；

（2）适宜在较大范围内存在严重的洪涝或 CSO 污染，或者防洪治涝标准高、CSO 污染控制严格，而城市用地紧张、浅层排水系统改造困难、地表调蓄工程实施困难的地区；

（3）深层隧道线路布置应与服务对象相衔接，满足深层隧道的工作任务、服务范围；

（4）深层隧道布局宜在同一行政区域内，减小不同行政区域间协调沟通难度；

（5）建设用地应符合城市土地利用规划，宜尽量沿现有道路、绿地等公共区域布置，具备地面建筑物布置的用地条件；

（6）隧洞宜尽量避开建筑物密集区，尽量避免从高层建筑下方穿过；

（7）尽量避免穿越或涉及环境敏感区；避免与铁路、城市轨道交通伴行。穿越铁路、城市交通轨道、高速公路等交通设施时尽可能呈大角度穿越；

（8）线路尽量避免从水库下方穿过，远离库岸及大坝等水工建筑物；

（9）隧洞布置应尽量避开高压线塔、石油管道、燃气管道等对沉降控制较为严格的能源输送通道；

（10）线路尽量避开强岩溶发育区；

（11）为满足岩石隧道掘进机法转弯和内衬钢管运输要求，隧洞转弯半径不小于300m；

（12）须兼顾深层隧道干线及支线长度，宜尽量顺直，以缩短隧洞长度。

5. 深层隧道的竖向空间布置

城市地下空间层位都有较为明确的规划，城市地表以下0～8m是用于市政排水管网及各种通信、电力管线，地表以下8～30m建设地铁，将深层排水隧道建设于地下30m以下的位置，结合抽水泵站的扬程和抽水成本、地下更深层用于其他规划，深层隧道埋深多在30～200m，在竖向空间上需要满足以下条件：

（1）置于水文、地质条件相对简单，地层结构稳定的地层；

（2）隧洞洞顶高程应满足与交叉建筑物的安全距离要求；与轨道交通洞底、桥梁桩底距离≥20m，与伴行的桥梁桩基边线距离大于3倍桩径；

（3）隧洞埋深及纵断面布置应满足检修排水要求：为便于检修，隧洞应保持较长的顺坡或反坡以减少检修排水井数量；尽可能避免隧洞纵坡过多起伏，且控制隧洞纵坡不小于1‰，以利于排气和安全运行；

（4）在满足与穿越交叉建筑物的安全距离、排水纵坡及地质条件要求的前提下，宜尽量减少竖井处干线埋深，以减少竖井工程量；

（5）深层隧道TBM施工段纵坡不大于2%，满足工程施工需要；钻爆段及悬臂式掘进机开挖段最大纵坡不宜大于10%。

6. 深层隧道重要节点空间控制

（1）隧道储量的确定。

深层隧道的设计防涝标准应设为百年一遇。以地面雨水调蓄措施为参数，考虑城市历年来最大暴雨强度与历时，并结合未来一定年限内暴雨发展趋势，建立城市暴雨洪水仿真模型，模拟超常雨情下海绵城市市区积水情况，确定隧道的储量。

（2）竖井分体与合体设计。

深层隧道竖井有分体、合体设计，可以针对城市内涝积水点的不同，选择建设不同的竖井设计方案。城市内涝积水点集中，可采用合体设计，在深层隧道的末端设置一座大型的储水竖井，缓存雨水；若城市内涝积水点分散，可采用分体设计，并在深层隧道布设沿线严重积水点设置储水竖井。

（3）排水深层隧道的防水设计。

排水深层隧道在设计时应注重对地下水的隔离防护，防止雨水污染地下水，所以要注重排水深层隧道的防水设计。

7. 深层隧道建设面临的技术问题

深层排水隧道系统断面尺寸大，系统性强，涉及地下深层开发空间，必须与交通、综合防灾等其他功能及规划充分对接协调，对地下空间资源的诉求要科学合理，适度超前。目前城市深层隧道排水系统建设面临着不少技术问题：一是管网衔接问题，深层隧道管道布设在地下深层，需要考虑如何与地下浅层原有排水管网衔接；二是工程地质问题，地下深层隧道工程往往要在岩层交界面上施工，未来深层隧道建设需解决在沉积层和基岩层交界面施工的难题；三是地下大容量泵站建设的关键技术，深层隧道排水系统运行要求地下泵站启动快、马力足，由于泵站容量较大，采用电网供能易使电网负荷过大而瘫痪，因此需要选择内燃机，这就面临着内燃机改造技术方面的问题；四是运行管理问题，深层隧道管道深埋地下，使用频率较低但保障程度要求较高，这就对深层隧道管理调度系统提出很高的要求。

第6章 空间布局规划研究

6.1 市政基础设施空间布局规划概述

6.1.1 市政基础设施空间布局规划的内涵

要理解市政基础设施空间布局规划的内涵，需要从空间规划体系的由来谈起。2013年，中国共产党第十八届中央委员会第三次全体会议做出的全面深化改革决定中提出“建立空间规划体系”。后续围绕生态文明建设和体制改革，对建立空间规划体系提出了相应的要求，开展了“两规合一”“三规合一”“多规合一”的试点工作。空间规划体系的首次提出是完善自然资源监管体制的关键环节。国土空间是自然资源和建设活动的载体，是自然资源存在和开发建设活动开展的物质基础。构建空间规划体系，是国土空间用途管制的基本依据，对自然资源监管体制的完善具有决定性的作用。空间规划已具有日益重要的地位和作用，它已成为政府实现改善生活质量、管理资源和保护环境、合理利用土地、平衡地区间经济社会发展等广泛目标的基本工具。国土空间用途管制是对建设用地的管理、耕地和基本农田管理，也是对其自然资源的保护管理，本质是对自然资源的载体进行开发管制，是政府运用行政权力对空间资源利用进行管理的行为。

针对不同地理区域和不同问题，我国已经制定了诸多不同层级、不同内容的空间性规划，组成了一个复杂的体系共同进行经济、社会、生态等政策的地理表述，主要包括城乡建设规划、经济社会发展规划、国土资源规划、生态环境规划、基础设施规划等系列规划。

空间规划与国土空间用途管制是相辅相成的，从各类空间规划发展趋势看，规划编制都在加强指标管理和空间管控，核心内容呈现出“指标控制＋分区管制＋名录管理”方式，适应了指标、边界、名录的规划实施管理思路（表6-1）。

我国部分空间规划的核心内容　　表6-1

规划名称	指标控制	分区管制	名录管理
城乡规划	城市，镇总体规划：城市人口规模，建设用地规模控制性详细规划；容积率，建筑密度绿地率等	三区四线（适宜建设区、限制建设区、禁止建设区；蓝线、绿线、紫线、黄线）；城市，镇总体规划，详细规划中的用地分类管制	近期建设项目名录

续表

规划名称	指标控制	分区管制	名录管理
土地利用总体规划	约束性指标耕地保有量基本农田指标，城乡建设用地规模人均城镇工矿用地规模，新增建设占用耕地规模，土地整理复垦开发补充耕地规模，预期性指标建设用地规模，城镇工矿用地规模，新增建设用地规模，新增建设占农用地规模	用途分区：建设用地空间管制分区（三界四区：城乡建设用地规模边界、扩展边界、禁止建设边界；允许建设区、有条件建设区、限制建设区、禁止建设区）	重点建设项目，土地整治项目名录
主体功能区规划	国土开发强度	优化开发区、重点开发区、限制开发区、禁止开发区	重点生态功能区、农产品主产区、城市化地区名录
耕地保护利用规划	森林保有量，征占用林地定额指标	公益林和商品林两大类、林地质量等级管理	林业重点工程名录
水功能区划	—	两级区划（一级区划：保护区、保留区、开发利用区、缓冲区；二级区划主要针对开发利用的分类管理）	—
海洋功能区划	—	分类区划	—

2018年，中国共产党第十九届中央委员会第三次全体会议和后续召开的第十三届全国人民代表大会第一次会议做出国家机构改革的重大决定，组建自然资源部，承担对自然资源开发利用和保护进行监管，建立空间规划体系并监督实施，履行全民所有各类自然资源资产所有者职责，统一调查和确权登记，建立自然资源有偿使用制度，负责测绘和地质勘查行业管理等。从城市规划到城乡规划再到“多规合一”的国土空间规划，相应的规划对象、规划内容以及规划监督管控要求都发生了重大转变。

2019年5月，中共中央、国务院印发《中共中央 国务院关于建立国土空间规划体系并监督实施的若干意见》，要求将主体功能区规划、土地利用规划、城乡规划等空间规划融合为统一的国土空间规划，建立国土空间规划体系并监督实施，强化国土空间规划对各专项规划的指导约束作用。国土空间规划是对一定区域国土空间开发保护在空间和时间上做出的安排，包括总体规划、详细规划和相关专项规划。国家、省、市（县）编制国土空间总体规划，各地结合实际编制乡镇国土空间规划。相关专项规划是指在特定区域（流域）、特定领域，为体现特定功能，对空间开发保护利用做出的专门安排，是涉及空间利用的专项规划。国土空间总体规划是详细规划的依据、相关专项规划的基础；相关专项规划要相互协同，并与详细规划做好衔接。

涉及空间利用的某一领域专项规划，如交通、能源、水利、农业、信息、市政等基础设施，公共服务设施、军事设施以及生态环境保护、文物保护、林业草原等专项规划，由相关主管部门组织编制。各类市政基础设施空间布局规划是涉及空间利用的专项规划，是对市政基础设施空间用途管制的基础依据，涉及市政基础设施空间规划、实施和监督等核心环节。新时代国土空间规划体系的构建需要明确“管什么”“谁来管”“怎么管”三个前提。因此明确市政基础设施空间布局规划“管什么”“谁来管”“怎么管”是理解空间布局规划内涵的重要途径。

（1）“管什么”：市政基础设施是保障城市正常运行和健康发展的物质基础，也是实现经济转型的重要支撑、改善民生的重要抓手、防范安全风险的重要保障，包括水务设施、能源设施、通信设施、环卫设施以及防灾设施等。

（2）“谁来管”：应该构建“五级三类”的规划体系。即规划层级上，包括国家、省、市、县、县级以下 5 级，对应相应的管理主体；规划内容上，应分为 3 类：国家、省级规划；市、县级规划；县级以下实施规划。

地级以上的区域性规划纳入国家、省级规划。国家、省级规划主要通过战略布局、功能定位、指标分配和名录清单对空间进行管理；市、县级规划则以指标、边界、名录三类管控和布局引导为主要内容；最后一类为乡镇级规划或单元型规划，内容包含指标、边界、名录、利用强度分区等，城镇开发边界内地区则须涵盖控制性详细规划等工作内容。

（3）“怎么管”：以空间规划作为国土空间用途管制的依据，纵向做好分级事权对应管理，沿海地区规划编制应海陆统筹，实施管理则可以海陆相对独立。

6.1.2 市政基础设施空间布局与国土空间规划的衔接要点

专项规划是国土空间规划五级三类中的一类，“三类”规划中唯有专项规划编制主体不局限于自然资源部门，面对专项规划呈现出的新特征，如何组织编制、如何实现专项规划的传导作用，需要结合实践进行深入的探讨。目前，已有多个省份相继制定并出台了专项规划的编制导则、衔接技术导则等技术文件，如《安徽省国土空间专项规划衔接技术导则（试行）》《江西省国土空间专项规划编制目录清单管理办法（试行）》。为实现市政基础设施布局规划与国土空间规划无缝衔接，需统一规划底图和规划平台，全过程参与国土空间规划，相互反馈和调整，并在以下 4 个方面与国土空间规划进行衔接。

1. 与“一张图”衔接

专项规划必须使用国土空间基础信息平台提供的底图和空间关联现状数据信息为基础进行编制。底图为经自然资源部确认的第三次全国国土调查成果及其最新年度的全国国土变更调查成果，相关数据包括永久基本农田、生态保护红线、城镇开发边界等规划控制线划定成果，由同级自然资源主管部门提供。为融入国土空间规划，市政基础设施空间布局规划必须以“一张图”作为规划前置条件，统一采用 2000 国家大地坐标系和 1985 国家高程基准，平面坐标系采用高斯—克吕格投影，在滚动修编并经审批后，及时更新至“一张图”。

2. 纳入统一规划平台

专项规划涉及的用地分类应当符合自然资源部《国土空间调查、规划、用途管制用地用海分类指南（试行）》的定义和要求。实现其信息和要素呈现的精度、元素量与相应等级的国土空间规划信息系统一致。专项规划批准后，应及时向同级自然资源主管部门汇交标准数字化成果，数据库成果建设应符合《基础地理信息要素分类与代码》GB/T 13923—2022、《国土资源信息核心元数据标准》TD/T 1016—2003 等定义和要求。

3. 统一规划期限

专项规划期限应与总体规划或国民经济与社会发展规划的规划期限相协调，一般为5～15 年，规划期不超过同级总体规划期限。

4. 建立规划协调机制

各类市政基础设施空间布局规划，应与国土空间规划同步编制、及时对接，全过程主动参与国土空间规划资料收集、编制、实施等阶段。相关规划部门与相关企业之间应建立完善的规划信息共享平台，以此实现信息之间的公开透明，使两个规划之间能够进行及时有效的沟通。完善两个规划间的有效协调机制，需要从各个层面来考虑相关组织体，具体到市政场站站址用地、线路走廊、管网布局等，通过利用一定的技术手段和管理方法确保两个规划之间最终能够实现有效衔接。在进行市政基础设施空间布局规划之时，需要充分考虑到城市发展情况，使得基础设施建设与城市化进程尽可能同步发展。

6.1.3　市政基础设施空间布局与城乡规划体系中专项规划的区别

市政基础设施空间布局规划是属于国土空间规划体系下专项规划的范畴，其与城乡规划系统中各市政基础设施专项规划有本质的区别。在国土空间规划体系下，专项规划主要起到支撑性、协同性及传导性 3 个方面的作用，因此，其与城乡规划体系下专项规划的区别主要体现在规划定位、规划内容、规划平台、规划落实、规划监督管控要求 5 个方面的不同。

1. 规划定位的不同

国土空间规划体系下的专项规划是以设施空间布局为主的规划，专项规划作为法定规划的一类，是将行业领域的发展诉求落实落地的保障性、法定性表达。为贯彻落实上级政府的决策部署、战略意图和理念要求，专项规划需要强化层级之间的传导机制，自上而下逐级编制，实现主要内容的有效传导，确保规划目标指标、管控要求落实以及规划的有效实施。市政基础设施空间布局专项规划属于市政基础设施类专项规划，在国土空间规划体系中有细化落实国土空间总体规划在特定区域的空间安排、衔接国土空间详细规划的作用，具有专门性、专业性、工程性。

相比于城乡规划体系下，根据《中华人民共和国城乡规划法》，专项规划未明确为单独的一类法定规划，而是从属于总体规划的内容体系。市政基础设施规划一般作为城市总体规划的配套规划，其法定性的表述需要依托于城市总体规划或控制性详细规划。

2. 规划内容的不同

在一定的时期内，对城乡规模发展方向做出安排，同时也对城乡土地的用途进行合理协调的布局。

国土空间规划是“多规合一”的规划，城乡、陆海、地上地下等全区域空间包含其中，自然资源要素与人类活动要求全覆盖，具有系统性、立体性、多面性等特点。专项规划应与市、县国土空间布局相结合，强化专项规划的空间属性，明确空间管控要求，增强专项规划的可实施性和对详细规划的传导指引。优化城市重大基础设施廊道，预控场站及市政廊道，为未来城市发展留足余地和空间；加强统筹，明确设施用地及市政走廊，对市政设施进行空间落地管控，实现土地资源的集约节约利用。

3. 规划平台不同

设施空间布局规划编制完成后，及时向同级自然资源主管部门汇交标准数字化成果，纳入国土空间规划“一张图”。市政设施空间布局规划成果统一采取“文—图—数—表”格式。数据标准需满足自然资源管理部门国土空间基础信息平台入库要求，统一空间基准及文件格式要求，图形和属性数据必须完整，市政设施属性数据结构应满足数据平台纳入要求。如图 6-1 所示为空间布局规划成果数据要求。

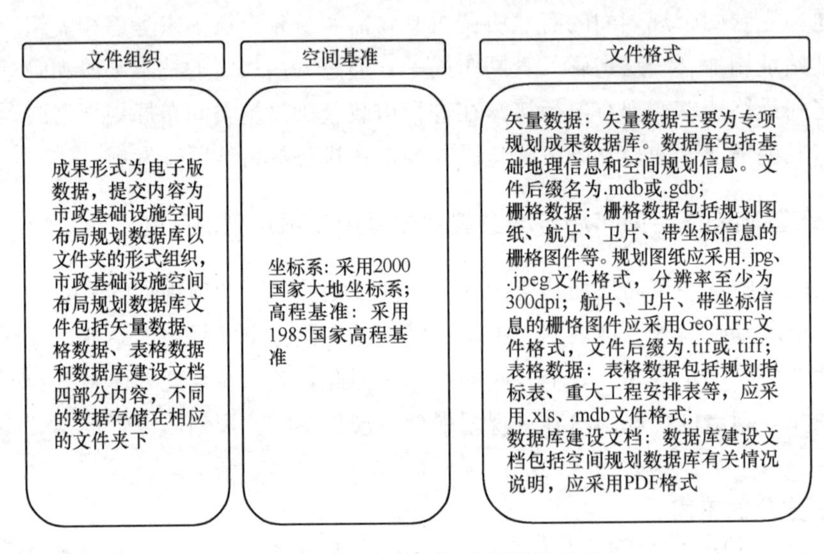

图 6-1　空间布局规划成果数据要求

4. 规划落实要求不同

在传统城乡规划中，市政基础设施规划往往陷入“纸上谈兵”的局面，由于缺乏对规模、空间布局和建设时序等的具体安排，在空间落实上的保障不到位。国土空间规划强调空间落位，强调规划体系中各类规划纵向衔接和横向协调，在明确总量缺口的基础上，依托科学的技术支撑平台，合理布局增量设施和优化既有设施，形成一张蓝图，解决不同部门、不同规划间各自为政所造成的矛盾和冲突，增强规划的可操作性。

5. 监督管控要求不同

由城乡规划的内容构成，自然而然地就将规划监督管理范围限定在了城乡规划区内的建设用地中，在经历了从《中华人民共和国城市规划法》到《中华人民共和国城乡规划法》的发展进程后，“一书三证”所代表的城乡规划管理制度也走向完善与成熟。从项目初期选址到用地范围与性质确定后的用地规划许可再到管理具体修建内容的工程规划许可证，城市规划区内的规划管理与城乡规划内容相呼应，以《中华人民共和国城乡规划法》、地区法规条例及国家相关技术规范为依据，由区域聚焦建筑，由宏观走向具体，引导城乡规划进行有效的落地实施。

2015 年，中共中央、国务院印发的《生态文明体制改革总体方案》提出明确要求，国土空间开发保护制度要以国土空间规划为基础，以用途管制作为主要手段，国土空间用途管制被正式提出。对照国土空间规划的内容不难理解，国土空间用途管制是从城乡用地建设管理转向自然系统全域全要素管控。在之前的管理过程中，因城乡规划、土地利用总体规划等各类规划政出多门，规划管控时常面临地块审批内容重叠、地类矛盾，审批周期过程及规划反复修改等一系列问题，给企业群众增加办事成本的同时，也妨碍了规划进行科学有效的监管。因此国土空间规划在融合了各类规划元素的基础上，面对自然空间系统的统一管理，其核心是要建立起从现状—规划目标—管控计划的有效转化规则与秩序，进而成为国土空间规划在国家治理体系和治理能力现代化的关键支撑。

6.1.4　市政基础设施空间布局规划的空间布局规划方法总论

1. 市政基础设施空间布局规划的主要工作内容

市政基础设施空间布局规划是在既有的各类市政基础设施专项规划的基础上，按照国土空间规划内容框架和编制要求，结合各行业发展新形势、新要求，确定市政基础设施空间布局规划的工作内容。按照城市市政基础设施的分类，一般分类别编制设施空间规划。市政基础设施空间布局规划一般包括水务设施空间、能源设施空间、智能设施空间、环卫设施空间、防灾设施空间（表6-2）。

市政基础设施空间布局规划主要是在城镇开发边界内布局的特定领域的专项规划，一般在相关行业规划编制要求的基础上开展编制。其主要工作内容包括但不局限于规划目标和战略、空间布局、空间利用分析、空间管控要求等方面的内容。各类设施空间规划可根据实际需要，补充其他必要的内容。

市政基础设施空间布局规划的主要内容要点指引表　　**表6-2**

空间规划性内容	市政基础设施空间				
	水务设施空间	能源设施空间	智能设施空间	环卫设施空间	防灾设施空间
规划目标	必备	必备	必备	必备	必备
空间战略	必备	必备	必备	必备	必备
指标体系	必备	必备	必备	必备	必备
总体格局	必备	必备	必备	必备	必备
项目建设标准	必备	必备	必备	必备	必备
项目空间布局	必备	必备	必备	必备	必备
项目竖向设计	有条件必选	可选	可选	可选	可选
项目用地需求（含用途调整）	必备	必备	必备	必备	必备
近期建设计划	必备	必备	必备	必备	必备
管控范围及管控要求	必备	必备	必备	必备	必备
总规约束性指标分解落实及影响分析	必备	必备	必备	必备	必备
中心城区用地结构影响分析	有条件必选	有条件必选	有条件必选	有条件必选	有条件必选
规划控制性影响分析	必备	必备	必备	必备	必备

2. 空间布局规划的编制基础资料及条件分析

（1）基础资料

① 国土空间规划资料主要包括各层级国土空间总体规划资料、城市设计资料等。

② 相关行业专项规划资料包括相关行业（水务设施、能源设施、智能设施、环卫设施、防灾设施等行业）的专项规划资料、相关专业设施设计和施工图设计资料等。

（2）基础条件分析

各类市政基础设施行业规划是市政基础设施空间布局规划的重要基础和依据。基础条件研究应包括与市政发展目标相关的城市发展功能定位；与市政基础设施相关的城市发展规模；与管网规划相关的城市道路、轨道、地下空间规划等内容。

3. 市政基础设施空间布局规划的编制目的、范围、流程及成果调整要求

（1）编制目的

基于国土空间规划体系及已有的市政基础设施行业规划，结合我国当前的新形势、新要求，编制市政基础设施空间布局专项规划，促进各类市政基础设施与国土空间规划之间进行衔接。为各层级国土空间总体规划编制提供基础支撑；为形成各类市政基础设施空间布局规划"一张图"，促进"多规合一"提供途径；为各类市政基础设施建设立项审批、设施空间管控提供规划依据。

（2）编制范围

各类市政基础设施空间布局规划应与各层级国土空间规划保持一致。

（3）编制流程

各类市政基础设施空间布局规划作为涉及空间利用的专项规划，需要由各市政基础设施行政主管部门组织编制。在编制前期，应通过走访、座谈、调查等多种方式，深入收集相关政府职能部门、管线权属单位、运营单位等相关部门的诉求、规划设想及建议；在方案的编制过程中，应引入专业部门参与讨论，并广泛征询意见；形成初步成果后，应进行专家评审。形成最终成果后，按照当地规划管理部门制定的专项规划管理流程进行审批。

（4）成果调整要求

规划一经批复，任何部门和个人不得随意修改、违规变更，下级国土空间规划要服从上级国土空间规划，相关专项规划、详细规划要服从总体规划；相关专项规划的有关技术标准应与国土空间规划衔接。因国家重大战略调整、重大项目建设或行政区划调整等确需修改规划的，须先经规划审批机关同意后，方可按法定程序进行修改。

4. 市政基础设施空间布局规划的规划层次

根据《中共中央 国务院关于建立国土空间规划体系并监督实施的若干意见》中的规定，国土空间规划是对一定区域国土空间开发保护在空间和时间上做出的安排，包括总体规划、详细规划和相关专项规划。相关专项规划可在国家、省和市（县）层级编制；不同层级、不同地区的专项规划可结合实际选择编制类型和精度。

目前，国内针对国土空间规划体系下专项规划体系构建还处于探索阶段。国内一些超大、特大城市基于理顺总体规划、专项规划和详细规划的关系，形成了"对上承接落实总体规划要求、对下细化传导至详细规划”的专项规划体系。例如，北京在总体层面明确需依据《北京城市总体规划（2016 年—2035 年）》编制 36 个市级专项规划；在细部层面针对《北京城市副中心控制性详细规划（街区层面）（2016 年—2035 年）》中的城市特色和管控重点，展开 55 项专项规划和专题研究，规划成果纳入控制性详细规划图则、设计导则、技术准则和三维智能信息平台的全域管控体系。还有一些省、市以目录清单管理制度强化专项规划全流程管控。例如，江西省出台了《江西省国土空间专项规划编制目录清单管理办法（试行）》，界定了国土空间专项规划的范围，建立了专项规划与总体规划的衔接机制，明确了国土空间专项规划清单管理责任部门等。另外，也有部分省份通过明确专项规划编制要点统筹管理专项规划空间性内容。湖南出台《湖南省城市专项规划编制要点》，将城市专项规划分为交通、市政设施、公共设施、资源保护利用和城市安全 5 个大类、28 项专项规划，并分别明确编制要点。

参考国土空间规划“五级三类”的划分要点，将各类市政基础设施空间布局规划按“三级两类”的原则划分层级。其中，“三级”是指市级、县（区）级和乡（镇）级；“两类”是指总体规划和详细规划，如图 6-2 所示。

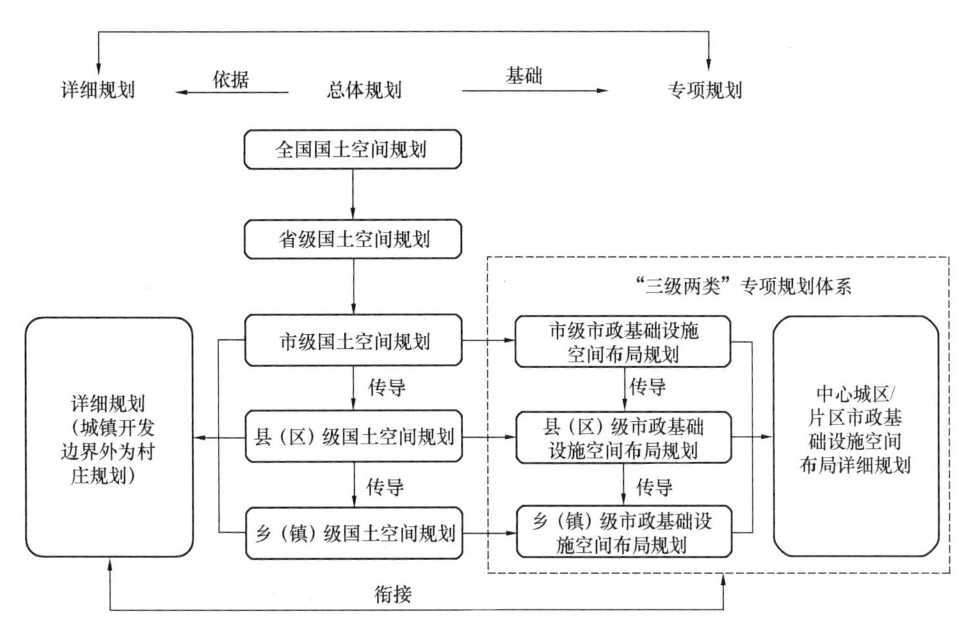

图 6-2　市政基础设施空间布局规划层级划分

对应五级国土空间规划体系，国家级、省级国土空间专项规划具有宏观性，侧重区域性国土空间专项战略。因此，国土空间专项规划可在国家、省、市、县层级编制，但重点在市、县（区）、乡（镇）层级进行编制。在“三级两类”专项规划体系内，强化各级国土空间总体规划是同级市政基础设施空间布局规划的基础，起到引导和约束作用；而详细规划对各级各类专项规划“多规落地”起到支撑衔接作用。市、县（区）、乡（镇）级国土空间专项规划强调实施性，侧重市、县（区）国土空间专项细化落实。对应相应层级的市政基础设施空间布局规划可以根据实际情况选择编制的精度，在片区内也可以根据实际情况编制相应的详细规划。

5. 市政基础设施空间布局规划的规划深度

对应“三级两类”专项规划体系，不同层级的专项规划对应我国行政管理的纵向治理体系，自上而下编制国家、省、市、县、乡（镇）五级国土空间规划，并根据需要编制相关专项规划，编制深度和要求各不相同。

市、县和乡（镇）三级市政基础设施空间布局专项规划都侧重于实施性，这是相对于国家和省级国土空间规划的作用而言。市、县级市政基础设施空间布局规划的编制，要明确对市、县级市政基础设施空间发展和保护的结构性引导，也要将底线管控的相关要求落到实处。乡（镇）级市政基础设施空间布局规划的编制可以有一定的灵活性，各地可根据实际情况和需要采用不同的模式，如在地域面积小、治理复杂性低的地区，可将市、县和乡（镇）级国土空间规划合并编制或同步编制；也可将数个乡（镇）作为一个编制单位合并编制，在规划批准后由各乡（镇）分头实施。

（1）市域市政基础设施规划深度——以定量和定标准为主。

预测供水、排水、供电、通信、燃气、垃圾处理等需求总量，统筹存量和增量、地上和地下、传统和新型基础设施系统布局，合理确定市域重大设施配置标准、规模和系统布局要求。

按照能源供需平衡方案、碳排放减量任务和能源消耗总量等指标，提出清洁能源空间安排，鼓励分布式、网络化能源布局，建设低碳城市。

预留市级以上水利、能源等区域性市政基础设施廊道，明确控制要求，提出交通廊道、能源通道、水利工程等基础设施共建共享具体要求；协调安排市级邻避设施等的布局；确定市域内重大水资源工程布局、重大水利基础设施和重要能源通道建设项目。

确定综合防灾减灾目标和设防标准，划定灾害风险区。明确防洪（潮）、抗震、消防、人防、防疫等各类重大防灾设施标准、布局要求与防灾减灾措施，适度提高生命线工程的冗余度。

（2）市中心城区市政基础设施规划深度——以定量为主，重大设施定界。

确定各类市政设施建设标准与设施容量、重大设施的用地布局及重要设施廊道走向。对城市水厂、污水处理厂、城市发电厂、220kV 以上变电站及高压走廊、城市气源、城市热源、城市通信设施等重要市政基础设施提出管控要求。划定中心城区重要基础设施的黄线，鼓励新建城区提出综合管廊布局方案，各地可根据城市实际，提出海绵城市、城市综合管廊、垃圾分类处理的布局建设要求。

（3）县域市政基础设施规划深度——以定界为主。

确定规划期内基础设施保障水平，确定能源、供水、排水、通信、燃气、电力、环卫等主要市政基础设施的数量、规模、廊道控制范围与标准要求。确定综合防灾减灾目标和设防标准，明确主要灾害类型（洪涝、地震、地质灾害等）及其防御措施；提出主要防灾避难场所、应急避难和救援通道等的布局和管控要求。

（4）县中心城区市政基础设施规划深度——以定界为主。

明确各类市政基础设施的建设目标，确定市政设施建设标准与设施容量、重大设施的用地布局及重要设施廊道走向，对城市水厂、污水处理厂、大中型泵站、城市发电厂、220kV以上变电站及高压走廊、城市气源、城市热源、城市通信设施等重要市政基础设施及市政主干管网提出管控要求。根据城市实际，提出海绵城市、城市综合管廊、垃圾分类处理的布局建设要求。

进一步明确防灾设施用地布局和防灾减灾具体措施，划定涉及城市安全的重要设施范围、通道以及危险品生产和仓储用地的防护范围。

（5）镇域/镇区市政基础设施规划深度。

统筹城乡市政基础设施，落实重要市政基础设施廊道和重大邻避设施控制要求，确定各类市政基础设施的建设目标，预测城乡供水、排水、供电、燃气、供热、垃圾处理、通信需求总量，确定各类设施建设标准、规模和重大设施布局。根据镇级实际，提出海绵城市、城市综合管廊、垃圾分类处理、新能源、5G信息、智能电网的布局建设要求。

落实上位规划综合防灾减灾目标和设防标准，明确镇域防灾设施用地布局，制定公共卫生防疫、防洪、抗旱、消防、抗震、地质灾害等的规划防治措施。各层次市政及防灾设施规划深度指引如表6-3所示。

各层次市政及防灾设施规划深度指引　　表6-3

市政设施类型			规划层次					
			市级		县级		乡（镇）级	
大类	小类		市域	市中心城区	县域	县中心城区	镇域	镇区
水务设施	供水	供水厂（≥5万t/d）	○	●	●	●	●	●
		供水厂（≥1万t/d）		/	/	⊙	●	●
		供水厂（<1万t/d）			/	⊙	⊙	⊙
		供水泵站（≥2万t/d）			●	●	●	●
		供水泵站（≥1万t/d）			/	⊙	⊙	⊙
		供水泵站（<1万t/d）			/	/	⊙	⊙
	污水	污水处理厂（≥10万t/d）	○	●	●	●	●	●
		污水处理厂（<10万t/d）		/	⊙	●	●	●
		污泥处理设施		/	⊙	●	●	●
		污水提升泵站（≥5万t/d）		⊙	●	●	●	●
		污水提升泵站（<5万t/d）		/	/	⊙	●	●
	防洪潮	水闸	○	/	⊙	⊙	●	●
		排涝泵站		⊙	⊙	⊙	●	●
		防洪潮堤		/	/	⊙	●	●
		水库		●	●	●	●	●
能源设施	电力	500kV变电站	○	●	●	●	●	●
		220kV变电站		⊙	●	●	●	●
		110kV变电站		⊙	⊙	●	●	●
		110kV以下变电站		/	/	⊙	●	●

续表

市政设施类型			规划层次					
			市级		县级		乡（镇）级	
大类	小类		市域	市中心城区	县域	县中心城区	镇域	镇区
能源设施	燃气	天然气分输站	○	●	●	●	●	●
		天然气门站		⊙	●	●	●	●
		天然气调压站		⊙	●	●	●	●
		液化石油气储配站		⊙	⊙	●	●	●
通信设施	通信	数据中心	○	●	●	●	●	●
		邮政处理中心		⊙	●	●	●	●
环卫设施	环卫	垃圾处理设施	○	●	●	●	●	●
		大中型垃圾转运站（≥150t/d）		⊙	●	●	●	●
		小型垃圾转运站（<150 万 t/d）		/	⊙	●	●	●
防灾设施	消防	战勤保障消防站	○	●	●	●	●	●
		特勤消防站		⊙	●	●	●	●
		一级普通消防站		/	⊙	●	●	●
		二级、小型普通消防站		/	⊙	⊙	●	●
	应急避难场所	中心（区域）应急避难场所	○	●	●	●	●	●
		固定应急避难场所		⊙	●	●	●	●
		室内应急避难场所		/	/	⊙	●	●
	人防	人防工程	□	□	□	□	□	□

注：●表示定界；⊙表示定点；○表示定量；□表示定标准；/表示无要求。

6. 市政基础设施空间布局规划成果要求

专项规划成果包括但不限于规划说明、规划文本、附表、附图、空间矢量数据 5 个方面，若各专项规划含有专题，则应编制相关专题研究报告等其他成果。

（1）附表：包括但不限于设施空间用地指标表（表 6-4）、空间管控要求表(表 6-5）等。

设施空间用地指标表 **表 6-4**

项目编号	项目类型	项目名称	建设规模	建设年限	新增建设用地规模	新增城镇建设用地规模	涉及耕地面积	涉及永久基本农田面积	涉及湿地面积	涉及生态保护红线面积	规划用地类型名称	所在区域
××												
××												
…												

注：① 该表格来源于《安徽省国土空间专项规划衔接技术导则》，仅供参考；

② 项目类型划分为水务、能源、智能、防灾、环卫、其他；

③ 建设性质划分为新建、改扩建；

④ 建设年限：20××年～20××年；

⑤ 所在地区填到专项规划层级的下一级（区），市级专项规划填到（市、区）。县级专项规划填到乡（镇、街道）。

空间管控要求表（可选）　　表 6-5

序号	项目类型	项目名称	涉及重要管控线（蓝线、生态线、紫线等）情况	空间管控或邻避要求
××				
××				
…				

注：① 该表格来源于《安徽省国土空间专项规划衔接技术导则》，仅供参考；

② 若项目不涉及空间管控或邻避要求，可以不填此表。

（2）附图：包括但不限于设施空间布局图、设施选址布局图、空间管控要素图等。其中，总体布局示意图需将规划范围内的项目悉数上图示意；全域空间布局类专项规划项目选址布局图需重点分析项目选址与永久基本农田、生态保护红线、城镇开发边界、历史文化保护等规划控制线的关系；城镇空间布局类专项规划项目选址布局图需重点分析项目选址与绿线、蓝线、紫线、黄线等规划控制线的关系；空间管控要求图需明确项目用地范围内的空间管控要求及影响范围内的邻避要求等；项目选址布局图和空间管控要求图须分项目出图。成果附图的图纸名称及主要内容如表 6-6 所示。

成果附图的图纸名称及主要内容　　表 6-6

序号	图纸名称	主要内容
1	设施空间布局图	明确各类设施布局
2	设施选址布局图	一般分项目出图，重点分析项目选址与绿线、蓝线、紫线等规划控制性的关系
3	设施空间管控要素图	一般分项目出图，明确项目用地范围内的空间管控要求及影响范围内的邻避要求等

（3）空间矢量数据：空间矢量数据包括面状规划项目、线状规划项目、点状规划项目和空间管控要求等。各类规划项目矢量数据应尽量确定为面状，确实难以明确用地范围的，可采用线状或点状形式示意表达。

面状规划项目包括供水、排水、燃气、电力等用地；线状规划项目包括供水、排水、燃气、电力等线路；点状规划项目包括供水、排水、燃气、电力等小型设施；空间管控要求包括城市黄线、水源保护区等。

6.2　水务设施空间布局规划概述

水务基础设施空间布局规划是国土空间总体规划编制的支撑性规划，是国土空间规划体系中城市水务领域的专项规划，是城市水务规划与国土空间规划相衔接的规划，是涉水生态空间及红线管控、城市水务基础设施建设的依据。

6.2.1 工作任务

1. 全面开展现状分析评价

系统收集和整理已有涉水基础设施规划、水利规划、主体功能区划、生态功能区划、水功能区划、统计年鉴与公报、已建在建工程情况等基础资料，在与国土空间规划采用的基础数据、图件相衔接的基础上，建立统一的规划基础数据。结合正在开展的第三次水资源调查评价和水资源承载能力监测预警评价等工作，在摸清水资源、水生态、水环境、水灾害本底状况的基础上，对水资源承载能力、涉水生态空间本底状况、水务基础设施保障情况、水生态系统保护修复状况、河湖管理等情况开展评价，分析存在的主要问题及原因。

2. 科学确定规划总体思路和目标

围绕规划区经济社会发展布局、重大战略安排，分析经济社会发展和生态环境保护对水利的需求；提出规划指导思想、基本原则；明确到 2025 年、2035 年防洪排涝、水资源配置、水生态保护修复、涉水空间管控保护的目标和控制性指标；根据城市区域特点，因地制宜研究提出不同流域和区域涉水生态空间保护和管控格局、水务基础设施空间总体布局，明确水生态保护与修复重点任务。研究提出水务基础设施建设总体格局及分区布局，远景展望到 2050 年。

3. 合理划定涉水生态空间

涉水生态空间划定对象主要包括城市河流、湖泊等水域及其岸线，蓄滞洪区及洪泛区、饮用水水源保护区、水源涵养区、水土流失重点防治区等陆域（涉水）部分。按照《水利部办公厅关于印发省级空间规划水利相关工作技术指导意见（试行）》《水利部关于加快推进河湖管理范围划定工作的通知》《河湖岸线保护与利用规划编制指南（试行）》等要求，划定涉水生态空间范围，明确生态功能类型；系统分析已批复或已划定的生态保护红线范围及主导功能的合理性，复核规划水务基础设施布局与生态保护红线成果的协调性，提出优化调整意见和活动准则，明确重要涉水生态保护红线范围。

4. 完善水务基础设施规划布局

明确已建、在建城市水务基础设施用地空间范围，围绕水安全保障的实际需求，立足已有规划成果，在水资源承载能力评价、流域区域防洪治涝布局、水资源配置方案优化调整以及与其他相关空间规划成果进行符合性、协调性分析的基础上，以涉水厂站等工程为节点，以河湖治理、水系连通等工程为线，以蓄滞洪区、灌区建设等工程为面，研究城市水务基础设施网络布局国土空间资源需求；明确各类城市水务的工程名称、工程位置、工程类型、规模、线路走向、占地范围以及不同水平年水务基础设施建设项目清单及实施安排等，并形成国土空间规划水务基础设施“一张图”。

5. 确定水生态保护修复重点任务

针对各类涉水生态空间的功能类型和空间用途管制要求，围绕当前水生态环境存在的问题，采取差异化的治理目标和思路，分区域分河段提出水生态系统保护、修复和治理的重点对象和措施方向等。以流域综合规划、水资源保护规划、水土保持规划、重点河湖治理与生态保护规划等为基础，从维护水生态系统结构和功能、构建河流绿色生态廊道的要求出发，提出重点河湖生态治理与修复、水土流失防治、水源地保护、地下水超采区综合治理等任务措施和重点项目。

6. 提出涉水空间管控和保护措施

在确定涉水生态空间与水利基础设施空间布局的基础上，通过功能叠加分析、空间边界处理、有关规划衔接、跨区域衔接协调等，并与“三区三线”等其他相关空间规划成果进行符合性、协调性分析，将涉水生态空间与水利基础设施建设用地边界落在国土空间规划“一张图”上。按照强化水资源承载能力刚性约束，提升水生态系统的完整性和系统性，保障水利基础设施工程安全可靠、功能正常发挥等要求，分级分类提出涉水生态空间和水利基础设施用地的管控措施和保护要求，提出各类国土空间水利基础设施项目准入要求。

6.2.2　水务设施类型

规划对象包括市政给水排水基础设施、水利基础设施、涉水生态空间、三大类（表 6-7）。其中，涉水生态空间包括河流、湖泊、湿地、滞蓄洪区、碧道、饮用水水源地、水土流失重点防护区、水源涵养区 8 个具体设施类别；水利基础设施包括水库、原水工程、水闸、排洪（沟）渠、堤防、水文站网具体设施类别；市政给水排水基础设施包括给水工程设施、污水工程设施、雨水及排涝工程设施、初期雨水设施、再生水工程设施、海绵城市设施具体设施类别。

城市水务设施类型　　**表 6-7**

类型	专业	序号	详细设施	省级层面	市级层面	区级层面
市政给水排水基础设施	给水工程设施	1	给水厂	无	给水厂	给水厂
		2	市政给水加压泵站	无	市政给水加压泵站	市政给水加压泵站
		3	原水泵站	无	原水泵站	原水泵站
		4	给水干管（含联通管）	无	无	*DN*1000 以上
	污水工程设施	5	水质净化厂	无	水质净化厂	水质净化厂
		6	应急污水处理设施	无	无	应急污水处理设施
		7	污水干管（含调配管）	无	无	*d*1000 以上
		8	截污管道	无	无	截污管道
		9	截污泵站	无	无	截污泵站
		10	污泥厂、底泥厂	无	污泥厂、底泥厂等	污泥厂、底泥厂等

续表

类型	专业	序号	详细设施	省级层面	市级层面	区级层面
市政给水排水基础设施	雨水及排涝工程设施	11	雨水（排涝）泵站		规模大于 $1m^3/s$ 雨水提升泵站	所有市政雨水提升泵站
		12	雨水（排涝）调蓄池	无	无	雨水调蓄池
		13	截洪沟	无	无	截洪沟
		14	行泄通道	无	无	行泄通道
	初期雨水设施	15	初期雨水泵站	无	无	初期雨水泵站
		16	初期雨水调蓄池	无	无	初期雨水调蓄池
		17	初期雨水处理设施	无	无	初期雨水处理设施
	再生水工程设施	18	再生水泵站	无	无	再生水泵站
		19	主要补水管			d800 以上
	海绵城市设施	20	雨水回用池等	无	无	雨水回用池
水利基础设施	水库	21	水库	大中型	小型	小型
	原水工程	22	水源工程	大型	中型	小型
		23	引(调)水工程	$3\sim10m^3/s$ 以上	$3\sim10m^3/s$ 以上	小型
		24	应急供水工程	大型	中型	小型
		25	调蓄工程	大型	中型	小型
	水闸	26	泄洪闸	大型	中型	小型
		27	节制闸	大型	中型	小型
		28	挡潮闸	大型	中型	小型
		29	排水闸	大型	中型	小型
	排洪(沟)渠	30	排洪（沟）渠	省级重要	市级重要	区内重要
	堤防	31	海堤	省级重要	市级重要	区内重要
		32	河堤	省级重要	市级重要	区内重要
	水文站网	33	水文站网	省级站	市内重要	区内重要
涉水生态空间	河流	34	河流	流域面积大于 $200km^2$	流域面积大于 $50km^2$	河流名录
		35	小微水体	无	无	保育小微水体
	湖泊	36	湖泊	常年水面面积不小于 $1km^2$	市级重要湖泊	其他湖泊
	湿地	37	湿地	无	面积大于 $20hm^2$	面积大于 $5hm^2$
	滞蓄洪区	38	滞蓄洪区	《国家蓄滞洪区修订名录》确定的蓄滞洪区	市级重要	区内重要
	碧道	39	碧道	大型	中型	小型
	饮用水水源地	40	饮用水水源保护区	列入《全国重要饮用水水源地名录（2016 年）》饮用水水源地	其他集中式饮用水水源地	区级重要饮用水水源地

续表

类型	专业	序号	详细设施	省级层面	市级层面	区级层面
涉水生态空间	水土流失重点防护区	41	水土流失重点防护区	省级以上水土流失重点防护区和重点治理区	市级水土流失重点防护区和重点治理区	区级水土流失重点防护区和重点治理区
	水源涵养区	42	水源涵养区	重要河流的源头区，以及重要的地表和地下水源补给区	市级重要的地表和地下水源补给区	区级重要的地表和地下水源补给区

6.2.3　技术要求及工作深度

划定规划区具有重要水生态功能的涉水生态空间，明确规划区主要水务基础设施的空间布局，提出约束指标和管控要求。具体工作深度原则上要求如下：

（1）梳理水务设施建设现状和规划需求，厘清水务设施家底，从保障安全、促进城市高质量发展，推进生态文明建设和治理能力现代化等角度，明确到2025年、2035年水务基础设施空间总体格局和分区布局，提出水务发展全要素管控指标体系。

（2）充分衔接和协调国土空间规划，为国土空间规划编制提供技术支撑，形成规划体系中水务领域的综合专项规划，将重要水务设施落实在国土空间规划中，保障设施空间落地。

（3）为涉水空间及红线管控、水务基础设施建设及管理和保护提供规划依据，指导下一步水务工程的实施和建设。

（4）强化管控，已建、在建和规划水务基础设施用地落到空间规划“一张图”上，提出管控和保护措施，明确水生态保护修复重要任务。

6.2.4　规划目标及控制指标

充分利用已有水利规划成果，统筹考虑经济社会高质量发展、社会主义现代化建设、生态文明建设等对水生态保护修复、水利基础设施建设等新要求，构建基于人、社会和自然的现代水务发展指标体系。指标体系围绕可持续发展、城市韧性、都市品质、绿色生态、智慧管控五大板块。在各层级编制规划时，可根据实际情况，在表6-8的基础上合理增加相关控制性指标。

水务基础设施控制指标　　表6-8

类别	序号	指标名称	单位	指标说明
可持续发展	1	万元GDP用水量累计下降率	—	—
	2	再生水利用率	—	新加坡：55%
	3	非常规水资源替代自来水比率	—	新加坡：55%； 北京：3.7%；天津：3.6%
	4	供水管网漏损率	—	东京：3%；新加坡：5%
	5	雨水资源收集开发利用率	—	新加坡：雨水全收集利用
	6	水务设施运营维护费用占水务基础设施投资比例	—	—

续表

类别	序号	指标名称	单位	指标说明
城市韧性	7	应急供水保障能力	d	—
	8	城市防洪能力	—	—
	9	中心城区及重要地区内涝防治能力	—	—
	10	海绵城市建设面积占比	—	—
	11	浅表流排水系统覆盖率	—	—
	12	韧性雨洪系统建设	min	上海、日本
	13	城市调蓄模数	m^3/km^2	日本：200～500
都市品质	14	自来水直饮覆盖率	—	—
	15	城市污水处理率	—	—
	16	溢流污染负荷控制率	—	上海：80%；日本：85%
	17	生态美丽河湖占比	—	纽约：90%
	18	河流水质	—	—
	19	清污分流率	—	—
	20	优质滨水空间覆盖范围	—	—
绿色生态	21	水功能区达标率	—	—
	22	水土流失面积率	—	—
	23	河流生态岸线比例	—	—
	24	城市水面率	—	珠三角：8%～10%； 新加坡：22.11%
	25	生态基流满足度	—	—
	26	生物多样性指数	—	—
	27	灰色厂站设施生态化改造率	—	按厂站个数计算
智慧管控	28	水务设施数字化率	—	—
	29	物联感知设备覆盖率	—	—
	30	业务应用线上覆盖率	—	—
	31	水务高级管理人员比例	—	—
	32	水文化展馆或科技中心	个	—

6.2.5 水务设施空间用地指标研究

水务设施规模计算依据有国家规范标准和地方标准，部分地市结合自身特点提出的地方标准更适宜本地区的需求，以给水工程用地为例，设施包括水厂和给水加压泵站，用地标准参考国家标准《城市给水工程规划规范》GB 50282—2016、深圳标准《深圳市城市规划标准与准则》。

1. 给水设施用地标准

（1）水厂用地指标。

依据《城市给水工程规划规范》GB 50282—2016，水厂用地应按照给水规模确定，其用地指标宜按表6-9采用，水厂厂区周围应设置宽度不小于10m的绿化带。

水厂用地指标　　表6-9

给水规模（万 m^3/d）	地表水水厂		地下水水厂 $[m^2/(m^3 \cdot d^{-1})]$
	常规处理工艺 $[m^2/(m^3 \cdot d^{-1})]$	预处理＋常规处理＋深度处理工艺 $[m^2/(m^3 \cdot d^{-1})]$	
5～10	0.50～0.40	0.70～0.60	0.40～0.30
10～30	0.40～0.30	0.60～0.45	0.30～0.20
30～40	0.30～0.20	0.45～0.30	0.20～0.12

注：① 给水规模大的取下限，给水规模小的取上限，中间值采用插入法确定；
② 给水规模大于50万 m^3/d 的指标可按50万 m^3/d 指标适当下调，小于5万 m^3/d 的指标可按5万 m^3/d 指标适当上调；
③ 地下水水厂建设用地按消毒工艺控制，厂内若需设置除铁、除锰、除氟等特殊水质处理工艺时，可根据需要增加用地；
④ 本表指标未包括厂区周围绿化带用地。

另外，在国内一些大城市，比如深圳市，由于其用地较为紧张，其水厂用地指标较国家标准小，参考《深圳市城市规划标准与准则》，具体如表6-10所示（仅供参考）。

深圳市水厂用地指标　　表6-10

水厂设计规模（万 m^3/d）		Ⅰ类（30～50）	Ⅱ类（10～30）	Ⅲ类（5～10）
净水厂 $[hm^2/(万 m^3 \cdot d^{-1})]$	常规处理及预处理	0.30～0.20	0.35～0.30	0.40～0.35
	深度处理	0.040～0.035	0.055～0.040	0.070～0.055
	污泥处理	0.03～0.25	0.04～0.03	0.05～0.04
	总计	0.37～0.25	0.44～0.37	0.52～0.44
配水厂 $[hm^2/(万 m^3 \cdot d^{-1})]$		0.15～0.10	0.30～0.15	0.30～0.20

注：① 配水厂一般不设置净水工艺，仅设置消毒工艺，因此用地规模较小；
② 建设规模大的取下限，建设规模小的取上限，中间规模可采用内插法确定；
③ 规模小于5万 m^3/d 或大于50万 m^3/d 的水厂宜参照执行；
④ 水厂地块形状应满足功能布局的要求。

（2）加压泵站用地指标。

加压泵站用地应按给水规模确定，用地形状应满足功能布局要求，其用地面积宜按表6-11采用。泵站周围应设置宽度不小于10m的绿化带，并宜与城市用地相结合。

加压泵站用地面积指标　　表6-11

给水规模（万 m^3/d）	用地面积（m^2）
5～10	2750～4000
10～30	4000～7500
30～50	7500～10000

注：① 规模大于50万 m^3/d 的用地面积可按50万 m^3/d 用地面积适当增加，小于5万 m^3/d 的用地面积可按5万 m^3/d 用地面积适当减少；
② 加压泵站有水量调节池时，可根据需要增加用地面积；
③ 本表指标未包括站区周围绿化带用地。

2. 污水设施用地标准

依据《城市排水工程规划规范》GB 50318—2017，城市污水处理厂规划用地指标应根据建设规模、污水水质、处理深度等因素确定，可按表6-12的规定取值。设有污泥处理、初期雨水处理设施的污水处理厂，应另行增加相应的用地面积。

城市污水处理厂规划用地指标　　表6-12

建设规模（万 m^3/d）	规划用地指标（$m^2 \cdot d/m^3$）	
	二级处理	深度处理
>50	0.30～0.65	0.10～0.20
20～50	0.65～0.80	0.16～0.30
10～20	0.80～1.00	0.25～0.30
5～10	1.00～1.20	0.30～0.50
1～5	1.20～1.50	0.50～0.65

注：① 表中规划用地面积为污水处理厂围墙内所有处理设施、附属设施、绿化、道路及配套设施的用地面积；
② 污水深度处理设施的占地面积是在二级处理污水厂规划用地面积基础上新增的面积指标；
③ 表中规划用地面积不含卫生防护距离面积。

另外，在国内一些大城市，比如深圳市，由于其用地较为紧张，其污水处理厂用地指标较国家标准小，应参考《深圳市城市规划标准与准则》，具体如表6-13所示（仅供参考）。

深圳市污水处理厂规划用地指标　　表6-13

处理水量（万 m^3/d）	一级处理（hm^2）	二级处理（hm^2）	深度处理［hm^2/（万 $m^3 \cdot d^{-1}$）］
1～5	0.55～2.25	1.00～4.00	0.1～0.3
5～10	2.25～4.00	4.00～7.00	
10～20	4.00～6.00	7.00～12.00	
20～50	6.00～10.00	12.00～25.00	
50～100	—	25.00～40.00	

注：① 一级、二级处理用地指标：建设规模大的取上限，建设规模小的取下限，中间规模可采用内插法确定；
② 深度处理用地指标是在污水二级处理的基础上增加的用地，深度处理工艺按提升泵站、絮凝、沉淀（或澄清）、过滤、消毒、送水泵房等常规流程考虑；具体用地指标可根据当地用地条件、处理工艺和回用对象的不同确定，以景观补水为主的取下限，以城市杂用为主的取上限；当二级污水厂出水满足特定回用要求或仅需其中几个净化单元时，可根据实际需求降低用地指标；
③ 污水处理厂地块形状应满足功能布局的要求。

污水泵站规划用地面积应根据泵站的建设规模确定，规划用地指标宜按表6-14的规定取值。

污水泵站规划用地指标　　　　表 6-14

建设规模（万 m^3/d）	>20	10～20	1～10
用地指标（m^2）	3500～7500	2500～3500	800～2500

注：① 用地指标是指生产必需的土地面积，不包括有污水调蓄池及特殊用地要求的面积；
② 本指标未包括站区周围防护绿地。

3. 雨水设施用地标准

依据《城市排水工程规划规范》GB 50318—2017，雨水泵站宜独立设置，规模应按进水总管设计流量和泵站调蓄能力综合确定，雨水泵站规划用地指标宜按表 6-15 的规定取值。

雨水泵站规划用地指标　　　　表 6-15

建设规模（L/s）	>20000	10000～20000	5000～10000	1000～5000
用地指标（m^2·s/L）	0.28～0.35	0.35～0.42	0.42～0.56	0.56～0.77

注：对于有调蓄功能的泵站，用地宜适当扩大。

6.2.6　水务设施空间管控

结合规划目标和特点，对涉水生态空间、水务基础设施空间等内容进行重点规划布局。

1. 厂站设施用地空间管控要求

厂站设施用地空间管控应遵循以下要求：

（1）核发的水务设施建设用地应满足设施规划功能的建设要求，不可挪作他用。

（2）规划水务厂站用地建设启动前，应及时向土地主管部门申请办理正式的用地手续。

（3）对于未办理正式用地手续但现状已建或在建的水务设施，需在开展技术合理性论证后，向土地主管部门申请办理正式的用地手续。

（4）对于独立占地水务厂站设施，水务部门应按规划审批用地范围线建设围栏，按规划建设规模预留分期建设用地。

（5）对于非独立占地水务设施，应联合所附属用地的主旨管理部门共同管理，保障地块内水务设施功能正常发挥。

2. 管网用地空间管控要求

（1）管网建设形式为直埋敷设，水务、电力、通信、燃气等各专业管道建设应与其他专业管线行业主管部门相协调，协同建设，合理利用地下管网建设空间，最大化减少道路开挖频次。

（2）管网应尽量沿市政道路敷设，平面布置方位应遵循《深圳市城市规划标准与准则》。管网线位优先敷设在绿化带、人行道及路肩等远离道路中央位置。

(3) 市政道路下的地下空间开发利用时，应预留必要的市政管线埋设空间，地下浅层空间应首先保证市政管线的埋设需求，其他用途的地下空间开发应无服从市政管线埋设空间需求。

(4) 各等级市政道路下需预控市政管线“最小埋设空间”，主干路（含快速路）按路面下7m之内的浅层地下空间进行预控，次干路按路面下5.5m之内的浅层地下空间进行预控，支路按路面下4m之内的浅层地下空间进行预控。

(5) 管网养护单位需加强监管，禁止道路监管部门对现状道路进行施工时对现状管网造成损坏，施工涉及管网空间时，需实施管线迁改方案，并结合工程进度做好回迁工作。

(6) 管网不应穿过现状建筑物敷设，对历史遗留问题，应实施迁改方案，于市政道路敷设管道。

3. 设施用地预留和空间保护要求

(1) 注重规划先行，统筹开展区域水务设施建设规划编制工作，依据规划方案，提前预留和管控合理可行的水系两侧水务设施及碧道建设用地空间，避免发生大拆大建、无地可用、用地空间被侵占现象。

(2) 由于其他不合理开发建设活动导致规划水务基础设施用地被挤占和水生态环境已受损退化的区域，应按照要求退还被挤占用地或置换用地。探索建立和施行置换用地机制，对于规划新建、不在近期建设计划内的水务基础设施，因城市发展、城市布局结构变化、河道治理需要等原因，致使规划用地预留方案发生变化，应征求水务、规划、环境等相关主管部门意见，提出用地置换方案，依法调整城市规划和水务基础设施空间规划。

(3) 弹性控制的原则、用地处置集约化、用地核查、弹性控制、过大过小的问题、用地冲突的问题、缺少规划依据设施的处理思路。

(4) 用地预留弹性，对于碧道附属设施，宜落实于蓝线空间内，选址精度至法定图则地块，作为地块开发建设配套设施，提出设施用地需求，不划定具体用地红线，预留弹性。

(5) 对于雨水调蓄空间，宜选址于公共绿地，选址精度至法定图则地块，提出地块开发建设要求，不划定具体用地红线。

(6) 对于小微水体，落实水体控制线，结合管控指引予以管控，不划定明确管理线。

6.3 能源设施空间布局规划

6.3.1 能源设施空间布局规划的工作任务

在《中共中央 国务院关于完整准确全面贯彻新发展理念做好碳达峰碳中和工作的意

见》中提出，要强化绿色低碳发展规划引领。将碳达峰、碳中和目标要求全面融入经济社会发展中长期规划，强化国家发展规划、国土空间规划、专项规划、区域规划和地方各级规划的支撑保障。加强各级各类规划间衔接协调，确保各地区、各领域落实碳达峰、碳中和的主要目标、发展方向、重大政策、重大工程等协调一致。

根据自然资源部办公厅印发的《市级国土空间总体规划编制指南（试行）》，对能源规划相关内容提出了新的要求，包括制定能源供需平衡方案，落实碳排放减量任务，控制能源消耗总量；优化能源结构，推动风、光、水、地热等本地清洁能源利用，提高可再生能源比例，鼓励分布式、网络化能源布局，建设低碳城市；提出市域高压输电干线、天然气高压干线等能源通道空间布局安排；提出能源设施的规模和网络化布局要求，明确廊道控制要求。

由于能源规划涵盖供电、燃气、供热等多个专业，需要站在能源综合利用的高度，落实国家能耗双控和碳排放目标，系统制定能源供需平衡方案，合理布局能源设施，具体工作任务如下：

1. 现状能源利用评估和资源条件分析

调研现状能源生产和消费数据，评估现状用能情况，分析城市能源结构和发展趋势，识别存在问题；摸底本地及周边能源资源条件，分析存在“瓶颈”，挖掘可利用的新能源和可再生能源资源。

2. 构建能源规划指标体系

分析国家、省、市级能源相关规划和政策，根据城市的经济和产业发展定位，构建城市能源规划指标体系，确定能源消费总量和强度控制目标。

3. 制订能源供需平衡方案

结合城市能源和经济发展趋势，对城市的能源需求量进行预测；根据本地及周边的能源资源禀赋，分析各类能源的可供应量，进行供需平衡分析。

在确保城市能源供给平衡的基础上，满足能源规划指标体系，加大清洁能源利用，提高可再生能源比例，进而实现城市能源结构的优化。

4. 能源设施空间布局规划

落实上一级规划确定的重大能源基础设施和通道；根据能源需求，配置相应的供电、燃气、供热等能源设施，布局市域高压输电干线、天然气高压干线等能源通道，明确廊道控制要求。

6.3.2 能源设施空间布局规划的技术要求及工作深度

能源设施和通道间布局规划涵盖油气储运、供电、燃气、供热等多个专业，应满足不同层级国土空间总体规划的工作深度要求。市域层面，预控本级以上能源等区域性基础设施廊道、明确控制要求；明确基础设施配置标准。县域/市辖区层面，明确本级以上能源等基础设施廊道走向及控制范围、设施空间布局；细化配置标准。中心城区层面，明确重要能源基础设施布线、布点；细化设施控制要求；细化城镇基础设施配置标准。能源设施和能源通道空间布局规划具体工作深度要求如表6-16、表6-17所示。

能源设施空间布局规划工作深度要求 表 6-16

编号	设施类型	设施名称	工作深度要求
1	电力	发电厂	落实上一级规划设施布局和用地、控制要求
2		变电站	市域/县域/市辖区层面配置 220～500kV 变电站，明确设施布局和控制范围；中心城区层面配置 35kV 以上变电站，明确设施布点、用地面积和控制要求
3	燃气	门站、储配站、调压站	市域/县域/市辖区层面明确设施布局和控制范围；中心城区层面明确设施布点、用地面积和控制要求
4	供热	热源厂	市域/县域/市辖区层面明确设施布局和控制范围；中心城区层面明确设施布点、用地面积和控制要求
5	油气储运	接收站、储气库、输气站、油库、输油站	落实上一级规划设施布局和用地、控制要求

能源通道空间布局规划工作深度要求 表 6-17

编号	设施类型	设施名称	工作深度要求
1	电力	高压架空线路	市域/县域/市辖区层面配置 220kV 以上高压架空线路，明确廊道走向及控制范围；中心城区层面配置 35kV 以上高压架空线路，明确通道路由和控制要求
2	燃气	城市高压/超高压输配管道	市域/县域/市辖区层面明确廊道走向及控制范围；中心城区层面明确通道路由和控制要求
3	供热	长输供热管道	市域/县域/市辖区层面明确廊道走向及控制范围；中心城区层面明确通道路由和控制要求
4	油气储运	长输油气管道	落实上一级规划廊道走向和控制要求

6.3.3 能源设施空间布局规划的目标及控制指标

能源设施空间布局规划应达到以下目标：能源保障更加安全有力，能源储备体系更加完善，能源自主供给能力进一步增强。能源低碳转型成效显著，电气化水平持续提升。能源系统效率大幅提高，能源资源配置更加合理，就近高效开发利用规模进一步扩大，输配效率明显提升。城乡供能基础设施均衡发展，乡村清洁能源供应能力不断增强，城乡供电质量差距明显缩小。能源规划控制指标体系如表 6-18 所示。

能源规划控制指标体系 表 6-18

编号	指标类型	指标名称	单位	指标性质
1	总量目标	能源消费总量	万 t 标准煤	约束性
2		煤炭消费量	万 t 标准煤	约束性
3		石油消费量	万 t	预期性
4		天然气消费量	亿 m^3	预期性
5		全社会用电量	亿 kWh	预期性

续表

编号	指标类型	指标名称	单位	指标性质
6	能源结构	煤炭占一次能源消费比重	—	约束性
7		石油占一次能源消费比重	—	预期性
8		天然气占一次能源消费比重	—	预期性
9		其他能源占一次能源消费比重	—	预期性
10		非化石能源占一次能源消费比重	—	约束性
11	供应能力	本地电力装机容量	万 kW	预期性
12		110kV 以上变电站	座	预期性
13		石油供应能力	万 t	预期性
14		天然气供应能力	亿 m^3	预期性
15		成品油储备能力	d	预期性
16		天然气储备能力	d	预期性
17	节能环保	单位 GDP 能耗降低	—	约束性
18		单位 GDP 二氧化碳排放降低	—	约束性
19		火电供电标准煤耗	克标准煤/(kWh)	预期性
20		电网综合线损率	—	预期性

6.3.4　能源空间布局及用地指标

1. 电力设施空间布局及用地指标

电力设施主要包括发电厂和变电站，其空间布局及配置标准应符合《城市电力规划规范》GB/T 50293—2014 及其他国家现行有关标准的规定。

（1）发电厂。

发电厂厂址宜选用城市非耕地；大、中型燃煤发电厂应安排足够容量的燃煤储存用地；燃气发电厂应有稳定的燃气资源，并应规划设计相应的输气管道；燃煤发电厂选址宜在城市最小风频上风向（图 6-3）；供冷（热）发电厂宜靠近冷（热）负荷中心，并与城市热力网设计相匹配。

图 6-3　燃煤发电厂

燃煤发电厂厂区建设用地基本指标应符合如表6-19所示的规定。

燃煤发电厂厂区建设用地基本指标 **表6-19**

档次	规划容量（MW）	机组组合 台数×单机容量（MW）	单位装机容量取值（m^2/kW）
1	100	2×50	0.823～1.526
	200	4×50	0.562～1.044
	300	2×50+2×100	0.465～0.798
	400	4×50+2×100	0.451～0.769
2	200	2×100	0.568～0.939
	400	4×100	0.382～0.666
	600	2×100+2×200	0.323～0.534
	800	4×100+2×200	0.311～0.521
3	400	2×200	0.364～0.587
	800	4×200	0.253～0.434
	1000	2×200+2×300	0.245～0.417
	1400	4×200+2×300	0.229～0.393
4	600	2×300	0.296～0.464
	1200	4×300	0.225～0.379
	1800	2×300+2×600	0.189～0.307
	2400	4×300+2×600	0.189～0.323
5	1200	2×600	0.218～0.341
	2400	4×600	0.159～0.279
	3200	2×600+2×1000	0.149～0.252
	4400	4×600+2×1000	0.145～0.242
6	2000	2×1000	0.159～0.255
	4000	4×1000	0.129～0.214
	6000	4×1000+2×1000	0.129～0.217
	8000	4×1000+4×1000	0.121～0.208

燃气—蒸汽联合循环发电厂厂区建设用地基本指标应符合如表6-20所示的规定。

燃气—蒸汽联合循环发电厂厂区建设用地基本指标 **表6-20**

档次	机组类型	单元机组构成	单位装机容量用地范围取值（m^2/kW）
1	E级多轴	2×(1+1)或1×(2+1)	0.156～0.196
		4×(1+1)或2×(2+1)	0.107～0.149
		4×(1+1)+4×(1+1)或2×(2+1)+2×(2+1)	0.092～0.133

续表

档次	机组类型	单元机组构成	单位装机容量用地范围取值(m^2/kW)
2	F级单轴	2×(1+1)	0.1～0.13
		3×(1+1)	0.077～0.108
		4×(1+1)	0.068～0.101
		3×(1+1)+3×(1+1)	0.065～0.097
		4×(1+1)+4×(1+1)	0.059～0.088
3	F级多轴	2×(1+1)或1×(2+1)	0.104～0.133
		4×(1+1)或2×(2+1)	0.072～0.105
		4×(1+1)+4×(1+1)或2×(2+1)+2×(2+1)	0.063～0.092

生物质能电厂厂区建设用地基本指标应符合如表6-21所示的规定。

生物质能电厂厂区建设用地基本指标　　表6-21

档次	规划容量(MW)	机组组合台数×单机容量(MW)		单位装机容量用地范围取值(m^2/kW)
1	600	2×300	2×E级(1+1)	0.333～0.476
			2×F级(1+1)	0.356～0.499
2	1200	4×300	4×E级(1+1)	0.258～0.39
			4×F级(1+1)	0.281～0.413
3	1000	2×500	2×F级(1+1)	0.245～0.347
			2×E级(2+1)	0.252～0.353
4	2000	4×500	4×F级(1+1)	0.197～0.293
			4×E级(2+1)	0.204～0.299

(2) 变电站。

变电站选址应与城市总体规划用地布局相协调；靠近负荷中心；便于进出线；方便交通运输；减少对军事设施、通信设施、飞机场、领（导）航台、国家重点风景名胜区等设施的影响；避开易燃、易爆危险源和大气严重污秽区及严重盐雾区；对于220～500kV变电站的地面标高，宜高于100年一遇洪水位；对于35～110kV变电站的地面标高，宜高于50年一遇洪水位；选择良好地质条件的地段。如图6-4所示为220kV全户内式变电站实景。

变电站在市区边缘或郊区，可采用布置紧凑、占地较少的全户外式或半户外式；在市区内宜采用全户内式或半户外式；在市中心地区可在充分论证的前提下结合绿地或广场建设全地下式或半地下式；在大、中城市的超高层公共建筑群区、中心商务区及繁华、金融商贸街区，宜采用小型户内式；可建设附建式或地下变电站。城市变电站的用地面积，应按变电站最终规模预留；规划新建的35～500kV变电站规划用地面积控制指标宜符合如

图 6-4　220kV 全户内式变电站实景

表 6-22所示的规定。

35～500kV 变电站规划用地面积控制指标　　　　**表 6-22**

序号	变压等级（kV） 一次电压/二次电压	主变压器容量 [MVA/台(组)]	变电站结构形式及用地面积（m^2）		
			全户外式用地面积	半户外式用地面积	户内式用地面积
1	500/220	750～1500/2～4	25000～75000	12000～60000	10500～40000
2	330/220 及 330/110	120～360/2～4	22000～45000	8000～30000	4000～20000
3	220/110(66，35)	120～240/2～4	6000～30000	5000～12000	2000～8000
4	110(66)/10	20～63/2～4	2000～5500	1500～5000	800～4500
5	35/10	5.6～31.5/2～3	2000～3500	1000～2600	500～2000

2. 燃气设施空间布局及用地指标

燃气供应系统设施的设置应与城乡功能结构相协调，并应满足城乡建设发展、燃气行业发展和城乡安全的需要。燃气厂站与建（构）筑物的间距应符合现行国家标准《建筑设计防火规范》GB 50016—2014、《城镇燃气设计规范》GB 50028—2006 及《石油天然气工程设计防火规范》GB 50183—2015 的规定。

液态燃气存储总水容积大于 3500m^3 或气态燃气存储总容积大于 20 万 m^3 的燃气厂站应结合城镇发展，设在城市边缘或相对独立的安全地带，并应远离居住区、学校及其他人员集聚的场所。

（1）天然气门站。

门站站址应根据长输管道走向、负荷分布、城镇布局等因素确定，宜设在规划城市或镇建设用地边缘。规划有两个及以上门站时，宜均衡布置。门站用地面积指标如表 6-23 所示 。如图 6-5 所示为天然气门站实景。

图 6-5　天然气门站实景

门站用地面积指标　　**表 6-23**

设计接收能力（104m^3/h）	≤5	10	50	100	150	200
用地面积（m^2）	5000	6000～8000	8000～10000	10000～12000	11000～13000	12000～15000

（2）液化天然气气化站。

液化天然气气化站站址应根据负荷分布、管网布局、调峰需求等因素确定，宜设在城镇主干管网附近。液化天然气气化站用地面积指标如表 6-24 所示。如图 6-6 所示为液化天然气气化站实景。

液化天然气气化站用地面积指标　　**表 6-24**

储罐水容积（m^3）	≤200	400	800	1000	1500	2000
用地面积（m^2）	12000	14000～16000	16000～20000	20000～25000	25000～30000	30000～35000

（3）天然气调压站。

天然气调压站的布局应根据管网布置、进出站压力、设计流量、负荷率等因素，经技术经济比较确定。高中压调压站不宜设置在居住区和商业区内。高压和次高压调压站用地面积指标见表 6-25 和表 6-26。如图 6-7 所示为天然气调压站实景。

高压调压站用地面积指标　　**表 6-25**

供气规模（$\times10^4m^3$/h）		≤5	5～10	10～20	20～30	30～50
用地面积（m^2）	高压 A	2500	2500～3000	3000～3500	3500～4000	4000～6000
	高压 B	2000	2000～2500	2500～3000	3000～3500	3500～5000

图 6-6 液化天然气气化站实景

图 6-7 天然气调压站实景

次高压调压站用地面积指标 表 6-26

供气规模（$\times10^4 m^3/h$）	≤2	2～5	5～8	8～10
用地面积（m^2）	700	700～1000	1000～1500	1500～2000

（4）液化石油气储配站。

液化石油气储配站的供应和储存规模，应根据气源情况、用户类型、用气负荷、运输方式和运输距离，经技术经济比较确定。其用地面积指标如表 6-27 所示。如图 6-8 所示为液化石油气储配站实景。

液化石油气储配站用地面积指标 表 6-27

灌装规模（$\times10^4 t/a$）	≤0.5	0.5～1	1～2	2～3
用地面积（m^2）	13000～16000	16000～20000	20000～28000	28000～32000

图 6-8　液化石油气储配站实景

3. 供热设施空间布局及用地指标

供热设施以热电厂、锅炉房以及其他清洁热源等供热热源为主，供热热源规划应结合国家及当地的能源形式和相关规划，科学合理、技术经济可行；采用的能源应稳定可靠，并应考虑能源消耗总量和强度指标；应对水资源、能源供应及运输等外部条件进行分析，并落实选址。

（1）热电厂。

燃煤、燃气及生物质热电联产厂区用地规模/指标可按表 6-28 的规定执行。如图 6-9 所示为太原古交热电厂实景。

燃煤、燃气及生物质热电联产厂区用地规模/指标　　表 6-28

机组类型	机组总容量（台数×机组容量）（MW）	厂区用地指标
燃煤热电联产	50(2×25)	≤5hm²
	200(4×50)	≤17hm²
	300(2×50+2×100)	≤19hm²
	400(4×100)	≤25hm²
	600(2×100+2×200)	≤30hm²
	800(4×200)	≤34hm²
	1200(4×300)	≤47hm²
	2400(4×600)	≤66hm²
生物质热电联产	2×15	≤10hm²
燃气-蒸汽联合循环热电联产	≥400	360m²/MW

（2）供热锅炉房。

如图 6-10 所示为齐齐哈尔市依安县依龙镇集中生物质锅炉房实景。

锅炉房用地指标宜按表 6-29 的规定执行。

图 6-9　太原古交热电厂实景

图 6-10　齐齐哈尔市依安县依龙镇集中生物质锅炉房实景

锅炉房用地指标　　**表 6-29**

设施	用地指标（m^2/MW）
集中燃煤锅炉房	≤145
集中燃气锅炉房	≤100
集中生物质锅炉房	≤450

（3）其他清洁热源。

污水源热泵的规模应根据污水处理量和周边地区热负荷需求确定，热泵机房的用地指标可按 36m^2/MW 执行。

大型核能热电联产的供热规模应根据核电机组容量和周边地区热负荷需求确定，同时应对核能利用安全进行审查评估，电厂供热设施的用地指标可按表6-30的规定执行。

核能热电联产供热设施用地指标　　**表6-30**

设施	用地指标（m^2/MW）
汽水换热器机房	2.5～5
吸收式热泵机房	5～10

4. 油气储运设施空间布局及用地指标

（1）液化天然气应急储备调峰站。

液化天然气应急储备调峰站的选址应符合地区城市规划与港口规划，且应避开人员密集场所、重要公共设施、水源保护区、文物保护区等重要目标。选址应根据地区的地形地质、水文、气象、市政、交通等条件，经安全评估、环境影响评价、技术经济比较后综合确定。站址应避开地震带，宜布置于邻近城镇或居民区全年最小频率风向的上风侧且具有人员疏散条件。站址应根据城市天然气系统规划科学选址，其出站输送管道必须与城市天然气主干管网合理衔接。选址应根据液化天然气码头、站内罐区布置和外输方式等条件综合确定。公路、地区架空电力线路、地区输油（输气）管道不应穿越液化天然气应急储备调峰站。站址与站外建（构）筑物的防火间距应符合现行国家标准《石油天然气工程设计防火规范》GB 50183—2015、《液化天然气接收站工程设计规范》GB 51156—2015、《城镇燃气设计规范》GB 50028—2006的规定。如图6-11所示为深圳市天然气储备与调峰库实景。

图6-11　深圳市天然气储备与调峰库实景

液化天然气应急储备调峰站的占地面积宜符合表6-31的规定。

液化天然气应急储备调峰站用地面积指标　　**表6-31**

用地面积	备注
3.0～15.0hm^2	设计储量10000～100000m^3

（2）石油（成品油）储备库。

油库选址应根据所在地区的地形、地质、水文、气象、交通、消防、供水、供电、通信、可用土地和社会生活等条件，对可供选择的具体库址进行技术、经济、安全、环保、征地、拆迁、管理等方面的综合评价，选择最优库址。油库与库外居住区、公共建筑物、工矿企业、交通线等的安全距离，应符合现行国家标准《石油储备库设计规范》GB 50737—2011、《石油库设计规范》GB 50074—2014、《石油天然气工程设计防火规范》GB 50183—2015、《建筑设计防火规范》GB 50016—2014 的规定。

如图 6-12 所示为中国石化湖北石油襄阳油库实景。

图 6-12　中国石化湖北石油襄阳油库实景

石油（成品油）储备库用地面积指标可参照表 6-32 所示的规定执行。

石油（成品油）储备库用地面积指标　　表 6-32

功能分区		用地面积
储油区	洞罐	0.9～1.5m^2/m^3
	覆土罐	1.2～2.0m^2/m^3
	地上油罐	山区 0.38m^2/m^3；平原 0.31m^2/m^3
作业区	铁路作业区	停车线长度为整列时，5.0～6.0hm^2； 停车线长度为 1/2 列时，4.0～5.0hm^2
	公路作业区	6 车位时，0.9 hm^2；增加车位时，540m^2/车位
	水运作业区	2.0hm^2
	管道作业区	1.0hm^2
辅助作业区		0.5hm^2
行政管理区		1.0～1.5hm^2
警卫营区		1.0～1.5hm^2

（3）输气站。

输气站的设置应符合目标市场、线路走向和输气工艺设计的要求，各类输气站宜联合建设。输气站位置选择应符合下列规定：

① 应满足地形平缓、地势相对较高及近远期扩建需求；

② 应满足供电、给水排水、生活及交通方便的需求；

③ 应避开地面沉降、风蚀沙埋等不良工程地质地段及其他不宜设站的地方；

④ 压气站的位置选择宜远离噪声敏感区；

⑤ 区域布置的防火距离应符合现行国家标准《石油天然气工程设计防火规范》GB 50183—2015 的有关规定。

天然气分输站用地面积指标如表 6-33 所示。

天然气分输站用地面积指标 **表 6-33**

规模	用地面积（m^2）
$DN<300$	5000
$300\leqslant DN<500$	6000
$500\leqslant DN<800$	8000
$800\leqslant DN<1000$	10000
$1000\leqslant DN<1300$	13000
$1300\leqslant DN<1500$	15000

（4）输油站。

输油站的站场选址应合理利用土地，并应结合当地城乡建设规划。站址宜选定在地势平缓、开阔、具有较好的工程气象、水文地质条件，且交通供电、供水、排水及职工生活均较方便的地方；应保持与附近城镇居民点工矿企业、铁路、公路等的安全间距要求。站场位置选定应结合管道线路走向，满足工艺设计的要求；站场内应有足够的生产及施工操作场地；并行敷设管道的站场宜合建。站址宜远离海、江、河、湖泊。当确需邻近建设时，应采取防止事故状态下事故液对周边水体污染的相应防护措施。

输油站的站场位置的选定应避开下列场所：

① 存在崩塌、活动断层滑坡沼泽流沙、泥石流矿山采空区等不良地质的地段；

② 蓄（滞）洪区及有内涝威胁的地段；

③ 易受洪水及泥石流影响的地段，窝风地段；

④ 在山地、丘陵地区采用开山填沟营造人工场地时，应避开山洪流经过的沟谷；

⑤ 水源保护区、自然保护区、风景名胜区和地下文物遗址。

各类站场的站址选择应符合现行行业标准《石油天然气工程总图设计规范》SY/T 0048—2016 中的相关规定。独立建设或与炼厂、油库、油品码头等石油化工企业相邻建设的输油站场，与相邻的居民点、企业的安全间距应符合现行国家标准《石油天然气工程设计防火规范》GB 50183—2015 的相关规定。

原油分输站和成品油分输站用地面积指标分别如表 6-34 和表 6-35 所示。

原油分输站用地面积指标　　表 6-34

规模	用地面积（m^2）
$DN<300$	5500
$300\leqslant DN<500$	6500
$500\leqslant DN<800$	8500
$800\leqslant DN$	10000

成品油分输站用地面积指标　　表 6-35

规模	用地面积（m^2）
$DN<300$	4500
$300\leqslant DN<500$	5500
$500\leqslant DN<800$	7500
$800\leqslant DN$	10000

6.3.5　能源通道空间布局及控制要求

1. 高压架空线路

城市电力线路分为架空线路和地下电缆线路两类。其中，35kV 及以上高压架空电力线路应规划专用通道，并加以保护。如图 6-13 所示为高压架空电力线路走廊实景。

图 6-13　高压架空电力线路走廊实景

根据《城市电力规划规范》GB/T 50293—2014，市区 35～1000kV 高压架空电力线路规划走廊宽度，宜根据所在城市的地理位置、地形、地貌、水文、地质、气象等条件及当地用地条件，如表 6-36 所示的规定合理确定。

市区35～1000kV高压架空电力线路规划走廊宽度　　表6-36

线路电压等级（kV）	高压线走廊宽度（m）
直流±800	80～90
直流±500	55～70
1000(750)	90～110
500	60～75
330	35～45
220	30～40
66、110	15～25
35	15～20

规划新建的35kV及以上电力线路，在下列情况下，宜采用地下电缆线路：

（1）在市中心地区、高层建筑群区、市区主干路、人口密集区、繁华街道等；

（2）重要风景名胜区的核心区和对架空导线有严重腐蚀性的地区；

（3）走廊狭窄，架空线路难以通过的地区；

（4）电网结构或运行安全的特殊需要线路；

（5）沿海地区易受热带风暴侵袭的主要城市的重要供电区域。

2. 城市高压/超高压输配管道

城市高压/超高压输配管道是指城镇燃气门站后的高压及高压以上输配管道（最高工作压力大于1.6MPa）。根据《城镇燃气设计规范》GB 50028—2006，门站后燃气管道压力适用范围定为不大于4.0MPa，高压燃气管道受条件限制需要进入或通过四级地区时，高压A地下燃气管道与建筑物外墙面之间的水平净距不应小于30m（当采取加强壁厚或有效的保护措施时，不应小于15m）；高压B地下燃气管道与建筑物外墙面之间的水平净距不应小于16m（当采取加强壁厚或有效的保护措施时，不应小于10m）。如图6-14所示为城市高压燃气管道敷设现场实景。

图6-14　城市高压燃气管道敷设现场实景

经论证，若在工艺上确实需要，则应根据《城镇燃气设计规范》GB 50028—2006，在门站后也可敷设压力大于 4.0MPa 的管道，并按《输气管道工程设计规范》GB 50251—2015 及高压 A 为 4.0MPa 管道的有关规定执行。近年印发的《燃气工程项目规范》GB 55009—2021，也首次将城市燃气输配管道的最高工作压力提高到 4.0 MPa 以上（超高压管道）。余尚帆等人针对超高压燃气管道的安全防护控制要求进行了研究，提出管道中心线两侧 50m 的用地防护控制线，控制为防护绿地，不得安排城市建设用地，控制线内的现状建筑逐渐搬迁至区外，超高压燃气管道还需按照高后果区管理要求进行管理。

3. 长输油气管道

长输油气管道是指产地、储存库、用户间的用于输送（油气）商品介质的管道。管道线路的选择，应根据工程建设的目的和资源、市场分布，结合沿线城镇、交通、水利、矿产资源和环境敏感区的现状与规划，以及沿途地区的地形、地貌、地质、水文、气象、地震自然条件，通过综合分析和多方案技术经济比较确定线路总体走向。管道不应通过饮用水水源一级保护区、飞机场、火车站、海（河）港码头、军事禁区、国家重点文物保护范围、自然保护区的核心区；应避开滑坡、崩塌、塌陷、泥石流、洪水严重侵蚀等地质灾害地段，宜避开矿山采空区、全新世活动断层。如图 6-15 所示为西气东输管道敷设现场实景。

图 6-15　西气东输管道敷设现场实景

现行规范考虑到我国幅员辽阔，绝大部分长输油气管道在城乡规划区外敷设，因此参照欧美各国标准，采用控制管道自身的安全性作为输气管道的设计原则。根据《中华人民共和国石油天然气管道保护法》，在管道线路中心线两侧各五米地域范围内，禁止危害管道安全的行为。随着城镇规模的扩大，长输油气管道完全避开城乡规划区是不现实的。但长输油气管道进入城镇范围后，提高了第三方破坏的概率，并且放大了事故的危害，再按照 5m 的最小距离要求控制廊道，是不合理的。前期发生的包括青岛输油管道爆炸事故在内的一系列油气管道事故，造成了极为恶劣的社会影响。

基于此，国家安全监管总局等八部门发布了《关于加强油气输送管道途经人员密集场所高后果区安全管理工作的通知》，该通知要求突出加强油气输送管道途经人员密集场所高后果区的安全管理工作，认真管好人员密集型高后果区存量，严格控制人员密集型高后果区增量。根据《油气输送管道完整性管理规范》GB 32167—2015，高后果区是指管道泄漏后可能对公众和环境造成较大不良影响的区域。张圣柱等人也对油气管道周边区域的划分与距离设定进行了研究，提出在管道两侧 30～100m 的范围设定规划控制区和 200m 的范围设定应急响应区。

4. 长输供热管线

长输供热管线是指自热源至主要负荷区且长度超过 20km 的热水管线。作为一种清洁供热方式，利用电厂余热的长输供热模式近年来在北方城镇快速发展，并取得了较好的节能和经济效益。不同于城镇输配管网，长输供热管线供热范围大，供热面积一般大于 1500 万 m^2，是城市重要的能源干线，一旦受到第三方破坏，将严重影响城市的热能供应和居民的正常生活。因此，在国土空间规划中，对于长输供热管线，也应该预留相应的通道，既能满足管线工程的建设空间，也是保护管道自身安全的需要。如图 6-16 所示为太原古交热电厂长输供热管线实景。

图 6-16　太原古交热电厂长输供热管线实景

但是现行规范和各地的保护办法条例并没有区别长输供热管线和城镇供热管网，导致长输供热管线通道宽度的确定缺乏依据。

5. 能源通道控制要求

根据国家现有法律法规和相关办法条例，从能源干线管道的保护范围、建设空间、影响区域三个角度，确定国土空间规划中能源通道需要控制的廊道宽度，详见表 6-37。能源通道作为国土空间规划中的强制性内容，廊道内不得安排城市建设用地。

能源通道廊道控制宽度分析　表 6-37

内容 类型	保护范围	建设空间	影响区域	廊道控制宽度
长输油气管道	依据《中华人民共和国石油天然气管道保护法》，管道中心线两侧 5m	施工作业带一般为 15～20m	依据《油气输送管道完整性管理规范》GB 32167—2015 的高后果区识别规定，长输油气管道进入城镇开发边界或距离 200m 范围内时，该管段经过区域即被识别为高后果区	原则上，管道廊道控制宽度为管道中心线两侧 200m；条件受限区域，经充分论证后可适当缩小廊道控制宽度，参考浙江省工程建设标准《油气输送管道建设间距标准》DB33/T 1242—2021，廊道控制宽度不小于管道中心线两侧 30m
城市高压/超高压输配管道	依据《燃气工程项目规范》GB 55009—2021，外缘周边 5m 范围内的区域	施工作业带一般为 15～20m	依据《城镇燃气设计规范》GB 50028—2006，高压 A 地下燃气管道与建筑物外墙面之间的水平净距不应小于 30m；高压 B 地下燃气管道与建筑物外墙面之间的水平净距不应小于 16m	超高压：参照长输油气管道的要求； 高压 A：管道中心线两侧 30m； 高压 B：管道中心线两侧 16m
高压架空输电线路	依据《电力设施保护条例》，架空电力线路保护区为各级电压导线的边线延伸距离，35～110kV 为 10m，154～330kV 为 15m，500kV 为 20m	主要为基塔占地	按现行国家标准《66kV 及以下架空电力线路设计规范》GB 50061—2010、《110kV～750kV 架空输电线路设计规范》GB 50545—2010、《1000kV 架空输电线路设计规范》GB 50665—2011 对架空电力线路跨越或接近建筑物的最小距离控制	按照《城市电力规划规范》GB/T 50293—2014 规定执行
长输供热管线	暂无法规标准	根据管线规模和数量，施工作业带一般为 20～30m	依据《城镇供热管网设计标准》CJJ/T 34—2022，直埋管道距离建筑物最小净距为 3m	为保障管道建设空间，廊道控制宽度按 20～30m 控制

6.4 智能基础设施空间布局规划

6.4.1 智能基础设施空间布局规划的工作任务

智能基础设施是智慧城市发展中的关键设施。结合 5G、大数据发展新形势新要求，梳理和研究智能基础设施纳入国土空间规划的重点内容。开展智能基础设施空间规划编制时，首先基于先进信息技术影响的分析，开展合理信息通信业务量预测，确定数据中心、通信机楼、信息通信机房、微型数据中心（机房）等设施空间规模及布局，提出设施综合利用策略及保障措施。具体应开展以下工作。

1. 全面开展现状分析评价，摸清底数，解决现状问题

摸清已建及在建设施的基本情况，系统收集和整理已有信息通信基础设施规划、城市用地规划、已建在建工程等基础资料；对现状设施覆盖范围、承载能力等情况开展评价与分析，找出现状存在的问题及原因，针对存在问题制定下一步布局策略。

2. 分析先进技术对设施的影响，精准预测，平衡供需

围绕对信息通信设施空间布局影响较大的新技术主要包括 5G、大数据、云计算、SDN/NFV（软件定义网络）等，分析先进技术的变革对设施组网、布局及规模的影响；以规划人口、用地性质、建筑功能等为依据，开展用户业务预测；梳理智慧城市及 5G 新应用产生的新业务，科学分析对数据中心、信息通信机房等空间资源的新需求。

3. 合理划定设施空间，完善设施规划布局

根据业务量及业务密度分区，结合信息通信设施网格化趋势要求，根据各类设施功能、覆盖范围，划定各类机楼机房区域网格。结合现状设施可利用空间及分布，确定数据中心、通信机楼、各类机房及微型数据中心规划布局、规模及用地/建筑面积。

4. 提出管控与保障措施。

在提出信息通信基础设施空间布局的基础上，结合其各类型设施的特殊性，按照刚弹结合的方式，分级分类提出相适应的管控措施和保护要求，并设置相应措施来弹性应对信息通信基础设施更新快、空间灵活调整等变化。

6.4.2 智能基础设施类型

智能基础设施是支撑城市感知采集、传输及处理的，服务于城市公共服务管理的一种基础设施。其主要包括城市数据中心、信息通信管道、区域/片区机房、边缘计算设施、感知设施等。智能基础设施逻辑关系如图 6-17 所示。

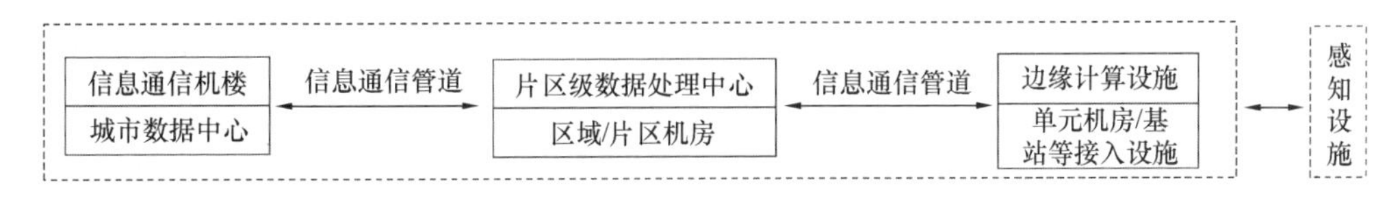

图 6-17 智能基础设施逻辑关系

随着新一代信息技术的演化与深度融合，智能基础设施具备类型多样、来源多元及迭代快等特点，并与信息通信网络有着密切关联、交叉的关系。本书从介绍智慧城市中市政基础设施规划建设的总体目标出发，阐述在城市空间规划层级下，信息通信基础设施中重要空间设施的布局及划定，主要包括数据中心、通信机楼、通信机房及微型数据中心。对于基站、多功能智能杆、通信设备间等小型接入设施不予讨论。

将城市划分为城市、组团/区、街道/片区、园区/小区、建筑/末端层级。对应信息数据感知采集、通信传输及计算存储的实际过程，作为信息通信基础设施在智慧城市物理空间维度落点的映射参照，与智能基础设施逻辑框架所对应。具体关系如图 6-18 所示。

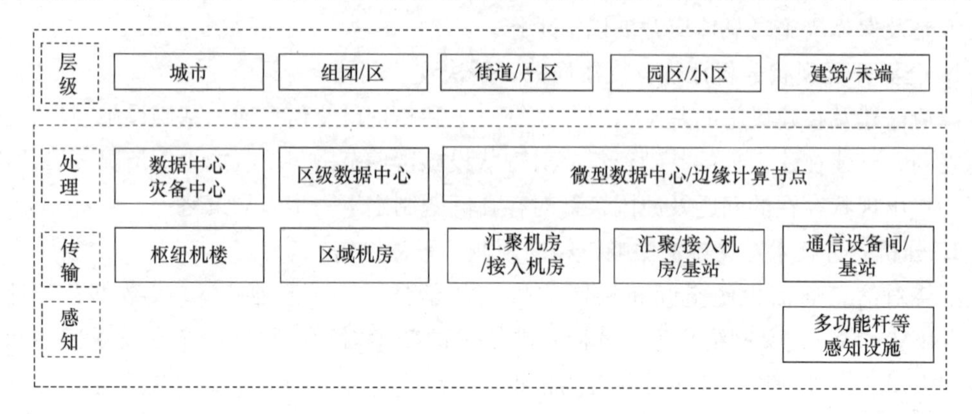

图 6-18　城市物理空间与智能基础设施对应框架

6.4.3　智能基础设施的技术要求及工作深度

信息通信基础设施空间布局规划编制应满足不同层级国土空间总体规划的工作深度要求。国家层面，依据国家战略及宏观政策划定数据/信息枢纽节点；省级层面，落实全国层面规划布局要求，统筹全省资源配置，提出区域的科学布局及总体要求；在市级层面下，除落实国家、省区域级规划布局要求外，明确市级及以下信息通信设施空间布局及管控要求。其技术工作及深度具体包括根据城市现状及规划情况，合理预测信息通信业务量，确定数据中心、通信机楼、信息通信机房、微型数据中心布局及规模，并对相应技术、建设、管控要求提出建议。

信息通信基础设施的规划设计应结合各类设施的功能、规模，分层次纳入国土空间规划或建筑、市政设计，并按以下要求设置：

（1）市级国土空间总体规划明确数据中心、通信机楼布局，管控重大设施的用地规模；

（2）县（区）国土空间总体规划确定信息通信区域机房、片区机房以及微型数据中心（街道级）的布局；

（3）详细规划落实上层次规划确定接入基础设施的地块位置，并确定微型数据中心、信息通信单元机房的位置；

（4）乡（镇）规划宜布局微型数据中心、信息通信单元机房、片区机房等内容；

（5）信息通信接入基础设施专项规划，根据规划范围及要求，确定对应规划层次的信息通信接入基础设施的布局；

（6）城市建筑、市政设计时，落实上层次规划确定的各类接入基础设施的具体位置；在具备设置信息通信单元机房、片区机房、区域机房的条件时，应落实机房的具体位置；结合建筑的功能、建设规模和道路的等级，指导下一步配套设施及通信接入管道及通道的设计。

6.4.4 智能基础设施的规划目标及控制指标

1. 智能基础设施的规划目标

贯彻国家战略，推进新基建建设，适度超前布局智能基础设施，打造具有学习、分析、判断能力的智慧城市信息中枢，推动信息通信基础设施有效纳入城市规划建设；发展高效便捷的智能服务，实现城市资源配置持续优化。

（1）在信息通信技术发展需要更新现状基础设施、增补新型基础设施的大趋势下，抓住城市化和现代化的双重机遇，推动各类信息通信基础设施有序规划建设；

（2）推动信息通信基础设施与城市重点片区、城市更新、市政道路等同步建设，促进信息通信基础设施规划、建设、管理协调发展，创建规划、建设、管理协调发展的长效机制；

（3）结合空间共建共享、集约优化，建设智能化、复合化、绿色化信息基础设施，夯实智慧城市基石。

2. 智能基础设施的控制指标

2021年12月，中央网络安全和信息化委员会印发《“十四五”国家信息化规划》（以下简称《规划》），提出“十四五”时期推动数字基础设施高质量发展，应坚持高效实用、智能绿色、安全可靠的建设理念，科学把握不同设施的内在特点和演进规律，选择适合的发展路径和建设模式，打造系统完备的数字基础设施体系。《规划》在网络连接设施、新型感知基础设施、新型算力设施、前沿信息基础设施等领域作出重要部署，加快推进数字基础设施建设。数字设施发展主要指标如表6-38所示。

“十四五”信息化发展主要指标　　表6-38

类别	指标	2020年	2025年	属性
数字设施	网民规模（亿）	9.89	12	预期性
	5G用户普及率	15%	56%	预期性
	1000M及以上速率的光纤接入用户（万户）	640	6000	预期性
	IPv6活跃用户数（亿户）	4.62	8	预期性

资料来源：中央网络安全和信息化委员会《“十四五”国家信息化规划》。

为落实国家、省、市等文件要求，深圳市制定《深圳市推进新型信息基础设施建设行动计划（2022—2025年）》，该文件提出，到2025年年底，基本建成泛在先进、高速智能、天地一体、绿色低碳、安全高效的新型信息基础设施供给体系，网络建设规模和服务水平全球领先，成为世界先进、模式创新的新型信息基础设施标杆城市。具体发展指标如表6-39所示。

深圳市信息基础设施发展指标（至2025年）　　表6-39

序号	指标名称	2025年	属性	备注
“双千兆”网络能力				
1	家庭千兆光纤网络覆盖率	≥200%	约束性	
2	城市10G-PON端口占比	≥90%	预期性	10G-PON：10G无源光网络

续表

序号	指标名称	2025年	属性	备注
“双千兆”网络能力				
3	每万人拥有OTN光节点数（个）	2	预期性	OTN：光传送网
4	每万人拥有5G基站数（个）	≥30	约束性	
5	重点场所5G网络通达率	99%	约束性	
6	重点场所高品质WLAN覆盖率	99%	预期性	
“双千兆”应用普及				
7	500Mbps及以上宽带用户占比	80%	约束性	
8	千兆宽带用户数（万户）	300	约束性	
9	宽带用户平均接入带宽（Mb/s）	≥500	约束性	
10	5G用户占比	80%	约束性	
11	“双千兆”应用创新	100个	预期性	
12	月户均移动互联网接入流量	60GB	预期性	
信息网络承载能级				
13	国际跨境光缆容量（TB）	200	预期性	
14	城域网出口带宽（TB/s）	50	预期性	
15	新型互联网交换中心接入总带宽(TB/s)	18	预期性	
16	每百万人CDN节点（个）	6	预期性	CDN：内容分发网络
物联感知体系				
17	智慧城市物联网感知终端（万个）	≥1000	预期性	
18	多功能智能杆数（万个）	4.5	预期性	
数据和算力设施能力				
19	数据中心支撑能力机架数（万个）	30	预期性	
20	基础算力规模	10.6EFLOPS	预期性	

资料来源：深圳市人民政府办公厅.《深圳市推进新型信息基础设施建设行动计划（2022—2025年）》。

6.4.5 智能设施空间用地指标

1. 数据中心

数据中心是指提供信息的集中处理、存储、传输、交换和管理等服务的设施。以规模分级可分为超大型数据中心（10000个标准机架以上）、大型数据中心（3000～10000个标准机架）、中型数据中心（1000～3000个标准机架）、小型数据中心（小于1000个标准机架）和边缘数据中心（小于100个标准机架）五类。依据《数据中心设计规范》GB 50174—2017，辅助机房及机电设备等面积计入机柜平均面积中，估算每台机柜需8～10m^2。

城市规划主要从“数字政府”建设、公共网络数据处理服务及城市重点产业需求出发，统筹布局城区政务数据中心、运营商公众网数据中心及重点产业片区数据中心。结合城市规划层级与数据中心规模，市政基础设施空间规划主要以市级数据中心、区级数据中心、微型数据中心规划为主。

（1）市级数据中心规划。

① 市级政务数据中心。市级层面建设统一政务大数据中心应满足政务系统以及民生服务需求。构建两地三中心架构，结合城市政务数据管理部门设置城市中心的大数据中心及运营管理中心，完善本地、异地灾备体系。

城市数据中心的布局及规模遵循国家、省、市政策要求，结合本地资源，差异化布局绿色低碳城市大数据中心。以深圳市为例，依据《广东省5G基站和数据中心总体布局规划（2021—2025年）》，广州、深圳原则上以新建中型及以下数据中心为主，在汕头、惠州、汕尾等地区形成9个数据中心集聚区。深圳市以城市中心区域的政务数据中心为主，市区内布局第二政务数据中心，依托深圳、汕头合作区“飞地”、能源、土地等优势，规划超大型或大型异地灾备政务大数据中心（>3000个标准机架）。

② 运营商公网数据中心。各地运营商数据中心及机房建设布局较早，但近年数据业务迅速扩张，公网类数据业务需求增长较快，早期传统数据机房难以满足发展需求，且早期以租赁为主的数据中心的承载能力较难满足如今标准化、高密度、模块化设备要求。

本着充分挖潜、集约共享的原则，城市建成区，公网数据中心空间充分结合已建在建通信机楼及规划通信机楼用地，共址建设数据中心。空间规模依据区域高价值业务需求量、发展需求趋势、远期预留量确定。

以某城市新建片区信息通信机楼规划为例，规划总建筑面积为6000m^2。其中，预留50%面积为各运营商提供数据中心的建设需求，约为3000m^2（机柜数为300～375架），满足该区域高价值、高标准、大规模的公网数据处理需求，具体情况如图6-19所示。

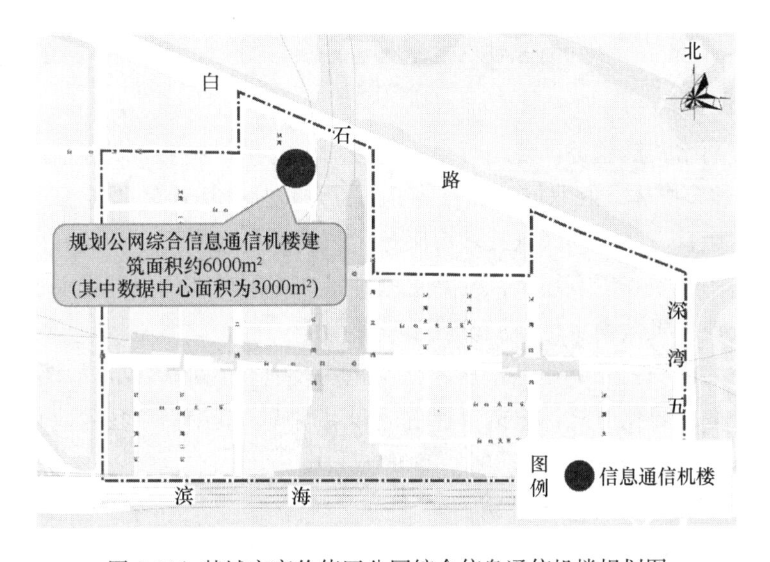

图6-19　某城市高价值区公网综合信息通信机楼规划图

（2）区级数据中心规划。

区级数据中心主要以区级政务服务为主，设置区级政务数据中心，满足区内本地数据汇聚（分布式计算设备）、大数据存储、视频汇聚及存储、物联汇聚等需求。空间规模通过视频汇聚、物理及分布式计算设备空间测算及中远期发展增长量测算。

结合各区政府办公或公共服务大楼已建数据机房，通过现状挖潜、合理扩容，满足近期数据中心发展规模。结合区内新建片区或公共服务设施预留中远期数据中心，规模宜以小型或微型数据中心为主（单个<1000机柜），并完善区内互为备份安全保障。

（3）微型数据中心。

微型数据中心规模控制在60个机柜以下，按应用场景分为街道级数据中心、小区及建筑单体数据中心，满足城市末端智能街区、建筑与智能城市联网需求。经市、区两层级数据中心统筹协调后，在详细规划阶段，确定街道级数据中心布局和规模，设置要求如表6-40所示。小区及建筑数据中心则在建筑设计阶段落实。

街道级数据中心设置要求　　表6-40

用户密度区	对应功能	机房数量（个）		单个机房面积（m^2）	建设规模（机柜/机房）
		基本设置	高标准设置		
超密区	超大城市、特大城市的CBD、总部基地等城市中心	2	3～4	180	60
高密区	大城市中心，超大城市、特大城市的次中心和组团中心	1	2～3	180	60
中密区	大城市次中心、组团中心，超大城市、特大城市的一般城区	1	2	180	60
一般区	大、中城市的一般城区，超大城市、特大城市的城郊结合区	1	2	90	24
乡（镇）区	建制镇、城乡结合部等	1	1	60	14

资料来源：广东省标准.《广东省信息通信接入基础设施规划设计标准》DBJ/T 15-219—2021。

2. 通信机楼

根据全业务网络发展趋势，各运营商的机楼均可为用户提供固定通信、移动通信、宽带网络、IPTV和多媒体、互联网等综合业务，满足包括公用通信业务需求、专网通信需求。但国内通信运营商在不同区域或城市服务用户类型各有侧重，一般有以电信固定网为主、以移动通信网为主和以有线电视网为主三种，在不同城市的组网需求也呈现差异化的特征，从而出现通信机楼需求、布局及规模呈差异化。

通信机楼空间面积主要由业务机房、配套机房及其他用房构成，如图6-20所示。机楼的建设形式采取差异化方式，包括单独占地和附建式。其中，单独占地时，其用地面积不宜少于4000m^2，建筑面积宜在8000～25000m^2。

3. 信息通信机房及边缘计算设施

随着互联网以及智慧城市、5G、云计算、物联网等技术发展，信息及计算机快速发展壮大，“一图一网一云”的智慧城市构架对城市现状和未来信息及通信基础设施也提出新的要求，通信机房的功能综合性更强，体系架构更有层次，规划建设小区级、片区级、城市级的信息控制中心等新型城市基础设施。通信机房也演变为信息通信机房（以下简称“机房”），功能进一步扩展，兼容边缘计算等需求。按功能和需求不同，信息通信机房可

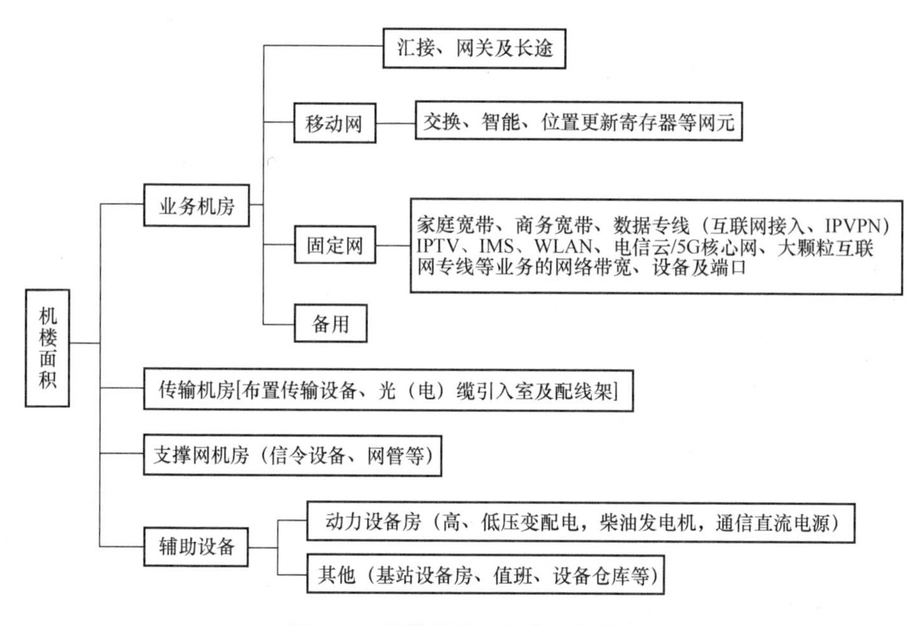

图 6-20　通信机楼内机房面积构成

（资料来源：陈永海，陈晓宁，张文平，等．基于 5G 的信息通信基础设施规划与设计［M］．北京：中国建筑工业出版社，2022）

分为区域机房、片区机房、单元机房，其主要特征及相互关系如表 6-41 所示。

各类通信机房的功能特征及层次关系　　**表 6-41**

机房类型	主要功能特征	层级关系	建筑面积（m^2）
区域机房	布置核心网路由交换机、分组传送网（PTN）、光传送网（OTN）、宽带网络网关控制设备（BNG）、内容分发网络（CDN）等通信设备，以及 5G 系统中集中单元（CU）、多接入边缘计算（MEC）等设备	单个区域机房可覆盖 9～15 个信息通信片区机房	200～400
片区机房	布置分组传送网（PTN）、光传送网（OTN）、宽带网络网关控制设备（BNG）、路由器、内容分发网络（CDN）、多接入边缘计算（MEC），以及有线电视网络的射频类设备、光分配器等	每个片区机房覆盖 4～6 个信息通信单元机房	120～180
单元机房	布置光线路终端（OLT）、基带处理单元（BBU）、5G 系统中分布式单元（DU）等设备	1 个单元机房布置 6～15 个基带处理单元（BBU）	40～70

资料来源：陈永海，陈晓宁，张文平，等．基于 5G 的信息通信基础设施规划与设计［M］．北京：中国建筑工业出版社，2022．

6.4.6　智能设施空间布局及划定

1. 数据中心

（1）市级数据中心。

除宏观层面布局的数据中心群及产业需求数据中心外，本书重点针对各省（市）政务云网的建设要求，5G 公网数据业务量爆发式增长、边缘数据下沉的需求，城市高新园区、重点片区智慧化、本地化数据中心建设要求，从城乡信息通信基础设施规划角度，统筹布局市级、区级、街道级数据中心（机房），满足城市政务、公网、重点园区等对时延要求较高和本地化严格的公用数据类需求，并明确其设置规律、建设规模及具体布局。

超大型、大数据中心主要建设在靠近用户所在都市圈周边、能源获取便利的地区。中、大型数据中心早期聚集于城市边缘区工业区，未来结合城市用地资源及产业布局腾挪，承载城市级中低时延要求的数据业务。中小型数据中心侧重于服务城市核心区及区级政务等本地化数据业务需求。边缘型数据中心则更加基于用户侧重进行边缘计算、本地化部署，服务于重点片区、智慧园区等业务片区。

（2）区级数据中心。

区级政务数据中心结合区政府办公或档案信息化大楼设置，考虑中远期需求，结合区政府物业或新建地块设置预留区中远期数据中心，并完善区内灾备功能，采取因地制宜、差异化手段规划布局，规划 1～2 座区级数据中心。

（3）微型数据中心。

结合市、区数据中心的布局统筹，考虑街道级数据中心布局，首先选择本辖区内，并结合行政区划、用户密度、电力供应、通信管网等情况。按城市业务设置，超密区设置 2～4 个；高密区设置 1～3 个；中密及一般区 1～2 个。小区级与建筑数据机房结合下一步建筑设计落实。

2. 通信机楼

首先，城市级枢纽机楼主要负责省内、城市间信息通信交互，布放着城域网层面最高的设备。对于大型电信网络而言，重点城市各运营商均应部署两座枢纽机楼，并互为数据备份。

其次，在市级层面，各运营商在城市中心机楼部署本地业务的重心，同时集中和备份全市其他机楼的本地网的业务，保障全市网络的正常运行。中心机楼的位置应尽量与城市业务重心一致，以便能组织高效便捷的传输网络，并与城市总体规划、分区规划等土地利用规划协调。城市中心机楼一般按服务 50 万～100 万户综合信息用户（包括光纤宽带用户、移动通信用户）设置，每座城市中心城区至少布置两座及以上的中心机楼，相互分担本地业务；城市中心城区之外的城市建设区域，可按组团来设置中心机楼。

机楼宜采取集中与分散相结合的方式来布置。对于新建城区，新建机楼全部按中心机楼标准建设，不再建设一般机楼，适应网络扁平化需求；对于现状城区，按照片区需求补建中心机楼，保留一般机楼；对于比较特殊的片区，可集中设置共建机楼或附建式机楼。

3. 信息通信机房及边缘计算设施

（1）区域机房。

区域机房网络定位是面向未来网络的大区业务收敛与终结点，介于骨干机楼与片区汇聚机房之间，起到承上启下作用，为规划期 BNG、三级 CDN 的下沉提供机房基础资源，缓解现网骨干机楼的承载压力。

区域机房应在县（区）国土空间规划或信息通信专项规划阶段确定其布局；区域机房需求明确时，应在详细规划或城市更新中落实到地块或确定其位置。区域机房宜综合各运营商的共同需求，集中集约布置。

区域机房主要在业务密度较高的大城市、特大城市设置，其管理范围一般以行政区来划分。对于通信运营商而言，某个区域设置信息通信区域机房的数量一般为1～2个，且分散布置，互为备用。规划区域机房时还应根据机楼、片区机房等分布情况，全局考虑同一区域内区域机房分布，满足覆盖区域内低时延、大带宽传送、业务收敛和业务网元下沉部署的需求；为内容源下沉、网络扁平化提供机房基础资源。

按业务需求进行布局时，结合运营商现状机楼的情况和新增的规划需求，按50万～80万户的通信用户总数设置一个区域机房，而有线电视按用户数20万～40万户设置一个区域机房。

另外，达到6万～10万 m^2 及10万 m^2 以上建筑面积的市级图书馆、体育馆、歌剧院等文体公共建筑，适合预留区域机房，对不同规模城市呈差异化设置。

（2）片区机房。

片区机房是全业务运营网络中承担业务汇聚、收敛功能的节点机房，满足全业务的汇聚收敛要求，主要根据无线基站、集团客户、信息点覆盖等业务接入需要选定。

信息通信片区机房适合在县（区）国土空间规划中确定布局，在详细规划（法定图则）等规划阶段落实到地块，或者在以此类规划为基础的通信基础设施专项规划中落实；信息通信片区机房需求明确时，应在城市更新、建筑设计阶段确定其具体位置。

按预测业务用户数设置时，每6万～12万户需一个片区机房，有线电视用户按6万～12万户需一个片区机房。按街道、镇区行政区划分时，对于中小城市，每个建制镇（街道）至少需一个片区机房。

为保证网络的安全性及业务带宽充足，在独立的县、区等一级行政区域内，汇聚区片区机房规划应考虑“双节点”接入及上联需要，因此同一汇聚区域内至少应有两个片区机房，满足物理接入点双归组网需求，避免因单个片区机房发生电力故障等因素时影响区域内的所有接入业务。规划片区机房时还应根据基站、家集客等业务分布，全局考虑同一区域内不同汇聚节点的分布，尽量扩大该片区机房在汇聚区域内的覆盖范围，便于业务汇聚节点的接入。

（3）单元机房。

随着5G大规模商用，单元机房需求更加突出。单元机房是收敛光纤端口、移动通信用户、有线电视用户的综合性机房，用于汇聚运营商在服务范围内所有建筑单体或小区内各类通信业务，一般附设在建筑物内。

单元机房适合在详细规划（法定图则）、城市设计等规划阶段确定其布局，或者以此类规划为基础的通信基础设施专项规划中确定；对于在现状城区开展的城市更新而言，由于其位置处于缺乏信息通信机房的老城区，且规划范围与修建性详细规划接近，内容更加丰富且要求高、难度大，适合在城市更新阶段落实其具体位置。地块开发建设时，需要按相关设置条件落实单元机房。

单个单元机房服务面积为0.2～1km^2，规划可结合分类通信用户预测值划分单元网格，每个单元网格设置1～2个单元机房。优先选择条件较好的自有物业、基站机房（含室分）或租用机房等进行部署。建制镇按边缘区要求设置，乡村按行政辖区设置单元机房。

6.5 环卫设施空间布局规划

6.5.1 环卫设施空间布局规划的工作任务

环卫设施空间布局规划的主要任务是根据城市发展目标和国土空间规划布局，科学预测城市运转和居民在生活过程中预计将产生的固体废弃物（废弃资源）类别、规模和空间分布，结合城市产业结构及周边城市产业结构制定各类固体废弃物循环利用的技术路线和空间流向，合理安排"从源头投放、收集；到中端转运、储存；再到后端循环利用、回用于社会生产；最后到末端填埋处置"整个过程中所有的基础设施，明确相应的设施布局方案、规划规模和空间需求，提出建设时序和投资估算，对设施的建设标准和污染排放标准提出原则性要求，并制定综合环卫设施的建设策略、空间管控策略和实施保障措施。

6.5.2 环卫设施空间布局规划的技术要求及工作深度

规划技术要求及工作深度与规划层次有关。根据国土空间规划体系的"三类"划分，环卫设施空间布局规划属于其中的专项规划。根据规划的深度不同，环卫设施空间布局规划应满足不同层级国土空间总体规划的工作深度要求。

（1）考虑到城市资源循环利用体系（固体废弃物集运处理体系）的系统性和整体性，市（县）级国土空间规划环卫设施空间布局规划的主要工作包括规划范围内固体废弃物产生类别的梳理、产生规模的调查、产生规模的预测、分类类别的规划、分类体系的规划、环境园设置的规划、主要设施布局的规划、主要设施空间需求的规划、中小型设施发展方向的论证等；是指导区域环卫设施规划和建设的纲领性文件。

（2）乡（镇）级国土空间规划环卫设施空间布局规划的主要工作包括相应规划范围内固体废弃物产生规模的核实、分类类别的细化、大中型设施用地的落实、小型设施的布点规划、其他设施的发展方向论证等。环卫设施分区规划中一般将本区大中型设施的用地落实作为核心工作内容，以纳入相应的国土空间规划及详细规划，确保用地提前预控以及用地的合法性。

环境园详细规划一般在市（县）级国土空间规划环卫设施批准后开展，明确该环境园具体的空间边界和用地规模。设施选址研究一般是在国土空间规划批准后应生态环境部门、城市管理部门等的工作要求而具体开展，必须以相应的规划成果和批准文件作为工作依据。设施规划设计条件研究一般在设施选址意见书核发之后开展或直接连同设施选址研究工作同步开展，是为了应对控制性详细规划或法定图则尚未全覆盖，但综合环卫设施建设工作必须提前启动的工作需求而开展的。如图6-21所示为深圳市宝安生态环境园效果图。

图 6-21　深圳市宝安生态环境园效果图

6.5.3　环卫设施空间布局的规划目标及控制指标

环卫设施空间布局规划的主要目标是在合理分类及规模预测的基础上，明确环境园设置、主要设施布局、主要设施空间需求等，并与相应的国土空间规划衔接，加强空间预控和用地落实。

根据规划目标，为有效引导和约束环卫设施空间管控，提出表 6-42 所列规划控制指标，规划在编制时可根据实际情况选用。

环卫设施空间布局的规划控制指标　　表 6-42

序号	主要指标	单位	指标说明
1	生活垃圾处理量	t/d	%
2	生活垃圾分类回收率	%	—
3	生活垃圾资源化利用率	%	—
4	生活垃圾焚烧处理率	%	—
5	固体废弃物综合利用率	%	—

6.5.4　环卫设施空间类型

根据《城市环境卫生设施规划标准》GB/T 50337—2018，环卫设施包括环卫收集设施、环卫转运设施和环卫处理及处置设施。由于环卫收集设施的规模、占地面积及服务半径均较小，本书空间布局中不予重点考虑，本书研究的城市环境卫生设施主要包括生活垃圾转运站、生活垃圾焚烧厂、生活垃圾卫生填埋场、生活垃圾堆肥处理设施、餐厨垃圾处理设施、建筑垃圾处理设施、再生资源回收利用设施、危险废弃物处理设施等。

6.5.5 环卫设施空间用地指标研究

1. 生活垃圾转运站

垃圾转运站的规模一般用日转运量来衡量。《城市环境卫生设施规划标准》GB/T 50337—2018 中根据设计日转运能力的不同将生活垃圾转运站分为大、中、小型三大类和Ⅰ、Ⅱ、Ⅲ、Ⅳ、Ⅴ共五小类。不同类别转运站的转运能力、用地面积以及防护距离见表 6-43。

生活垃圾转运站用地标准 **表 6-43**

类型		设计转运量（t/d）	用地面积（m^2）	与站外相邻建筑间距（m）
大型	Ⅰ	1000～3000	≤20000	≥30
	Ⅱ	450～1000	10000～15000	≥20
中型	Ⅲ	150～450	4000～1000	≥15
	Ⅳ	50～150	1000～4000	≥10
小型	Ⅴ	≤50	500～1000	≥8

注：表内用地面积不包括垃圾分类和堆放作业用地；与站外相邻建筑间距自转运站用地边界起计算；Ⅱ、Ⅲ、Ⅳ类含下限值不含上限值，Ⅰ类含上、下限值。如图 6-22 所示为深圳南山区科技公园垃圾转运站实景。

图 6-22 深圳南山区科技公园垃圾转运站实景

2. 生活垃圾焚烧厂

根据《城市环境卫生设施规划标准》GB 50337—2018 中有关规定，生活垃圾焚烧厂综合用地面积指标根据日处理能力，应符合表 6-44 的规定。

生活垃圾焚烧厂用地面积指标　　表 6-44

类型	日处理能力（t/d）	用地面积（m^2）
Ⅰ类	1200～200	40000～60000
Ⅱ类	600～1200	30000～40000
Ⅲ类	150～600	20000～30000

处理能力为 2000t/d 以上的，超出部分用地面积以 $30m^2/(t \cdot d)$ 计，不足 150t/d 时，用地面积不应小于 $1hm^2$。

生活垃圾焚烧厂单独设置时，用地内沿边界应设置宽度不小于 10m 的绿化隔离带。

3. 生活垃圾卫生填埋场

《生活垃圾卫生填埋处理工程项目建设标准》建标 124—2009 与《生活垃圾卫生填埋处理技术规范》GB 50869—2013 规定，生活垃圾卫生填埋场按日平均处理量可分为四类，如表 6-45 所示。

生活垃圾卫生填埋场分类一览表　　表 6-45

类型	日处理能力（t/d）
Ⅰ类	1200（含）以上
Ⅱ类	500（含）～1200
Ⅲ类	200（含）～500
Ⅳ类	200 以下

综合填埋场总占地面积应按远期规模确定，填埋场的各项用地指标应符合国家有关规定及当地土地、规划等行政主管部门的要求。填埋场宜根据填埋场处理规模和建设条件作出分期和分区建设的总体设计。

（1）库容计算方法。

综合填埋场库容计算的第一步工作是对规划填埋固体废弃物的规模进行库容需求计算，即根据填埋量计算填埋的体积，得到填埋场的最小库容需求。

综合填埋场库容（V）需求计算方法：

$$V = \frac{M}{p} \times \varepsilon \times t \tag{6-1}$$

式中：M——固体废弃物的年填埋重量，t/a；

p——堆填压实后容重，t/m^3；

ε——覆土增容系数；

t——填埋场使用时间，a。

（2）用地面积估算方法。

通过计算综合填埋场的库容，并且根据地形条件、地质结构、敏感性分析等因素叠加考虑，在图纸上勾勒综合填埋场边界红线，得出初步的用地面积。

同时，通过数值计算软件，根据地形图反映的地形条件，换算出一个平均填埋高度 H，通过 V/H 估算出占地面积大小。

除了填埋库区，还需要考虑综合填埋场的辅助工程，具体包括进场道路、备料场、供配电设施、给水排水设施、生活和行政办公管理设施、设备维修、消防和安全卫生设施、车辆冲洗、通信、监控等附属设施或设备、环境监测室、停车场、并设置应急设施（包括垃圾临时存放、紧急照明等设施）。在具体选址规划时需要统筹考虑辅助配套设施的占地需求。

4. 生活垃圾堆肥处理设施

根据《城市环境卫生设施规划标准》GB/T 50337—2018 中有关规定，堆肥厂的建筑标准应根据城市性质、周围环境及建设规模等条件，按照国家现行标准的有关规定执行（表 6-46）。

堆肥处理设施用地指标 **表 6-46**

类型	日处理能力（t/d）	用地指标（m^2）
Ⅰ型	300～600	35000～50000
Ⅱ型	150～300	25000～35000
Ⅲ型	50～150	15000～25000
Ⅳ型	≤50	≤15000

注：堆肥处理设施在单独设置时，用地内沿边界应设置宽度不小于 10m 的绿化隔离带。

5. 餐厨垃圾处理设施

根据《城市环境卫生设施规划标准》GB/T 50337—2018 中有关规定，餐厨垃圾处理设施综合用地指标应根据不同工艺合理确定，宜采用 85～130m^2/(t·d)。对于部分土地资源紧缺的超(特)大城市，用地标准可取 50m^2/(t·d)。

6. 建筑垃圾处理设施

对于建筑垃圾综合利用设施，综合利用对象的不同，设施采用的用地标准也不尽相同。此外，各地情况也各不相同，有些地方有相关的标准规范，如北京，根据北京市发布的《固定式建筑垃圾资源化处置设施建设导则（试行）》，将建筑垃圾资源化利用处置设施建设规模按年处理量建议分为四档，如表 6-47 所示，可以看出年处理量为 100 万 t 的建筑垃圾综合利用所需用地指标为 6.66 万 m^2，即 666m^2/(年·万 t)。

北京市建筑垃圾资源化利用处置设施用地标准 **表 6-47**

级别	年处理量（万 t）	建设用地（hm^2）	建筑面积（m^2）	人员编制
Ⅰ	>150	>9.3	>30000	>200
Ⅱ	100～150	6.67～9.3	25000～35000	100～150
Ⅲ	50～100	4～6.67	15000～25000	50～100
Ⅳ	30～50	<4	10000～20000	<50

7. 再生资源回收设施

再生资源回收设施包括再生资源分拣中心、再生资源回收站点等。根据《再生资源回收站点建设管理规范》SB/T 10719—2012，固定回收站点的营业面积一般不少于 10m^2。中转站营业面积应不少于 500m^2。

根据《再生资源绿色分拣中心建设管理规范》SB/T 10720—2021，在符合当地土地建设规划的条件下，废钢铁分拣中心占地面积应不低于3.33hm^2；废有色金属分拣中心占地面积应不低于1.33hm^2；废造纸原料分拣中心占地面积应不低于3.33hm^2；废塑料分拣中心占地面积应不低于3.33hm^2。

8. 危险废物处理设施

目前在危险废物处理设施相关国家标准以及行业标准中均无对危险废物处理设施用地指标的规定，为保证科学合理性，通过对现状案例的分类，来给出危险废物处理设施的用地标准。

参考国内已建及在建危险废物集中处置单位有关处置设施的规模及占地情况，重点对危险废物和医疗废物协同焚烧处置设施、重金属污泥回收利用设施、有机溶剂回收利用设施、危险废物填埋设施、高浓度废液物化处理设施、含铜蚀刻液利用设施进行研究(表6-48)。

国内危险废物处理项目用地情况　　表6-48

<table>
<tr><th>项目名称</th><th>工艺</th><th>处理规模(t/a)</th><th>用地面积(hm^2)</th><th>单位用地指标[$m^2/t \cdot d$)]</th></tr>
<tr><td rowspan="2">广东大鼎环保股份有限公司资源综合利用项目</td><td>焚烧</td><td>30000</td><td rowspan="2">6.14</td><td rowspan="2">134</td></tr>
<tr><td>综合利用</td><td>137000</td></tr>
<tr><td rowspan="2">宝安环境治理技术应用示范基地</td><td>物化处理</td><td>150000</td><td rowspan="2">5.50</td><td rowspan="2">63</td></tr>
<tr><td>综合利用</td><td>170000</td></tr>
<tr><td>粤北危险废物处理处置中心（填埋场）</td><td>固化/稳定化/填埋</td><td>37217</td><td>8.35</td><td>—</td></tr>
<tr><td>废铅酸蓄电池及含铅废料环保项目</td><td>废铅酸蓄电池及含铅废料</td><td>160000</td><td>6.15</td><td>140</td></tr>
<tr><td>广州开发区工业废弃物综合利用项目</td><td>综合利用</td><td>172000</td><td>2.99</td><td>63</td></tr>
<tr><td>苏州工业园区固体废物综合处置项目</td><td>焚烧</td><td>30000</td><td>4.65</td><td>566</td></tr>
<tr><td>天津市危险废物处理处置中心</td><td>填埋</td><td>16054(20年)</td><td>7.57</td><td>—</td></tr>
<tr><td>泰兴苏伊士废料处理项目</td><td>焚烧</td><td>30000</td><td>5.26</td><td>640</td></tr>
</table>

6.5.6 环卫设施空间布局及划定

1. 生活垃圾转运站

在对生活垃圾转运设施进行布局规划时，不仅要注重经济性，还要注重其建设与运营的可操作性和方便性，并且要尽量减少在转运过程中对周围环境的影响，达到环境效益和经济效益的最优效果。

生活垃圾转运设施宜布局在服务区域内并靠近生活垃圾产生量多且交通运输方便的场所，不宜设在公共设施集中区域和靠近人流、车流集中区段。生活垃圾转运设施的布置应该满足作业要求并与周边环境协调，便于垃圾的分类收运、回收和利用。

垃圾转运站具有一定的服务半径，采用不同的收运工具，其服务半径略有不同，转运站的服务半径主要如下：

（1）采用人力方式运送垃圾时，收集服务半径宜小于0.4km，不得大于1.0km；

（2）采用小型机动车运送垃圾时，收集半径宜为3.0km以内，城镇范围内最大不超过5.0km，农村地区可适量增加运距；

（3）采用中型机动车运送垃圾时，可根据实际情况扩大服务收集半径。

2. 生活垃圾焚烧厂

生活垃圾焚烧厂的布局选址，应符合城市总体规划、环境卫生专业规划以及国家现行有关标准的规定；宜靠近服务区域，有良好的交通运输条件；与服务区之间应有良好的交通运输条件；避开城市中心夏季主导风向的上风向；具备满足工程建设的工程地质条件和水文地质条件；宜与利用焚烧余热发电的发电厂或利用焚烧余热供热的供热厂合建，做到资源的合理循环利用，且不宜距城市过远；不受洪水、潮水或内涝的威胁；应考虑易于接入地区电力网；生活垃圾焚烧厂应设置不小于300m环境防护距离。

3. 生活垃圾卫生填埋场

由于综合填埋场具有较大的环境影响，故其布局合理与否，是由其对周边影响程度、运输的经济性等侧面反映得到的。本书主要从设施空间需求、限制性条件、规划协调性等角度阐述综合填埋场布局规划的影响要素。

（1）设施空间需求。

根据需要填埋的固体废物产生量在空间分布上具有一定的差异性，各片区产生规模往往与片区的人口规模、经济发展水平、产业结构与布局、焚烧设施规划建设情况、城市更新情况等相关。有些片区产生量大、种类较多，需求规模就相应较大，规划综合填埋场地自然是合情合理的，而有些片区产生量较小，需求规模相对较低，垃圾卫生填埋设施可与邻近区域共建共享，或有偿转移给其他地区代处理。因此，生活垃圾卫生填埋场需考虑空间规模需求在第一阶段可优先考虑布局在固体废物产生量较大的片区。

（2）限制性条件。

限制性因素是禁止占用、触碰以及优先考虑距离影响的区域，是填埋场选址首要规避的雷区，主要包括饮用水源保护区（包括一级饮用水源保护区、二级饮用水源保护区及准饮用水源保护区、地下水集中供水水源地及补给社区、供水水源远景规划区）、基本农田保护区、生态保护红线（包括自然保护区、珍贵动植物保护区、风景名胜区、世界文化自然遗产、地质公园等）、地质灾害易发区、海啸及涌浪影响区等。

（3）规划协调性。

需要进行规划协调考虑的因素是在满足规避限制性因素基础上仍需要调整、规避、共享的一些国土空间规划要素，主要包括黄线、橙线、蓝线、高压走廊、道路交通、学校、幼儿园、养老院、医院、其他市政基础设施等。通过解读《中华人民共和国城乡规划法》及地方法规，辨识综合填埋场与上述因素的关系，并在空间上进行规划协调，优化布局方案。

4. 生活垃圾堆肥处理设施

堆肥处理设施宜位于城市规划建成区的边缘地带，用地边界距城乡居住用地不应小于0.5km。

5. 餐厨垃圾处理设施

餐厨垃圾宜与生活垃圾处理设施或污水处理设施集中布局，餐厨垃圾集中处理设施用地边界距城乡居住用地等区域不应小于0.5km。

6. 建筑垃圾处理设施

建筑垃圾填埋场宜在城市规划建成区外设置，应选择具有自然低洼地势的山坳、采石场废坑、地质情况较为稳定、符合防洪要求、具备运输条件、土地及地下水利用价值低的地区，并不得设置在水源保护区、地下蕴矿区及影响城市安全的区域内，距农村居民点及人畜供水点不应小于0.5km。

建筑垃圾产生量较大的城市宜设置建筑垃圾综合利用厂，对建筑垃圾进行回收利用。建筑垃圾综合利用厂宜结合建筑垃圾填埋场集中设置。

7. 再生资源回收设施

在再生资源回收设施空间布局时，其工作任务主要是明确规划的范围及边界，针对规划内容进行调研，结合当地相关规划明确历年产生量；根据调研情况对规划期内再生资源产生量进行合理预测；结合城市发展水平等因素合理规划再生资源回收技术路线，明确设施需求；根据再生资源产生地分布、城市土地资源、相关限制因素等情况，科学合理地进行设施布局及选址。结合现状处理处置设施情况，明确近远期的再生资源分拣中心等设施建设安排，对规划实施提出建议。

再生资源回收设施布局应在符合土地利用总体规划和城市总体规划前提下，服从城市服务功能与环保要求，与城市水源和居民居住区保持适当距离，兼顾排污和扬尘治理需要，满足消防技术规范和环境影响评价的要求。根据行业特点，适当考虑再生资源流向和便于集运，结合工业、物流、市场的布局规划。

8. 危险废弃物处理设施

根据《全国危险废物和医疗废物处置设施建设规划》提出的原则之一："集中处置，合理布局"，对于产生量小、种类或性质复杂的危险废物产生单位，从经济、技术和环境的角度考虑，应建设区域性的处置中心，以保证处理效率和环境达标，同时减少管理成本；对于医疗废物，以建设全市集中性处置设施为原则，辐射全市域的各级医院，禁止医院分散处理；鼓励交通便利的城市联合建设或者共用危险废弃物集中处理处置设施。

6.6 防灾设施空间布局规划方法

6.6.1 工作任务

防灾设施空间布局规划的主要任务是根据城市发展目标和国土空间规划布局，针对城市区域特点和设防标准，明确各类防控设施的设防标准、用地布局、规模容量等，使城市面对自然灾害、复杂城市空间结构风险、城市公共卫生事件等具备有效的抵御能力，应对突发性灾难有成套的应对策略，且事后能迅速恢复活力。防灾设施作为“韧性城市”建设的一部分，需要通过科学规划，为城市居民提供社会秩序良好、生活空间舒适和人身安全的城市空间。具体应开展以下工作：

(1) 现状调查与问题分析。收集自然环境、社会经济、城市规划、交通、供水、供电、通信等专业资料，还需要收集城市火灾、洪涝灾害、地质灾害、应急救援事故等历史灾害救援资料，并针对以上资料完成现状调查报告和问题分析。

(2) 城市防灾能力评估。包括城市防灾设施的设防标准、服务范围、容量及设施状态等情况；城市防灾与应急组织机构的管理水平，居民的防灾意识与避灾行动技能等。通过对城市防灾能力的分析，确定城市防灾的薄弱环节，可有针对性地制定规划对策。

(3) 城市消防救援设施规划。立足全灾种、大应急、跨区域、多部门联合作战的战勤保障需求，构建分区合理、分级快速的灭火救援体系，按灭火救援响应时间，完善陆上消防站、水上消防站、航空消防站布局方案；地级及以上城市建议设置消防训练培训基地和后勤保障基地；此外，城市应当实现消防通信指挥系统全覆盖，科学设置消防通信指挥中心，并联通指挥中心和各消防站。

(4) 应急保障和服务设施规划。首先分类确定最大受灾人口数量及分布，并据此分析各类应急保障基础设施和应急服务设施规模需求，其中受灾人口类型应包括需要救助人口、伤亡人口、需疏散避难人口、需转移安置人口等。通过分析城市各类重要设施的应急保障需求，确定应急功能保障对象及保障要求，评估已有可利用应急保障基础设施和应急服务设施的应急保障服务范围、规模及水平，并分析所需达到的应急保障级别、方式和措施。基于以上分析，分区、分系统梳理分析各类防灾设施的规划建设与改造规模。

6.6.2 技术要求及工作深度

确定城市设防标准，明确防灾设施用地布局和防灾减灾具体措施，划定涉及城市安全的重要设施范围、通道以及危险品生产和仓储用地的防护范围。

6.6.3 规划目标及控制指标

贯彻“以人为本”的指导思想，按照“平战结合、平灾结合、以防为主、防治结合、准确预报、快速反应、措施有效”的原则，在完善单一灾种防抗系统的基础上，建立和健全城市综合防灾减灾体系，有效地保护人民生命财产安全，提高人民生活质量，保障社会稳定和经济可持续发展。如表6-49所示的是规划控制性指标。

规划控制性指标　　表6-49

序号	指标类型	管控要素	主要指标	单位	指标性质（约束性/预期性）
1	消防救援能力	消防场站	10万人拥有消防站	座/十万人	预期性
		消防队伍	万人拥有消防人员	人/万人	预期性
		消防装备	消防装备达标率	百分比	约束性

续表

序号	指标类型	管控要素	主要指标	单位	指标性质（约束性/预期性）
2	应急保障能力	供水设施	市政消火栓密度	个/km	约束性
			应急供水能力占比	百分比	预期性
		应急通道	应急道路网密度	km/km^2	预期性
			应急通信网覆盖率	百分比	约束性
3	应急服务能力	应急指挥中心	应急指挥能力覆盖率	百分比	约束性
		避难安置设施	避难期间人均有效避难面积	m^2/人	约束性
		应急医疗设施	应急保障医院服务水平	座/十万人	约束性
		物资储备分发设施	物资储备分发水平	百分比	约束性

6.6.4　防灾设施类型

防灾设施是指城市防灾体系中直接用于灾害控制、防治和应急所必需的建设工程与配套设施，是灾害防御设施、应急保障基础设施和应急服务设施的统称。具体情况如下：

灾害防御设施是为防御、控制灾害而修建的，具有明确防护标准与防护范围或防护能力的，对灾害实施监测预警、可控制或降低灾害源致灾风险的建设工程与配套设备。具体类型有：防洪设施、内涝防治设施、防灾隔离带、滑坡崩塌防治工程、重大危险源防护设施等。

应急保障基础设施属于交通、供水、供电、通信等基础设施的关键组成部分，具有高于一般基础设施的综合抗灾能力，灾时可立即启用或很快恢复功能。具体类型有为应急救援、抢险救灾和避难疏散提供保障的工程设施。

应急服务设施是具有高于一般工程的综合抗灾能力，灾时可用于应急抢险救援、避险避难和过渡安置，提供临时救助等应急服务场所和设施。具体类型包括应急指挥、医疗救护和卫生防疫、消防救援、物资储备分发、避难安置等。

6.6.5　防灾设施空间用地指标研究

1. 消防救援设施

各类消防站的建设用地应根据建筑要求和节约用地的原则确定。消防站的建设用地面积指标是消防站规划建设的重要指标，各地在确定消防站建设用地面积时，可采用容积率进行折算。折算后的消防站建设用地包括消防站的房屋建筑用地面积和室外训练场地、消防车回车场地、消防车出入消防站和训练场地的道路、自装卸模块堆放场等满足消防站使用功能需要的基本功能建设用地面积，以及绿化和车道等非基本功能建设用地。

(1) 陆上普通消防站。

在确定消防站建设用地总面积时，可按容积率进行测算（表 6-50）。由于各地绿地率的规定不尽相同，各地在确定消防站建设用地时，可根据当地的有关规定执行，但必须要保证基本功能建设用地面积。建筑宜为低层或多层，容积率宜为 0.5～0.6，绿地率应符合当地城市规划行政部门的相关规定，机动车停车应符合当地城市行政管理部门的相关规定。小型消防站容积率可取0.8～0.9，如绿化用地难以保证时，容积率宜控制在1.0～1.1。在条件许可的情况下，容积率宜优先选取下限值。

消防站用地面积指标 **表 6-50**

消防站类型	建筑面积（m^2）	容积率	基本功能建设用地面积（m^2）
一级站	2700～4000	0.5～0.6	3900～5600
二级站	1800～2700		2300～3800
小型站	650～1000	0.8～0.9，当绿化用地难以保证时，宜控制在1.0～1.1	600～1000
特勤站	4000～5600	0.5～0.6	5600～7200
战勤保障站	4600～6800		6200～7900

注：表中建设用地指标为满足消防站基本使用功能所需的用地面积，不包括绿化和车道等非基本功能需要的用地面积。

（2）小型消防站。

小型消防站主要为了满足用地紧张条件下的城市需求，因此，小型站用地可以仅保障执勤备战所需的最基本用房和室外场地面积。其中，基本用房的面积主要考虑车库、通信室、配电室、锅炉房等用房及楼梯间等需要设置在首层的建筑；室外场地主要考虑场站必需的回车场地，以及日常消防车辆与装备器材在室外场地上进行清点检查、维护保养等的需求。

（3）消防训练场地。

消防站建设用地还应能满足业务训练的需要。对建设用地紧张且难以达到标准的城市，可结合本地实际，集中建设训练场地或训练基地，以保障消防员开展正常的业务训练。

（4）水上和航空消防站。

水上和航空消防站建设用地面积应结合码头岸线、直升机起降等要求，参照陆上消防站确定。

（5）附建式消防站。

在建设用地十分有限的情况下，可将消防站附建在综合性建筑内。在这种情况下，设在综合性建筑物中的消防站应自成一区，并有专用出入口，确保消防站人员、车辆出动的安全、迅速。这种建设形式存在室外训练场地缺乏、消防员执勤环境易被干扰、消防车出入对建筑物其他使用功能影响大等缺点。同时，也可在地块内进行合建，各成一区。

案例一：深圳市罗湖区某中队为一级普通消防站，辖区面积7.2km^2，采用附建形式，建筑面积3760m^2，如图6-23（a）所示。

案例二：上海市浦东新区某消防站为一级消防站，占地面积6511m^2，与商务办公楼合建；同时，在地块内建造消防综合楼、门卫、训练塔及一栋13048m^2的商务办公楼，如图6-23（b）所示。

(a) 深圳罗湖某消防站（附建式）

(b) 上海浦东某消防站（合建式）

图 6-23　附建式与合建式消防站

（资料来源：《浦东日报》，2016 年 7 月 27 日）

（6）消防综合体。

本书第 5 章所述的“消防站综合体”也是近年来新出现的建筑形式，是基于消防站功能与公寓、宿舍、办公等使用空间合建。典型的案例有深圳五和消防站（图 6-24），该站位于深圳坂田街道，站点等级为特勤消防站，建设用地面积约为 6362m^2，建筑面积为 27507m^2；站址用地呈梯形，由于用地宽敞，可将人才公寓与消防站完全脱离设置，使两者间的场地布置更合理，且能各自独立，人行出入及车辆出入互不干扰。

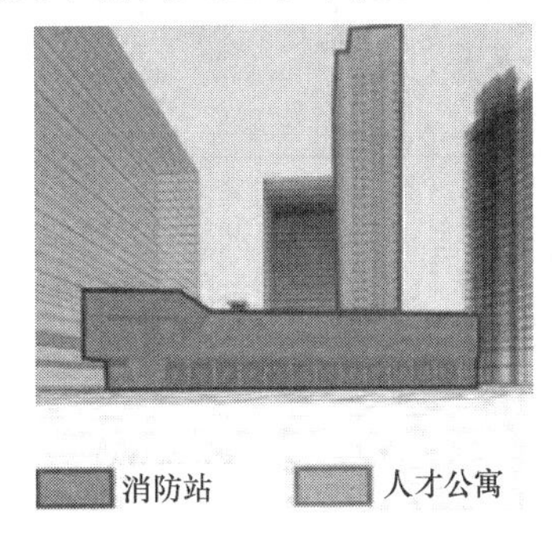

图 6-24　深圳五和消防站（将人才公寓与消防站完全脱离设置）

（资料来源：钟中，周雨曦．“消防站综合体”设计研究——以深港对比为例 [J]．华中建筑，2019，37（5）：5）

2. 应急指挥设施

目前，我国尚未针对应急指挥设施建设出台相关技术标准。但是，以信息化推进应急管理现代化，推动形成体系完备、层次清晰、技术先进的应急管理信息化体系，全面提升监测预警、监管执法、辅助指挥决策、救援实战和社会动员能力，既是推动应急管理高质量发展的重要组成部分，也是全面提升防范应急能力的时代需求。因此，应急指挥设施，尤其应急指挥中心，作为处置突发事件的核心指挥部，是应急指挥的枢纽，是信息资源汇聚中心、救援资源调度中心、灾害预警和灾情信息发布中心，其用地布置应当考虑以下需求：

（1）场地应保障实现应急值守、应急指挥、协同办公和放置相关设备等功能的物理区域，包括应急指挥区、协同办公区（公安、城管、消防等）、视频会议区、值班区、设备机房（间）及其附属用房部分。

(2) 技术支撑设备空间应保障应急指挥中心正常运转的各类基础设备，包括综合布线、拾声及扩声、视频采集与显示、图像控制和切换、视频会议、集中控制与录播设备等。

3. 物资储备分发设施

救灾物资储备库可按辐射区域内灾害救助应急预案中三级应急响应启动条件规定的紧急转移安置人口规模进行物资储备。大型救灾备用地、市区级应急物资储备分发设施应满足本地区设定最大灾害效应下需救助人口物资临时储存和分发需求；避难场所应急物资储备分发设施应考虑场所服务范围内所有人员需求。

4. 避难安置设施

固定避难人口数量应以避难场所服务责任区范围内常住人口为基准核定，且不宜低于常住人口的15%，其中长期固定避难人口数量不宜低于常住人口的5%。紧急避难人口数量应包括常住人口和流动人口，核算单元不宜大于2km²。人流集中的公共场所周边地区核算时，宜按不小于年度日最大流量的80%核算流动人口数量。

避难人员人均有效避难面积应按不低于表6-51规定的数值乘以表6-52规定的人员规模修正系数核算。对位于建成区人口密集地区的避难场所面积要求可适当降低，但不应低于临时0.8m²/人、短期1.5m²/人。

不同避难期人均有效避难面积指标 **表6-51**

避难期	紧急	临时	短期	中期	长期
人均有效避难面积（m²/人）	0.5	1.0	2.0	3.0	4.5

人均有效避难面积修正系数表 **表6-52**

避难单元内人员集聚规模（人）	1000	5000	10000	20000	40000
修正系数	0.90	0.95	1.00	1.05	1.10

避难场所的设置应满足其服务责任区范围内受灾人员的避难需求，分级控制和设置，并应符合如表6-53所示的要求。

紧急和固定避难场所分级控制要求 **表6-53**

项目级别	有效避难面积（hm²）	疏散距离（km）	短期避难人数（万人）	责任区范围（km²）	责任区内常住人口规模（万人）
长期固定避难场所	5～20	1.5～2.5	2.3～9	3～15	5～20
中期固定避难场所	1～5	1～1.5	0.5～2.3	1～7	3～15
短期固定避难场所	0.2～1	0.5～1	0.1～0.5	0.8～3	0.2～3.5
紧急避难场所	不限	0.5	根据城市规划建设情况确定		

注：① 表中各指标的适用，对于紧急和固定避难场所是以满足疏散人员的避难要求为前提，中心避难场所是以满足城市的应急功能配置要求为前提；

② 表中给出范围值的项，“有效避难面积”一列前面的数值为下限，其余各列后面数值为上限，不宜超过。

避难场所的避难容量不应小于其避难服务责任区范围内的需疏散避难人口总量。中心避难场所一般包括市区级应急指挥、医疗卫生、救灾物资储备分发、专业救灾队伍驻扎等市区级功能，市区级功能用地规模不宜小于 $20hm^2$，服务范围宜按建设用地规模 $20\sim50km^2$、人口 20 万～50 万人控制。中心避难场所受灾人员避难功能区应按长期固定避难场所要求设置。中心和固定避难场所的防灾设施配置应满足次生灾害防护、消防扑救和卫生防疫等要求。

6.6.6 防灾设施空间布局及配置标准

1. 消防救援设施

（1）设在城市的消防站，一级站不宜大于 $7km^2$，二级站不宜大于 $4km^2$，小型站不宜大于 $2km^2$，设在近郊区的普通站不应大于 $15km^2$。也可针对城市的火灾风险，通过评估方法确定消防站辖区面积；特勤站兼有辖区灭火救援任务的，其辖区面积同一级站；战勤保障站不宜单独划分辖区面积。

（2）陆上消防站辖区的划分，应结合地域特点、地形条件、河流、城市道路网结构等不便穿越的自然和人工设施为划分依据。具体包括各区、各街道的行政管理界线；铁路、全立交的高速公路和城市一、二类主干道、较大的河流。当受地形条件限制，被高速公路、城市快速路、铁路干线和较大的河流分隔，年平均风力在 3 级以上或相对湿度在 50%以下的地区，应适当缩小消防站辖区面积。

（3）结合区域建筑密集程度，通过预测其出警平均速度，确定消防站至辖区最远点距离，任何消防站到其辖区范围最远点不应大于此距离。

（4）消防站布局优化。消防站选址及优化中借助 GIS 的“位置分配”功能，给定已有消防站（消防中队）位置和消防站候选设施地址。首先使用最小化设施点模型计算满足消防需求的最小消防站个数，而后使用最大化覆盖范围模型进行消防站布局，使得在该最少消防站数量下，消防站服务范围内火灾需求点最多，且在规定时间内消防车未能到达的区域最少。

最小化设施点模型目标是在所有候选的设施选址中选出数目尽量少的设施，使得位于设备最大服务半径之内的设施需求点最多。该模型自动在设施数量和最大化覆盖范围中计算平衡点，自动求出合适的设施数量和位置，而不需要用户设定设施数量。最大化覆盖范围模型的目标是在所有候选设施选址中挑选出一定数量消防站的空间位置，使位于消防站最大服务半径之内的消防需求点最多。此模型关注的是消防站最大覆盖问题，消防需求点到消防站的距离只要在服务半径之内，不论距离的长短，即可认为点位享受到了足够的服务。模型中设置的选择阻抗为车行时间，根据规范一般按消防车行驶时间不超过 4min 计算。

综合分析最小设施点布设和最大范围设施点布设两种方案，并结合城市近远期用地规划、火灾风险评估和火灾防护等级分析情况，对现状和规划预留消防站的辖区进行多方案分析，优化调整重叠的消防站辖区和消防覆盖盲区，从而达到用最小的消防站实现消防辖区的最大化或者全部覆盖。

2. 应急指挥设施

城市应急指挥中心布局应按照相互备份、相互支援的原则，整合各类应急指挥要求，综合协调各类应急指挥中心设置。并应符合下列规定：

（1）应急指挥中心宜分散设置。相互备份的应急指挥中心宜位于不同灾害影响区，按照遭遇特大灾害时不会同时破坏的要求确定。

（2）城市宜备份设置临时应急指挥区。

3. 物资储备分发设施

应急物资储备分发设施可按照救灾物资储备库和大型救灾备用地、市区级应急物资储备分发设施、避难场所应急物资储备分发设施，分类进行安排。

救灾物资储备库的选址应遵循储存安全、调运方便的原则，宜临近铁路货站或高速公路入口。救灾物资储备库对外通道应保持通畅，市级及以上救灾物资储备库和大型救灾备用地对外连接道路应能满足大型货车双向通行的要求。

4. 避难安置设施

避难场所应有利于避难人员顺畅进入和向外疏散，并应符合下列要求：

（1）中心避难场所应与城市救灾干道有可靠通道连接，并与周边避难场所有应急通道联系，满足应急指挥和救援、伤员转运和物资运送的需要。

（2）城市固定避难宜采取以居住地为主就近疏散的原则紧急避难宜采取就地疏散的原则。

（3）固定避难场所设置可选择城市公园绿地、学校、广场、停车场和大型公共建筑，并确定避难服务范围；紧急避难场所设置可选择与居住小区内的绿地和空地等共同设置。

（4）固定避难场所出入口及应急避难区与周边危险源、次生灾害源及其他存在潜在火灾高风险建筑工程之间的安全间距不应小于 30m。

（5）雨洪调蓄区、危险源防护带、高压走廊等用地不宜作为避难场地。确需作为避难场地的，应提出具体防护措施确保安全。

（6）防风避难场所应选择避难建筑。

（7）洪灾避难场所可选择避洪房屋、安全堤防、安全庄台和避水台等形式。

6.7 河湖岸线利用和保护规划

6.7.1 工作任务

河湖岸线是指河流两侧，湖泊周边一定范围内水陆相交的带状区域，它是河流、湖泊自然生态空间的重要组成。岸线的有效保护和合理利用对沿岸地区生态文明建设和经济社会发展具有重要的作用。

河湖岸线利用和保护规划的工作任务是解决河湖管理突出问题，推进河湖管理范围划定、合理划分河湖岸线功能分区、强化河湖水域岸线空间管控、加强水域岸线监管能力建设。

6.7.2 技术要求及工作深度

在资料收集与分析整理等基础上，分析岸线保护和利用现状，按照有关法律、法规、规程规范和相关上位规划有关要求，确定岸线管控目标与指标，划分功能区和拟定规划方案，提出岸线保护利用的行动计划与实施安排，形成河湖水域岸线保护利用规划成果。

1. 资料收集与分析

收集已批准的空间规划有关意见、各省红线划定方案、主体功能区划、国土规划、区域规划、城市规划、区域发展有关意见和有关研究成果；收集流域防洪规划、水资源综合规划、流域综合规划等专项规划和有关研究成果。收集规划岸线段相应的自然地理概况、水文气象资料、人口等经济社会发展状况，以及国土、城市、生态建设与环境保护、航运、水能资源利用等岸线保护与利用的状况；收集河道地形资料，地形图比例尺原则上不得低于1∶50000，开发利用程度较高的河段建议采用1∶5000或1∶2000；收集岸线内主要开发利用工程项目资料，收集相关生态环境敏感区资料；收集地方岸线管理的政策措施等，有些资料不能满足规划要求时，可进行必要的补充监测和调研工作；对收集的资料进行系统整理和分析评价。

2. 功能区划分与规划方案拟定

结合岸线现状分析、岸线利用与管理中存在的问题以及岸线管控目标，在此基础上统筹协调防洪、供水、水生态保护、水土保持、航运等岸线保护与利用方面的关系，分析各相关部门和行业对岸线保护和利用需求，提出岸线边界线和各主要功能区划分方案。根据规划确定的近期水平年规划目标和任务，提出各类岸线功能区岸线保护利用、管控和近期调整要求。

3. 规划衔接与审定

规划中应做好与相关地区国民经济和社会发展规划、空间规划、红线划定方案、城市规划、土地利用规划、生态建设和环境保护规划、航运规划、水能资源利用规划等相关规划的衔接与协调；对规划编制过程中涉及的重大问题、中间成果、最终成果等，通过召开专家咨询会、讨论会或征求意见等方式进行咨询与讨论。

如图6-25所示为河湖岸线保护利用规划编制技术路线。

6.7.3 河湖岸线空间类型

岸线的概念和空间范围目前还没有统一而规范的界定，一般根据实际情况人为界定。岸线规划和保护办法中，常把岸线视作“带状”区域。《南京市长江岸线保护办法》中定义长江岸线为本市行政区域内长江（含洲岛）水陆边界一定范围内的带状区域；水利部颁发的《河湖岸线保护与利用规划编制指南（试行）》中定义河湖岸线为河流两侧、湖泊周边一定范围内水陆相交的带状区域，它是河流、湖泊自然生态空间的重要组成部分。综合上述定义可以看出，对岸线的占用是对岸线空间的占用，对岸线资源的利用则是对涵盖了一定水域和陆域空间范围内的“空间资源”的利用。

岸线空间有岸线功能区和岸线边界线两种类型。

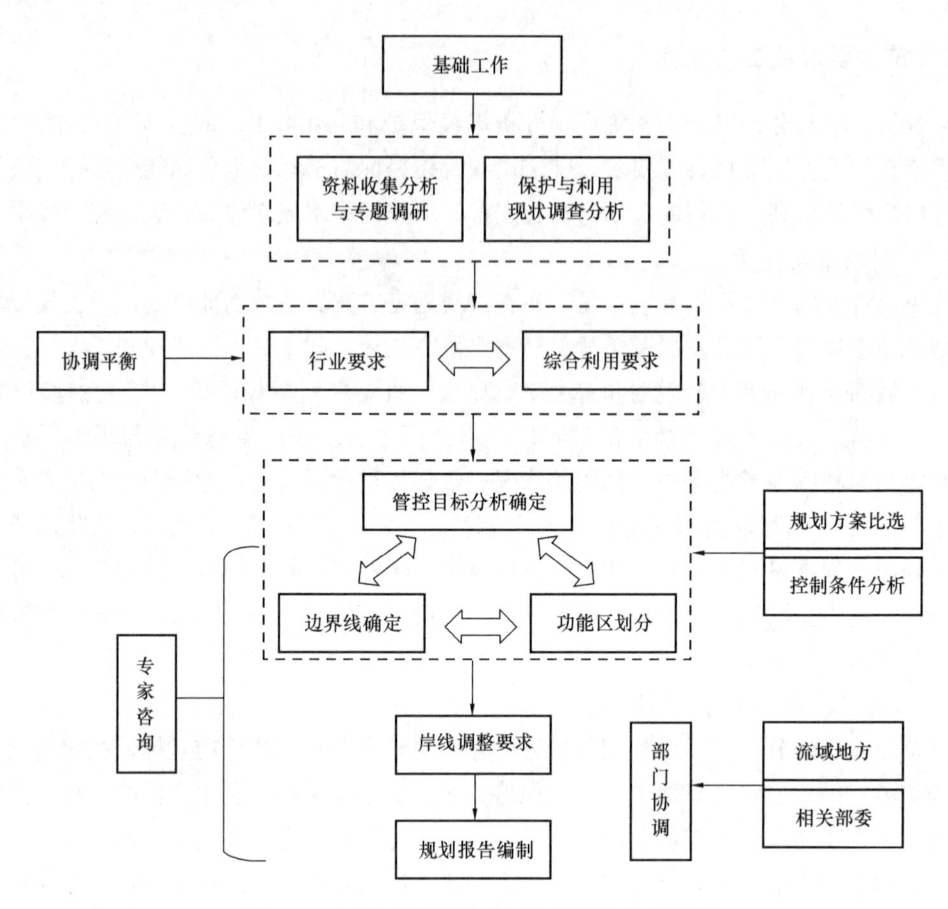

图 6-25　河湖岸线保护利用规划编制技术路线

1. 岸线功能区

岸线功能区是根据河湖岸线的自然属性、经济社会功能属性以及保护和利用要求划定的不同功能定位的区段。其分为岸线保护区、岸线保留区、岸线控制利用区和岸线开发利用区，具体见表 6-54。

岸线功能区及其内涵　　表 6-54

区段	内涵
岸线保护区	开发利用可能对防洪安全、河势稳定、供水安全、生态环境、重要枢纽和涉水工程安全等有明显不利影响的岸段
岸线保留区	规划期内暂时不宜开发利用或者尚不具备开发利用条件、为生态保护预留的岸段
岸线控制利用区	岸线开发利用程度较高，或开发利用对防洪安全、河势稳定、供水安全、生态环境可能造成一定影响，需要控制其开发利用强度、调整开发利用方式或开发利用用途的岸段
岸线开发利用区	河势基本稳定、岸线利用条件较好，岸线开发利用对防洪安全、河势稳定、供水安全以及生态环境影响较小的岸段

2. 岸线边界线

岸线边界线是保障防洪安全、河势稳定、水资源合理利用和水生态环境等要求的基本控制指标，是确定岸线管理范围的重要依据。岸线边界线是指沿河流走向或湖泊沿岸周边划定的用于界定各类岸线功能区垂向带区范围的边界线，包括位于河道内的临水边界线和位于河道外的外缘边界线。

临水边界线是根据稳定河势，保障河道行洪安全和维护河流湖泊生态等基本要求，在河流沿岸临水一侧顺水流方向或湖泊（水库）沿岸周边临水一侧划定的岸线带区内边界线。

外缘边界线是根据河流湖泊岸线管理保护、维护河流功能等管控要求，在河流沿岸陆域一侧或河泊（水库）沿岸周边陆域一侧划定的岸线带区外边界线。外缘边界线是岸线保护和利用的外边界。

6.7.4　河湖岸线空间划定

1. 河湖岸线空间划定的基本要求

（1）岸线功能区划分须服从流域综合规划，防洪规划、水资源规划对河流开发利用与保护的总体安排，并与防洪分区、水功能区、自然生态分区、农业分区和有关生态保护红线等区划相协调，正确处理近期与远期、保护与开发之间的关系，做到近远期结合，突出强调保护，注重控制开发利用强度。

（2）根据岸线保护与利用的总体目标，按照保护优先节约集约利用原则，充分考虑河流自然属性、岸线的生态功能和服务功能，统筹协调近远期防洪工程建设、河流生态保护、河道整治、航道整治与港口建设、城市建设与发展、土地利用等规划，保障岸线的可持续利用。

（3）根据河流水文情势、水沙状况、地形地质、河势变化等条件和情况，充分考虑上下游、左右岸区域经济社会发展的需求，协调好各方面的关系，明确岸线保护利用要求。

2. 岸线功能区的划定

岸线功能区的划定应突出强调保护与管控，尽可能提高岸线保护区、岸线保留区在河流、湖泊岸线功能区中的比例，从严控制岸线开发利用区和控制利用区，尽可能减小岸线开发利用区所占比例，具体见表6-55。

岸线功能区的划定　　表6-55

区段	划定标准
岸线保护区	引起深泓变迁的节点段或改变分汊河段分流态势的分汇流段等重要河势敏感区岸线
	列入各省（自治区、直辖市）集中式饮用水水源地名录的水源地及一级保护区，列入全国重要饮用水水源地名录的
	位于国家级和省级自然保护区核心区和缓冲区、风景名胜区核心景区等生态敏感区，法律法规有明确禁止性规定的，需要实施严格保护的各类保护地的河湖岸线
	根据地方划定的生态保护红线范围，位于生态保护红线范围的河湖岸线
岸线保留区	对河势变化剧烈、岸线开发利用条件较差、河道治理和河势调整方案尚未确定或尚未实施等暂不具备开发利用条件的岸段

续表

区段	划定标准
岸线保留区	位于国家级和省级自然保护区的实验区、水产种质资源保护区、国际重要湿地、国家重要湿地以及国家湿地公园，森林公园生态保育区和核心景区、地质公园地质遗迹保护区、世界自然遗产核心区和缓冲区等生态敏感区，但未纳入生态保护红线范围内的河湖岸线
	已列入国家或省级规划，尚未实施的防洪保留区、水资源保护区、供水水源地的岸段
	为生态建设需要预留的岸段
	对虽具备开发利用条件，但经济社会发展水平相对较低，规划期内暂无开发利用需求的岸段
岸线控制利用区	对岸线开发利用程度相对较高的岸段，为避免进一步开发可能对防洪安全、河势稳定、供水安全、航道稳定等带来不利影响，需要控制或减少其开发利用强度的岸段
	重要险工险段、重要涉水工程及设施、河势变化敏感区、地质灾害易发区、水土流失严重区需控制开发利用方式的岸段
	位于风景名胜区的一般景区、地方重要湿地和地方一般湿地、湿地公园以及饮用水源地二级保护区、准保护区等生态敏感区未纳入生态红线范围，但需控制开发利用方式的部分岸段
岸线开发利用区	河势基本稳定、岸线利用条件较好，岸线开发利用对防洪安全、河势稳定、供水安全以及生态环境影响较小的岸段

3. 岸线边界线的划定（表 6-56）

岸线边界线的划定　　表 6-56

区段	划定标准	备注
临水边界线	已有明确治导线或整治方案线（一般为中水整治线）的河段，以指导线或整治方案线作为临水边界线	临水边界线的划定尽可能留足调蓄空间
	平原河道以造床流量或平滩流量对应的水位与陆域的交线或滩槽分界线	
	山区性河道以防洪设计水位与陆域的交线	
	湖泊以正常蓄水位与岸边的分界线作为临水边界线，对没有确定正常蓄水位的湖泊可采用多年平均湖水位与岸边的交界线作为临水边界线	
	水库库区一般以正常蓄水位与岸边的分界线或水库移民迁建线作为临水边界线	
	河口以防波堤或多年平均高潮位与陆域的交线作为临水边界线，需考虑海洋功能区划等的要求	
外缘边界线	对有堤防工程的河段，外缘边界线可采用已划定的堤防工程管理范围的外缘线。堤防工程管理范围的外缘线一般指堤防背水侧护堤的宽度，1 级堤防防护堤宽度为 20～30m，2、3 级堤防为 10～20m，4、5 级堤防为 5～10m	根据《水利部关于加快推进河湖管理范围划定工作的通知》，可采用河湖管理范围线作为外缘线，但不得小于河湖管理范围线，并尽量向外扩展
	对无堤防的河湖，根据已核定的历史最高洪水位或设计洪水位与岸边的交界线作为外缘边界线	
	水库库区以水库管理单位设定的管理或保护范围线作为外缘边界线，若未设定管理范围，一般以有关技术规范和水文资料核定的设计洪水位或校核洪水位的库区淹没线作为外缘边界线	
	对已规划建设防洪工程、水资源利用与保护工程、生态环境保护工程的河段，应根据工程建设规划要求，预留工程建设用地，并在此基础上划定外缘边界线	

6.7.5　岸线保护与管控

1. 岸线边界线管控要求

岸线利用项目原则上不得逾越临水边界线进入或伸入河道。

外缘边界线是岸线保护和利用的外边界。进入外缘边界线的建设项目，必须服从《中华人民共和国水法》和《中华人民共和国防洪法》规定以及岸线保护与利用规划的要求。

岸线边界线可根据河道湖泊整治、管理情况适时调整，其调整必须由审批机关或由其授权单位批准。

2. 岸线功能区管控要求

针对岸线划分的保护区、保留区、控制利用区、开发利用区分类进行管控。

（1）岸线保护区严格按照法律法规，禁止建设影响保护目标的涉河项目。禁止在岸线保护区内建设除保障防洪安全、河势稳定、供水安全以及保护生态环境、已建重要枢纽工程以外的项目。

（2）岸线保留区原则上不应进行岸线开发利用活动。因经济社会发展确需利用保留区的，应经过充分论证（提出论证方案），报流域机构规划主管部门审核同意，并按照有关法律法规履行相关水行政许可手续；在岸线保留区进行项目建设，岸线利用项目占用岸线长度累计比例不得突破所在河湖段保留区长度的20%。

（3）岸线控制利用区实施管理的重点是控制其开发利用强度和控制建设项目类型或开发利用方式。岸线控制利用区内建设的岸线利用项目，应加强管理，注重岸线利用的有效指导与加强控制，以实现岸线的可持续利用。

（4）岸线开发利用区在不影响防洪安全河势稳定、供水安全、航运安全和水生态环境的情况下，应依法依规履行水行政许可相关手续后，科学、合理地开发利用。

3. 岸线管控能力建设

（1）加强河湖岸线管控制度建设。建立岸线保护区保护制度，严格禁止开发。完善涉河建设项目管理制度标准，严格涉河建设项目管理。建立健全河湖日常监管巡查制度，加强对涉河建设项目的巡查检查，对违法违规问题早发现、早处理。

（2）强化河湖岸线建设、管控和监督。河湖岸线管控要与各级河长紧密结合，压紧压实河湖管护责任。持续开展清理整治，明确岸线管控指标体系，实行同级各部门联动，省、市、县各级联动。切实加强涉河建设项目实施监管，明确监管责任主体，加大行政执法力度。

（3）提升河湖岸线监测能力。依托现有河长制平台，增加河湖水域岸线管控功能，充分利用遥感卫星、大数据、移动互联等信息化技术手段，整合现有基础数据和空间地理数据，对接国土空间管控平台。整合水利、自然资源、生态环境等部门的河湖岸线监测点站等，建设布局更合理、功能更完善的河湖岸线监测系统。加强涉河建设项目信息化管理。逐步建立完善涉河建设项目台账，并积极利用卫星遥感、视频监控、无人机等技术手段，动态采集河湖水域岸线、涉河建设项目变化情况，实行动态跟踪管理。建立河湖管理信息系统，逐步将河湖岸线功能分区、涉河建设项目信息纳入“水利一张图”，推进信息化管理。

第7章　空间管控方式研究

7.1　空间管控和保护要求

为加强对城市道路、城市绿地、城市历史文化街区和历史建筑、城市水体和生态环境等公共资源的保护，促进城市的可持续发展，我国在原城乡规划管理中设定了红、绿、蓝、紫、黑、橙和黄7种控制线，并对部分控制线制定了管理办法。其中，涉及市政类基础设施空间管控的包括黄线、橙线和蓝线。上述管理线均属于原城乡规划的强制性内容，适用于从城市总规到控制性详规等不同层面的城市规划。

7.1.1　城市黄线

1. 研究内容

（1）城市黄线的定义。

为了加强城市基础设施用地管理，保障城市基础设施的正常、高效运转，保证城市经济、社会健康发展，根据《中华人民共和国城市规划法》，制定《城市黄线管理办法》。

城市黄线是指对城市发展全局有影响的、城市规划中确定的、必须控制的城市基础设施用地的控制界线。如图7-1所示为城市黄线规划对象实景。

图7-1　城市黄线规划对象实景

（资料来源：光明污水处理厂）

（2）城市黄线的划定意义。

编制黄线规划的重要意义如下：

① 加强城市基础设施用地管理；

② 保障城市基础设施的正常、高效运转，保证城市经济、社会健康发展；

③ 保证城市经济、社会健康发展。

（3）城市黄线的划定原则。

① 全覆盖原则。黄线规划范围覆盖全市域且包括全部城市基础设施系统，凡专项规划、城市规划中确定的城市基础设施均纳入本次黄线划定范畴。

② 系统性原则。黄线规划依据相关规划特别是各专业专项规划，保证每类设施自成系统，保证设施正常运行。

③ 可操作原则。综合考虑现状用地的地籍情况、建设情况、地形情况及周边环境情况，落实设施用地红线坐标，以保证规划未来能顺利实施。

④ 远近结合原则。按远期规模控制用地，重视近期即将建设的城市基础设施，尽快落实其用地红线，使设施建设适应城市发展的需要，以保障城市的可持续发展。

⑤ 节约用地原则。基础设施占地面积的确定在符合国家有关技术标准、规范的基础上，应考虑采用新技术尽量减小用地规模，同时整合梳理相关规划，避免重复建设。

⑥ 动态性原则。根据现状地籍情况，不能落实用地红线的设施，应注明该设施规模和用地面积要求，以确保在下一层次城市规划中可以得到落实。建立黄线管制信息系统和动态更新机制，将城市基础设施更新与业务办理过程结合，将新完成的专项规划成果及时纳入信息系统。

（4）城市黄线的规划对象。

黄线规划的对象分为以下大专业的各类设施，该类设施即通常所说的城市基础设施（表7-1）。

城市黄线规划对象及包含内容　　表7-1

规划对象	包含内容
交通设施	城市公共汽车首末站、出租汽车停车场、大型公共停车场；城市轨道交通线、站、场、车辆段、保养维修基地；城市水运码头；机场；城市交通综合换乘枢纽；城市交通广场等城市公共交通设施
给水设施	给水厂、海水淡化厂、再生水厂、大型供水管渠、原水泵站、给水加压泵站及其他给水设施
排水设施	污水处理厂、污水泵站、雨水泵站及其他排水设施
电力设施	城市发电厂、500kV变电站、220kV变电站、110kV变电站、高压走廊及其他电力设施
通信设施	电信枢纽机楼、电信目标机楼、电信非目标机楼、移动通信机楼、有线电视核心机楼（广播电台、电视台等）、邮政中心支局、邮政支局、微波站、卫星接收站及其他通信设施
燃气设施	燃气储备库、LPG气库、LPG储备站、LPG气化站、LPG瓶装供应站、天然气接收站、天然气分输站和门站、天然气调压站、LNG气化站、燃气超高压管线、燃气高压管线、燃气次高压管线、成品油管线及其他燃气设施
环卫设施	环境园、垃圾焚烧厂、垃圾填埋场、病死畜禽处理厂、粪渣处理厂、危险废物处理厂、医疗垃圾处理厂、垃圾转运站、环境质量监测站及其他环卫设施
防灾设施	消防指挥调度中心、消防站、避震疏散场地、气象预警中心及其他防灾设施
其他设施	其他对城市发展全局有影响的城市基础设施

需要特别说明的是：取水工程设施（取水点、取水构筑物以及一级泵站）、防洪堤墙、排洪沟与截洪沟、防洪闸等均被纳入了蓝线划定的范畴。

2. 管控要点

（1）规划管理管控。

① 建立基础设施用地管控信息平台。建立相应的滚动更新机制，增强网上办公功能，提高办事质量和效率，保障基础设施用地落实。

② 黄线范围内的用地管理。因建设或其他特殊情况需要临时占用城市黄线内土地的，在不影响城市基础设施建设或安全正常运行情况下，应当依法办理相关审批手续。

在城市黄线范围内已签订土地使用权出让合同但尚未开工的建设项目，由市规划用地主管部门依法收回用地并给予补偿。

城市黄线范围内已建合法建筑物、构筑物，不得擅自改建或扩建，根据基础设施建设时序，由市规划土地主管部门适时依法收回用地并给予补偿。

③ 制定规划管理与保障措施。结合本地实际情况配套制定《城市黄线管理办法》，对城市黄线的划定、监督、管理等方面进行详细的政策研究。

（2）分级分类管控。

根据《城市黄线管理办法》，黄线划定的设施主要包括重大的城市基础设施，小区或社区配套设施不纳入划定范畴，但一些重要的小型设施（如垃圾转运站、泵站等）应纳入黄线划定范畴。具体深度建议按照“定性、定量、定位、定状态”落实。

定性是指确定该线所涵盖范围的性质或功能；定量指应确定该线所涵盖的大小或圈定的面积；定位是指该线要做到线界落地，为控制性详细规划或详细蓝图编制提供依据；定状态是指确定划定设施在规划期末的规划状态，具体规划状态包括规划保留、规划取消、规划改建和规划新建四大类型。

对有保护要求的城市基础设施（除高压线外），规划仅对其保护要求进行统一说明，不对其保护线进行具体划定。保护线内相关要求应遵守国家相关法律法规。

（3）刚弹结合管控。

该部分已编制专项规划的设施数量、布局、规模及用地以编制的专项规划为依据。在专项规划中已落实黄线的，就以该专项规划为直接依据落实黄线、红线，实现“刚性控制”。在专项规划中没有落实黄线的，应采用“弹性控制”方式，注明该设施所在的城市规划标准分区的编号、设施规模及占地面积，要求在详细规划中落实。

3. 实施指引

（1）合理划定城市黄线范围。

整合各层次的城市规划和基础设施专项规划成果，协调蓝线、黄线、橙线与绿线的关系，同时缓解黄线所包含的各专业设施之间的内部矛盾，合理布局各类基础设施。依据相关规划确定城市黄线的范围及建设控制要求，形成城市黄线管理图则。

（2）建立管控信息系统平台。

为了更好地保存和及时更新数据成果，将数据信息有效地应用于日常城市基础设施用地规划许可业务中，更好地与办公文件系统相结合，满足规划管理的应用需求，实现城市各类基础设施用地的规范化、信息化和标准化管理。如图 7-2 所示为城市黄线管制信息系统。

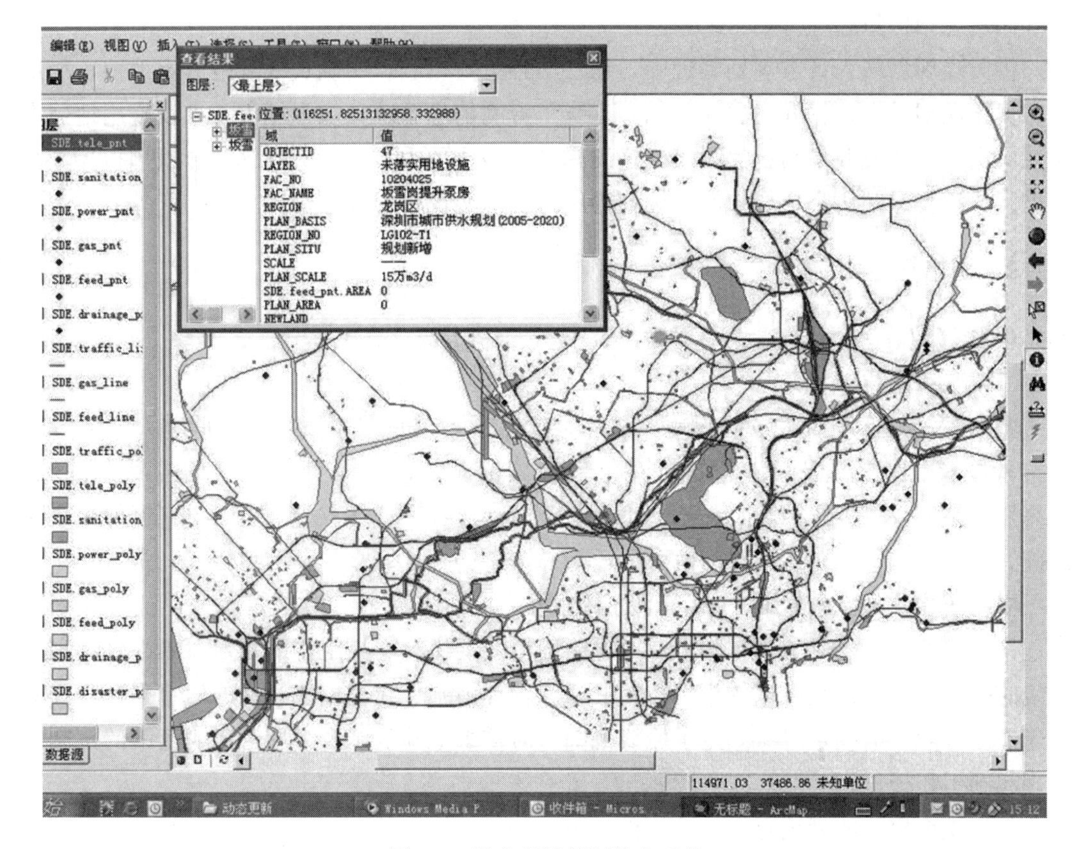

图 7-2　城市黄线管制信息系统

① 制定城市基础设施编码规则。将 CAD 图形信息与编码信息相关联，便于查询使用；将设施类型级别进行分类，设置分级编号体制。编码规则：城市规划线编号→设施一级编号→设施二级编号→设施流水号。

② 建设数据更新体制。城市基础设施更新与业务办理过程相结合，实现审批信息动态更新。将更新工作与规划审批、规划变更等工作结合起来，在规划审批、规划变更审批信息与空间图形实体之间建立关联，建立城市基础设施动态管理系统，实现城市基础设施信息动态更新。

③ 年度遥感影像动态监测和外业补充调查。通过高精度航空遥感影像和每年定期的外业补充调查，补充、核查规划变更、规划审批渠道以外的城市基础设施信息，建立城市基础设施变更调查技术规程和工作模式，并与建设用地基础设施信息年度更新。

④ 批量规划设计成果信息更新。与规划设计工作相结合，及时收集规划设计各项成果，并组织批量更新，将设计成果及时入库用于日常审批工作，作为城市基础设施审批的依据之一。

(3) 部门协调。

规划主管部门负责编制城市黄线的划定和调整方案。土地、建设、市政、城管综合执法等行政主管部门、各区人民政府和街道办事处按照有关法律、法规和规章规定，在各自职责范围内，共同做好城市黄线的监督管理工作。

(4) 规划保障。

将黄线规划纳入日常规划管理中，建立动态更新机制；明确黄线规范法定地位，尽快落实黄线规划成果；尽快建立完善的“五线”管制信息系统；加强城市基础设施用地标准研究，实现土地资源集约；提高设施建设标准，减小不利影响；加大专项规划编制力度，积极开展相关课题研究；加大城市规划宣传力度，实现社会和谐。

7.1.2 城市橙线

1. 研究内容

(1) 城市橙线的定义。

城市橙线是实现重大危险设施周边用地安全规划的重要手段，是降低重大危险设施灾害风险水平的重要保障。其划定对象包括核电站、油气及其他化学危险品仓储区、超高压管道、化工园区及其他安全生产委员会认定须进行重点安全防护的重大危险设施。

橙线作为一种空间管制手段，将“安全第一，预防为主”的方针落实到城市规划阶段，将相关安全要求落实到空间上。通过明确橙线的概念、界定橙线划定对象、合理划定橙线的范围、提出橙线区域的规划控制要求和管理措施、建立橙线管制的信息平台，并对已建及已有规划的划定对象划定了橙线范围，对重大危险设施及其周边影响范围的控制与管理起到了积极作用。

(2) 城市橙线的划定意义。

编制橙线规划的重要意义有：

① 控制现状重大危险设施周边的土地开发和建设，避免城市建设（尤其是居民区、学校等人口密集的场所）进一步向重大危险设施所在区域蔓延，减轻重大危险设施对周边的危害，降低重大危险设施的潜在风险水平；

② 限制规划的重大危险设施选址的周边开发，保障重大危险设施规划选址的顺利实施；

③ 在重大危险设施周边区域，建立安全管理和规划管理协同管理的新模式，改变规划行业管理与安全行业管理相互脱节的现状。

(3) 城市橙线的划定原则。

① 安全性：橙线划定应遵循“安全第一”的原则，使危险设施对周边公众所造成的危害在合理情况下尽可能最低。

② 严肃性：橙线划定要以科学的安全风险评价及安全行业主管部门的意见为依据，从严划定安全防护范围。

③ 差异性：根据重大危险设施对象的类型、特性及所处环境的差异，要根据相关的要求，采取不同的橙线划定方法。

④ 前瞻性：橙线划定不仅要着眼于现状危险品的类别及规模，还要考虑危险设施扩容的可能性，在控制范围划定时，宜大不宜小，为未来设施的扩容留有一定余地。

⑤ 可操作性：橙线划定的深度应做到“定量、定位”。

（4）城市橙线的划定思路。

管控范围划定思路主要包括从降低灾害水平的两条途径出发，在空间上具体对应：

① 从减少事故损失后果的角度：对应不可接受的事故影响范围。事故的危害程度在不同距离上是不一样的，通常距危险源越近，危害越大，但事故的影响范围都存在一个不可接受的临界点或标准。即在这个临界点（或标准）之内的危害影响是不可接受的，需要采取特殊的限制或防护措施；超过了这个临界点，事故影响程度已经很小，不再需要进行特殊的安全防护。这个标准在不同的国家或地区或不同时期可能都有所不同。

② 从保障危险设施自身安全的角度：对应危险设施外围一定距离内的活动可能对设施安全运行造成影响的区域。一般紧邻危险设施的活动或破坏力较大的活动对危险设施影响较大，距离越远就影响越小。这与危险设施的类型及所处的位置有关。

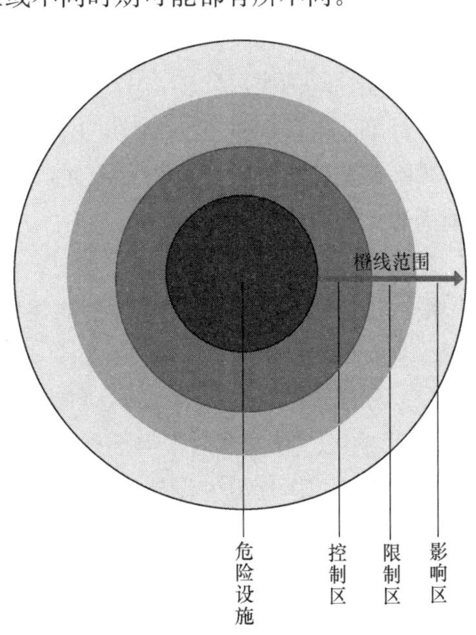

图 7-3　安全范围分区分级概念图

综合上述分析，安全防护范围可以分为（图 7-3）：

① 控制区：由不可接受的事故影响范围所组成。对这个区域内的开发建设应进行引导和限制，达到保障危险设施与周边建筑安全间距、减少事故损失的目的。在该区域，除了考虑事故对周边地区的影响外，还应考虑外围活动对设施自身的安全影响。

② 限制区：为加强对受场外外力影响较敏感的危险设施的保护，在周边控制区紧邻危险设施的一定范围内还要划定安全保护区，这个区域内的建设活动要受到严格禁止或限制，防止外围活动对设施安全运行造成影响。

③ 影响区：对所处环境比较特殊（如山谷等）或受外力影响较大的危险设施，为预防周边限制区外围一定区域内如爆炸、开山采石、破坏原貌地貌等活动可能对危险设施造成威胁，还应划定事先协调区。在这一区域应尽量避免破坏力大的活动，确需进行此类活动的，应当事先采取一定安全措施后方可进行。

（5）城市橙线的划定方法。

橙线的划定要以科学的安全风险评价为基础，在此基础上确定控制范围的大小及控制要求。安全风险评价的方法有以下三种：

① 安全距离法。根据历史的经验（如事故案例和长期工业实践活动等）和专家判断，对事故后果影响做出初步估计，列出不同工业活动或设施、场所与居民住宅、公共区以及其他区域的安全距离。安全距离的大小取决于工业活动类型或危险物质的性质与数量。该方法通常以表格方式表达工业活动的类别以及相应的安全距离。安全距离法的优点是简单明了，方便应用；其不足之处是建立在经验基础之上，没有考虑设施的硬件水平和管理水

平等方面的差别，同时不能反映个案的特殊情况。另外，相关的安全距离的确定主要考虑了防火间距的要求，对冲击波、毒害等因素的考虑不足。

② 事故后果评价法。该方法主要依据事故伤害能量大小和伤害准则确定伤害范围，通常按事故对人或环境的影响程度定量给出影响距离，例如对爆炸事故，根据可能致伤或造成严重伤害的超压和冲击波，确定距离和范围；对火灾引起的热效应，在一定时间内，可根据可能烧死或烧伤的热辐射量来确定距离和范围。事故后果评价法的优点是可定量给出不同条件下最严重事故伤害的半径；缺点是只基于对可能发生的事故后果评价，而对事故发生的概率不作分析。

③ 定量风险评价法。该方法既定量分析事故后果的严重性，也考虑事故发生的可能性。通常要计算两类风险值。个人风险值和社会风险值。社会风险值通常用作个人风险值的增补标准。与前两种方法相比，由于综合评估事故后果的严重度和发生事故的可能性，定量风险评估法更完善，分析更全面，是国际上较先进的安全评估方法，在指导重大危险设施周边土地安全使用规划中更具有实用价值。

2. 管控要点

橙线是重大危险设施及周边用地建设、管理的重要依据。橙线的管控应分区、分类进行。

（1）分区管控。

① 影响区：其范围内不得规划建设幼儿园（托儿所）、游乐设施、文化设施、文化遗产、体育设施、医疗卫生设施、教育设施、宗教设施、社会福利设施、特殊建筑，其他类别的建筑允许在影响区建设。

② 限制区：其范围内除影响区禁止规划建设的设施外，不得规划建设住宅、宿舍、私人自建房、商业、商务公寓、大型厂房、研发用房、办公、其他配套辅助设施，其他类别的建筑允许建设，包括仓库（堆场）、物流建筑、市政设施、交通设施。

③ 控制区：其范围内除市政设施、交通设施（专指道路及场地，不包括建筑）外，禁止规划建设其他设施。

（2）分类管理。

① 禁止活动。包括违反分区控制要求进行建设；未经核准，擅自改变重大危险设施设计容量、设计压力和位置的行为；其他损坏城市重大危险设施或影响城市重大危险设施安全和正常运转的行为。

② 行为许可及要求。在城市橙线范围内建设或临时占用其内土地的，应符合以下规定：

在城市橙线内新建、改建、扩建各类建筑物、构筑物、道路、管线和其他工程设施，应依据有关法律、法规办理相关手续。

迁移、拆除城市橙线内重大危险设施的，应当依据橙线调整原则履行相关手续。

需要临时占用橙线范围内土地，应当征求市规划国土、建设、安监主管等部门意见；在不影响重大危险设施安全正常运转或正常建设情况下，按照《深圳市临时用地和临时建筑管理规定》，依法办理相关审批手续；临时占用到期后，应当恢复原状。

在城市橙线范围的建设及临时占用的单位及个人，应对其行为的安全性和后果负责。

③ 已建设施管理。在橙线范围内已建设施的单位及个人应服从以下规定：

a. 已建的建筑物、构筑物不得擅自加建、改建和扩建；

b. 由市规划国土主管部门根据该橙线范围内重大危险设施建设的时序，橙线不同范围的具体要求来确定是否保留，或允许调整；

c. 已建设施的单位及个人，要服从市规划国土主管部门的处理意见。

④ 已批未建用地管理。在本划定方案出台前，在城市橙线范围内已签订土地使用权出让合同但尚未开工的建设项目，应服从以下规定：

a. 与城市橙线有严重冲突的，由市规划国土主管部门分情况处理；

b. 符合城市橙线控制要求的项目，允许进行建设，但要做好与被保护设施的安全协调及建设时的应急预案。

3. 实施指引

橙线的实施应从纳入规划、动态更新和强化管理三方面开展。

(1) 纳入规划。

橙线划定是属于国土空间规划范围的空间管控线之一，编制橙线专项规划成果并应纳入国土空间规划中，并在国土空间规划中全面、完整地表达控制范围。

(2) 动态更新。

根据最新变化情况，即时更新橙线信息系统，确保信息及时、准确，发挥信息管理平台的最佳效用，是贯彻实施规划最科学、最快捷的手段，是提高管理效率和管理透明度的有效措施。

(3) 强化管理。

在规划审批管理的各个环节中，将橙线作为必选核查项，作为强制性条件，以确保相关审批及后续实施与城市橙线无冲突，确保城市安全；在日常的监督检查工作中，各相关部门加强协作，共同做好城市橙线的监督管理工作。

7.1.3　城市蓝线

1. 研究内容

(1) 城市蓝线的定义。

根据原建设部最新颁布的《城市蓝线管理办法》，城市蓝线是指城市规划确定的江、河、湖、库、渠和湿地等城市地表水体保护和控制的地域界线。广义上，即河道工程的保护范围控制线，其范围包括河道水域、沙洲、滩地、堤防、岸线等，以及河道管理范围外侧因河道拓宽、整治、生态景观、绿化等目的而规划预留的河道控制保护区域。

(2) 城市蓝线的划定意义。

城市蓝线作为城乡规划专业用于保护城市水体的核心控制线，包含着江、河、湖、库、渠和湿地等城市地表水体保护和控制的地域界限。城市蓝线的划定及相应的规划治理是贯彻生态文明理念、落实水体资源保护、协调城市水发展关系的重要措施。划定蓝线可以加强对城市水系的保护与管理，保障城市供水、防洪防涝和通航安全，改善城市人居生态环境，促进城市健康、协调和可持续发展。

（3）城市蓝线的划定原则。

划定城市蓝线，应当遵循以下原则：

① 统筹考虑城市水系的整体性、协调性、安全性和功能性，改善城市生态和人居环境，保障城市水系安全。

② 与同阶段城市规划的深度保持一致。

③ 控制范围界定清晰。

④ 符合法律、法规的规定和国家有关技术标准、规范的要求。

（4）城市蓝线划定方法。

蓝线划定可采用多种技术方法有机结合及创新，使之更具客观性、科学性和可操作性。具体包括以下四种方法：

① 踏勘和咨询。对重点河流、水库、湿地等进行实地踏勘，进行拍照和记录，走访附近有关街区，深入了解具体情况，获得第一手资料，向有关专家以各种形式进行咨询。

② 类比法。借鉴其他国家、区域、城市在城市水体保护和管理方面的经验，以启发认识，辅助设计。

③ 信息叠加分析法。准确了解各水体周边的建设现状及已审批的各相关规划成果，为划定工作打下扎实的基础。

④ 方案比选。通过方案比较评价，在经济影响、环境影响及社会影响等方面进行可行性分析，探讨适宜的城市发展和建设的蓝线保护范围，避免凭主观臆断随意确定，甚至在大比例尺地形图上只根据城市结构的需要盲目画定蓝线。

如图 7-4 所示为蓝线与河湖管理范围线、滨水建筑退缩线空间关系示意。

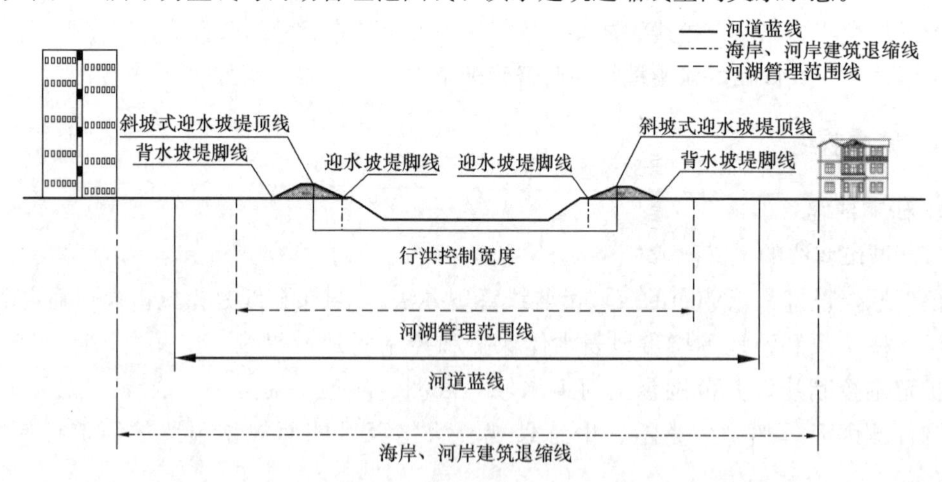

图 7-4　蓝线与河湖管理范围线、滨水建筑退缩线空间关系示意

2. 管控要点

蓝线管控是确保蓝线划定和存在意义的保障措施，有条件的地方可以出台相关的蓝线管控办法，对蓝线范围内进行综合管制，在城市蓝线的保护范围内，应当严格保护水资

源，禁止开发建设活动。

（1）建立蓝线管制信息管理系统。

建立蓝线管制信息管理系统的主要任务可以更好地保存及时更新的蓝线数据成果并有效地应用于日常城市用地规划许可业务和管理工作中，更好地与办公系统结合，使之满足规划管理的应用需求。实现城市蓝线保护与控制的规范化、信息化和标准化管理。

（2）分类管控。

城市蓝线管控应拓展蓝线管控内容，制定具体实施细则。建议从用地、设施、实施与活动四个方面进行拓展，提升管理的精细化水平，保障蓝线的顺利落地。

① 蓝线内用地管控。河涌水域线内的用地一般控制为水域，可局部为城市道路用地和文物古迹用地，河涌控制线内的用地一般控制为绿地与广场用地，可局部为城市道路用地和环境设施用地。

② 蓝线内设施管控。组织编制控制性详细规划时，建议蓝线内用地对水闸、泵站等附属设施进行指标控制，保障水利设施顺利落地。同时，考虑控制线内是滨水绿地的一部分，可以允许部分公益性公建配套、不可移动文物、园林小品等设施建设。

③ 蓝线落地实施管控。针对等级较低的河涌蓝线，在控制性详细规划中依据现状或规划意图，进行适当调整。针对蓝线内涉及的已批未建用地，可允许采取建筑架空或建筑退让并向公众开放使用的建设方式。

④ 蓝线内其他活动管控。依据《城市蓝线管理办法》等政策文件，对蓝线内禁止的活动进行管控。蓝线划定标准如图 7-5 所示。

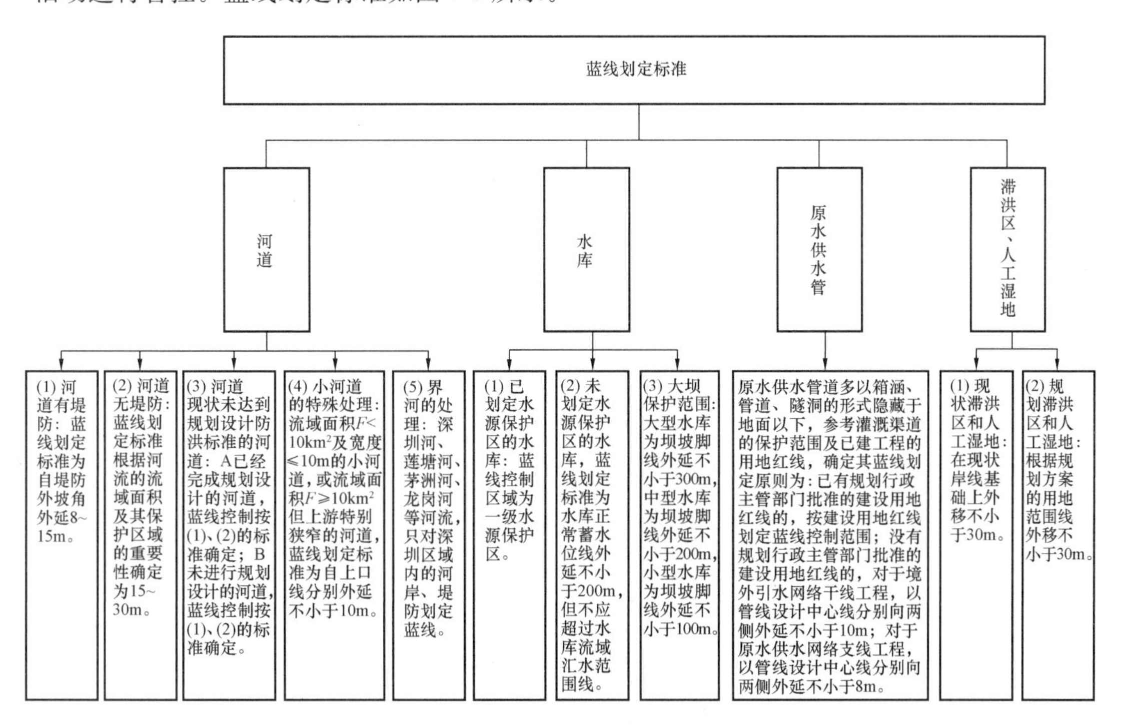

图 7-5　蓝线划定标准

3. 实施指引

（1）建立健全蓝线管制信息系统。

蓝线作为城市规划“五线”（黄线、蓝线、橙线、绿线、紫线）管制的主要内容，是实现城市空间管制的重要手段之一，通过蓝线管制，实现城市规划建设与蓝线保护的协调发展；建立健全蓝线管制信息系统，包括城市蓝线管制图则系统、管制技术文件系统及相关规范系统。

（2）蓝线动态更新与完善。

确立城市蓝线动态更新机制，根据城市规划更新和建设的实施变化情况，及时更新数据库，实行动态管理。

规划主管部门、水务主管部门应充分考虑城市水系和水体与城市的密切结合，加快完善河流综合整治规划，进行分区规划层次的蓝线划定工作，以便及时更新和完善蓝线信息系统，更好地在用地审批工作中落实水系与水体保护的空间强制管制政策。

（3）蓝线应作为下层次规划的重要内容。

许多土地利用规划编制过程中，存在擅自改动水体（如将自然水体暗渠化、裁弯取直或取消等）或占用水体保护空间的情况，严重影响了自然水系与水体的防洪、治污和景观生态功能。

为了更好地落实城市蓝线管制要求，各层次规划均应将蓝线划定作为重要内容，遵循本次蓝线规划的有关规定，保留、预留蓝线空间，确保城市河流水系、水源工程的安全。

新建扩建水库应划定城市蓝线；在条件成熟时，应进行小（二）水库和流域面积 $F<10km^2$ 河流的蓝线划定工作。

在土地出让时，可考虑将城市蓝线范围内的土地纳入出让范围，但在开发建设时必须符合蓝线管理的相关要求。

（4）加强惜水爱水宣传，建立举报制度。

城市水系与居民生活是息息相关的，保护水系是每个市民的责任。为了使全社会参与到城市水系的保护和管理中，应进一步普及相关法规教育，加强惜水爱水意识宣传，确保蓝线规划实施的成效。

建立公众展示、公众参与、公众监督的渠道，充分发挥公众对城市蓝线管理的监督作用，鼓励市民对不法行为的举报。

7.2 城市更新与市政设施

城市更新作为用地紧张的大城市的市政基础设施落实途径之一，目前在北京、上海、广州、深圳等老城区应用较多。

城市更新在全国范围内并无统一的实施标准。以深圳市城市更新发展历程为例，2009年12月1日，《深圳市城市更新办法》正式施行，其后市政府又相继出台了一系列政策，其中包括《关于深入推进城市更新工作的意见》《深圳市城市更新提速专项行动计划》《拆除重建类城市更新项目操作基本程序（试行）》《深圳市城市更新单元规划制定计划申报指引（试行）》《城市更新单元规划审批操作规则》《深圳市城市更新项目保障性住房配建比例暂行规定》《深圳市城市更新单元规划编制技术规定（试行）》《深圳市城市更新办法实施细则》等多个文件。这些文件都对城市更新规划中市政设施建设提出了相关要求。

1. 纳入城市更新的研究对象

研究对象确定市政设施体系是保证城市生存及持续发展的支撑体系，其最大的特征就是具有很强的系统性。因此更新地区引起的区域性市政设施规模或布局调整，需要从区域布局进行考虑，如大型水厂、大型污水处理厂、大型电厂、220kV 及以上变电站、大型通信机楼、燃气气源设施、城市垃圾集中处理设施等，都需要各市政专业的专项规划进行统筹考虑。而在城市更新中重点予以落实的主要是服务于城市更新地区的中小型市政设施，包括排涝泵站、110kV 变电站、通信机房、移动基站、邮政所、垃圾转运站、公厕、消防站以及雨水综合利用设施等。

2. 配置特点

（1）设施配置公益性强。

目前城市更新地区普遍存在一些建设、管理问题，如管理薄弱，城市政府的许多管理职能延伸不够；违章建设行为多、建筑质量难保障，影响城市形象；公共服务设施水平低、居住环境差；人员复杂，社会治安压力大等。特别是市政设施配置不足，是造成这些地区现状“脏、乱、差”的重要原因之一。因此城市更新规划应充分体现城市规划的公共政策属性，在优先保障和鼓励增加城市基础设施和公共服务设施等公共利益前提下，有效实现各方利益的平衡，提高城市整体品质。

（2）设施规模突破大。

不少城市更新项目提出了都市综合体的规划理念，这些项目集合了住宅、商业、写字楼等规划功能，其开发建设特征是建筑体量大、整体容积率高，大大突破了上层规划规模，土地开发强度的突破将使上层规划确定的市政设施规模明显偏小。

（3）设施系统要求高。

城市更新地区与周边地区存在千丝万缕的联系，与之配套的市政设施是整个城市市政设施系统中的一环或一个节点。这些市政设施除了满足城市更新地区自身发展要求外，往往还需要满足周边地区发展的需求，因此不管大型还是小型市政设施，都需要在一定的区域内进行统筹考虑。

（4）设施用地落实难。

目前，大部分城市更新地区的绿地、公共设施用地、市政设施用地、道路广场用地都非常缺乏，所占用地比例都远远达不到城市标准或村镇标准。因此在城市更新规划中应重点解决市政设施用地缺乏的问题。而较之一般类型的规划，城市更新规划最显著的特点是与物权的广泛联系。城市更新涉及的物权往往是分散的，分散的物权会使城市更新的运行成本大大超越新区建设。因此如何去协调落实每一块市政设施用地将是规划实施的难点和重点。

3. 主要设施配置标准参考

（1）排涝泵站。

深圳市是典型的滨海城市，由于部分城市更新地区现状地势低洼，逢暴雨时节，内涝问题十分严重。因此对于全面改造的区域，建议抬高地面标高，一次性永久解决内涝问题。对于综合整治的区域，在无法抬高地面标高的情况下，应对排水管网进行完善和改造，提高片区排涝条件和排涝标准。排涝泵站设计采用20年一遇24小时暴雨产生的径流24小时排完的标准。排涝泵站在设计上应采取减少噪声与臭味的措施，并注意美化外观，在用地条件紧张或在城市繁华地区及重要地段建设时可考虑地下建设方式。

（2）110kV变电站。

深圳市的用户变电站容量一般为2×40MVA和2×50MVA，考虑系统备用，这两种容量的变电站可供电规模为4万～5万kW。本书建议按高标准配置变电站，当城市更新项目用电负荷达4万kW时，必须新增配110kV变电站；当负荷达到2万kW时，若周边1km范围内有已建或已落实用地并具备近期建设条件的110kV或220kV变电站，经论证能满足片区需求时，可以不配置变电站。增配的110kV变电站除满足自身需求外，还应兼顾部分周边负荷需求。为节约城市建设用地，变电站按公用变电站面积预留。深圳市110kV变电站包括建筑主体用地和消防通道用地，总用地面积一般约需要3375m^2（45m×75m）。其中，建筑主体占地面积约1500m^2，建筑面积约2500m^2。变电站可结合周边道路、广场、公园绿地等用地设置消防通道和检修场地。在用地紧张的情况下，可考虑采用地下变电站模式进行建设。地下变电站可参考深圳市华强变电站模式，该变电站位于深圳市著名的华强北商业区，采用与华强广场合建的形式。变电站主体（不含消防通道）占地约687m^2（41.4m×16.6m），共4层（地上3层，地下1层），建筑面积2113m^2，变电站消防通道和检修场地结合建筑及周边道路布置。

（3）通信机房。

城市更新项目建设用地面积达到一定规模时，除应在各小区、建筑单体内配置接入机房外，还应就整个片区考虑配置片区汇聚机房，配置标准为每6hm^{2}用地设置1个200m^{2}的片区汇聚机房，汇聚机房以附建式为主。汇聚机房若配置于城市更新整体开发项目中，宜优先布置在会所等公共场所；在中高层建筑中，宜按照首层、二层、地下一层、其他裙房层、地下二层的优先次序落实具体位置。汇聚机房与建筑物内高低压配电设施保持不小于20m的水平距离；当与接入机房同址配置时，需相互独立。

（4）垃圾转运站。

城市更新项目应按每12hm^{2}建设用地配置一座垃圾转运站，且每个城市更新项目至少应配建一座。若城市更新项目周边400m范围内，有已建或已落实用地并具备近期建设条件的垃圾转运站，经论证能满足片区需求时，可以不配置垃圾转运站。垃圾转运站分单箱位和两箱位两种形式，一般宜采用两箱位形式转运站。考虑转运站用地面积、绿化隔离带用地面积和运输车回转用地面积，两箱位形式转运站用地面积不应小于800m^2。

（5）邮政所。

国家邮政局发布的《邮政普遍服务标准（试行）》规定，大城市市区邮政局所按每座服务半径1～1.5km或者每座服务人口3万～5万人的标准配置。对于城市更新项目，考虑为周边片区服务功能，应按高标准配置邮政所，配置标准确定为每座服务人口为2万人的标准配置。按照每户3.2人，每户平均居住面积80m^{2}的标准折算，则当城市更新项目总建筑面积达 50 万 m^2时，需设置 1 座邮政所。邮政所应采用附设式，建筑面积控制为 150m^2，宜与其他非独立占地的公共设施组合配置。

（6）消防站。

若城市更新项目周边 1.5km 范围内，有已建或已落实用地并具备近期建设条件的消防站，经论证能满足片区需求时，可以不配置消防站。若不满足上述要求，应在城市更新项目内建设消防站。对于土地资源极其有限的城市更新地区，消防站用地指标可取低限或参考中国香港标准。如果确实难以单独选址，可以考虑附设式消防站，这种消防站设于建筑底层及较低楼层，之上可供商业、办公等其他用途项目使用。这类消防站须与其他用途完全分隔，同时在底层另设出入口。而其他用途房间尽量减少设置朝向操场的窗户，以免造成安保问题及噪声影响。另外，还应充分考虑消防站与其他楼层建筑用途应有的性质相互协调。

第 8 章　空间管理机制研究

8.1　基础设施空间利用政策机制研究

基础设施是城市经济生活正常进行的重要保证，因此必须保证基础设施在城市空间中的合理布局、资源充足、功能完整以及相互协调。可持续发展的策略、提高土地利用效率、集约化的土地利用发展观念以及高度集中各项城市功能，对增强城市活力、减轻能源紧缺压力，是具有积极现实意义的。市政基础设施的空间高效利用受限于土地政策、法律法规、安全卫生、空间尺度等各方面问题的制约，清晰的权属和良好的管理政策机制可以促进市政基础设施空间的利用以及与城市空间资源的整合。

在我国城市规划和土地资源管理领域中，与“土地复合利用”相关的概念有“混合用地”“用地兼容”“综合用地”和“功能复合”等。相关概念、内涵及其特征互为交叉，容易混淆。

(1) 混合用地：例如，在上海 2011 年发布的《上海市控制性详细规划技术准则》中，明确提出了“混合用地”是指一个地块中有两类或两类以上使用性质的建筑，且每类性质的地上建筑面积占地上总建筑面积的比例均超过 10%的用地。在《深圳市城市规划标准与准则》中，提出了单一用地性质的混合使用及混合用地的混合使用两种方式。

(2) 用地兼容：同一土地不同使用性质的多种选择与置换的可能性，表现为土地使用性质的“弹性”“灵活性”与“适建性”。

(3) 综合用地：出自于国有土地使用权出让和转让相关规定中，是指包含各用途不动产的用地，可按照最高出让年限 50 年确定出让年期。其内涵和形式实际包含了土地混合利用和建筑复合使用，相当于规划土地利用分类中的混合用地。

(4) 功能复合：更多强调不同功能在空间形态上的交叠和系统性方面的整合，使不同功能的空间同构共生为一个多功能协调统一的综合体，发挥综合性能。

土地的复合利用主要包括区域、街坊和地块 3 个层次，我国目前的土地复合利用多指地块层面的复合利用。2008 年 1 月，国务院印发了《国务院关于促进节约集约用地的通知》，提出“促进节约集约用地，走出一条建设占地少、利用效率高的符合国情的土地利用新路子”的方针。在 2014 年国土资源部印发《节约集约利用土地规定》以及《国土资源部关于推进土地节约集约利用的指导意见》。到 2015 年，针对“生态文明建设”这个重要议题，土地供应方式成为重要载体以加强对土地资源的管理与利用。同时，也提出了针对土地出让方式与管理模式的创新。本章节重点探究市政基础设施空间利用政策及管理机制，探索市政基础设施空间高效利用的机制保障。

8.1.1 以深圳为例

1. 标准先行

为提高城市规划建设水平，实现城市规划编制和管理的标准化、规范化和法治化，深圳制定了《深圳市城市规划标准与准则》（以下简称《深标》）。为引导土地集约使用、促进产业升级转型、减少交通需求以及提升城市内涵品质，《深标》在修订过程中增加了“鼓励合理的土地混合使用，增强土地使用的弹性”等相关条款，为规划编制管理工作探索土地混合使用提供了标准依据。

《深标》规定了土地混合使用应符合环境相容、保障公益、结构平衡和景观协调等原则，明确了具体地块的土地混合使用要求，并规范了“单一用地性质的混合使用”“混合用地的混合使用”等多种土地要素利用模式的要求。

（1）具体地块的土地混合使用应符合相关技术条件和政策条件的要求。

① 相关技术条件主要包括具体地块的上层次规划要求、周边条件、交通、市政、公共服务设施等情况，自然与地理承载力、日照通风和消防等强制性规定等。位于生态敏感区、重要的景观区域或可能造成较大环境影响、安全影响的，应进行专项技术论证。

② 相关政策条件主要包括国家、省、市的土地、规划、产权和产业政策，以及是否满足申报条件、符合行政许可的程序要求等。

（2）单一用地性质的混合使用。

在《深标》中，明确了各类用地的适建用途，包括主导用途和其他用途，如表8-1所示。除了除特殊用地、其他交通设施用地等少数几类用地外，其他用地均允许在符合土地混合利用准则的条件下附设市政设施。

① 主导用途是指一般情况下允许建设、使用的建筑与设施用途，其建筑面积（或多项建筑面积之和）应占地块总建筑面积的主导。

② 其他用途是指在符合相关规范、政策等前提下，经研究后允许建设、使用的辅助配套等功能。

深圳市城市用地分类和使用（以公共管理与服务设施用地为例） 表8-1

<table>
<tr><th colspan="2">类别代码</th><th rowspan="2">类别名称</th><th rowspan="2">范围</th><th rowspan="2">适建用途</th></tr>
<tr><th>大类</th><th>小类</th></tr>
<tr><td rowspan="3">GIC</td><td>GIC</td><td>公共管理与服务设施用地</td><td colspan="2">行政管理、文化、教育、体育、医疗卫生、社会福利、公共安全、宗教及特殊性质的用地</td></tr>
<tr><td>GIC1</td><td>行政管理用地</td><td>行政管理类办公建筑及其附属设施的用地</td><td>主导用途：办公；
其他用途：宿舍、可附设的市政设施、可附设的交通设施、其他配套辅助设施</td></tr>
<tr><td>GIC2
GIC3</td><td>文体设施用地</td><td>社区以上级别的各类文化设施用地，如学校、工业等用地内配套建设的文化、体育设施</td><td>主导用途：文化设施（GIC2）、体育设施（GIC3）；
其他用途：商业、宿舍、游乐设施、可附设的市政设施、可附设的交通设施、其他配套辅助设施</td></tr>
</table>

续表

类别代码		类别名称	范围	适建用途
大类	小类			
GIC	GIC4	医疗卫生用地	各类医疗、保健、卫生、防疫、康复和急救设施的用地	主导用途：医疗卫生设施； 其他用途：宿舍、可附设的市政设施、可附设的交通设施、其他配套辅助设施
	GIC5	教育设施用地	高等院校、中等专业学校、职业学校、特殊学校、中小学、九年一贯制学校及其他教育设施的用地	主导用途：教育设施； 其他用途：宿舍、可附设的市政设施、可附设的交通设施、其他配套辅助设施
	GIC6	宗教设施用地	宗教团体举行宗教活动的场所及其附属设施的用地	主导用途：宗教建筑； 其他用途：宿舍、可附设的市政设施、可附设的交通设施、其他配套辅助设施
	GIC7	社会福利用地	为社会提供福利和慈善服务的设施及其附属设施的用地	主导用途：社会福利设施； 其他用途：宿舍、可附设的市政设施、可附设的交通设施、其他配套辅助设施
	GIC8	文化遗产用地	具有历史、艺术、科学价值且没有其他使用功能的建筑物、构筑物、遗址、古墓葬等用地	主导用途：文化遗产； 其他用途：可附设的市政设施、可附设的交通设施、其他配套辅助设施
	GIC9	科研用地	特殊性质的用地，包括直接用于军事目的的军用设施用地，以及监狱、拘留所与安全保卫部门的用地	主导用途：特殊建筑

为保障用地的主导用途、避免功能混杂，单一用地性质允许建设、使用的功能比例，应结合具体地块的建设条件与开发需求，综合考虑相关要求经专题研究确定。《深标》同步明确了居住用地、商业服务业用地、科研用地、工业用地和物流仓储用地允许建设、使用的功能比例建议。

（3）混合用地的混合使用。

混合用地是指当土地使用功能超出单一用地性质的适建用途和相关要求，需要采用两种或两种以上用地性质组合表达的用地类别。《深标》明确在充分保障各类公共设施建设规模和使用功能的基础上，鼓励公共管理与服务设施用地、交通设施用地、公用设施用地与各类用地的混合使用，提高土地利用效益。《深标》同步提出了常用土地用途混合指引（表 8-2）。公用设施用地可以混合 G1、GIC2、S4 用地类别。

常用土地用途混合指引　　表8-2

用地类别		鼓励混合使用的用地类别	可混合使用的用地类别
大类	小类		
居住用地（R）	二类居住用地（R2）	C1	
	三类居住用地（R3）	C1	M1、W1
商业服务业用地（C）	商业用地（C1）		GIC2、R2
公共管理与服务设施用地（GIC）	文体设施用地（GIC2）		C1
工业用地（M）	普通工业用地（M1）	W1	C1、R3
物流仓储用地（W）	仓储用地（W1）	M1	C1、R3
交通设施用地（S）	轨道交通用地（S3）	C1、R2	GIC2、R3
	交通场站用地（S4）	C1	G1、GIC2、R3
公用设施用地（U）	供应设施用地（U1）		G1、GIC2、S4
	环境卫生设施用地（U5）		G1、GIC2、S4

注：① 鼓励混合使用的用地类别是指在一般情况下此类用地的混合使用可以提高土地使用效益，在规划编制中可经常使用；

② 可混合使用的用地类别，是指此类用地可以混合使用，在规划编制中视具体情况使用；

③ 其他确需使用的混合用地，应通过专题研究确定。

2. 政策引领

为贯彻落实《深圳市土地管理制度改革总体方案》，深化土地管理制度改革，深化国有土地有偿使用，推进土地供应管理法治化，实施土地供应侧改革，2018年7月，深圳市人民政府印发了《关于完善国有土地供应管理的若干意见》（以下简称《若干意见》）。

《若干意见》在考虑多元化经营模式基础上，以产权为导向，明确了深圳市国有土地供应方式（包括划拨、出让、作价出资或入股、租赁和临时使用等）及范围。其中，对于公益性、非营利性用地以划拨方式供应土地，“社会投资且产权归经市政府确定的投资主体的交通设施，地下综合管廊设施，只租不售的人才和保障性住房，创新型产业用房和科研项目（含科技企业孵化器）以及国家、省、市政府已确定特许（定）经营者的公用设施用地”采用协议出让方式供应土地。具体条款如下：

（1）划拨。

划拨用地范围仅限于产权归政府的公共管理与服务设施，市政公用设施，交通设施，只租不售的人才和保障性住房、地下综合管廊设施、创新型产业用房（含科技企业孵化器）以及国家重点扶持的能源和水利等设施等公益性、非营利性用地。划拨用地“不得转让、互换、出资、赠予或者抵押，不得改变用途”。

（2）出让。

产权归社会投资人的以出让等有偿方式供应。出让用地中缺乏竞争性的协议出让，结合管理需求予以权利限制，其余一律招拍挂出让。其中协议出让范围包括：①社会投资且产权归经市政府确定的投资主体的交通设施，地下综合管廊设施，只租不售的人才和保障性住房，创新型产业用房和科研项目（含科技企业孵化器）以及国家、省、市政府已确定特许（定）经营者的公用设施用地；②连接两宗已设定产权地块的地上、地下空间；③非农建设用地、征地返还用地、置换用地、留用土地、城市更新用地和符合规定的棚户区改造用地；④法律法规、规章和市政府规定的其他情形。

8.1.2 以上海为例

1. 标准先行

上海市在其规划编制相关地方技术标准——《上海市控制性详细规划技术准则》（以下简称《准则》）中同样明确了混合用地规划的相关准则，并对市政设施的综合设置提出了指引。

混合用地规划准则。

混合用地是指一个地块内有两类或两类以上使用性质的建筑，且每类性质的地上建筑面积占地上总建筑面积的比例均大于10％的用地。

功能用途互利、环境要求相似或相互间没有不利影响的用地，宜混合设置。鼓励公共活动中心区、历史风貌地区、客运交通枢纽地区、重要滨水区内的用地混合。

环境要求相斥的用地之间禁止混合，包括严禁三类工业用地、危险品仓储用地、公共卫生设施用地与其他任何用地混合；严禁特殊用地与其他任何用地混合；严禁二类工业用地与居住用地、公共设施用地混合。

市政设施用地的混合利用未在用地混合引导表中列出，但《准则》对市政设施之间的综合设置提出了明确指引。

《准则》明确：市政设施的系统结构和设施布置应确保自身安全和周边其他设施、用地的安全。市政设施的用（排）量预测、系统结构和设施类型应符合生态环保的发展趋势，体现节能减排的要求。鼓励生态化新技术、新工艺、新设备的使用。市政设施应充分考虑和整合基础设施的空间布局，设置形式应体现公共服务特点，鼓励市政设施的综合设置（表8-3、表8-4）。

上海市政设施与其他性质建筑综合设置引导 **表8-3**

设施	住宅	商业、办公建筑	工业、仓储物流建筑
给水泵站	×	√	√
调压站	×	○	○
雨污水泵站	×	×	○
变电站	×	√	√
通信局房	×	√	√
邮政支局（所）	○	√	√
小型垃圾压缩收集站	×	○	√
公共厕所	×	√	√

注：“√”表示完全综合设置，即可设于同一建筑内；“○”表示部分综合设置，即内部通道，部分管理用房等可共享；“×”表示不宜综合设置。

市政设施之间综合设置引导 表8-4

设施	给水泵站	燃气调压站	雨污水泵站	变电站	通信局（房）	邮政支局	生活垃圾转运站	消防站
给水泵站								
燃气调压站	✓							
雨污水泵站	×	✓						
变电站	✓	×	✓					
通信局房	×	○	×	×				
邮政支局（所）	✓	×	×	✓	✓			
生活垃圾转运站	×	○	✓	✓	×	×		
消防站	○	○	×	×	✓	×	×	

注：“✓”表示完全综合设置，即可设于同一建筑内；“○”表示部分综合设置，即内部通道，部分管理用房等可共享；“×”表示不宜综合设置。

关于综合设置的具体指引条款包括：

① 在主城区、新城以及对环境景观要求严格的区域，变电站、泵站、水库、垃圾转运站和压缩收集站等设施宜建在地下，其出地面部分应与周边环境相协调。

② 新建地区的给水泵站、变电站、通信局房、邮政支局和公共厕所宜与同步建设的公共建筑或其他非居住类建筑综合设置。

③ 在新建地区，变电站、给水泵站、雨污水泵站、燃气调压站、生活垃圾转运站、消防站等设施之间在符合系统优化布局和运行安全要求的前提下宜集中设置，其内部通道和管理、生活设施应共建、共享。在建成区，应进一步提高市政设施的集约化程度。

2. 政策引领

2018年11月，上海市人民政府印发《上海市人民政府关于印发本市全面推进土地资源高质量利用若干意见的通知》（以下简称《若干意见》），以习近平新时代中国特色社会主义思想为指导，贯彻新发展理念和高质量发展的总体要求，落实“上海2035”总体规划，在坚持“亩产论英雄”“效益论英雄”“能耗论英雄”“环境论英雄”理念的基础上，覆盖全域土地资源，严守建设用地总量、强化建设用地流量、盘活建设用地存量，统筹城市的经济密度和空间品质，合理确定土地开发强度、优化土地资源配置、提高土地利用绩效、强化土地用途管制，全面提升土地综合承载容量和经济产出水平，实现土地资源更集约、更高效、更可持续的高质量利用。

《若干意见》明确了土地混合利用、地下空间资源利用等工作方向，提出了完善混合用地实施机制、建设投资机制、土地供应机制、标准体系优化等一系列工作要求。

（1）鼓励土地混合利用。

鼓励工业、仓储、研发、办公、商业等功能用途互利的用地混合布置、空间设施共享，强化公共服务设施和市政基础设施的功能混合。完善混合用地实施机制，探索不同行业公共服务设施和市政基础设施的建设投资机制，建立有利于复合兼容的相关行业标准，实行公益性和经营性设施混合的土地供应制度。

（2）促进地下空间资源合理利用。

按照“统筹规划、综合利用、安全环保、公益优先、地下与地上相协调”的原则，开发利用地下空间。完善地下空间基础数据库，加强地质安全监测，近中期重点开发浅层和中层地下空间，优先安排市政、应急防灾等公共基础设施功能，有序适度安排公共活动功能。大幅提高主城区、新城新建轨道交通、市政设施地下化比例，逐步推进现状市政基础设施的地下化改造。依托轨道交通，由主城区向新城扩展利用地下空间。加强地下空间横向连通，加大综合管廊建设力度。对重点开发地区，通过详细规划附加图则，引导地上地下空间一体化发展。完善地下建设用地使用权出让制度，优化简化办理程序，按照“分层利用、区分用途、鼓励开发”的原则，降低地下空间用地成本。完善地下空间的不动产登记。

（3）建立实施紧凑型高效型用地标准。

按照紧凑高效、符合卓越全球城市用地特点的目标，优化调整各类设施用地标准，构建覆盖城乡区域、各行业建设项目的节约集约用地标准体系。强化用地标准的实施，发挥用地标准在规划编制、用地许可和土地利用绩效评价等管理中的指导作用，进一步加强用地规模约束，引导设施综合设置、土地混合利用、社区开放共享。相关要求已同步纳入《上海市自然资源利用和保护“十四五”规划》。

8.2 “一张图”管理平台

2019年5月，国家相继颁布了《中共中央 国务院关于建立国土空间规划体系并监督实施的若干意见》《自然资源部关于全面开展国土空间规划工作的通知》及《自然资源部办公厅关于开展国土空间规划“一张图”建设和现状评估工作的通知》等系列国土规划管理改革的文件，都强调了国家对国土空间规划“一张图”的重视。“一张图”系统对于支撑空间规划全生命周期的动态监测、智能分析和预警、国土空间全域对象管控以及空间数据共建、共享具有重要意义。

各省（区、市）自然资源部门高度重视、积极响应，坚持需求导向，以“管用、实用、好用”为目标，加快推进国土空间规划“一张图”实施监督信息系统建设，逐步提升支撑国土空间规划管理和服务公众等方面的能力。

国土空间规划“一张图”是指“一张现状底图＋一张规划蓝图＋一张管理用图”。其中“一张现状底图”是指以第三次全国国土调查成果为基础，融合规划编制所需的其他相关数据与信息，形成坐标、边界统一的全国范围内的一张底图，并按一定时间间隔进行动态更新，有效支撑规划编制、实施及监测等；“一张规划蓝图”是在一张底图的基础上，及时将规划成果向本级平台，入库层叠加各类国土空间规划图层，形成国土空间规划“一张图”，并及时更新规划修改、申报等信息，实现国土空间规划“一张图”的动态更新；“一张管理用图”是以规划一张蓝图为指导，将各类国土空间开发与保护活动纳入一张管理业务图，管理好国土空间规划实施全部业务活动，实现国土空间治理的全面监管，促进国土空间规划的实时监测与动态管理。国土空间基础信息平台是“一张图”的基础载体，现状底图、规划蓝图和管理用图均是在国土空间基础信息平台中实现的（图8-1）。

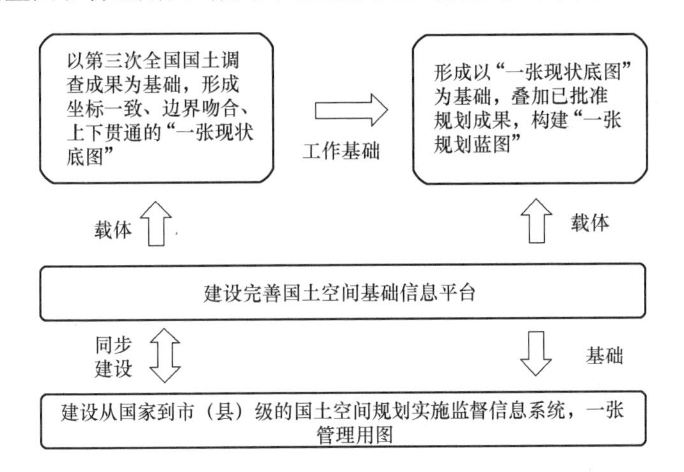

图8-1　“一张图”与基础信息平台的关系

（资料来源：罗瑶，莫文波．“多规合一”背景下的国土空间规划“一张图”建设［J］．湖南城市学院学报（自然科学版），2021（1）：40-44）

依托“一张图”系统，既可以“看过去”也可以“看现在”，还能“看未来”。

可以看过去：通过对比历史年份的影像图和地形图，可以清晰地呈现出全域国土空间的历史变迁脉络。

可以看现在：以第三次全国国土调查成果为基础，作为统一底板，载入遥感影像、基础地理、地理国情普查等现状数据，用地审批、不动产登记、土地供应、规划许可等管理数据以及人口等经济社会发展综合数据，形成精细化的现状一张底图。

可以看未来：通过叠加已批准规划数据与现状数据，进行差异分析，发现疑问图斑，通过分析确认消除疑问图斑后，形成协调统一的规划一张底图，形成未来城市的发展图景。

8.2.1　以北京市国土空间规划“一张图”为例

根据北京市规划和自然资源委员会下发的《打通内部数据搭建空间大数据平台，切实加强规划和自然资源领域内部约束监督的实施方案》，国土空间基础信息平台（空间大数据）由规划一张图、审批一张图和现状一张图构成，并形成国土空间规划“一张图”。北京市规划一张图的框架的架构由“规划一张图基础信息平台”和“规划一张图规划成果发布系统”共同构成（图8-2）。其中，基础信息平台由基础底图、规划制定、规划实施、规划修改、监督检查、政务数据、社会大数据七类数据库形成数据资源目录，支撑各级各类规划的底图维护工作，并向上支撑规划发布系统，以辅助规划制定、规划实施、规划修改、监督检查的规划工作全流程。规划一张图的建设是长时序、系统性工程，其工作目标可以分为近、中、远三个阶段，近期目标是形成规划一张图基础信息平台和系统建设形成顶层设计；中期目标是面向规划数据运行与维护需求，建设一个基础信息平台、一个规划成果发布系统、N个规划一张图专题图库，出台一套技术指南和一份管理办法；远期目标是在规划编制业务、数据流转、平台智慧化等方面不断完善和优化。

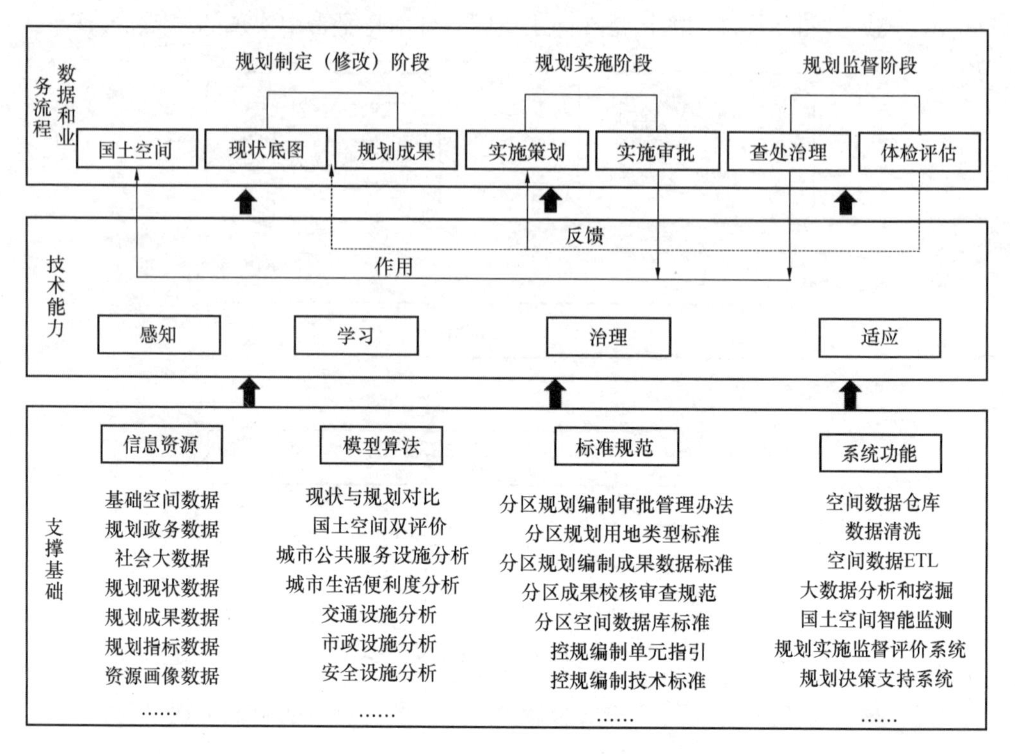

图 8-2　北京市规划“一张图”平台体系框架

（资料来源：喻文承，李晓烨，高娜，等．北京国土空间规划“一张图”建设实践［J］．规划师，2020（2）：59-64，77）

8.2.2　以深圳市国土空间规划“一张图”为例

为贯彻落实习近平总书记“统一底图、统一标准、统一规划、统一平台”重要指示要求和自然资源部决策部署，深圳市以数字化转型驱动国土空间治理方式变革，加快建设国土空间规划“一张图”实施监督信息系统，秉承规划全生命周期管理理念，打造“在线规划”特色板块，开启详细规划在线编制管理新模式，为全面提升全市空间治理体系和治理能力现代化水平夯实基础。

数据在线推送功能可根据免审清单，批量向编制人员推送规划范围内的基础数据：标准化编制插件嵌入 CAD 中，可辅助编制人员按标准规范的要求设计规划方案。成果质检功能辅助开展完整性、规范性、属性内容、空间拓扑等 30 余项检查，规范成果数据质量；辅助核查功能方便编制人员提前发现规划重叠问题，落实传导管控要求。通过面向详细规划开展成果在线汇交，实现对各阶段关键成果的统一管理，保障过程可追溯详规“一张图”的动态更新。详细规划“一张图”公众版以电子地图的方式公布详细规划成果，公众通过手机即可便捷查询身边的规划，提升了深圳国土空间规划信息的公开度与透明度。

“在线规划”以国土空间规划编制审批全过程为主线，通过统一标准、贯通流程、打造工具，推动规划编制审批模式从离线向在线转型，建成了覆盖全市、动态更新、公开透明的国土空间规划“一张图”，实现了国土空间规划编制审批过程信息留痕，为提高国土空间治理能力、优化营商环境提供有力支撑。

8.2.3 以广州市国土空间规划“一张图”为例

广州从20世纪90年代就开始推进规划管理信息化，将数据与应用进行高效率整合。在新技术发展的影响下，广州进行信息化管理到智慧化管理渐进式探索，融入办公自动化系统和大数据云平台技术，建立了数据录入、检测和应用管理的机制，确保城乡规划的高效管理。其发展可以分为初期阶段、中期阶段及新时期阶段，其中初期阶段以城乡规划数据入库、业务流程信息化为主，从地形图数据发展为拥有多种基础空间数据和规划编制成果、控规管理材料、业务办公资料的空间数据库。如广州开发城市规划管理“一站式”窗口业务系统，来文、信件、资料和信息统一进出，且配合全局综合业务系统和会议系统形成“收文—经办—会办—审核—发文”全流程的功能；中期阶段以数据和业务流程融合，实现部门联动审批为主，“一张图”是以规划管理单元为基础，强制性与非强制性控制相结合的、动态更新的城市规划管理图则编制创新。“一张图”上线作为规划审批平台，是广州城乡规划空间资源平台的重要构成；在新时期实现“一张图”为基础的三规合一和多规融合。在三规合一和控规“一张图”平台基础上，完成规划差异比对，控规和村规协调分析。“多规合一”信息联动平台满足“多规合一”资源管理、规划矛盾识别与协调、信息共享与交换、台账与辅助决策，为多部门间规划矛盾检测和协调等提供技术支撑，实现控规“一张图”为基础的多规融合。如图8-3所示为城乡规划智慧化管理体系构成框图。

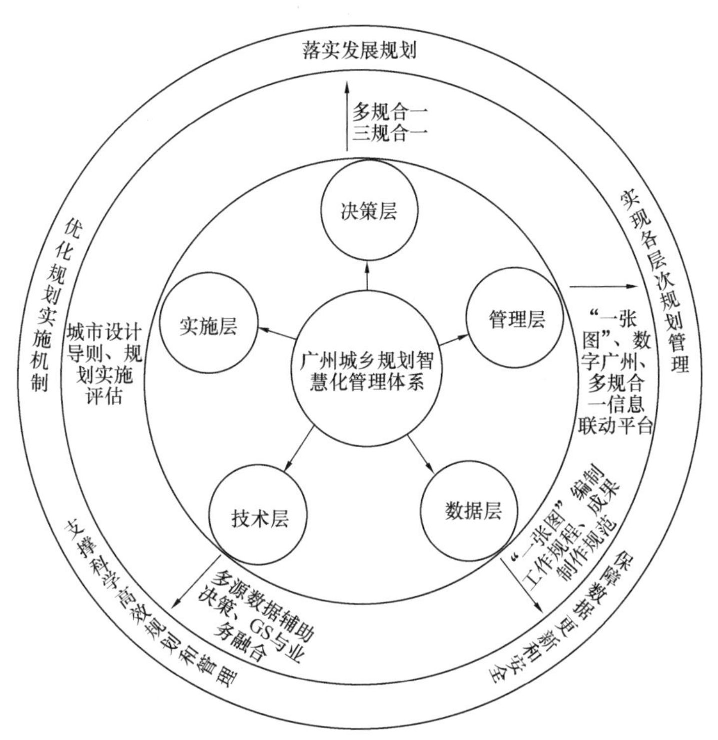

图8-3 城乡规划智慧化管理体系构成框图

（资料来源：王建军，胡海，朱寿佳，等．广州新型智慧城市应用探索：城乡规划的智慧化管理［J］．地理信息世界，2017（4）：14-18）

第3篇

实践篇

市政基础设施空间的规划、建设及管理在新技术和新理念不断涌现的背景下，比如水务设施空间规划，重点是解决国土空间规划背景下的水务类设施的空间衔接问题；因此需要针对某个或多个具体实际问题，而进行相应课题的研究。

本篇选取了空间布局规划、空间利用方式、空间整合方式、空间管控方式4个方面的6个代表性案例。案例来源的规划项目均由深圳市城市规划设计研究院编制完成，6个案例均分别从基础条件、成果内容、规划创新以及实施效果等方面进行介绍。

第9章　水务设施空间规划

9.1　项目背景

2019年10月24日，水利部办公厅发布《水利部办公厅关于印发水利基础设施空间布局规划编制工作方案和技术大纲的通知》，要求各有关单位抓紧开展水利基础设施空间布局规划编制工作，到2020年，基本完成全国、流域、省级水利基础设施空间布局规划编制，做好与国土空间总体规划的衔接。

近年来，深圳市某区以水资源、水安全、水环境、水生态、水文化“五位一体”的理念统领治水工作，突出问题导向和目标导向，突出合力治水，治污基础设施补欠账、黑臭水体得到消除，形成了良好的城市水系统基础。未来5～15年，全区水务基础设施网络体系将在现有基础上进一步完善与提升，涉水空间范围划定和用途管控进一步加强，水务工作将从目前“建设为主”向“管控为主”发生转变。

同时，随着城市快速发展，区域水务基础设施建设需求日益增大，水务基础设施类别、水量、用地需求也逐年增加，水务发展面临新机遇与挑战，亟须编制中长期、综合性水务空间规划，为未来一段时期内的水务设施建设提供规划依据和用地保障。

9.2　主要内容

规划内容涵盖水安全、水环境、水生态、水资源、水文化、碧道建设、海绵城市、智慧水务等内容，分区、分类施策，搭建科学合理的蓝色空间生态体系、水务设施保障体系和水务空间管控体系，提出水务全要素管控指标体系，与市区国土空间规划充分衔接，统筹落实规划水务设施用地，突破常规水务设施与水系空间约束和管控“瓶颈”，推动水务行业强监管和水务治理能力现代化。水务设施空间规划的主要工作内容如下。

1. 全面开展现状分析调研

为做好区水务设施和空间系统规划，拟对区内水资源、水安全、水环境、水生态、水景观、城市发展规划、产业结构、水系布局、水务基础设施等方面，以及其他制约经济社会和谐发展的突出问题，进行综合调研。

2. 科学确定规划总体思路和目标

围绕区经济社会发展布局、重大战略安排，分析城市经济社会发展和生态环境保护对水的需求，提出规划的指导思想、基本原则；从保障安全、促进城市高质量发展，推进生态文明建设和治理能力现代化等角度，明确到2025年、2035年水务设施总体格局及分区布局，水系空间管控的目标和控制性指标。

3. 合理划定涉水生态空间

明确涉水生态空间组成、功能，开展涉水生态空间范围划定工作，衔接和协调国土空间规划“三区三线”成果，结合涉水生态空间用途管控要求，合理确定河流、湖泊、水库、行蓄洪水等生态空间具体边界并落图。

4. 完善水务基础设施空间布局

充分衔接落实深圳市上位规划、区涉水规划中的各类水务设施，通过开展系统评估与复核，增补完善水务基础设施空间布局，从改善水资源、保障水安全、提升水环境等方面，以厂站、闸坝工程为节点，以河湖治理、水源工程、水系连通等工程为线，以滞蓄空间、防洪排涝等工程为面，提出各类水务基础设施网络空间布局，确定工程位置、工程类型、规模、线路走向等。

5. 确定水生态保护修复重点任务

以深圳市上位规划以及区法定图则、国土空间规划、海绵城市规划、碧道建设规划等为基础，从加强水生态系统保护修复、构建河湖绿色生态廊道等要求出发，提出河道综合治理与生态修复、水库周边用地综合利用、水源地保护等任务措施。

6. 提出涉水空间管控和保护措施

涉水空间管控和保护措施包括水务基础设施与涉水生态保护线的协调、与其他国土空间利用和已有规划的协调性分析，对于规划提出的重要水务基础设施用地空间，以保障水务基础设施建设为重点，提出预留和管控要求等。

7. 落实水务空间智慧管控

以智慧水务综合体系为基础，为进一步加强区域水源、供水、排水、储雨水，以及厂、网、河、城的智慧化管控提出智慧管控措施，进而采集信息补齐短板、加强信息共享、充实智慧水务业务、统筹智慧系统规划，确保涉水空间智慧化、信息化管理系统的规范建设和安全运行。

8. 明确建设项目与实施计划

以逐步构建完善的水系统为目的，在规划时序安排的基础上，结合宝安区开发建设计划及流域治水提质、城市更新等项目实施计划，提出水系统相关工程项目，开展可行性分析，明确具体项目内容和进度安排，投资匡算。

9.3 项目亮点

1. 打造区域水务综合体，集约节约用地

水务综合体是指以水务设施功能为主的，两种及两种以上设施合建的，或具有两种以上功能的集约型用地。

除水务类设施之外，还应拓宽市政基础设施规划研究的视野，对各项基础设施进行有效的整合规划，如对区域范围内给水排水设施进行一体化研究，避免重复开工建设，指导城镇密集区内的城市空间有序拓展。同时，建立各行政部门高效协同机制，统筹研究不同类别市政设施合建的可行性，实现用地统一规划、集约建设、高效利用。如图 9-1 所示为用地综合性水厂（上盖足球场）实景。

图 9-1　用地综合性水厂（上盖足球场）实景

2. 明确水务设施用地与国土空间控制线关系

国土空间规划中“三区三线”为根据城镇空间、农业空间、生态空间三种类型的空间，分别对应划定的城镇开发边界线、永久基本农田保护红线、生态保护红线三条控制线。深圳市主要涉及城市生态红线、基本农田、水源保护区、城市蓝线、基本生态控制线、林地、橙线、高压走廊等，需明确各类设施占地与控制线的关系。

3. 制定信息化管控编号

为加强城市基础设施信息化管理，对接国土空间规划一张图及智慧水务，通过统一目标、统一认知、统一行动，提升水务设施管理工作的整体性、协调性和可持续性。充分对接国土空间规划成果数据库的规则与要求，数据台账应包括标识码、要素代码、行政区代码、行政区名称、设施名称、设施类型、设施等级、设施规模、用地面积、建筑面积、规划状态、设施编号、市级下发设施编号及备注。为对接智慧水务管控信息化台账还应包括设施位置、建设状态、建成时间、现状规模、机组数量、单机流量、设施规模、现状占地面积、新增用地面积、是否有用地红线、服务范围或对象、建设或规划依据、是否具有合法化手续、设计单位、建设单位、管养单位、联系人及联系方式。

为使图形数据和属性表格数据相关联和便于使用、查询，需建立两者间的联系：在GIS图层属性信息中加入编码栏，在Excel表中加入编码两列。其中，市政设施总编号单独为一列，水务设施编码为一列。对接国土空间规划成果明确市政设施总编号（表 9-1、表 9-2）。

水务设施大类编号表　　**表 9-1**

水务设施大类	给水	污水	雨水	初雨	再生水	水利
编号	GS	WS	YS	CY	ZS	SL

水务设施小类编号表　　表 9-2

设施小类	水厂	泵站	应急处理设施	污泥厂	工业废水处理设施	截洪沟	调蓄池	水库
编号	SC	BZ	YJ	WN	GY	JH	TX	SK
设施小类	堤防	河流	小微水体	湿地	滞蓄空间	碧道	水闸	原水泵站
编号	DF	HL	ST	SD	ZX	BD	SZ	YS

设施大小类编号均为拼音首字母，为方便管理，建议其他市政设施统一用此编码规定（表 9-3）。

各类设施编号举例　　表 9-3

设施	水厂
给水厂	GS-SC00X
给水泵站	GS-BZ00X
水质净化厂	WS-SC00X
应急污水处理设施	WS-YJ00X
截污泵站	WS-BZ00X
污泥厂	WS-WN00X

第10章　岩洞空间利用规划

10.1　项目背景

随着深圳市建设用地以转向存量用地为主，各类新增或者扩建的市政设施面临选址困难等问题，同时市中心的污水厂站等市政厌恶型设施也面临诸多冲突，因此需要探索其他市政基础设施布局新途径。深圳市广阔的山岭地貌和坚硬的岩体为地下空间的开发利用提供优良的建设条件，市政设施的岩洞化不但可以为中心区域释放更多土地，同时能够降低市政厌恶型设施对居民的影响。通过借鉴芬兰、赫尔辛基、新加坡、中国香港等城市的地下空间、岩洞开发经验，开展深圳市岩洞利用，尤其是与市政基础设施联合利用的前期规划研究，进行形成长期的发展战略，是十分必要的。

10.2　主要内容

本项目通过对国内外市政基础设施与岩洞联合布局的借鉴分析，结合深圳市相关城市规划要求，研究探索适合深圳市的市政基础设施与岩洞联合布局模式，为深圳市市政设施的土地集约利用提供新的解决思路及技术支撑，为深圳市市政基础设施与岩洞联合利用提供前期实施策略研究。

10.2.1　市政基础设施与岩洞联合利用的案例借鉴与分析

对典型和先进的市政基础设施与岩洞联合布局利用的建设案例进行调研与分析，尤其是市政基础设施岩洞化的基础应用条件、关键技术要求、造价、管理措施等相关重点内容，形成分析报告，作为深圳市市政基础设施与岩洞联合利用的基础和经验借鉴。

10.2.2　深圳市市政基础设施及岩洞布局基础条件分析

通过部门访谈、资料分析、现场踏勘等形式，对深圳市地质、山体、现状岩洞布局等基础条件进行分析，对岩洞开发的适宜性进行评估。

结合深圳市市政基础设施的建设诉求，以及各类市政基础设施在建设用地布局方面的限制和技术要求，确定具有岩洞发展潜力的市政基础设施类别。

10.2.3　深圳市市政基础设施与岩洞联合布局可行性建议与实施策略

在以上研究的基础上，综合考虑市政基础设施岩洞化建设要求、与传统市政基础设施之间的协调衔接、技术经济评价等相关因素，明确深圳市市政基础设施与岩洞联合布局的可行性建议，提出适宜的市政基础设施岩洞化改造的思路和方向，形成市政基础设施与岩洞联合布局的实施策略建议。

10.2.4　深圳市市政基础设施与岩洞联合布局的实施路径

对深圳市市政基础设施与岩洞联合布局利用的实施路径进行明确，包括近期试点区和试点项目、运营管理与维护、制度保障等相关内容。

10.3　项目亮点

10.3.1　先行先试：内地率先探索城市级岩洞市政化利用研究

目前，除我国香港外，在市政基础设施和岩洞的结合方面还没有系统的研究，相关制度的实施仍基本处于空白的状况。本项目深入研究我国香港、新加坡、挪威等岩洞利用案例经验，并对数据中心、储油库、污水厂等案例进行深入研究，针对深圳本地特征、各类市政建设项目等条件，在全国范围内率先探索和实践切实有效的市政基础设施与岩洞的结合模式，总结提炼可复制、可推广模式，打造深圳市市政设施土地集约利用的创新点和亮点。

10.3.2　用地挖潜：为深圳未来市政用地探索可能的实施路径

结合深圳市实际情况，以技术能力作为基础，经济能力确定深圳市市政基础设施搬入岩洞的可行性，利用政策要求判断项目实施的近、远期，通过叠加分析的方式，提出联合布局可行性建议，得出岩洞推荐利用区。岩洞利用设施筛选思路如图 10-1 所示。

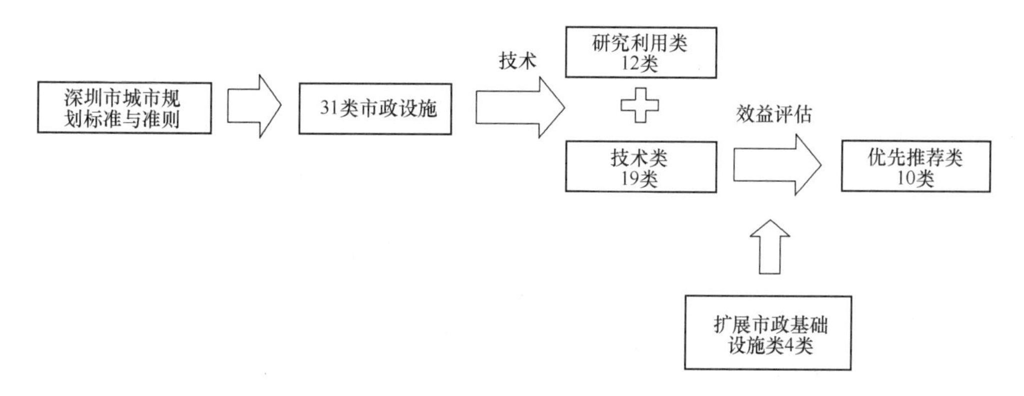

图 10-1　岩洞利用设施筛选思路

结合效益分析，可将市政设施分为 A 类（推荐利用类）、B 类（研究利用类）、C 类（慎重利用类）、D 类（不建议利用类）4 种类型。深圳市最优先选择的设施类型为数据中心和储油库，建议后续开展相应的专项研究（表 10-1）。

推荐利用类市政设施 表 10-1

类型	类型数量	设施类型参考	说明
A类（推荐利用类）	2	数据中心、储油库	已有案例，需求较为迫切
B类（研究利用类）	10	500kV变电站；爆炸品仓库；通信机房；档案库；食品储备、人防用品等仓库；公共交通、市政车辆停车库；垃圾转运设施；给水厂；污水厂；给水排水泵站	已有案例，技术可行性较高
C类（慎重利用类）	7	供电设施（220kV/110kV变电站、开闭所、变配电所）；通信设施（移动基站、微波站、广播电视的发射、传输和监测设施）；消防、防洪等保卫城市安全的公用设施	有一定的风险需要克服
D类（不建议利用类）	8	电厂；危险品处理设施；医疗垃圾处理设施；供燃气设施（分输站、门站、储气站、加气母站、液化石油气储配站）	难以落实

10.3.3 因地制宜：基于深圳特点系统谋划建立岩洞利用方案

1. 建设“复合型”岩洞，多种市政设施集中设置

岩洞开发成本较大，岩洞的开发可以考虑纳入多种可以兼容的市政设施，但是应该特别注意设施之间的兼容性。

2. 建设“低碳化”岩洞，推进纳入岩洞的设施低碳化

纳入岩洞的市政设施宜采用低碳技术，例如，污水岩洞可以探索污水余温回收、厂外有机固体废物（如厨余垃圾）与污泥共消化等技术。岩洞开发产生的岩石和地下水宜综合利用。

3. 建设“数字化”岩洞，纳入城市CIM中，从勘探到运行全过程的数字化

岩洞开发全过程建议采用数字化形式，包括不同工程阶段的数据库（规划、设计、施工、运行、维护、监测等记录），以及关于岩洞及其相关的基础设施（入口、竖井、隧道、通道等）、其他地质和其他特征（附近的岩洞、地基、隧道、公用设施）的数字化信息。这种模式极大地方便了规划、设计、施工和随后的运营、维护、升级和扩建，以及项目近、远期的衔接（图10-2）。

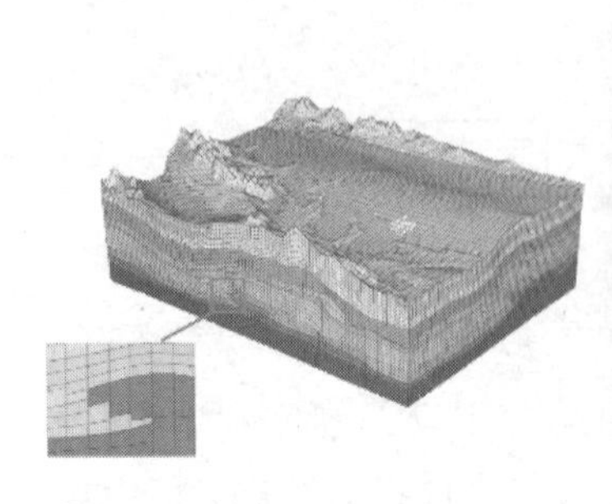
勘察数据化

设计数据化

运营维护数据化

图 10-2 岩洞数字化

第11章　桥下空间利用规划

11.1　项目背景

2017年3月，住房和城乡建设部印发的《关于加强生态修复城市修补工作的指导意见》提出修补城市功能，提升环境品质。要求填补城市设施欠账，增加公共空间，改善出行条件，塑造城市时代风貌。深圳增量土地已经不多，而城市桥下空间的规模与体量在增加，作为一直被边缘化的灰色空间，如何合理有效且安全地利用桥下空间，将成为城市建设新常态下面临的新课题。而龙华区已规划建设了一定数量的跨线桥、立交桥、高架桥等，如石观高架桥、阳台山高架桥等城市道路高架，以及城市轨道高架（地铁4、6号线龙华段），还有观光路跨线桥、和平立交桥等，可利用桥下空间十分可观。桥下空间示意如图11-1所示。

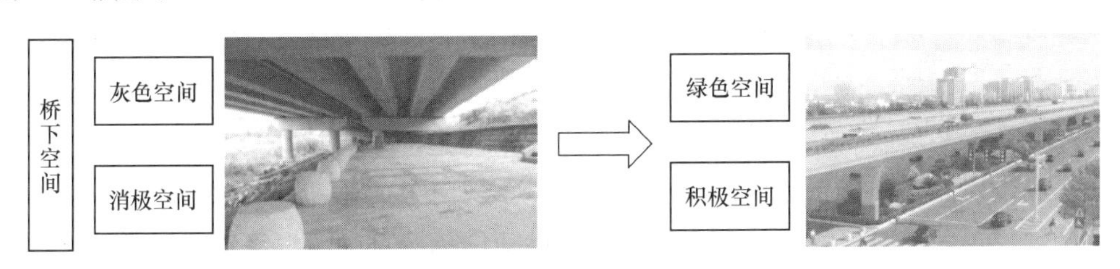

图11-1　桥下空间示意

11.2　主要内容

11.2.1　研究目的和意义

本项目以激活桥下消极空间、盘活桥下剩余空间为重点，以交通为导向、自身空间为基础、周边功能为支撑、品质提升为抓手，探索利用桥下空间来实现城市功能修补、环境品质提升等目标的方法和路径，为综合提升龙华区桥下空间的利用与管理，实现整体空间环境的精细化、精准化及品质化提供有效支撑。

11.2.2　研究对象

本次研究根据龙华区内现状桥梁情况，以及《深圳市城市桥梁桥下空间利用和管理办法》相关规定，以城市道路的跨线桥、立交桥和高架桥桥下空间，以及城市轨道交通桥梁桥下空间为主要研究对象，不包括人行天桥、跨铁路桥梁和公路桥梁（市政化改造的公路除外）。

11.2.3 研究内容

本研究通过对龙华区桥下空间的现状分布和利用情况进行摸查，分析龙华区目前桥下空间利用存在的问题，在此基础上，结合基础研究、国内外案例研究与经验借鉴，提出桥下空间的利用策略，并制定龙华区桥下空间综合利用指引，提出桥下空间开发利用的管控措施。

11.3 项目亮点

11.3.1 研究紧跟需求热点，领先示范空间利用

2021年8月，深圳市交通运输局印发《深圳市城市桥梁桥下空间利用和管理办法》（以下简称《管理办法》），对城市桥梁桥下空间的利用行为进行规范，以进一步提高城市空间利用率。深圳其他区域还未就桥下空间利用进行系统研究，龙华区先行探索闯新路，其桥下空间开发利用方式研究可以向深圳其他区域进行拓展推广，起到示范带头作用。

研究收集并整理了大量国内外桥下空间利用相关案例，对桥下空间利用的发展趋势进行了详细分析。例如，广州天河区奥林匹克中心附近的北环高速公路高架桥桥下空间，被改造为足球场、篮球场、羽毛球场、溜冰场等，不仅为周边的居民提供足够的活动场所，而且为运动爱好者提供平价的运动场地。再如，在澳门金莲花广场高架桥下，政府利用其桥下空间建设了公共厕所，既可满足来澳门金莲花广场游览的游客需要，还不占用其他用地，可谓一举两得。通过对国内外桥下空间利用与发展的相关研究可以看出，桥下空间的发展趋势从以往“被遗忘的空间”“灰色空间”到逐步受到重视，通过系统统筹、因地制宜的规划设计策略，可对桥下空间进行复合化的利用，达到节约城市土地资源、美化城市环境、丰富城市功能的目标。

结合《管理办法》的要求和现有桥下空间利用理论与案例研究结果，总结了桥下空间开发利用总体思路，共分为两大方向八大类。

一方面，从功能共享化角度对桥下空间进行复合利用，丰富其功能性，主要利用方式包含绿化休闲、公共服务、交通出行、城市管理4类。其中，绿化休闲类包括结合景观绿地设置公共花园，结合城市绿道建设设置骑行绿道，以及在保证桥梁结构安全的前提下建设海绵设施等；公共服务类包括适当设置建筑型或开放型的体育活动场所、配置适当的小型娱乐设施、社区服务设施等供周边居民使用；交通出行类包括在桥下空间尺度较大的情况下，可利用其设置公交场站或设置桥下机动车或非机动车停车场来增加城市停车位数量，并可适当配置电动车充电桩；城市管理类包括在桥下设置城市道路养护管理所需的抢修、抢险、养护、维修场地，或公共厕所、环卫工人休息站等环卫设施，或供电开关箱、箱式变压器等电力设施以及5G机房、多功能智能杆等通信设施。

另一方面，从环境品质化角度对桥下空间进行景观风貌提升，主要方式包含景观美

化、特色亮化、交通序化和彰显文化4类，具体措施包括桥体美化、增加照明和主题标志，完善交通标线，开展文化宣传活动等。如图11-2所示为桥下空间开发利用总体思路。

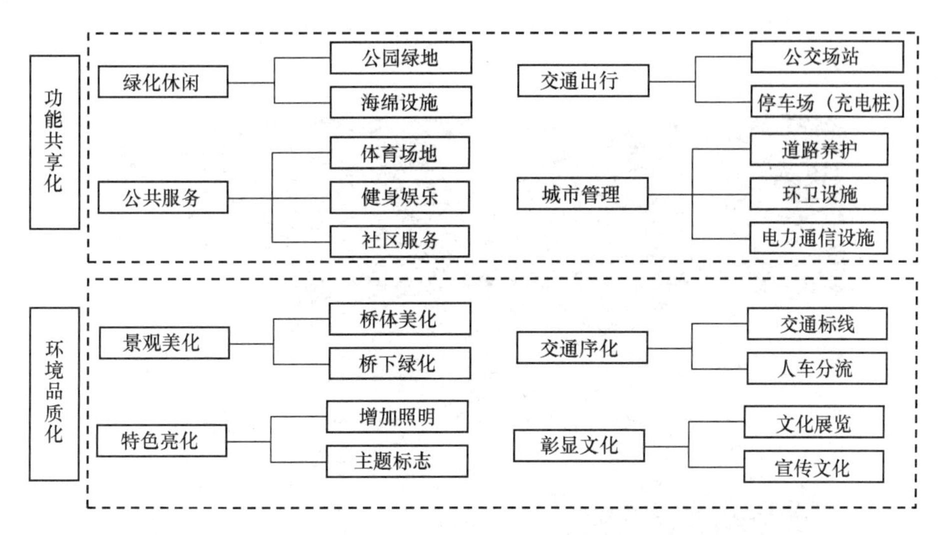

图11-2　桥下空间开发利用总体思路图

对桥下空间的用地特征也进行了分析。桥下空间属于交通设施用地，依据《深圳市城市规划标准与准则》中关于土地混合使用的相关规定，为避免用地性质冲突问题，原则上桥下空间利用仅接受单一用地性质的混合用地情况，即仅利用桥下空间建设可以与交通设施用地相兼容的设施。依据《深圳市城市规划标准与准则》，交通设施用地的适建用途为可附设的市政设施、其他配套辅助设施。其中，可附设的市政设施是指在满足功能、安全与环境条件下可附设的市政设施（简称可附设的市政设施）。其包括泵站、110kV变电站、邮政支局、邮政所、通信机房、无线电主干（次干、一般）监测站、有线电视分中心、瓶装气便民服务点、垃圾转运站、公共厕所、再生资源回收站、环卫工人作息场所等。其他配套辅助设施是指为生活生产配套服务的小型、辅助型设施，如配套管理服务设施（社区居委会、社区警务室、社区服务中心、社区服务站、配套管理、配套办公等）、文体活动设施（社区文化中心、文化室、社区体育活动场地、室内外运动设施、社区绿地等）、小型卫生福利设施（社区健康服务中心、诊所、救助站）、食堂等设施。

遵循公益优先、突出生态的原则，基于桥下空间的用地权属和后续的管理等客观因素，可优先满足城市交通、市政公用设施管养和公益事业的需求，不但解决了这些服务功能的用地问题，也可以更好地为市民服务，在后期维护和用地权属上也可以规避一些不必要的麻烦。可在桥下空间设置下凹式绿地、雨水花园等对雨水进行调蓄、净化或设置地沟作为敞开式径流输送设施，在满足海绵城市要求的同时，形成较好的景观效果。

遵循整体协调、统筹规划的原则，桥下空间的功能应根据周边城市用地规划统筹考虑，可作为周边用地功能补充，解决周边配套设施不足的有效手段之一，实现土地利用、城市交通、市政设施、景观环境协调发展。

在开发利用方式借鉴方面，可分为3个维度：桥顶板过低或自身空间尺度过小，这部分应以城市绿化改造为主；有较大面积的、可利用的整块空间多的，结合周边环境可考虑用作公交和社会停车场或市民活动场所；对采光要求不高、桥下有一定空间的可放置市政设施用房，如变电箱（图11-3）、清洁环卫用房（图11-4）、公共厕所、5G机房等。

图11-3　桥下空间放置变电箱实景

图11-4　桥下空间放置清洁环卫用房实景

11.3.2 摸清家底因桥制宜，选取节点科学指引

研究以“基础资料收集分析＋逐点现场调查”的方式掌握辖区内桥下空间利用现状与利用需求，结合国内外桥下空间利用先进经验，在“安全第一、公益优先和统筹规划”的理念引领下，提出与辖区现状、需求相适应的桥下空间综合利用方案，破解现状桥下空间利用形式单一、空间利用率低难题。

项目组实地走访31座龙华区现状城市桥梁桥下空间，并详细研究已有规划桥梁设计资料，通过分析桥下空间现状利用情况、景观重要性、交通可达性、周边用地利用情况等，对每一处现状、规划桥下空间进行利用需求分析，因桥制宜地针对每一处桥下空间提出利用指引。总体上，龙华区桥下空间的利用类型，可划分为环境提升型和功能完善型两类。环境提升型是指现状景观差、空间小、开发利用潜力一般的桥下空间以环境品质化提升为主，主要通过加强景观美化、增加桥体照明亮化、悬挂文化宣传栏来提升环境品质。功能完善型是指现状环境较好、交通可达、已部分开发利用的桥下空间，重点进行功能共享化提升，对尚可利用的空间植入城市管理、公共服务、绿化休闲、交通出行等多种功能。

研究选取观澜河大桥、玉龙路跨线桥、阳台山高架桥、高峰水库高架桥、地铁4号线（龙华段）轨道高架桥5个典型节点进一步提供科学指引。典型节点利用指引在完善市政功能方面提出复合建设环卫工具房、立体停车场、电动汽车充电桩、5G通信等市政基础设施的方案，在丰富休闲娱乐功能方面提出利用滨水空间设置综合慢行绿道、滨水观景台，打造生态公园、休憩驿站、文化景观空间，提供社区健身设施、社区服务等方案，多维度、多层次地体现了桥下空间的复合利用。例如，将观澜河大桥桥下空间定位为滨水活力空间，桥下临河场地可结合周边小区居民的需求，打造亲水平台、综合慢行绿道、滨水观景台；南侧空置场地可打造休憩驿站，开展艺术展览、文化宣传活动；北侧空置场地可打造为社区健身场地，配置健身器材等设施，同时可在原有小停车场的基础上改造为立体停车场并配置充电桩（图11-5）。

(a) 打造综合慢行绿道、滨水观景台

图11-5 龙华区桥下空间典型节点利用指引示例——观澜河大桥桥下空间利用指引图（一）

(b) 打造休憩驿站、个性景观空间

(c) 打造社区娱乐健身场地

(d) 设置立体停车场、配置充电桩

图 11-5　龙华区桥下空间典型节点利用指引示例——观澜河大桥桥下空间利用指引图（二）

第12章　深圳市黄线规划

12.1　项目背景

12.1.1　国家政策背景

2005年审议通过《城市规划编制办法》与《城市黄线管理办法》，对城市黄线的定义与范畴、划定与调整、监督与管理、法律责任等方面作了相应的规定和解释。国家有关部门在“科学发展观”“以人为本”的政策导向下，已空前重视在城市快速发展过程中城市基础设施用地的保护，要求各级政府将城市黄线作为城市规划的强制性内容，与城市规划一并报批，同时一经批准，不得擅自调整。

12.1.2　城市发展背景

随着深圳可开发建设用地的逐年减少，新建城市基础设施项目的选址困难加大，部分已规划的城市基础设施用地多年难以落实。“十一五”期间，深圳市经济将持续高速发展，年平均增长率达到13%，只有大幅度提升基础设施总体供应能力，才能满足社会高速发展的需要，然而基础设施用地非常有限，必须预先控制，并对各种城市基础设施用地进行集约和整合。但许多规划在基础设施用地布局方面相互矛盾，反而造成规划实施的依据不明确，使得规划效率低下，因此对各规划进行整合，形成一个可以操作且合理的规划来保障城市基础设施项目的实施，已十分急迫和必要。

12.2　主要内容

本项目主要包括三个方面的工作内容：一是合理划定城市黄线范围；二是提出规划实施管理与保障措施；三是建立基础设施用地控制管理信息平台。

12.2.1　黄线的划定方法

1. 相关要求

黄线划定主要控制重大的城市基础设施用地，重点是依据相关规划划定规划设施用地，不对各专业设施系统进行重新研究。城市黄线应当在制定城市总体规划、分区规划和法定图则划定。总体规划层次的城市黄线划定可单独编制。单独编制的总体规划层次城市黄线规划，应当依据城市总体规划和专项规划，划定城市基础设施用地界线，确定城市基础设施用地的用地位置和面积，并明确城市黄线的地理坐标。黄线划定必须符合国家有关技术标准和规范。

2. 基本原则

（1）全覆盖原则。规划范围覆盖全市域且包括全部城市基础设施系统，凡专项规划、城市规划中确定的城市基础设施均纳入本次黄线划定范畴。根据规划编制先后次序、现状地籍情况、落实黄线难易程度、用地标准等要素进行协调取舍。

（2）系统性原则。根据相关规划特别是各专业专项规划，保证各类设施自成系统，保障设施正常运行。

（3）可操作原则。综合考虑现状用地的地籍情况、建设情况、地形情况及周边环境情况，落实设施用地红线坐标，以保证设施未来能顺利实施。

（4）远近结合原则。按远期规模控制用地，重视近期即将建设的城市基础设施，尽快落实其用地红线，使设施建设适应城市发展的需要，以保障城市的可持续发展。

（5）节约用地原则。基础设施控制的面积大小在符合国家有关技术标准、规范的基础上，考虑采用新技术尽量减小用地规模，同时整合梳理相关规划，避免重复建设。

（6）动态性原则。根据现状地籍情况，不能落实用地红线的设施，应注明该设施规模和用地面积要求，在下一层次城市规划中去落实。同时建立黄线管制信息系统和动态更新机制，城市基础设施更新与业务办理过程结合，新完成的专项规划成果应及时纳入信息系统，以使黄线规划成果更具实时性。

3. 深度要求

根据规划原则，划定的设施主要包括重大的城市基础设施，小区或社区配套设施不纳入本次划定范畴，但一些重要的小型设施（如垃圾转运站、泵站等）纳入本次划定范畴。划定的具体深度应做到“定性、定量、定位、定状态”。其中，“定性”是指应确定该线所涵盖范围的性质或功能；“定量”是指应确定该线所涵盖的大小或圈定的面积；“定位”指该线要做到线界落地，为法定图则或详细蓝图编制提供依据；“定状态”是指划定的设施在规划期末的规划状态，具体规划状态包括规划保留、规划取消、规划改建还是规划新建四大类。对有保护要求的城市基础设施（除高压线外），本次规划对其保护要求进行统一说明，不对其保护线进行具体划定。

4. 思路和方法

根据各设施系统的规划情况和各自不同的特点进行有针对性的黄线划定。分区组团规划已基本覆盖全市，成为黄线划定的重要依据之一；新完成的专项规划成为该专业系统黄线划定的直接依据；个别专业设施系统尚未编制专项规划或专项规划编制完成时间较早，而现实情况却发生了较大变化，都需要对该设施系统重新进行整合。

（1）已编制专项规划的设施系统：该部分设施数量、布局、规模以及用地以该专项规划为依据。在专项规划中已落实黄线的，就以该专项规划为直接依据在本项目中落实黄线红线，实现“刚性控制”；在专项规划中没有落实黄线的，应在分区组团规划中去核实用地，在分区组团规划中落实的，以分区组团规划为依据在本项目中落实黄线红线，实现“刚性控制”，若在分区组团规划中也没有落实该设施用地，采用“弹性控制”方式，注明该设施所在的城市规划标准分区的编号、设施规模及占地面积。

(2) 尚未编制专项规划的设施系统：该部分设施数量、布局、规模以及用地以该分区组团规划为依据，在本项目中落实其用地红线，实现“刚性控制”。

(3) 尚无规划的设施系统：对于该类设施（主要是防灾设施、出租车停车场设施等），本规划不作详细的系统研究，因此不纳入本次划定范畴，有待相关规划编制完成后，纳入本项目信息系统平台。

如图 12-1 所示为深圳市黄线划定流程示意。

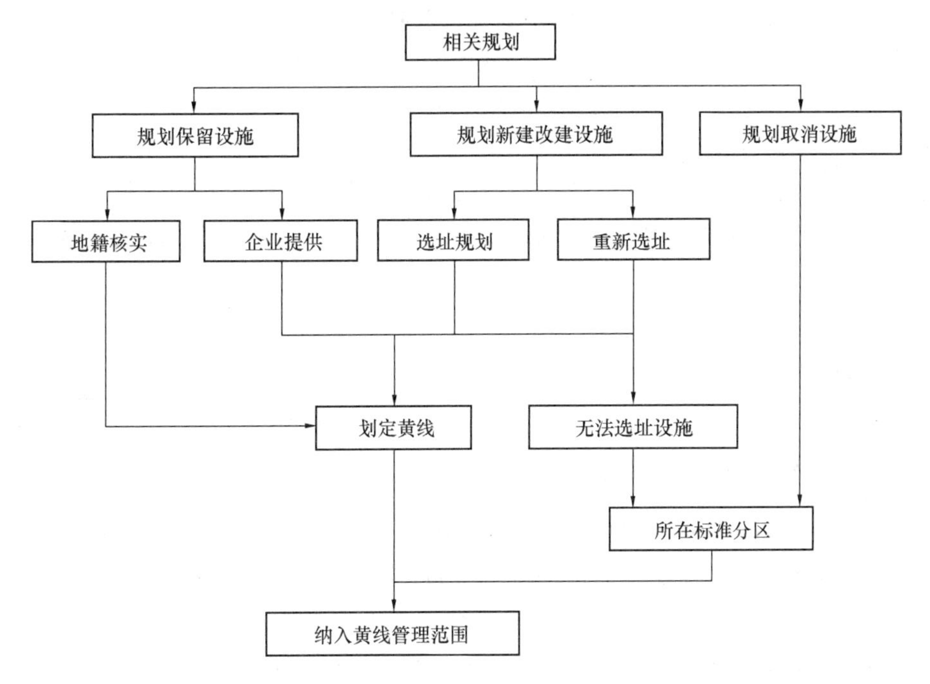

图 12-1　深圳市黄线划定流程示意

规划控制方式分为刚性控制和弹性控制；表现形式分别为实线划定和虚线划定。刚性控制的黄线不可占用、取消或更改用途，若要调整，则需按照《城市黄线管理办法》要求，按规划调整程序进行调整；弹性控制的黄线不可改变其用途、用地，可根据城市建设实际情况，对黄线的位置和形状进行适当调整。规划保留的城市基础设施、规划扩建的城市基础设施现状部分、已批复未建的城市基础设施建设、规划扩建（改建）的城市基础设施用地规模没发生改变的采用刚性控制，表现形式为实线划定；规划新建城市基础设施、规划现有城市基础设施扩建部分在具体实施过程中有一定变化的可能，根据规划可实施性原则，采用弹性控制，表现形式为虚线划定；规划拆除的现状城市基础设施用地性质未来会改变，因此，本次规划不进行黄线划定。

12.2.2　规划依据选取

根据《城市黄线管理办法》，黄线规划是以相关市政基础设施规划为依据的。深圳市规划部门组织的规划项目中大部分都涉及城市基础设施的内容，但许多规划在基础设施用地布局方面相互矛盾，反而造成了规划实施的依据不明确、规划效率低下的现状。因此规划依据的选取将是黄线规划的一个重要环节。

深圳市的分区组团规划已基本覆盖全市，仅个别专业设施系统尚未编制专项规划。因此本次黄线划定参考依据的顺序为分区专项规划—全市专项规划—分区组团规划，且要与已完成的法定图则进行相互校核。

12.2.3 黄线规划成果形式

《深圳市黄线规划》的成果包括法定的文件和技术文件两部分。法定文件包括《规划文本》和《管理图则》，技术文件包括《规划说明书》《规划图集》《深圳市基础设施用地需求一览表》和《深圳市城市黄线管制信息系统》。

法定文件中的《规划文本》是对规划的各项指标和内容提出控制要求的文件，并明确表述规划的强制性内容；《管理图则》包括全市黄线规划总图和组团层次黄线规划分图。《管理图则》与《规划文本》具有同样的法定效力，供规划管理人员及相关部门查询。

12.3 项目亮点

12.3.1 多系统协调整合

本次规划提出的黄线划定对象基本为《城市黄线管理办法》中规定的各类基础设施，同时结合深圳市的实际情况，适当增加部分设施，如口岸、海水淡化厂、大型原水管渠、雨水泵站、污水泵站、110kV以上变电站、燃气高压管线、成品油管线、环境园危险废物处理厂的部分，本次规划至少涉及八大专业系统：交通设施系统、给水设施系统、排水设施系统、电力设施系统、通信设施系统、燃气设施系统、环卫设施系统和防灾设施系统。各系统各有各的特点，相互之间相似性不高，这就需要本项目配备不同的技术专业人员。

12.3.2 设施划定复杂

和其他城市规划线不同的是，本次划定的设施既有面状设施（如机场、水厂、变电站等），又有线状设施（如原水干管渠、高压线、轨道线、燃气高压线等）。初步统计至规划期末深圳市将建有面状市政设施3200余座。有线状设施长度近1500km。

12.3.3 需进行地籍核实工作

由于本次规划主要工作是划定各基础设施用地红线，因此地籍核实工作将贯穿于整个工作过程，一是核实现状基础设施用地红线，二是核实规划基础设施用地现状的地籍情况。

12.3.4 协调需求大

本规划涉及全部市政交通主管部门，同时还有煤气公司、电信、移动、联通、网通、铁通、公交集团等专业企业，各部门和公司之间基本各自为政，缺乏协调配合；另外，各层次法定规划、专项规划之间也存在大量不一致处，与生态控制线之间的矛盾尚未解决。因此，本规划是一项协调性很强的工作。

第 13 章　深圳市蓝线规划

13.1　项目背景

为了加强对城市水系的保护与管理，保障城市供水、防洪防涝和通航安全，改善城市人居生态环境，提升城市功能，促进城市健康、协调和可持续发展，根据《中华人民共和国城市规划法》《中华人民共和国水法》，原建设部制定了《城市蓝线管理办法》，于 2005 年 11 月 28 日经原建设部第 80 次常务会议讨论通过，自 2006 年 3 月 1 日起施行。《城市蓝线管理办法》对城市蓝线的定义与范畴、划定与调整、监督与管理、法律责任等方面作了相应的规定和解释，并责令各级地方政府的建设主管部门（城乡规划行政主管部门）在组织编制各类城市规划时划定城市蓝线，并负责本行政区域内城市蓝线的管理工作，对城市蓝线范围内的建设活动实施监督与管理。

2005 年 10 月 28 日，原建设部第 76 次常务会议上审议通过《城市规划编制办法》，自 2006 年 4 月 1 日起施行。《城市规划编制办法》第十九条规定，编制城市规划，对涉及城市发展长期保障的资源利用和环境保护等方面的内容，应当确定为必须严格执行的强制性内容。城市河流水系的保护及周边用地的管制已受到了相关国家部门的重视。当前，深圳已经由一个边陲小渔村发展成为现代化都市，创造了城市发展的奇迹，但是城市面临的水问题也日益突出，比如水面侵占严重、水体质量恶化、行洪能力有待提升。在现代化的生态城市中，水应该成为市民亲近自然的纽带和延伸，随着深圳城市品质的进一步提升，市民对水环境质量的要求越来越高，亟须一个具备可操作性的规划对城市水系进行严格保护，为今后相关的治理工程、景观工程预留用地，并为各层次的规划中对水体保护用地的控制提供指导和依据。在此契机下，一些大城市开始了城市蓝线规划的编制。

鉴于以上背景情况，结合深圳的实际情况，为加强对河道、水库、湿地、湖泊等地表水系和水源工程的管理和保护，保障供水，防洪安全，改善环境，促进城市的可持续发展，而编制本次规划。

13.2　主要内容

《深圳市蓝线规划》的工作主要包括三个方面的内容：一是合理划定蓝线范围；二是提出保护与管理措施；三是建立蓝线管制信息管理系统。

13.2.1　划定蓝线范围

1. 划定对象

依据原建设部《城市蓝线管理办法》的基本要求，结合深圳市的实际情况，本规划的蓝线划定对象分为河道、水库（含湖泊）、滞洪区与人工湿地、原水管渠、大型排水渠5大类。本次划定对象的具体特性如下：

（1）河道：包括全市所有流域汇水面积（用 F 表示）$F\geqslant 10\text{km}^2$ 的河流及流域面积 $F<10\text{km}^2$ 但流经城市重要地区的皇岗河、小沙河、双界河、福永河、木墩河及南澳河。由于爱联河无相关资料，未纳入本次划线范围。

（2）水库（含湖泊）：包括全市现状、在建和拟建的大型水库、中型水库及小（1）型水库。

（3）滞洪区与人工湿地：包括现状与规划的滞洪区和人工湿地。

（4）原水管渠：包括两大境外引水工程的市域部分、市域范围内已建在建和规划的供水规模≥20万 m^3/d 的各级原水输配水支线工程。

（5）大型排水渠：包括由自然河流或河段暗渠化形成的排水渠，及较大的水库泄洪渠，含皇岗河、笔架山河、凤塘河、福永河上游河段等。水库泄洪渠基本上已由河流对象所涵盖。

2. 蓝线划定标准

（1）河道及暗渠蓝线划定标准。

列入本次蓝线规划的河流流域特性变化幅度大，流域面积为10～388km^2，河流宽度为10～250m。通过对规划范围内河流的流域面积、河道宽度、河流比降的分析，考虑一般河流岸线生态建设与修复的需要，结合城市建设用地的需求，以河流流域面积为等级，不同等级河流蓝线的宽度划定标准确定如下：

河道有堤防的，包括两岸堤防之间的水域、沙洲、滩地、行洪区及堤防、护堤地。蓝线划定标准为自堤防外坡角外延不小于4～15m，见表13-1。

有堤防河道蓝线划定标准　　**表13-1**

流域面积 F（km^2）	≥100	50≤F<100	10≤F<50	5≤F<10	<5
上版标准（m）	15	12	8	—	—
河道管理勘定（m）	15	12	8		
本次标准堤防外坡脚外延（m）	15	12	8		4

河道无堤防的，包括水域、沙洲、滩地和现有河道两岸保护范围。蓝线划定标准根据河流的流域面积及其保护区域的重要性确定为不小于4～25m（表13-2）。

无堤防河道蓝线划定标准　　表 13-2

流域面积 F（km²）	≥100	50≤F<100	10≤F<50	5≤F<10	<5
上版标准（m）	25～30	20	15	10	5 和 8
河道管理勘定（m）	8～25	8～20	8～15	8～10	8
本次标准堤防外坡脚外延（m）	25	20	15	10 或 8	8 或 4

河道现状未达到规划设计防洪标准的河道，包括已经完成规划设计的河道和未进行规划设计的河道。

① 已经完成规划设计的河道。

a. 水域控制：按各规划方案中河道岸线上口线或堤防背水坡坡脚线控制；

b. 蓝线控制：按河道有堤防或河道无堤防的标准确定；

c. 对于规划设计方案中进行了裁弯取直的河段，按现状与规划建设用地同时控制取其外包线。

② 未进行规划设计的河道。

a. 水域控制：按现状河道上口线确定；

b. 蓝线控制：按以下的标准确定。

小河道的特殊处理：流域面积 F<10km²，宽度≤10m 的小河道，或流域面积 F≥10km² 但上游特别狭窄的河道，蓝线划定标准为自上口线分别外延不小于 10m。

界河的处理：深圳河、莲塘河、茅洲河、龙岗河等河流，本规划只对深圳区域内的河岸、堤防划定蓝线。

（2）水库蓝线划定标准。

已划定水源保护区的水库：蓝线控制区域为一级水源保护区；未划定水源保护区的水库，蓝线划定标准为水库正常蓄水位线外延不小于 200m，但不应超过水库流域汇水范围线；大坝保护范围：大型水库为坝坡脚线外延不小于 300m，中型水库为坝坡脚线外延不小于 200m，小型水库为坝坡脚线外延不小于 100m。

（3）原水供水管蓝线划定标准。

原水供水管道多以箱涵、管道、隧洞的形式隐藏于地面以下，参考灌溉渠道的保护范围及已建工程的用地红线，确定其蓝线划定原则为已有规划行政主管部门批准的建设用地红线的，按建设用地红线划定蓝线控制范围；没有规划行政主管部门批准的建设用地红线的，对于境外引水网络干线工程，以管线设计中心线分别向两侧外延不小于 10m；对于原水供水网络支线工程，以管线设计中心线分别向两侧外延不小于 8m。

（4）滞洪区、人工湿地蓝线划定标准。

现状滞洪区和人工湿地：在现状岸线基础上外移不小于 30m。规划滞洪区和人工湿地：根据规划方案的用地范围线外移不小于 30m。

进行蓝线的具体划定时，允许根据划定对象周边的实际情况，在基本划定标准的基础上进行微调。

蓝线与“三区三线”的空间关系示意如图 13-1 所示。

3. 蓝线划定方法

该项目首先对现状调研和问题研判，收集地形图、地籍资料和近期选址资料，收集并整理相关规划（近期建设规划、组团分区规划、法定图则等），配合现场踏勘，重点调研流经重要城区的水体、空间被严重侵占的水体、与周边地物关系复杂的水体及位于重要节点位置的水体，分析研判目前存在的问题。

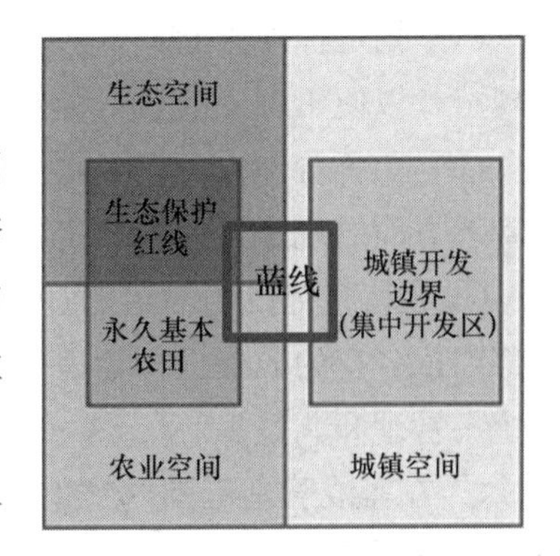

图 13-1　蓝线与“三区三线”的空间关系示意

其次对相关规划进行了深入解读，分别对《深圳水战略》《深圳市总体规划（2007—2010）》《深圳市绿地系统规划（2004—2020）》《深圳市基本生态控制线》《深圳市防洪（潮）规划（修编）报告（2002—2020）》《深圳市河道管理范围线划定报告》等相关规划进行研读，提取其中的关键内容并深入分析理解其内涵。

然后识别了核心目标，参考原建设部发布的《城市蓝线管理办法》，根据深圳市实际情况，借鉴其他地区的经验并征求相关职能部门和公众的意见，识别存在问题较多、对城市影响重大、需要重点保护和控制的河流水系、水源工程，作为本规划蓝线划定的主要对象目标，并相应确定蓝线划定的分区和深度。

最后进行蓝线划定，结合水系、水源工程管理保护要求，确定各目标的蓝线划定标准，划定蓝线。在局部地区根据地籍资料和已有规划要求，适当进行蓝线调整。

13.2.2　保护与管理措施

本规划制定了蓝线管理措施，根据深圳市的实际情况和蓝线划定的情况，依据原建设部发布的《城市蓝线管理办法》，对深圳市城市蓝线的划定、监督、管理等方面提出明确要求。

（1）编制依据方面：根据深圳市具体情况，增加《中华人民共和国防洪法》《中华人民共和国水污染防治法》和《深圳经济特区河道管理条例》《深圳市水源保护区管理规定》等法律法规作为编制依据，并将《深圳市城市总体规划》《深圳水战略》《深圳市防洪（潮）规划》等规划作为参考文件。

（2）划定范畴方面：根据深圳市的实际情况，在《城市蓝线管理办法》的基础上，对城市蓝线的划定范畴进行了调整和细化。

本办法所称的城市蓝线，是指城市规划确定的河、湖、库、渠、湿地、滞洪区等城市地表水体和原水管线等水源工程保护和控制的地域界线，以及因河道整治、河道绿化、河道生态景观等需要而划定的规划保留区。

（3）规划层次方面：根据《城市蓝线管理办法》，城市蓝线划定分为两个层次。其规定为城市蓝线应当在制定城市总体规划和详细规划时划定；本次结合深圳市城市规划体系，调整如下：蓝线划定分为总体规划和分区规划两个层次，并在法定图则和详细蓝图中详细落实。

（4）划定标准方面：本次对河道、水库、原水管渠、湿地等对象的蓝线划定标准均作了规定，以便于统一的执行标准和今后进一步工作的开展。

（5）监督管理方面：本次规划对该部分内容进行了细化，特别是增加了部门责任和用地管理方面的规定，使本规定更具有可操作性。增加的主要内容如下：

① 在蓝线范围内的道路、鱼塘、绿化带、码头等，由运输、农业、城管、港务等相关部门依各自的职能进行管理，但不得妨碍规划、水务主管部门根据蓝线管理的需要实施的统一管理和调整。

② 在蓝线管理范围内禁止的行为包括设置阻碍行洪物体或围垦、种植阻碍行洪植物；堆放、倾倒余泥渣土及其他固体废弃物或阻碍行洪的物体；堆放、倾倒、掩埋或排放污染水体的物质；清洗装储过油类或有毒物的车辆、容器等污染水质的物品；其他妨碍蓝线管理的行为。

③ 在蓝线管理范围内，因城市建设和经济发展确需填堵河道的，应当按照管理权限，征求水行政主管部门意见后，报同级人民政府规划行政主管部门批准，并按照等效等量原则进行补偿，就近兴建替代工程或者采取其他补偿措施，所需费用由建设单位承担。

④ 对不符合蓝线规划要求，影响防洪抢险、除涝排水、引洪畅通、水环境保护以及影响城市河道景观的建筑物、构筑物及其他设施，应当限期整改或者拆除。

⑤ 兴建工程设施造成蓝线范围内水工程设施损坏或河道淤积的，由市或区水务行政主管部门责令建设单位按原技术标准限期修复或清淤；逾期仍未修复或清淤的，由市或区水务行政主管部门组织修复或清淤，所需费用由建设单位承担。

（6）法律责任方面：对执法主体进行了确定：深圳市人民政府规划行政主管部门是全市城市蓝线的划定和调整的主体。深圳市人民政府水务行政主管部门按照规定的权限对城市蓝线实施统一管理和日常维护；深圳市人民政府国土、建设、市政、城管综合执法等行政主管部门、各区人民政府和街道办，按照相关法律、法规和规定，依据本规划在各自职责范围内，共同做好城市蓝线的监督管理工作。

13.2.3 建立蓝线管制信息管理系统

建立蓝线管制信息管理系统的主要任务是为了更好保存、及时更新蓝线数据成果并有效地应用于日常城市用地规划许可业务和管理工作中，更好地与办文系统结合，使之满足规划管理的应用需求。实现城市蓝线保护与控制的规范化、信息化和标准化管理。具体包括城市蓝线数据建库、蓝线编码、更新机制建设、综合查询与统计等。

13.3 项目亮点

13.3.1 涉及范围广

该项目是全市首个专门针对城市水系保护和空间管制的规划，蓝线实现了统一的预控和管理。规划范围为深圳市市域范围，包括罗湖、福田、南山、盐田、宝安、龙岗、光明、龙华、坪山和大鹏新区，总面积为 1997km^2。

13.3.2　涉及对象多

本规划的蓝线划定对象分为河道、水库（含湖泊）、滞洪区与人工湿地、原水管渠、大型排水渠 5 大类。

13.3.3　多项原则统筹考虑

该规划强调了整体性、弹性兼容、协调性、可操作性、动态性原则。比如统筹考虑城市水系、原水管渠的完整性、协调性、安全性和功能性，满足水系连通、防洪排涝安全、原水供给安全、景观和谐、功能协调等的空间需求，改善城市水系生态和人居环境，保障城市水安全；在明确划定标准的基础上，结合城市水体及其周边空间的实际情况制定适应城市安全、景观、生态与城市发展的弹性标准；各层次城市规划编制及水利工程、原水管渠建设时，涉及蓝线保护对象空间调整的，应同时调整蓝线，条件允许时可适当扩大蓝线控制范围。延续并完善蓝线动态管理机制，对蓝线实行动态维护管理。

参 考 文 献

[1] 陈志宗．城市防灾减灾设施选址模型与战略决策方法研究[D]．上海：同济大学，2006.

[2] 国家统计局．第七次全国人口普查主要数据情况[R]．2021.

[3] 朱鹏华．新中国 70 年城镇化的历程、成就与启示[J]．山东社会科学，2020：109-116.

[4] 国家发展和改革委员会．国家新型城镇化报告(2020—2021)[M]．北京：人民出版社，2022.

[5] 陈亚军．《国家新型城镇化规划(2014—2020 年)》确定的目标任务顺利完成[J]．宏观经济管理，2021(11)：4-8.

[6] 张文忠，许婧雪，马仁锋，等．中国城市高质量发展内涵、现状及发展导向——基于居民调查视角[J]．城市规划，2019(11)：13-19.

[7] 方创琳．中国新型城镇化高质量发展的规律性与重点方向[J]．地理研究，2019，38(1)：13-22.

[8] 吴亚平．适度超前开展新型基础设施投资[J]．先锋，2022(6)：35-38.

[9] 朱雷洲，黄亚平，陈涛，等．国土空间规划背景下新型基础设施规划思路探讨[J]．规划师，2021(1)：5-10.

[10] 赵民．国土空间规划体系建构的逻辑及运作策略探讨[J]．城市规划学刊，2019：16-23.

[11] 李浩．战略谋划城市设计院的成立和八大重点城市规划[J]．城市规划，2017：128-130.

[12] 周干峙．西安首轮城市总体规划回忆[J]．城市发展研究，2014：2-7.

[13] 武廷海．中国近现代区域规划[M]．北京：清华大学出版社，2006.

[14] 马仁锋，刘修通，杨立武，等．建国以来我国区域空间规划指导思想——发展观演变的探讨[J]．北方经济，2009：9-10.

[15] 朱雷洲，谢来荣，黄亚平．当前我国国土空间规划研究评述与展望[J]．规划师，2020：9-15.

[16] 黄征学，黄凌翔，国土空间规划演进的逻辑[J]．公共管理与政策评论，2019(6)：40-49.

[17] 周宜笑，张嘉良，谭纵波．我国规划体系的形成、冲突与展望——基于国土空间规划的视角[J]．城市规划学刊，2020(6)：27-34.

[18] 潘海霞，赵民．国土空间规划体系构建历程、基本内涵及主要特点[J]．城乡规划，2019(5)：4-10.

[19] 王晓东．对区域规划工作的几点思考——由美国新泽西州域规划工作引发的几点感悟[J]．城市规划，2004：65-69.

[20] 黄健恒．基于“多规合一”的国土空间规划体系构建研究[J]．住宅与房地产，2022：36-39.

[21] 谭纵波，高浩歌．日本国土利用规划概观[J]．国际城市规划，2018，33(6)：1-12.

[22] 陈利，毛亚婕．荷兰空间规划及对我国国土空间规划的启示[J]．经济师，2012(6)：18-20.

[23] 周静，胡天新，顾永涛．荷兰国家空间规划体系的构建及横纵协调机制[J]．规划师，2017，33(2)：35-41.

[24] 林锦屏，张豪，冯佳佳，等．德国国土空间规划发展脉络与贡献[J]．云南大学学报(自然科学版)，2022(6)：1-14.

[25] 邓丽君，南明宽，刘延松．德国空间规划体系特征及其启示[J]．规划师，2020，36(S2)：117-122.

[26] 张志强，黄代伟．构筑层次分明、上下协调的空间规划体系——德国经验对我国规划体制改革的启示[J]．城市规划，2007(6)：11-18.

[27] 赵星烁，邢海峰，胡若函．欧洲部分国家空间规划发展经验及启示[J]．城乡建设，2018(12)：74-77.

[28] 蔡玉梅，廖蓉，刘杨，等．美国空间规划体系的构建及启示[J]．国土资源情报，2017(4)：11-19.

[29] 王伟，姚洋涛．国家空间规划体系的国际比较与启示[J]．北京规划建设，2020(1)：66-70.

[30] 周旭东．国土空间规划再认识——我国空间规划演进与变革刍议[J]．福建建筑，2021(11)：11-16，45.

[31] 中华人民共和国国民经济和社会发展计划大事辑要(1949—1985)[M]．北京：红旗出版社，1987.

[32] 中华人民共和国中央政府机构(1949—1990 年)[M]．北京：经济科学出版社，1993.

[33] 住房和城乡建设部历史沿革及大事记[M]．北京：中国城市出版社，2012.

[34] 罗彦，蒋国翔，邱凯付．机构改革背景下我国空间规划的改革趋势与行业应对[J]．规划师，2019(1)：11-18.

[35] 苏冬，刘健．规划机构改革与空间治理现代化的路径选择[J]．城市规划，2020：23-32.

[36] 沈洁，李娜，郑晓华．南京实践：从“多规合一”到市级空间规划体系[J]．规划师，2018，34(10)：119-23.

[37] 陆学，李启军．论市县国土空间总体规划的基本内涵[C]//面向高质量发展的空间治理——2020中国城市规划年会论文集，2021.

[38] 郝庆．对完善国土空间规划编制内容与编制体系的再思考[J]．热带地理，2021，41(4)：668-675.

[39] 潘海霞，赵民．国土空间规划体系构建历程、基本内涵及主要特点[J]．城乡规划，2019(5)：4-10.

[40] 陈川，徐宁，王朝宇，等．市县国土空间总体规划与详细规划分层传导体系研究[J]．规划师，2021，37(15)：75-81.

[41] 陈妙蓉．市县级国土空间总体规划与相关专项规划的传导机制探讨[J]．南粤规划，2020.

[42] 俞露，曾小瑱．低碳生态市政基础设施规划与管理[M]．北京：中国建筑工业出版社，2018：50.

[43] 高富丽．污水处理行业实现“双碳”目标技术措施探讨[J]．智能建筑与智慧城市，2022(8)：118-121.

[44] 赵国涛，钱国明，王盛．“双碳”目标下绿色电力低碳发展的路径分析[J]．华电技术，2021(6)：11-20.

[45] 陈安，师钰．韧性城市的概念演化及评价方法研究综述[J]．生态城市与绿色建筑，2018(1)：14-19.

[46] 刘严萍，王慧飞，钱洪伟，等．城市韧性：内涵与评价体系研究[J]．灾害学，2019(1)：8-12.

[47] 范维澄．安全韧性城市发展趋势[J]．劳动保护，2020(3)：20-23.

[48] 邵亦文，徐江．城市韧性：基于国际文献综述的概念解析[J]．国际城市规划，2015(2)：48-54.

[49] 陈智乾．韧性城市理念下的市政基础设施规划策略初探[J]．城市与减灾，2021(6)：36-42.

[50] 梁春，李祥锋．青岛市 5G 通信基站空间布局规划探讨[J]．规划师，2021，37(7)：51-55.

[51] 王安，薛峰，聂建春，等．智能变电站模块化建设在内蒙古电网的应用[J]．电力勘测设计，2022(8)：39-44.

[52] 周彦灵，夏小青，覃露才，等．市政基础设施集约化建设策略研究[C]//城市基础设施高质量发展——2019 年工程规划学术研讨会论文集(上册)．2019：74-83.

[53] 岑土沛．城市基础设施空间复合性利用设计策略研究[D]．深圳：深圳大学，2019.

[54] 徐苏宁．以综合性城市设计提升城镇建设的品质[J]. 南方建筑，2015(5)：23-26.
[55] 张婷婷，王姝，余刚，等．生活垃圾露天焚烧产生二噁英类化合物的研究[C]//持久性有机污染物论坛2008暨第三届持久性有机污染物全国学术研讨会论文集．2008：218-220.
[56] 陈婷婷，殷金兰．地下空间重大市政基础设施规划研究——以南京市为例[J]. 工程技术研究，2021，6(5)：201-202.
[57] 邵继中，谭嫣然，张煜欣，等．无锡太湖科技园核心区市政设施地下化实践思考[J]. 中外建筑，2021(5)：30-37.
[58] 陈智乾．韧性城市理念下的市政基础设施规划策略初探[J]. 城市与减灾，2021(6)：36-42.
[59] 刘世光．城市市政设施地下化建设适宜性探讨[J]. 工程与建设，2020，34(4)：739-740.
[60] 夏溢．城市变电站建设发展现状及趋势探讨[J]. 上海节能，2020(11)：1274-1278.
[61] 孙国庆，雷鸣，李男，等．国内地下变电站建设现状与发展趋势[J]. 电力勘测设计，2020，(1)：68-73.
[62] 房阔，王凯军．我国地下式污水处理厂的发展与生态文明建设[J]. 中国给水排水，2021，57(8)：49-55.
[63] 郝晓地，于文波，王向阳，等．地下式污水处理厂全生命周期综合效益评价[J]. 中国给水排水，2021，37(7)：1-10.
[64] 陈永海．深圳交通市政基础设施集约建设案例分析[C]//多元与包容——2012中国城市规划年会论文集．2012：330-342.
[65] 肖鲁江，张金水．城市更新背景下市政综合体建筑设计策略研究——以南京市河西南部市政综合体设计为例[J]. 建筑与文化，2022(2)：53-55.
[66] 钟中，周雨曦．"消防站综合体"设计研究——以深港对比为例[J]. 华中建筑，2019，37(5)：5.
[67] 常州市人民政府．常州市市区重大基础设施廊道规划管理规定[Z]. 2013.
[68] 周易冰，檀星，徐靖文．城市市政基础设施廊道用地规划探讨——以沈阳市为例[J]. 规划师，2008，24(1)：3.
[69] 陈曦寒，韦梓春，仓宁．城市重大(敏感)管线廊道控制规划——以泰州市地下管线综合规划为例[C]//持续发展理性规划——2017中国城市规划年会论文集，2017：258-268.
[70] 于涛．市政道路管线综合设计研究[J]. 住宅与房地产，2016(18)：2.
[71] 江贻芳．我国城市地下管线信息化建设现状和发展趋势[C]//中国测绘学会九届三次理事会暨2007年"信息化测绘论坛"学术年会论文集.
[72] 宋学峰．以GIS和BIM深度集成应用技术为核心的城市地下管网信息管理模式探讨[J]. 土木建筑工程信息技术，2016，8(4)：80-84.
[73] 孙云飞．城市信息(CIM)平台在智慧城市中的应用研究[J]. 智慧中国，2022(11)：68-70.
[74] 王磊．浅谈北京市地下管线基础信息普查[J]. 北京测绘，2017，31(5)：137-142.
[75] 曾文峰．基于信息共建背景下的城市地下管线信息建设与管理探索[J]. 测绘与空间地理信息，2020，43(9)：143-145.
[76] 许丹艳，刘颖，严建国，等．城市基础信息共建共享背景下的地下管线信息建设与管理[J]. 测绘通报，2018(6)：139-143.
[77] 汪志英，敖良根，李娟，等．城市综合管廊下穿高铁方案研究[J]. 重庆建筑，2020，19(6)：49-51.
[78] 王玉．综合管廊与轨道交通工程一体化建设研究[J]. 低温建筑技术，2018，40(3)：30-33.

[79] 杨慧，李艳阳．综合管廊出地面附属口与立体绿化结合研究[J]．建设科技，2018(2)：85.
[80] 郑铁丽，谢鲁，曾小云．成都地下综合管廊复合型集约化总体设计[J]．中国给水排水，2019，35(2)：72-78.
[81] 朱安邦，王灿，刘应明，等．城中村浅埋式复合型缆线管廊规划与设计要点[J]．中国给水排水，2019，35(16)：68-72.
[82] 何建军，张健君．城市综合管廊与轨道交通共建设计探讨[J]．中国给水排水，2018，34(4)：47-52.
[83] 杜永帮，徐恢荣，王建新．深圳市轨道交通共建综合管廊建设实践[J]．现代城市轨道交通，2021(S1)：12-16.
[84] 陈浩．综合管廊与轨道交通共同建设[J]．城乡建设，2018(22)：52-54.
[85] 李可，刘志廉，高伟．城市电网高压电缆地下敷设必要性及常见问题解析[J]．电气应用，2014，33(4)：63-67.
[86] 王承东，田洁．随风潜入夜，润物细无声——高压走廊嵌入城市的规划思考[C]//中国城市规划学会2002年年会论文集，2002：398-402.
[87] 徐晋卿，王琼，熊坤．高压电缆在不同敷设方式下经济技术的比较[J]．江西电力，2020(10)：15-17.
[88] 岳芸．城市电力生命线的“智慧管家”——无锡首条人工智能高压电缆隧道投运[J]．中国电业，2019(9)：60-61.
[89] 秦亚杰，华旭昀，邓鹏，等．人工智能高压电缆隧道建设研究[J]．电力安全技术，2022，24(1)：37-40.
[90] 李敏，郭庆伟，李晨，等．地铁大直径水下隧道兼做高压电缆通道建筑影响分析[J]．江苏建筑，2016(5)：60-64.
[91] 黄鑫，阚强．高压电缆搭载交通隧道的火灾危险性及防火措施[C]//2020中国消防协会科学技术年会论文集，2020：661-665.
[92] 张程林．35kV及以上高压电缆工程建设[J]．通讯世界，2015(7)：141-142.
[93] 阚绍德．电力隧道工程与地铁工程共建设计浅析[J]．广东土木与建筑，2014，21(12)：53-55.
[94] 张兴永，张卫东，高盛，等．对长距离高压电缆隧道中供配电方案的研究[J]．电子测试，2016(9)：122-123.
[95] 葛翔，黄义娟．深层隧道排水方案在深圳水环境治理方面的应用[J]．中国农村水利水电，2015(7)：3.
[96] 胡龙，戴晓虎，唐建国．深层排水调蓄隧道系统关键技术问题分析[J]．中国给水排水，2018，34(8)：17-21.
[97] 王广华，陈彦，周建华，等．深层排水隧道技术的应用与发展趋势研究[J]．中国给水排水，2016，32(22)：7.
[98] 花文青．城市深层排水隧道规划建设全过程重难点探析[J]．市政技术，2022，40(1)：38-43.
[99] 黄明利，张志恩，谭忠盛．我国城市防洪排涝地下深隧规划设计与施工方法[J]．隧道建设，2017，37(8)：946-951.
[100] 王向东，刘卫东．中国空间规划体系：现状、问题与重构[J]．经济地理，2012(5)：7-15，29.
[101] 林坚，吴宇翔，吴佳雨，等．论空间规划体系的构建——兼析空间规划、国土空间用途管制与自然资源监管的关系[J]．城市规划，2018(5)：9-17.

[102] 李苗．从城乡规划到国土空间规划的转变与发展[J]．山西建筑，2022(16)：45-47.
[103] 覃露才．国土空间规划下能源规划的初步探索[C]//面向高质量发展的空间治理——2021 中国城市规划年会论文集，2021：113-121.
[104] 朱毅华．新时代国土空间规划中能源规划的编制探索——以广州市为例[C]//城市基础设施高质量发展——2019 年工程规划学术研讨会论文集(下册)，2019：302-310.
[105] 余尚帆，吴文学，李勇．基于城乡规划背景下的超高压燃气管道安全防护控制[C]//中国燃气运营与安全研讨会(第十一届)暨中国土木工程学会燃气分会 2021 年学术年会论文集(下册)，2021：458-465.
[106] 张圣柱，Cheng Y F，王如君，等．油气管道周边区域划分与距离设定研究[J]．中国安全生产科学技术，2019，15(1)：5-11.
[107] 结见，张小松．清洁供热背景下几种供热方式的评价[J]．区域供热，2018(1)：44-50.
[108] 刘冉．"新基建"背景下数据中心空间布局策略研究[J]．移动信息，2021(6)：103-104.
[109] 陈永海，陈晓宁，张文平，等．基于 5G 的信息通信基础设施规划与设计[M]．北京：中国建筑工业出版社，2022.
[110] 广东省住房和城乡建设厅．广东省信息通信接入基础设施规划设计标准：DBJ/T 15—219—2021[S].
[111] 深汕环保产业园危险废物处置专项规划研究[R]．中山大学，2018.
[112] 魏炜．基于城市环境卫生公共服务支持体系的垃圾转运站布局研究[D]．武汉：华中科技大学，2009.
[113] 中华人民共和国生态环境部．生态保护红线划定技术指南[S].
[114] 住房和城乡建设部．城市综合防灾规划标准：GB/T 51327—2018[S]．北京：中国建筑工业出版社，2019：3.
[115] 住房和城乡建设部．城市消防站建设标准：建标 152—2017[S]．北京：中国计划出版社，2017：9.
[116] 南京市长江岸线保护办法[J]．南京市人民政府公报，2018(3)：1-7.
[117] 刘琦，顾雨田，王浩．淮河流域岸线保护与利用管控措施研究[J]．治淮，2020(12)：31-33.
[118] 刘应明．城市黄线规划编制探讨——以深圳市黄线规划为例[J]．规划师论坛，2008，6(24)：16-19.
[119] 许亚萍，施源．高度城市化地区空间安全管制手段创新探索——以深圳市橙线划定及管理为例[J]．规划师．2019，7(35)：60-65.
[120] 王世福，练东鑫，邓昭华，等．国土空间规划体系下城市蓝线划定适宜性探究[J]．南方建筑，2022(1)：1-9.
[121] 刘应明，何瑶．城市更新规划中市政设施配置标准研究——以深圳市为例[J]．现代城市研究，2013(8)：22-24.
[122] 胡国俊，代兵，范华．上海土地复合利用方式创新研究[J]．科学发展，2016(3)：46-55.
[123] 孙道胜，张晓东，喻文承，等．北京市国土空间规划"一张图"框架设计[J]．北京规划建设，2020(S1)：73-76.
[124] 王建军，胡海，朱寿佳，等．广州新型智慧城市应用探索：城乡规划的智慧化管理[J]．地理信息世界，2017(4)：14-18.

后　记

本书是深圳市城市规划设计研究院市政规划团队长期耕耘研究市政基础设施规划建设领域并付诸实践的成果之一。伴随党的十八大、国务院大部制改革的落地，国土空间规划应运而生。在国土空间体系下，市政基础设施空间是支撑城市生存和发展必不可少的基础，是提高人民生活水平和对外开放的基本条件。在市政基础设施规划层面，相比于城乡规划体系下的各类市政基础设施规划，各类市政基础设施空间布局规划是国土空间规划体系下的专项规划，是对市政基础设施空间利用和保护作出专门安排，是涉及市政基础设施空间利用、用地安排的专项规划。其规划定位、规划内容、规划平台、规划管控等发生了根本性的变化。目前，国内各级各类专项规划编制正处于实践探索阶段，我们收集和整理了近年来各地各部门的实践经验和成功做法，并结合自身的项目实践，认真总结并形成了本书各类市政基础设施空间布局规划的方法，这是国内首次针对市政基础设施空间布局规划方法进行的研究和探索，仅供参考。

在市政基础设施建设层面，作为城市基础性工程，市政基础设施兼具“不可或缺性和邻避性”等特性，在大城市面对城市高强度开发时用地矛盾日益突出的问题，如何实现市政基础设施向“多样化”“精细化”“小型化”“复合化”以及“品质化”的转变发展，是新时代市政基础设施空间规划需要研究的新课题。打造系统完备、高效实用、智能绿色、安全可靠的现代化基础设施体系成为城市高质量发展的重要内容。近年来，我们团队就注意到市政基础设施空间在城市空间里的功能定位和发展的变化趋势，并紧密结合城市高质量发展主题，开展了包括城市桥下空间利用、城市岩洞空间利用、设施地下化、市政综合体、综合管廊、深层隧道等的研究和规划工作，并取得了显著的社会效益和经济效益。

基于上述背景和研究工作，为将先进的城市建设理念与市政基础设施空间利用技术进行更广范围的应用和推广。2021 年 6 月，我们开始策划本书的写作，经过一年多的调研、资料整理、写作和翻译等工作后，最终形成本书稿。团队参与本书调研、写作、资料整理和翻译等任务的人员超过 30 人。值此书稿付梓之际，我们共同回顾该书编写历程，向所有关心支持、辛勤参与的各级领导、各相关工作人员、各位编委致以敬意和感谢。谨向所有帮助、支持和鼓励完成本书的家人、专家、领导、同事和朋友致以真挚的感谢！

《市政基础设施空间布局规划方法与实践》编写组

2022 年 12 月